多维标度定位理论与应用

魏合文　万　群　叶尚福　著

科 学 出 版 社

北　京

内 容 简 介

多维标度定位是当前国际上备受关注的多学科交叉的新兴前沿研究热点领域，在通信、雷达、导航、声呐、无线传感器网络和生物医学等众多领域中有着极为广阔的应用前景。本书系统深入地论述多维标度定位的基本理论和方法，总结作者多年来的研究成果以及国际上这一领域的研究进展。全书由 6 章组成，包括绪论、多维标度及其定位原理、距离空间多维标度定位、距离差空间多维标度定位、多普勒空间多维标度定位、距离空间网络节点多维标度定位等。

本书可供从事通信、雷达、导航、声呐、电子对抗、无线传感器网络和生物医学等领域的广大技术人员学习与参考，也可作为高等院校和科研院所信号与处理、信息与通信系统等专业的参考书。

图书在版编目(CIP)数据

多维标度定位理论与应用 / 魏合文, 万群, 叶尚福著. --北京:科学出版社, 2024.9

ISBN 978-7-03-078629-6

Ⅰ. ①多… Ⅱ. ①魏… ②万… ③叶… Ⅲ. ①统计学-应用-电波传播-无线电通信-研究 Ⅳ. ①TN921

中国国家版本馆 CIP 数据核字(2024)第 110460 号

责任编辑: 陈丽华 / 责任校对: 彭 映

责任印制: 罗 科 / 封面设计: 墨创文化

科学出版社 出版

北京东黄城根北街 16 号

邮政编码: 100717

http://www.sciencep.com

成都锦瑞印刷有限责任公司 印刷

科学出版社发行 各地新华书店经销

*

2024 年 9 月第 一 版 开本：720×1000 B5

2024 年 9 月第一次印刷 印张：15 1/4

字数：307 000

定价：189.00 元

(如有印装质量问题，我社负责调换)

作者简介

魏合文，男，1981年出生，湖北襄阳人，博士，硕士生导师，长期从事目标探测领域技术研究、装备及系统型号研制工作，主持完成了国家自然科学基金、863计划项目、国防创新特区项目等20余项，授权国家发明专利4项、国防发明专利2项，迄今在*IEEE Transaction on Signal Processing*、*IEEE Signal Processing Letter*、*IET Signal Processing*等学术期刊及会议上发表论文30余篇，荣获军队科技进步奖一等奖、二等奖、三等奖各1项。主要研究方向：辐射源定位、统计信号处理方法、信号参数估计理论界等。

万群，男，1971年出生，电子科技大学教授，博士生导师，入选教育部新世纪优秀人才支持计划，IEEE会员、中国电子学会（CIE）高级会员。近年来主要从事阵列信号处理、信号参数估计、定位与特征分析等研究，发表的学术论文被SCI检索的IEEE、IET等期刊论文50余篇，被EI检索论文180余篇，被引用600余篇次，授权国家发明专利20余项。

叶尚福，男，1938年出生，中国工程院院士，博士生导师，长期从事电磁场与微波技术、信息截获与目标探测研究工作，是我国著名的微波天线专家，荣获国家科技进步奖一等奖2项。

院士推荐

多维标度定位理论创新性强，其相关方法已在多个领域发挥了重要作用，具有重大应用价值和技术效益。该书的出版将为多维标度定位这一前沿领域发展作出重要贡献，可供广大从事通信、导航、无线传感器网络等领域的技术人员学习与参考。

该书既可用于研究人员的专题技术学习，又能为多个技术领域发展提供前瞻性引领，是一本值得推荐的优秀学术专著。

陳鲸

中国工程院院士　陈鲸

该书从多维标度框架的角度构建了目标定位理论和方法，具有稳健性好、定位精度和计算效率高等优点，适合于复杂的分布式传感网络定位应用。该书的作者一直活跃在多维标度定位诸多课题的一线，对这一领域进行了广泛而深入的研究，成果受到国际同行关注与上百次引用。

该书的出版，将为相关科研、工程和教学人员提供学习参考，具有重要的理论指导意义和实际应用价值。

何友

中国工程院院士　何友

目标定位是探测、通信、导航等多个应用领域的核心关注问题。该书建立了基于多维标度方法的目标定位统一算法框架，形成了完整的理论体系，为利用多维标度方法实现各类传感器网络节点定位等应用奠定了理论基础，相关研究成果可在战场网络通信、无线传感器网络等领域发挥重要作用。

该书创新性强，值得相关领域的科技人员学习借鉴。

陆军

中国工程院院士　陆军

序

多维标度定位作为目标探测领域的一个分支，近年来备受国际关注，是新兴前沿研究热点方向。多维标度是现代统计学重要的多变量数据分析方法，能够将海量高维数据内嵌到低维空间，既能保留高维数据的内在结构信息，又能降低数据维度。目标定位问题，可以抽象地描述成从观测集合中恢复出目标与观测站之间的几何结构，本质上与多维标度具有密切的潜在联系。因此，多维标度定位属于交叉学科研究领域，其优异的性能和广阔的应用前景引起了学者们极大的研究兴趣。

十余年来，作者团队持续地对这一领域进行系统而深入的研究，取得了丰硕的理论和应用成果，构建了随机测量空间多维标度统一框架，提出了最优多维标度定位方法，解决了随机多维标度的最优性和鲁棒性两个基本问题，并将多维标度定位推广到多类型随机测量应用中，发表在 *IEEE Transaction on Signal Processing* 和 *IET Signal Processing* 等国际期刊上的研究论文，引起同行学者的广泛关注，引用达数百次。

该书较为系统地阐述了多维标度定位的基本原理、理论框架和基础性质，并将该理论系统地应用到距离空间、距离差空间和多普勒空间等定位范例中，涵盖定位算法、性能分析、最优性证明和观测站位置误差校正等方面，形成了较完善的多维标度定位理论和技术方法。该书内容包含了作者的许多创新性成果，得到了国家自然科学基金、863 计划和重大项目预研基金等项目的支持。

近年来，国内虽然出版了许多涉及目标探测定位的著作，但该书是紧紧围绕多维标度定位这一专门问题进行全面深入阐述的一部学术著作，既有理论性又有实用性，并较好地兼顾创新性、系统性、学术性和可读性。该书的出版，将为多维标度定位这一前沿领域的发展与应用作出重要贡献。

中国科学院院士　王永良

前　言

多维标度定位是多学科交叉的前沿研究热点领域，目前在国际上备受关注，其优异的性能和广阔的应用前景引起了人们极大的研究兴趣。近年来，许多学者对这一领域进行了广泛而深入的研究，并取得了极为丰硕的理论成果，极大地推动了该领域的理论发展和实践应用。

多维标度是现代统计学重要的多变量数据分析方法，它利用对象或数据两两之间的相似度或相异度信息揭示数据空间的映射结构。目标定位的过程是从观测集合中恢复出目标与观测站之间的空间结构，与多维标度映射结构具有密切的内在联系。早在 20 世纪 30 年代，数学家舍恩伯格 (Schöenberg) 和豪斯霍尔德 (Householder) 就开始研究旅行家地图重构，即通过旅行家测量的英国各个城市之间的距离重构英国地图。事实上，解决地图重构的经典多维标度契合了现代信息技术中无线传感器网络定位的核心问题，经过 60 多年才被现代信息技术的研究者注意到，随后在无线传感器网络、移动通信和辐射源定位中蓬勃发展，成为目标探测定位理论中的一个重要研究方向。

近十多年来，针对确定性多维标度理论在随机测量空间中出现的理论空白，作者团队构建了随机性多维标度理论框架，解决了随机测量空间内多维标度的最优性和鲁棒性这两个核心问题，指导了多维标度定位应用。具体而言：

(1) 在国际上首次提出面向移动台定位的多维标度相似度量，开启了随机性多维标度定位的研究，引起学界广泛关注，见“Mobile localization method based on multidimensional scaling similarity analysis”, *International Conference on Acoustics, Speech and Signal Processing* (*ICASSP*), 2005。

(2) 提出了加权多维标度新概念，给出了随机测量空间内多维标度最优解，解决了随机性多维标度最优性问题，见“A novel weighted multidimensional scaling analysis for time-of-arrival-based mobile location”, *IEEE Transactions on Signal Processing*, vol. 56, no. 7, 2008。

(3) 构建了随机测量空间内多维标度统一框架，解决了随机性多维标度鲁棒性问题，见“A supplement to multidimensional scaling framework for mobile location: A unified view”, *IEEE Transactions on Signal Processing*, vol. 57, no. 5, 2009。

(4) 创设了多类型随机测量的多维标度定位方法，见 (I). “Multidimensional

scaling-based passive emitter localisation from range-difference measurements”, *IET Signal Processing*, vol. 2, no. 4, 2008; (II). “Multidimensional scaling analysis for passive moving target localization with TDOA and FDOA measurements”, *IEEE Transactions on Signal Processing*, vol. 58, no. 3, 2010。

(5) 证明了加权多维标度的最优性，完善了随机性多维标度定位理论，见 (I). “Analytical proof to two fundamental corollaries in multidimensional scaling-based localisation”, *IET Signal Processing*, vol. 13, no. 10, 2019; (II). “On optimality of weighted multidimensional scaling for range-based localization”. *IEEE Transactions on Signal Processing*, vol. 68, no. 10, 2020; (III). “On optimality of multidimensional scaling for time differences of arrival/frequency differences of arrival based moving source localisation”, *IET Signal Processing*, vol. 16, no. 8, 2022。

目前，多维标度定位理论与技术日趋成熟，应用领域日趋扩大，新理论、新方法不断涌现。为此，本书总结多维标度定位的相关研究成果，并结合多年的研究实践，相信能对从事现代目标探测定位领域的科技工作者及高等院所的研究人员有所裨益。

本书系统阐述多维标度定位的概念、原理与方法，尤其详细地论述许多典型算法并进行深入研究，给出较为完善的理论分析。本书共 6 章，其内容概括为：绪论；多维标度及其定位原理；距离空间多维标度定位；距离差空间多维标度定位；多普勒空间多维标度定位和距离空间网络节点多维标度定位。

本书力图体现以下特色。

(1) 体系新颖。近年来，国内外虽然已经出版了许多涉及目标探测定位的优秀著作，但本书却是紧紧围绕多维标度定位这一专门问题进行统一描述、全面阐述与深入研究的第一部学术著作，各章内容仅散见于国际上各类专业学术期刊论文，各章节之间紧密联系，构成了一个有机整体。

(2) 创新度高。目前，多维标度定位理论与技术蓬勃发展，研究内容丰富，研究结论零散分布在学术期刊论文中。本书对多维标度定位理论进行高度总结，力求反映出其最新的研究成果与系统的理论体系，特别是充分反映近年来在国际信号处理会刊上发表的研究成果、心得与见解。

(3) 可读性强。根据多年的研究和实践，作者对多维标度定位理论与技术进行了系统归纳，从问题描述到基本原理，从理论方法到性能分析，逻辑严谨，力求做到思路简洁清晰，内容深入浅出，并将原理与数值验证相结合，使读者的理解更加直观和深刻。

为了体现上述特色，本书从开始撰写到完成历时 5 年，在撰写过程中又不断地添加作者最新的研究成果。但由于本学科发展极为迅速，实际应用范围甚广，加上作者水平有限，书中难免存在不足之处，敬请读者批评指正！本书在撰写过程中参考和引用众多文献，未能一一列出，在此对这些作者表示真诚的感谢。

中国科学院王永良院士，中国工程院陈鲸院士、何友院士和陆军院士热情推荐本书，并对本书的写作提出了许多宝贵意见，谨向他们致以衷心的感谢。本书第一作者在攻读硕士学位期间，在信号处理领域得到导师清华大学彭应宁教授的指导，走上工作岗位后仍得到彭应宁教授的长期指点，在此向他表示最衷心的感谢。第一作者感谢在信号盲处理全国重点实验室跟随叶尚福院士攻读博士学位期间同志们给予的支持、关心和帮助。向作者曾在 *IEEE Transactions on Signal Processing* 等期刊投稿过程中匿名审稿的国际学者表示感谢，他们的严谨睿智和高标准严要求，使得理论与方法更加完善。

向曾经同作者一起参与课题研究的同志和同行专家、学者表示感谢，长期的合作研究与广泛交流使作者受益匪浅，包括但不限于朱中梁、郑辉、余健、程建、陆佩忠、曹世文、李立忠、罗来源、孙正波、瞿文中、熊瑾煜、刘永健、王巍、夏畅熊、王军、覃岭、秦文兵、万坚、涂世龙、陈绍贺、张韬、陆路希、廖灿辉、黄渊凌、严航、余飞群、彭华锋、孙涛、曹金坤、石云刚、曹景敏、雷洋、许强、陈璋鑫、黄际彦、文飞、张云雷。

本书的研究获得国家自然科学基金项目 (No. 61172140) 的资助，本书的出版获得了信号盲处理全国重点实验室技术创新发展基金的支持。

作　者
2024 年 5 月

目 录

第 1 章 绪论 …… 1
1.1 多维标度概念 …… 1
1.2 多维标度应用 …… 5
1.2.1 心理学与心理测试 …… 5
1.2.2 海量数据可视化 …… 5
1.2.3 数据探索与识别 …… 6
1.2.4 生态与环境研究 …… 7
1.2.5 传感器网络定位 …… 7
1.3 辐射源定位应用 …… 9
1.3.1 环境监测 …… 10
1.3.2 健康系统 …… 11
1.3.3 智能家庭 …… 11
1.3.4 智能交通 …… 11
1.3.5 应急救援 …… 12
1.3.6 军事应用 …… 12
1.4 辐射源定位问题的研究进展 …… 12
1.4.1 最大似然定位 …… 13
1.4.2 最小二乘定位 …… 13
1.4.3 半正定规划定位 …… 14
1.4.4 多维标度定位 …… 15
1.4.5 观测站存在误差的定位问题 …… 17
1.5 展望 …… 18
第 2 章 多维标度及其定位原理 …… 20
2.1 多维标度基础 …… 20
2.1.1 多维标度输入 …… 21
2.1.2 损失函数与应力函数 …… 23
2.1.3 输出与 Procrustes 分析 …… 25
2.2 多维标度技术 …… 25
2.2.1 经典多维标度 …… 26

2.2.2 广义多维标度 ············ 27
2.2.3 赋权多维标度 ············ 28
2.2.4 等距特征映射 ············ 29
2.2.5 非度量多维标度 ············ 30
2.2.6 多维标度内涵与性能比较 ············ 31
2.3 多维标度定位理论 ············ 33
2.3.1 多维标度定位基本原理 ············ 33
2.3.2 多维标度定位统一框架 ············ 38
2.3.3 辐射源定位多维标度性质 ············ 42
2.4 辐射源定位性能界 ············ 47
2.4.1 定位克拉默-拉奥下界 (CRLB) 与性能分析 ············ 48
2.4.2 考虑观测站位置误差的定位性能界 ············ 50
2.4.3 忽略观测站位置误差的定位性能界 ············ 52
2.4.4 存在观测站误差的性能界不等式 ············ 53
第 3 章 距离空间多维标度定位 ············ 56
3.1 距离定位模型与克拉默-拉奥下界 (CRLB) ············ 56
3.2 经典多维标度定位 ············ 57
3.3 修正多维标度定位 ············ 59
3.3.1 修正多维标度定位算法 ············ 59
3.3.2 修正多维标度定位性能 ············ 61
3.4 子空间多维标度定位 ············ 66
3.4.1 最小集子空间定位 ············ 66
3.4.2 广义子空间定位 ············ 68
3.5 加权多维标度定位 ············ 69
3.5.1 多维标度定位统一框架 ············ 69
3.5.2 加权多维标度定位算法 ············ 72
3.5.3 加权多维标度定位最优性证明 ············ 75
3.6 观测站位置误差下多维标度定位 ············ 77
3.6.1 观测站位置误差下定位模型与性能界 ············ 77
3.6.2 观测站位置误差下多维标度定位算法 ············ 80
3.6.3 观测站位置误差下定位算法最优性证明 ············ 85
3.6.4 观测模型失配下多维标度定位算法 ············ 88
3.7 数值仿真与验证 ············ 89
3.7.1 加权多维标度和常用多维标度定位比较 ············ 89
3.7.2 加权多维标度和其他定位算法比较 ············ 92

3.7.3 观测站位置误差下加权多维标度定位验证 ······ 95
第 4 章 距离差空间多维标度定位 ······ 100
4.1 距离差定位模型与克拉默-拉奥下界 (CRLB) ······ 100
4.2 距离差空间多维标度及其性质 ······ 101
4.2.1 距离差空间多维标度分析 ······ 101
4.2.2 距离差空间多维标度性质 ······ 103
4.3 距离差空间多维标度定位算法及最优性证明 ······ 110
4.3.1 距离差空间多维标度定位算法 ······ 110
4.3.2 定位算法最优性证明 ······ 114
4.4 观测站位置误差下距离差空间多维标度定位 ······ 117
4.4.1 观测站位置误差下定位模型与性能界 ······ 117
4.4.2 观测站位置误差下多维标度定位算法 ······ 120
4.4.3 观测站位置误差下定位算法最优性证明 ······ 124
4.4.4 观测模型失配下多维标度定位算法 ······ 127
4.5 数值仿真与验证 ······ 128
4.5.1 多维标度定位与其他定位算法比较 ······ 128
4.5.2 观测站位置误差下多维标度定位验证 ······ 131
第 5 章 多普勒空间多维标度定位 ······ 135
5.1 多普勒空间定位模型与克拉默-拉奥下界 (CRLB) ······ 135
5.1.1 多普勒效应的运动学机理 ······ 135
5.1.2 距离差及其变化率定位模型与克拉默-拉奥下界 (CRLB) ······ 137
5.2 多普勒空间多维标度及其性质 ······ 138
5.2.1 多普勒空间多维标度分析 ······ 138
5.2.2 多普勒空间多维标度性质 ······ 141
5.3 多普勒空间多维标度定位算法及最优性证明 ······ 146
5.3.1 多普勒空间多维标度定位算法 ······ 146
5.3.2 定位算法最优性证明 ······ 149
5.4 观测站误差下多普勒空间多维标度定位 ······ 152
5.4.1 观测站误差下定位模型与性能界 ······ 152
5.4.2 观测站误差下多维标度定位算法 ······ 156
5.4.3 观测站误差下定位算法最优性证明 ······ 160
5.4.4 观测模型失配下多维标度定位算法 ······ 162
5.5 数值仿真与验证 ······ 164
5.5.1 多维标度定位与其他定位算法比较 ······ 164
5.5.2 观测站误差下多维标度定位验证 ······ 166

第 6 章 距离空间网络节点多维标度定位 ······ 171
6.1 传感器网络节点距离定位问题描述 ······ 171
6.2 距离空间网络节点多维标度定位理论 ······ 174
6.2.1 网络节点多维标度定位原理 ······ 174
6.2.2 网络节点多维标度统一框架 ······ 178
6.2.3 网络节点多维标度性质 ······ 180
6.3 距离空间网络节点经典多维标度定位 ······ 186
6.3.1 经典多维标度定位 ······ 186
6.3.2 赋权多维标度定位 ······ 187
6.4 距离空间网络节点子空间多维标度定位 ······ 190
6.4.1 子空间定位统一框架 ······ 190
6.4.2 完备集子空间定位 ······ 192
6.5 距离空间网络节点加权多维标度定位 ······ 194
6.5.1 距离空间网络节点加权多维标度定位算法 ······ 194
6.5.2 定位算法最优性证明 ······ 197
6.6 锚节点误差下距离空间多维标度定位 ······ 199
6.6.1 锚节点误差下定位模型与性能界 ······ 199
6.6.2 锚节点误差下多维标度定位算法 ······ 201
6.6.3 锚节点误差下定位算法最优性证明 ······ 203
6.6.4 观测模型失配下多维标度定位算法 ······ 205
6.7 数值仿真与验证 ······ 206
6.7.1 多维标度定位与其他定位算法比较 ······ 206
6.7.2 锚节点误差下多维标度定位验证 ······ 207
参考文献 ······ 209

第 1 章　绪　　论

多维标度定位是当前国际上备受关注的多学科交叉的新兴前沿研究热点领域。本章主要内容包括多维标度概念、多维标度应用、辐射源定位应用、辐射源定位问题的研究进展等。本章从多维标度概念出发，简述多维标度研究历程；综述多维标度技术的发展过程；从心理学与心理测试、海量数据可视化、数据探索与识别、生态与环境研究以及传感器网络定位五个方面，广泛而深入地介绍多维标度应用概况。围绕辐射源定位问题，从环境监测、健康系统、家庭应用、智能交通、应急救援和军事应用等方面归纳辐射源定位的典型应用，全面综述辐射源最大似然定位、最小二乘定位、半正定规划定位、多维标度定位以及观测站存在误差情况下定位问题的研究进展。这些都为多维标度定位理论的提出与发展奠定了基础。

1.1　多维标度概念

多维标度 (multi-dimensional scaling，MDS)[1,2] 是现代统计学重要的多变量数据分析 (multivariate data analysis, MDA) 方法。多维标度广泛应用于计算科学、图形学、社会学、心理学以及行为学等学科中的实验数据分析。多维标度还是一种将海量高维数据空间内嵌到低维空间的数据降维处理技术，在降维过程中它能够保持高维度数据的内在结构和本质特征信息。多维标度的广泛应用，都是为了获取给定对象或数据的图形化展示，便于更直观深入地理解数据。数据降维领域内还有很多其他技术，如主成分分析 (principal component analysis, PCA)、因子分析 (factor analysis) 和等距特征映射 (isometric mapping, ISOMAP)[3] 等。多维标度在这些降维技术中脱颖而出，主要优势在于处理简洁方便、应用深入广泛。多维标度分析，就是利用对象或数据两两之间的相似度或相异度 (similarity or dissimilarity) 信息，发现它们的空间映射 (spatial mapping) 结构。多维标度将观测量变成二维或三维空间中特定的点，使得点与点的相似度或相异度信息尽可能地与这些点之间的距离相匹配。与因子分析降维处理技术相比，多维标度不需要线性和正则性等假设约束要求[4]。事实上，多维标度唯一的假设要求，就是空间维度的数量要小于空间点的数量，这也意味着模型中至少需要输入三个变量，同时还要指定两个维度。一旦获取了体现接近度 (proximity) 信息的相似度或相异度，多维标度就可以给出低维度空间的内嵌表示。

多维标度理论研究广泛深入，是多变量数据分析领域内的里程碑式发展。Cox T 和 Cox M[1]、Borg 和 Groenen[2] 都对这一领域进行了系统性总结。此外，学者归纳了多维标度领域最新的研究进展[5–9]。多维标度理论的开创性工作，可以追溯到 1936 年 Eckart 和 Young[10] 的研究，以及 1938 年 Young 和 Householder[11] 的研究。最开始的研究问题是这样的：给定各个对象点之间的欧氏距离，确定这些点的相对位置坐标。这种问题在地图重构里面也有一个例子[12]：旅行家将英国各个城市之间的最短距离收集起来，希望数学家能够根据收集的距离，确定英国各个城市的地理位置，进而重构出英国地图。

为了符合读者习惯，这里不再采用英国地图重构的例子[10–12]，而采用大家熟悉的中国地图作为示例，便于直接理解。以中国的 10 个城市即北京、天津、上海、重庆、呼和浩特、乌鲁木齐、拉萨、银川、南宁、哈尔滨为例，这些城市间距离如表 1.1 所示。

表 1.1　中国 10 个城市间的距离　　(单位：km)

城市	北京	天津	上海	重庆	呼和浩特	乌鲁木齐	拉萨	银川	南宁	哈尔滨
北京	0	125	1239	3026	480	3300	3736	1192	2373	1230
天津	125	0	1150	1954	604	3330	3740	1316	2389	1207
上海	1239	1150	0	1945	1717	3929	4157	2092	1892	2342
重庆	3026	1954	1945	0	1847	3202	2457	1570	993	3156
呼和浩特	480	604	1717	1847	0	2825	3260	716	2657	1710
乌鲁木齐	3300	3330	3929	3202	2825	0	2668	2111	4279	4531
拉萨	3736	3740	4157	2457	3260	2668	0	2547	3431	4967
银川	1192	1316	2092	1570	716	2111	2547	0	2673	2422
南宁	2373	2389	1892	993	2657	4279	3431	2673	0	3592
哈尔滨	1230	1207	2342	3156	1710	4531	4967	2422	3592	0

在欧氏空间内，将城市之间的距离作为相异度，这些距离张成了距离空间，城市之间的相对位置都隐藏在距离空间内。通过多维标度处理，将原始的距离空间转变成为一个低维度的坐标空间，实现了距离空间到二维空间的内嵌。采用多维标度重构这 10 个城市的相对位置图，如图 1.1 所示，从图中可以看出，虽然每个城市的真实位置并不是如图中坐标所示，但是城市间的相对位置已经直观地展示出来了，对其进行平移和旋转就可以得到实际的中国地图。特别需要指出的是，高维距离空间内嵌到二维坐标空间，10 个城市的相对位置并没有因为降维处理而发生变化，这就是多维标度保持高维度数据的内在结构和本质特征的直观体现。

多维标度的首个度量 (metric) 输入，于 1952 年被 Torgerson[13] 提出，即直接用对象点与点之间的距离来度量相似度或相异度，也就是现在提到的经典多维标度 (classical multi-dimensional scaling, CMDS)。后来 Gower[14] 扩展了经典多维标度的研究，发现了主成分分析和多维标度的内在联系。主成分分析和多维标度最大的差别在于输入数据不同，主成分分析使用相关矩阵或协方差矩阵，而多维标度使用对象点之间的距离矩阵。主成分分析是对均方损失函数 (squared loss function) 最小化处理，这并不适用于非实数值的数据。Collins 等[15] 推广了主成分分析，使它能够处理指数型的广义线性模型和布雷格曼 (Bregman) 距离。主成分分析应用于高维度数据空间中的线性变化模型，但是，高维度数据空间在很多应用中是天然非线性的，主成分分析只是给出了高维度数据空间的最佳线性近似。正是由于这个全局线性化近似，主成分分析的性能受到限制。1964 年，Kruskal 提出了非度量多维标度 (non-metric multi-dimensional scaling，NMDS)[16]，它不同于直接采用距离度量作为输入，此时相似度或相异度可以放松为距离度量的某种单调函数[17]。等距特征映射 (ISOMAP)[3] 也是一种特殊的多维标度方法。从流形 (manifold)——局部具有欧氏空间性质的空间角度来看，经典多维标度采用了对象点与点之间的欧氏距离，属于线性流形问题，而等距特征映射则利用实际曲面上的测地线距离取代欧氏距离，属于非线性流形问题。显然，非线性流形更接近真实复杂空间的描述。在几何框架下，Tenenbaum 等[3] 证明了非线性降维的最优解能够近似收敛到原始高维度空间数据的真实结构。多维标度理论研究历程如表 1.2 所示。

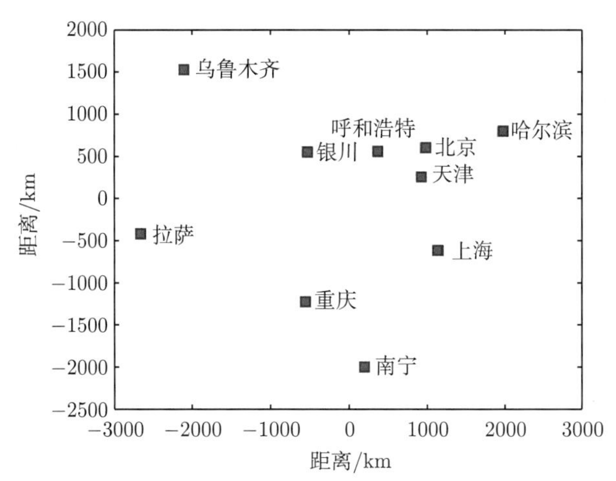

图 1.1　使用多维标度重构的中国地图

表 1.2　多维标度理论研究历程

多维标度技术	研究学者	研究年代
MDS 开创者	Eckart、Young、Householder 等	1936～1938
经典多维标度 (CMDS)	Torgerson	1952
主成分分析 (PCA)	Gower	1966
非度量多维标度 (NMDS)	Kruskal	1962～1964
等距特征映射 (ISOMAP)	Tenenbaum 等	2000

非度量多维标度拓展了多维标度研究的新领域，主要体现在具体模型不同类型的损失函数[18]，对应着不同的优化结果。表 1.3 归纳了多维标度损失函数的发展过程。展开 (unfolding) 模型[19] 处理的数据来自两个不同的对象集合，它进一步发展成个体差异模型[20]。展开模型是一种基于优先选择的几何学模型，它可以看成一种特殊的多维标度，即每个对象集合内部元素之间的接近度 (proximity) 是缺失的，它只有各个对象集合之间的近似度。可选最小二乘标度 (alternating least squares scaling, ALSCAL)[21] 是一种实现多维标度模型的高效算法。Ramsay[22] 提出了基于多维标度的最大似然损失函数，Meulman[23] 针对多变量分析，重新表述了经典多维标度，提出了一种最优的标度方法。

表 1.3　多维标度损失函数的发展过程

损失函数	研究学者	研究年代
Sammon 非线性映射	Sammon	1969
展开模型	Coombs	1964
个体差异模型	Carroll 和 Chang	1970
ALSCAL	Takane 等	1977
MDS 最大似然	Ramsay	1982
MDS 最优标度	Meulman	1992～1993

传统多维标度方法，通常认为对象点之间的距离是对称的 (symmetric)，事实上，这种认识并不总是成立的。例如，在研究心理学标度中对象之间相似度特性时，Tversky[24]、Tversky 和 Gati[25] 发现认知相似度 (cognitive similarity) 几乎都是非对称的 (asymmetric)。非对称多维标度方法[13,16,26] 在某些情况下能够弥补传统多维标度方法的缺陷。这时，给定测度空间内的对象点与点之间的距离，对应着相似度或相异度矩阵，它们在本质上都是非对称的。通常意义上，对象点之间的相似度或相异度，就是空间内对象点与点之间的距离的函数。很多学者拓展了这一认识，将相似度或相异度定义为对象与对象之间的某种数量关系的函数，而不仅仅局限在空间对象点与点之间的距离函数。Young[27] 在赋权距离模型中对距离进行赋权处理，Saito[28,29] 提出了距离可变模型，其中对象点与点之间的距离被部分常数取代，而这些常数关联着对象点的属性，Weeks 和 Bentler[30] 也有类似的研究结论，Okada 和 Imaizumi[31,32] 提出了非度量类型的广义距离可变模型。在度量空间中，Guttman 等提出了两型最小空间分析 (smallest space analysis-2, SSA-2) 方法，用于解决行数据和列数据之间的兼容性问题[33,34]。Tobler[35] 提出了气流模型，这里重新排列后的对象在网格点上的气流方向体现了度量的非对称性。Saito[36] 利用非对称 Randers 度量函数，分析了数据模型的非对称性。Tversky[24] 提出了一种匹配模型，通过两个对象点相同与相异特性的线性组合来解释它们的相似度或相异

度。Chino[37,38] 提出了一种广义数量积模型，它能针对对称数据和反对称数据解向量，分别拟合它们向量积和数量积的范数。Constantine 和 Gower[39]、Gower[40] 则将非对称接近度矩阵分成对称和反对称两部分，用传统多维标度处理对称部分，用标准分解方法处理反对称部分。在 Takane[41] 非对称数据研究的基础上，Saburi 和 Chino[42] 为了解决非对称接近度矩阵的问题，推广了相应的最大似然方法。

1.2　多维标度应用

多维标度的研究，从一开始就应用于心理学和心理测试领域。在过去很长一段时间内，多维标度纯粹是心理学研究上的一个专用处理技术。因此，多维标度理论的许多原始创新成果，都发表在心理学权威期刊 *Psychometrika* 上[16,20,21,23,26,30,33,41]。后来，多维标度逐渐拓展到自然科学、社会科学和工程技术领域。

目前，多维标度应用涉及极为广泛的领域，包括数据挖掘、模式分析、智能数据处理、信息理论、心理学、生态学、组合化学、科学可视化、运动可视化、地震分析、气候分析、机器人技术、病毒分析和市场营销等[1,2,6–9]。此外，近些年用于解决地图重构问题的经典多维标度契合了现代信息技术中的无线传感器网络 (wireless sensor network，WSN) 中的节点感知与定位问题[1,2]，因此多维标度也广泛地应用到目标辐射源定位问题中[6–9]。

1.2.1　心理学与心理测试

心理学是多维标度一个非常重要的应用领域。心理学和心理测试领域，一直是多维标度理论创新的沃土。多维标度理论方面的很多原始创新都与心理学研究有关系[43,44]。

心理学家通过各种心理问卷调查开展心理测试，多维标度能够用来研究心理学家观测到的相似度或相异度的内在关系，探索发现心理结构的不同样式。多维标度中应用多个接近度矩阵能够分析个体的差异[45]，这些接近度矩阵既可以来自个体调查，也可以来自分组调查。如果每一个调查数据作为一个独立的接近度矩阵，那么它们就形成了矩阵簇，而且，针对不同设定条件和不同时段，这些独立的接近度矩阵可以构建这些数据。因此，多维标度，不但能表示对象间相互关系和数据维度中潜在的规律，而且能表示个体或群体的差异特性。

1.2.2　海量数据可视化

在科学数据可视化中，多维标度用于多域数据压缩。多域可视化的目标是在一个或两个域中以组合方式描述多域信息，用于促进可视化中的比较和组合概览[46,47]。可视化的关键是多域数据的通道融合，即如何在特定空间内充分地利用不同的可视通道，而多域数据远远超过了特定空间内的通道数量。这一特点，与多变量数据分析问题类似，它们的目标都是降低数据的展示维度，即通过降维处理实现低维内嵌。内嵌效果通过应力度量 (stress metric) 来衡量，即数据空间的距离与对应内嵌空间的距离之间的均方根误差 (root mean square error, RMSE)。在设定可视通道数量的条件下，多维标度可以将多域数据的高维度空间内嵌到可视通道张成的低维空间内[47,48]。

在体育运动比赛中，多维标度可以用于比赛成绩的可视化展示[49,50]。Machado 和 Lopes[51] 应用多维标度技术研究足球队的比赛行为，将比赛中每一轮的结果作为相异度，进行多维标度分析，直观展示比赛队伍实力。比赛队伍之间的不同相异度，对应着不同的处理方法：第一类方法只使用一个相异度矩阵，产生一个多维标度映射关系；第二类方法将所有数据组合成一个相异度矩阵，产生一个全局的多维标度映射图；第三类方法将所有参赛队伍的每一轮比赛成绩直接产生一个时间序列。除了分析体育比赛成绩，多维标度还可以分析体育比赛的照片[50]。为了探究体育比赛照片的特征，观测者能评估静物聚焦和动作聚焦条件下的相似度：静物聚焦的相似度，体现了照片中静物的接近程度；动作聚焦的相似度，体现了照片中各种动作类型的接近程度。

1.2.3 数据探索与识别

随着计算机科学的飞速发展，统计学家主动迎接海量复杂数据处理的挑战，将多维标度的研究推动到数据挖掘和分析领域。在数据探索中，多维标度能够描述输入数据在多维空间中的空间映射，找出数据的潜在结构信息[9]。对于任意两个不同的对象或场景，它们无论是非常相似的，还是非常相异的，都可以进行分析和比较。于是，很自然地就有了这种相似性或相异性的量化。多维标度正是采用这些相似性或相异性量化值作为输入，它的输出反映了对象间结构信息的空间映射，具体表现为相似对象的接近度非常高，而相异对象则相距非常远。应用多维标度，就像牛顿分析白光光斑一样，输出就类似于七色光谱，光谱中的红色与橙色很近，与绿色很远。多维标度提供的空间映射是非常有价值的，它能够将复杂的数据集简化成可视化的数据关系，易于认识和理解。

在模式识别中，多维标度可以用来减少输入变量的数量，提高分类器的性能，更好地理解数据。多维标度减少变量的方法有两种：第一种是特征选择法，为设计的分类器在原始变量中选择一个特征子集；第二种是特征剔除法，对原始变量进行线性或非线性变换，获得一个更小的特征子集。这些方法中，都需要检验距离或相异度矩阵 (接近度矩阵)，在降维后的低维空间中产生相应的对象点。度量多维标度和非度量多维标度都可以应用到模式识别中：度量多维标度考虑的是定量数据，体现在对象点之间的相异度或距离的函数关系；非度量多维标度考虑的是定性数据，体现在序列重要性和保持相异度次序的结构。Sammon 最先将度量多维标度应用到模式识别中[52]，深入解释分类信息，在特征剔除中通过非线性变换降低维度。

1.2.4 生态与环境研究

在生态学中，多维标度可被用于生物群落的分类与排序，将多维数据空间中的主要趋势归纳到低维的简单排序空间中。生物群落排序，通常采用非度量多维标度[53–57]。Gauch[54] 指出，群落排序就是将样本和物种之间的关系在低维度空间中尽可能正确地表现出来。在多个维度无法同时可视化时，这种排序就变得非常有必要了。相对于单变量分析而言，多变量分析能够提高效率，节省时间。除了非度量多维标度，还有其他排序方法，如极坐标 (polar coordinates, PC) 排序和主轴分析 (principal coordinates analysis, PCoA)。极坐标排序是利用一个距离矩阵，将样本映射到极轴不同的位置上。主轴分析与极坐标排序类似，都侧重于样本之间的距离。非度量多维标度，能够增加排序数据相关性的阶数，弥补极坐标排序和主轴分析的缺陷，因此，非度量多维标度更加适用于生态学的研究。

多维标度在气候分析中也有广泛应用。人类活动中，气候变化与全球变暖对经济、社会和健康状况等都有极其重要的影响。地表温度的时间序列，表明地球是一个变化极其缓慢的动态空时系统。Lopes 和 Machado[55] 利用多维标度，研究了全球气温时间序列的复杂相关性。多维标度能够提供全球范围内不同地区气候的相似度表示，将气候的相似度模式用图形展示出来。气象观测站在一段时间内，测量的平均月气温是相互联系的，它们能够用来估算多维标度的相似度。

多维标度在地震分析中也非常有用，能够得到一些有价值的信息。在揭示地震潜在的活动规律中，经典的数学工具面临很大的局限，难以有效地分析地震数据[56]。面对地震活动中的复杂关系，多维标度映射结构图被证明是一种直观而有效的展示工具[56,57]，传统地图则很难体现这一点。多维标度能够形成复杂对象间的空间结构映射或几何结构表示。多维标度映射或结构中的相似对象，在某种意义上会彼此靠近，形成一个簇[56]。Machado 和 Lopes[56]、Lopes 等[57] 研究了 1904 年 1 月 1 日至 2012 年 3 月 14 日期间的超过 300 万次地震活动，采用多维标度分析了地震活动之间相似度的数量关系，揭示了它们在空间与时间上的相关性，以及它们在空间频度的相关性。研究进一步发现，多维标度具有良好的稳健性，对地理空间上采集到的一致性较差的地震数据而言，多维标度能够避免不一致性带来的干扰，因此，它特别适合处理各类复杂系统的动态接入数据。

1.2.5 传感器网络定位

无线传感器网络是当前国际上备受关注的多学科交叉的新兴前沿研究热点领域[58,59]。无线传感器网络综合了传感器技术、嵌入式计算技术、无线网络通信技术、分布式信息处理技术以及微电子技术等，能够通过各类集成化的微型传感器协作实时监测、感知和采集各种环境或监测对象的信息，通过嵌入式系统对信息进行处理，并通过随机自组织无线通信网络以多跳中继方式将信息传送到终端用户，从而实现“无处不在的计算”理念。美国《技术评论》杂志论述未来新兴十大技术时，无线传感器网络被列为第一[58,59]。

无线传感器网络是由密集型、低成本、随机分布的集成传感器、数据处理单元和短程无线通信模块的微小节点通过自组织的方式构成的网络。无线传感器网络借助内置的形式多样的传感器，测量所在周边环境中热、红外、声呐、雷达和地震波等信号，探测包括温度、湿度、噪声、光强度、压力、土壤水分以及移动物体的大小、速度和方向等，最终对我们生活的物理世界实现全方位的监测和监控。无线传感器网络的自组织性和节点分布密集所提供的容错能力使其不会因为某些节点的异常而导致整个系统的崩溃，非常适合在特殊时期、特殊环境中快速构建信息基础设施，因此有广阔的应用前景。传感器网络巨大的科学意义和应用价值正在受到众多学者的重视[6,9]。

传感器网络节点自身定位是无线传感器网络的支撑技术，对传感器网络应用的有效性起着关键作用。由于节点工作区域往往是不适合人类进入的区域，或者是敌对区域，甚至优势传感器需要通过飞行器抛洒，因此节点的位置通常是随机的并且是未知的。然而在许多应用中，节点所采集到的数据必须结合其在测量坐标系内的位置信息才有意义，如果不知道数据所对应的地理位置，数据就失去意义了。除此之外，无线传感器网络定位还可以在外部目标的定位和追踪以及提高路由效率等方面发挥作用。传感器网络中节点成千上万，如果在每一个节点都安装 GPS (global positioning system，全球定位系统) 实现定位，将使得传感器网络的成本大幅度提高。为此，要求传感器网络节点具有自定位功能。通过节点间的通信可以实现节点间的距离测量。直接利用这些测量距离，尽可能地降低节点的处理负担，那么寻找高效的传感器网络节点定位算法就变得非常必要了。因此，实现传感器网络节点的自身定位对无线传感器网络具有重要的意义[9,59]。

事实上，用于解决 20 世纪 30 年代提出的地图重构问题[12] 的经典多维标度，契合了现代信息技术中的无线传感器网络节点自身定位问题。传感器网络节点定位问题的原型符合多维标度分析的框架。近些年，多维标度应用到现代信息技术中的无线传感器网络的定位问题中。2003 年，Shang 等[58] 开始采用多维标度，使用二元接近度信息，处理传感器网络节点定位问题，其主要思想是利用经典多维标度重构出传感器网络的全局结构。不过，多维标度的集中式处理[58–60] 带来了很高的计算复杂度[61]。于是，为了降低计算复杂度，半集中式的多维标度方法[62–67] 应运而生，先计算传感器网络的局部节点坐标，一旦获取了局部节点坐标，再计算剩余未知节点的坐标。针对传感器网络的流形结构[68]，Li 等利用流形学习的降维方法[69,70]，估计节点坐标。Nystrom 近似，也是降低计算复杂度的有效工具[71,72]。

对接近度矩阵进行 Nystrom 近似，可以降低待处理矩阵的维度[71]，提高节点的定位精度[72]。Wei 等[73] 提出了分布式多维标度定位方法，避免了集中式多维标度定位的计算复杂度问题。传感器网络节点定位中，采用的距离测量值存在误差，该误差一般假设是独立的高斯白噪声。一系列多维标度改进算法[74–78]，用于降低计算复杂度，减弱观测误差影响，提高定位精度。

实际应用中，传感器网络中三维定位，往往需要更深入地研究，尽管已经有众多关于多维标度的二维定位研究成果。在多维标度二维定位中，只需要三个锚节点，就可以计算其他所有节点的坐标。在三维定位中，则至少需要四个锚节点。传感器网络中二维定位算法，往往并不能简单地增加一个维度的变量，就直接应用到三维定位中[79]。传感器网络定位中，有些情况可以应用二维定位算法，有些情况则需要在三维空间中建立更复杂的模型。针对传感器网络的三维空间中的复杂模型，也有一系列的多维标度研究成果[80–83]。

多维标度和传感器网络定位类似，主要体现在多维标度对象间的接近度与传感器网络节点间的欧氏距离上。因此，多维标度可以采用节点间距离，在二维或三维的低维空间中表示出网络节点，它就对应着传感器网络节点的真实布局。在传感器网络中，每一个节点能够感知它邻近的节点，进而就测量了与邻近节点间的距离，自然地，它与非邻近节点间的距离则无法测量。基于多维标度构建的映射 (multi-dimensional scaling mapping, MDS-MAP) 算法[58,59] 中，未知节点与它非相邻节点间的距离，采用图论中弗洛伊德 (Floyd) 最短路径算法[84] 近似计算。

在传感器网络中，中心站收集节点间的邻近距离，其他的非邻近距离则通过中心站计算最短路径，这就对应着基于节点间距离的集中式多维标度定位算法。典型的 MDS-MAP 算法包括如下步骤：第一，利用 Floyd 算法计算所有节点间的最短距离，这些最短距离作为 MDS 输入数据；第二，应用经典多维标度处理距离矩阵，对内积矩阵奇异值分解 (singular value decomposition, SVD)[85] 后的特征值排序，选择最大的两个 (二维) 或三个 (三维) 特征值及其相应的特征向量，计算节点的相对位置；第三，利用锚节点，对节点相对坐标进行严格意义上的最优欧氏空间坐标变换 (平移、反射和旋转)，获得传感器网络节点全局的绝对坐标。

1.3　辐射源定位应用

1901 年 12 月 12 日，27 岁的意大利学者 Marcronis 在纽芬兰的圣约翰斯接收到发自大西洋彼岸的英格兰波尔多的无线电信号[86,87]，人类历史翻开了新的一页，广泛应用的无线电设备[88,89] 开始成为人类社会赖以生存的基础设施。

辐射源定位，就是利用空间分布的各类传感器，收集目标辐射源辐射出来的

信号 (如声信号、光信号、电磁信号等)，测量收集到信号的各类物理量，再采用一定的技术和算法，从这些观测物理量中解算出目标辐射源的位置坐标，进而获得辐射源的位置信息。辐射源定位最早可以追溯到第一次世界大战之前，当时就出现了多个点的“定向接收”，通过辐射源示向度的简单交会实现定位[90]。第二次世界大战刺激了辐射源定位的发展，英国在英法海峡沿岸筑起了无线电监测网 Chain Home[91]。随后，新技术革命的到来，使得辐射源定位呈现了跨越式发展。特别是现代信息技术的广泛应用，辐射源定位已和我们的日常生活密不可分[92]，传感器构建的监测网络涉及环境监测、健康系统、智能家庭、智能交通、应急救援和军事应用等。在这些应用领域中，最本质最基础的需求，就是获取关注对象的位置信息。

1.3.1 环境监测

传感器构建的环境监测系统，不仅可以用于监测气候环境，如温度和气压等，还可以用于监测动物状态、植物状态、森林火灾以及火山爆发和洪水等自然灾害。

在监测动物状态方面，环境监测系统主要用于对像大熊猫和扬子鳄等珍稀动物的保护。它将微型传感器植入动物体内，确定动物的位置，跟踪监测活动状态，研究栖息规律。此外，研究人员还可以根据监测数据，分析人类活动对珍稀动物的影响，以及不同珍稀动物之间的相互影响。

在监测植物状态方面，环境监测系统主要用于监测植物生长的环境。为了感知植物生长过程中的温度、湿度、降水量和阳光，它需要多种传感器组合使用，便于在植物育种中选择更优良的品种。研究人员分析这些监测数据，探索产生不同育种结果的环境要素差异规律，从而发现影响植物育种质量的重要条件。

在监测森林火灾方面，环境监测系统的每个节点能够测量所处环境的温度、光照量、气压和湿度，进而分析出实际森林环境出现火灾的可能性，融合每个节点的监测信息，能够给出整个森林火灾预警图。针对监测预警数据，专业人员可以采取必要措施来提前预防森林火灾，保护人们的生命财产安全。

在监测火山爆发方面，环境监测系统能够充分地发挥无人值守监测传感器的优势，避免有人值守监测带来的潜在安全风险。在火山爆发时，监测传感器能够提供实时可靠的数据。监测火山状态，既需要使用收集声信号的声学传感器，还需要使用收集地震信号的地震测量仪。

在监测洪水方面，环境监测系统能够监测水流的速度、降水量和空气温度，给出分析洪水的环境信息，提前预测洪水的影响，从而保护人们的生命安全，降低财产损失。

1.3.2 健康系统

传感器构建的健康系统，在应急状态下不仅能够提供准确的位置信息，还能够主动发送需要的数据。健康系统，对老年人的日常生活尤为重要，它能够实时地获取老年人的健康状况，监测他们的行动状态。一般老年人健康状态监测系统，都是由很多传感器组成的，它们放置在老年人活动的房间里，记录着老年人的日常活动。对于医院患者而言，健康系统也很重要。传感器能够提供患者连续的身体状态信息，帮助医生早期介入，提前预防严重病变，如监测患者血压和心率等。此外，医生还可以通过传感器数据，获取患者的位置信息。这样，医生就可以全天候监测患者，而且在联合治疗和诊断时，将患者信息推送给其他医生。当然，健康系统的应用，并不仅仅局限于患者群体，还包括其他群体，如婴儿。监测婴儿睡眠的健康系统，能够提供婴儿睡眠状态。传感器放在婴儿贴身衣物上，监测婴儿睡眠位置和状态，系统实时处理监测数据，当婴儿状态出现异常时，系统立即向父母发出预警，此外，传感器还可以监测婴儿的体温和心率等。

1.3.3 智能家庭

传感器构建的智能家庭系统[93]，能够实现家庭设备智能控制、家庭环境感知和家居安全性感知。除了常用的家电设备控制，还包括照明系统、空调系统、水电气表计量、供水供暖甚至开关插座。这些家庭应用，在网络技术的支持下，只需要在家庭中放置必要的传感器就可以实现。智能家庭系统，既能提高生活质量，又可以降低不必要的能源消耗。例如，家庭监测系统应用到监测家庭用水中。在家庭用水时，水管的振动与水流成正比。每个支流水管上的微型传感器记录支流水管的振动，主水管的微型传感器可以计算出主水管的总流量。正常情况下根据监测的振动数据，校正各水管的流量，一旦监测到与校正数据不一致，就能检测到浪费用水的具体位置，及时向业主发出预警。

1.3.4 智能交通

传感器构建的智能交通监测系统，能够有效地利用现有交通设施、减少交通负荷、保证交通安全、提高运输效率。智能交通系统 (intelligent transportation system，ITS) 是将先进的信息技术、数据通信传输技术、电子传感技术、控制技术及计算机技术等有效地集成应用到整个交通管理系统而建立的一种在大范围内、全方位发挥作用的，实时、准确、高效的综合交通运输管理系统。因此，智能交通并不局限于道路交通，还包括铁路、航空和水上交通。

智能交通中需要实时采集交通数据，主要有两种方式：一种是静态交通探测方式，主要是利用位置固定的定点检测器或者摄像机；另一种是动态交通探测方式。通常用来采集交通流数据的定点传感器包括感应线圈检测器、超声波检测器、雷达检测器、光学检测器和红外检测器等。动态交通探测方式是指基于位置不断变化的车辆与终端来获得实时行车速度和旅行时间等交通信息。

一般道路交通，传感器通常采集的信息包括交通流量、车速、车道占有率等。智能交通利用这些数据，获得车辆等交通工具的实时状态和位置，并对异常情况进行预警，保障交通安全。

1.3.5 应急救援

传感器构建的应急救援系统，能够快速地发现搜救人员的位置，及时地掌握现场各类情况，开展高效及时的应急救援工作。例如，随着现代化城市布局的扩大和经济发展，现代火灾呈现立体化、复杂化、多样化的趋势，处置的难度越来越大。在不掌握环境危险程度的情况下，消防人员直接进入火灾现场进行侦察和灭火是非常危险的。事故发生时，如何准确判断消防救援人员的具体位置、作战状态和现场环境信息并及时制订救援方案是非常重要的，准确获取定位信息是成功施救的关键，其中包括对被困人员和施救人员位置的确定。采用传感器应急救援网络，能够实现火场环境信息的监测和火场救援人员的定位。消防人员可以通过携带传感器节点，将节点播散在火灾区域，从而替代侦察工作。

1.3.6 军事应用

传感器构建的定位系统，在军事行动中，能够确认感兴趣目标的位置，跟踪目标的状态，掌握敌人的动向。这些概念和功能是电子侦察监视系统的主要任务。电子侦察常用手段有电子侦察站、电子侦察飞机、电子侦察船、电子侦察卫星等，主要用来收集潜在对象的电磁波信号，弄清重要目标的位置。通常的传感器网络定位系统，每一个观测站无法对目标进行独立定位，往往需要多个观测站的信息协同，才能实现对空间目标的定位。在对方区域活动的军事行动中，侦察监视的作用显得尤为突出。例如，反狙击战斗中，利用监测网络，发现和确定对方狙击手的位置，至关重要。这样的监测网络，通常由一组分布式的声学传感器组成，用于监测和处理目标的声信号，如子弹的声音和炮火的声音，测量声信号的各类信息，确定目标的位置。

1.4 辐射源定位问题的研究进展

根据接收平台的数量，辐射源定位技术可以分为单站定位技术和多站定位技术[94–97]。单站定位技术仅适用于运动着的目标或接收平台，通过接收目标辐射源信号获得角度、角度变化率、多普勒频率及其变化率等信息，实现目标辐射源的定位。国防科技大学孙仲康带领的科研小组提出了基于质点运动学原理的单站无源定位理论和体制[98,99]，在角度测量的基础上，增加了相位差变化率[100]、多普勒频率变化率[101,102]、角速度[103,104]、径向加速度[105,106]、视在加速度[107] 等观测量，对辐射源进行单站定位，并进行了相关试验[108]。单站被动定位需要对目标进行较长时间的连续观测与跟踪，无法适用于猝发信号和时短信号，而多站定位通过单次观测就能获得目标的位置。

根据辐射源的性质，辐射源定位技术可以分为基于目标辐射源的定位技术和基于非协作辐射源的定位技术。基于非协作辐射源的定位技术主要依靠第三方发射的电磁波信号 (如民用广播信号[109]、电视信号[110–112]、卫星信号[113]、GSM (global system for mobile communications，全球移动通信系统) 信号[114] 等) 探测、定位和跟踪目标。有较多学者对该技术的基本框架与理论基础[115,116] 进行了深入的研究，不过在一些场合下，非协作辐射源是否存在，以及该辐射源波形特性是否满足要求，仍然是制约该技术的关键问题。

多站定位技术在实际中常使用的定位观测量包括辐射源接收信号幅度 (received signal strength, RSS)[95]、来波到达时间 (time of arrival, TOA)[97]、来波到达多普勒频率 (frequency of arrival, FOA)[108]、来波到达方向 (direction of arrival, DOA)[117]、来波到达时间差 (time difference of arrival, TDOA)[118]、来波到达频率差 (frequency difference of arrival, FDOA)[119–122] 等。

1.4.1　最大似然定位

定位参数是从含有噪声的接收信号中估计出来的，定位参数估计值中存在着测量误差，使得多个定位参数的测量值确定的曲线不再相交于唯一的一个点。在没有其他先验信息的条件下，一般认为定位参数中所含的测量误差是高斯分布的，最大似然估计 (maximum likelihood estimation，MLE) 方法是渐进最优的[123]。不过，寻找最大似然函数最值是一个高度非线性的优化问题，需要在目标所有的可能解空间中进行搜索[123]，计算量极大。早期解决这个难题的思路是采用迭代方法逐步逼近，迭代方法包括纯方位角定位的泰勒展开技术[124–126]、距离差定位中最陡下降技术[127–129] 和测距定位中牛顿迭代法[130]。迭代思路在一些情况下非常有效，能够大大地减少计算量，如卫星干扰定位系统中就使用这种技术[119–121]。不过，迭代技术面临两个问题：一是它需要尽量靠近真实目标的初始位置；二是它不能保证迭代过程的收敛性。

1.4.2　最小二乘定位

为了克服最大似然定位方法问题，各种最小二乘 (least squares，LS) 准则下的线性估计方法陆续出现了。这些方法将高阶项作为一个额外的变量引入非线性方程中，通过两种途径把定位模型变成线性问题。第一种途径是通过差分处理将这个额外变量消去后进行线性方程的求解，这类方法称为线性最小二乘 (linear least squares，LLS) 算法。在纯方位定位中，Stansfield 法[131] 属于比较经典的线性三角定位方法。在时差定位中，Schmidt[132,133] 揭示了在三个接收站情况下线性方程确定一条直线 (二维情况) 或一个平面 (三维情况)，Friedlander[134] 进一步给出了这种定位情况的一般闭式解。在测距定位中，Fenwick[135] 和 Caffery[136] 做了类似的工作。这种方法还用于 GPS 定位中[137,138]。第二种途径是直接对含额外变量的线性问题进行求解，该类方法称为最小二乘校正 (least squares calibration, LSC) 算法，在时差定位中 Abel 和 Chaffee[139]、Smith 和 Abel[140,141] 利用该方法提出了球面插值 (spherical interpolation，SI) 算法，Schau 和 Robinson[142]、Mellen 等[143] 提出了曲面相交算法，Fang[144] 提出了类似的闭式解，Chen 等[130] 在测距定位中得到了类似的结论。这种方法还被用于卫星干扰源定位中[145]。Abel[146] 在最小二乘准则下还给出了另外一种闭式解。比较上面两种处理方法，虽然都克服了迭代定位算法的缺陷，给出了闭式解，但是都不是最优的[147,148]，无法达到目标位置坐标估计的克拉默-拉奥下界 (Cramér-Rao lower bound, CRLB)。另外，这两种方法的最佳线性无偏估计被证明是等价的[149]。

为了充分地利用上面方法中额外变量和目标位置坐标之间的非线性关系，提高定位精度，两步加权最小二乘 (two-step weighted least squares) 算法和二次校正最小二乘 (quadratic correction least squares，QCLS) 算法应运而生。两步加权最小二乘算法，又称为 Chan 方法[150]，是 Chan 首先提出的，它在加权 LSC 算法的基础上进行第二步线性加权优化。该思想首先出现在时差定位中[150]，后来拓展到时差/频差定位[151]。它也被用于卫星定位[152] 和移动通信定位[153,154]。QCLS 算法则用拉格朗日算子进行求解含二次约束条件的优化问题[155]，最先出现在时差定位中，后来发展到测距定位中[156,157] 中。Stoica 和 Li[158] 梳理了定位算法的发展脉络，将没有使用额外变量与目标位置之间的非线性关系的定位算法[131–149] 称为无约束的最小二乘算法，反之，使用该关系的算法[150–157] 称为约束最小二乘算法。总体最小二乘算法[159] 和其他近似算法[160] 在定位中也有发展。另外，相关文献还利用时差测量对多目标进行跟踪[161]。长期从事美国军方情报与信息战研究工作的 Poisel 出版了 *Electronic Warfare Target Location Methods* (《电子战目标定位方法》) 专著[162]，系统地归纳了上述定位算法。需要指出的是，尽管这类约束的最小二乘算法[150–157] 提高了定位精度，并且在很小的测量误差下能够达到目标位置估计的克拉默-拉奥下界 (CRLB)，但这类算法容易受到观测误差的影响，非线性门限效益很明显，尤其在较大观测误差下性能急剧恶化，稳健性差。

1.4.3 半正定规划定位

从优化角度来看，辐射源定位本质上是一个非线性和非凸优化问题。半正定规划定位 (semi-definite program，SDP)[163] 通过放松非凸约束条件，将定位问题转化成一个能找到全局最优解的凸优化 (convex optimization) 问题[164]，利用半正定规划优化算法求解该凸优化问题的全局最优解。

在协作或非协作传感器网络中，获取节点位置通常是一个高度非线性的优化问题。传感器网络中通过节点的通信或连接关系，可以获得节点间的距离或者能量测量值。半正定规划可以利用这些距离，增加适当的优化松弛条件，就可以获得传感器节点定位的全局最优解[165,166]。针对利用传感器节点之间的通信幅度测量值的信息，也有相应的半正定规划方法[167,168]。在大规模的传感器网络中，这些半正定规划定位虽然可以获得比较好的全局最优解，但是它们在每一次迭代过程中都需要求解高维度的线性规划矩阵，计算复杂度比较高。为了降低复杂度，Xu 等[169] 提出了基于单次距离测量的半正定规划方法，Li 等[170] 提出了适用于分布式计算的局部半正定规划算法，提高了计算效率，解决了大规模传感器网络节点高效定位问题。此外，半正定规划定位考虑了传感器网络节点定位中的非直达波[171]、节点移动性[172] 和部分节点位置误差情况[173]。

在辐射源定位中，基于距离[174] 或者能量测量[175] 的半正定规划定位方法，能够获得较好的定位精度和定位稳定性。在时差定位中，半正定规划也有相应的应用[176,177]，尤其最大最小准则下的半正定规划方法[178] 更能降低观测误差影响。与时差定位类似，采用观测站与辐射源之间的能量差，也能够实现半正定规划定位[179]。当观测站与辐射源之间存在着相对运动时，产生的多普勒效应也有助于辐射源的定位，半正定规划定位也适用基于时差/频差的定位情况[180]。

1.4.4 多维标度定位

在辐射源定位中，对比最大似然定位、最小二乘定位和半正定规划定位，可以发现最大似然定位虽然是渐进最优的[123]，但是其通常采用的迭代方法[126,127] 在降低非线性问题的计算复杂度时，容易陷入非凸优化问题的局部最小点，得不到全局最优解。最小二乘定位将非线性优化问题转化成一个线性优化问题，使得它面临着估计门限效应，在观测误差较大时，最小二乘估计变得不再稳定[158]。半正定规划定位通过放松非凸约束条件，转化成一个能找到全局最优解的凸优化问题[164]，可以获得该凸优化问题的全局最优解。

多维标度通过对象点间的距离测量张成的高维度空间，在保持对象之间的结构信息的基础上，发现这些对象点在低维度空间的结构映射关系[1,2]。事实上，用于解决 20 世纪 30 年代提出的地图重构问题的经典多维标度，契合了现代信息技术中的无线传感器网络节点定位[58–61] 领域的核心问题。该问题可以描述为这些现代信息学系统能够获得各对象或点之间的空间距离，如何利用这些距离测量确定各个节点的位置呢？数学家关于经典多维标度的研究，经过了 60 多年，才被信息技术的研究者注意到。多维标度首先在 2000 年左右被应用于无线传感器网络节点定位[58,59]，接着在 2005 年被用于蜂窝无线通信网中的移动台定位[181–183]，它在定位过程中都表现出了良好的稳健性和准确性。从辐射源定位角度来看，多维标度所寻找的低维度空间映射关系，在本质上可以看成计算观测站和目标在二维或多维度空间中的相对坐标关系[6,9]。因此，多维标度定位，既体现了辐射源定位问题的非线性和非凸特性，又可以获得相对高效的计算效率和较高精度的计算结果[58–61]。具体而言，一方面，从定位问题的描述来看，通过距离测量构建相似度矩阵，多维标度刻画了定位问题的非线性和非凸特性，能够获得全局最优解；另一方面，从定位问题的实现来看，多维标度通过相似度矩阵的特征分解、平移和旋转，使得大规模的传感器网络节点定位得以实现[59]。

随着信息技术的广泛应用，多维标度定位理论与方法技术迅猛发展。针对传感器网络节点定位，Shang 等[58,59] 提出了基于经典多维标度构建的映射 (MDS-MAP) 算法，包括集中式定位 MDS-MAP(C) 和分布式定位 MDS-MAP(P) 两类。然而，经典多维标度在随机测量空间内并不是最优的，确定性多维标度面临着最优性理论问题。Cheung 和 So[183] 敏锐地注意到无线传感器网络定位和移动通信中的目标定位这两者之间的相似性，将移动通信中的测距定位情形和经典多维标度对比，提出修正多维标度 (modified MDS) 算法。其实，早在 2002 年，万群在清华大学做博士后研究工作时[181]，就从冗余坐标系的角度提出了类似的测距定位技术，但是并没有注意到它和多维标度的内在联系。2005 年，万群等在最小定位系统中，从多维标度角度重新表述了自己的工作[182]。2007 年，So 和 Chan[184] 将前者的研究推广到任意观测站情况，并称为子空间方法 (subspace approach)，本质上它们也是一种多维标度分析。后来，子空间方法也拓展到无线传感器网络节点定位中[185]。与 Shang 等[58,59] 的研究结论类似，多维标度框架下的经典多维标度[59,183]、修正多维标度[183] 和子空间方法[182,184,185] 属于确定性多维标度范畴，性能都不是最优的，即使测量误差很小，也无法达到位置估计的克拉默-拉奥下界 (CRLB)。

为了获得最优的性能，学者修改了经典多维标度的度量方式，典型代表就是 SMACOF (scaling by majorizing a complicated function) 算法[186]，Costa 等[187] 又在 SMACOF 算法的基础上提出了分布式赋权多维标度 (distributed weighted multi-dimensional scaling, dwMDS) 算法，这一算法采用非线性最小二乘法，自适应地加大更准确距离测量的权重，考虑网络节点之间的连通性，不断迭代优化局部损失函数，因此 dwMDS 算法被认为是最大似然估计的一种迭代实现，并不是一种解析闭式最优解。

2008 年，魏合文等发现了多维标度的一个新定理：多维标度内积矩阵与未知坐标之间存在一种特殊的线性关系[188]。从这一定理出发，他们提出了加权多维标度定位算法，在随机测量空间内它既是解析闭式解，也是最优解[188]。2009 年，魏合文[189] 又发现了这一定理的广义形式，进而构建了随机测量空间多维标度统一框架，指导形成了一系列加权多维标度定位算法[190–192]。经典多维标度[59,183]、修正多维标度[183] 和子空间方法[182,184,185] 都是这些算法簇的一种特例，都可以获得最优性和鲁棒性。随后，魏合文等创设了多类型随机测量多维标度算法，包括传感器网络节点多维标度定位[190]、多维标度时差定位算法[193] 和多维标度时差/频差定位算法[194]。

魏合文等提出的兼具最优性和鲁棒性的随机性多维标度理论框架[188–190]，吸引了众多学者的关注。2009 年，Chan 和 So[195] 将它应用到传感器网络定位，获得了与文献[190] 同样的结论；2012 年，Qin 等[196] 在多维标度时差定位[193] 中增加了约束信息；2014 年，Lin 等[197] 将它应用到传感器网络中的能量定位；2015 年，Wang 等[198] 利用它来研究抑制多径效应；2016 年，Jiang 等[199] 利用它研究多维标度时差定位[193,194] 中基于辅助线的优化算法；2017 年，Wang 等[200] 将其推广到复空间中，Cao 等[201] 应用它抑制观测站误差的影响。

加权多维标度优越的性能已经体现在多类型应用[188–201] 中，但是多维标度的高维空间内嵌过程，使得加权多维标度最优性一直难以从数学上严格证明。经过近十年的深入探索，2018 年，魏合文和陆佩忠发现了随机性多维标度的两个基本性质[202]，据此从数学上严格证明了多维标度时差定位的最优性；2020 年，魏合文和陆佩忠又解决了距离空间上随机性多维标度最优性证明难题[203]；2022 年，魏合文和程建解决了多普勒空间上随机性多维标度最优性证明问题[204]。这些研究[202–204] 完善了随机性多维标度定位理论，全面填补了确定性多维标度在随机测量空间中出现的最优性理论空白。

此外，多维标度定位在其他方面也有应用研究。例如，利用多维标度定位进行距离测量与系统同步[205] 估计；结合多维标度定位研究大规模传感器网络中的信标移动性问题[206]；Rajan 等[207,208] 研究节点之间存在相对速度的多维标度估计问题；Kumar 和 Rajawat[209] 则利用速度信息辅助多维标度定位；多维标度定位还可以依据目标的状态实现运动目标的跟踪处理[210–212]；Saeed 和 Nam[61,66] 研究了在认知无线传感器网络中的多维标度定位；多维标度定位中还可以结合节点间的角度信息，形成基于距离和角度混合信息的超多维标度 (super MDS)[213,214]；采用楚列斯基 (Cholesky) 变换[215] 可以实现快速计算；2018 年超多维标度又被拓展到复空间[216,217] 中。

1.4.5 观测站存在误差的定位问题

实际中，观测站通常存在误差，这将对各类定位技术有很大影响[202]。针对观测站位置有误差的定位问题，在基于 DOA、TOA、TDOA 和 TDOA/FDOA 的定位中都开展了广泛的研究。Lui 等[218]、Chiu 等[219] 提出利用 SDP 方法来处理 TOA 定位中观测站位置误差问题。Zheng 和 Wu[220] 提出一种联合同步和定位的方法。

但是这些方法既没有提供一个辐射源位置的解析解，也没能达到 CRLB。两步加权最小二乘法[150] 是处理观测站位置误差的有效方法，它既能给出解析解，同时还能达到 CRLB。这种方法先应用到 TOA 定位中[221,222]，随后又应用到 TDOA 定位[223–225] 和 TDOA/FDOA 定位[226,227] 中，这些方法利用了位置误差的统计信息，理论分析表明该算法是一种近似无偏估计，在测量误差和观测站位置误差很小时能够达到定位精度的 CRLB。Yu 等[228] 采用约束总体最小二乘 (constrained total least squares, CTLS) 方法处理 TDOA/FDOA 定位中的观测站位置误差，CTLS 方法可以应对更大的误差情况。Li 等[229] 研究了贝叶斯估计处理观测站有位置误差的 TDOA/FDOA 定位，但它假设可以获取辐射源位置以及速度的均值和方差的先验信息。针对观测站的位置误差，Ma 和 Ho[230] 从均方误差 (mean square error, MSE) 的角度，分析了观测站位置误差对 TOA、TDOA 和 AOA (angle of arrival，到达角) 定位精度的影响，找到了观测站位置误差不会对定位精度造成影响的等价性条件。

利用参考站或者校正源来校正观测站位置和同步时钟误差是一种很常用的方法，卫星上行信号定位中广泛采用校正源与参考站[120–122]。Ma 和 Ho[230] 从均方误差的角度给出了参考站位置对这些方法的改进效果。Ho 和 Yang[231] 研究了利用一个已知位置参考站对 TDOA 定位带来的精度提升情况。Yang 和 Ho[232] 提出利用多个有位置误差的参考站校正观测站位置误差，分析了参考站位置误差影响，提出了能够达到 CRLB 的 TDOA 定位算法。在多辐射源 TOA 定位时，Sun 等[233] 提出利用序贯定位的方式，将已定位的辐射源当成参考站校正观测站位置后再定位下一个辐射源。Li 等[234] 提出利用有位置误差的参考站改善 TDOA/FDOA 定位中观测站的位置和速度误差的方法。

在观测站有位置误差的辐射源定位问题中，实现辐射源定位的同时，还需要对传感器位置进行估计以提高观测站位置精度。Sun 等提出 TDOA 中的辐射源和观测站位置联合估计方法[224] 以及 TOA 和 TDOA 中的观测站位置估计方法[235]。Hao 等[236] 提出 TDOA/FDOA 中辐射源和传感器位置联合估计的方法。Sun 等提出传感器网络中的辐射源和观测站位置联合估计方法[237] 和利用节点间的精确测量来改善节点位置的方法[238]，这些思路类似于传感器网络中的节点自定位。此外，Cao 等[201] 利用多维标度处理观测站的位置误差，取得了很好的效果。

1.5 展　　望

多维标度定位理论与技术已日趋完善，但需要研究的方向还有很多。结合实际应用需求和作者多年的工作体会，进一步的研究需要解决以下问题，供广大科技工作者参考。

(1) 多维标度定位理论丰富完善。书中讨论的多维标度定位理论及方法，主要集中在测量噪声和观测站误差是高斯噪声条件，这在大部分情形下都是满足的。但在一些特殊应用场合，如指数分布的冲击噪声或其他色噪声，相应的多维标度定位性能仍然值得深入研究。此外，书中讨论观测站存在误差情况下的多维标度定位理论及方法，进一步地，利用参考站或已知位置的校正源，如何利用多维标度定位理论获得更加稳健的位置估计，也是值得探索的应用问题。

(2) 残缺数据下的多维标度定位。在传感器网络节点定位中，网络节点之间的连接性并不是完备的，通常处于部分连接状态，使得多维标度输入数据存在残缺情况。固然可以通过连接传递性，逐步弥补这些残缺数据，便于更好地进行多维标度分析。但是，在非完备传感器网络中，研究残缺数据下的多维标度定位是一个更具有实际意义的课题。国际上也有很多学者关注这一领域，如非正则认知网络中的多维标度定位[61,66]、多维标度空间近似处理[71] 和部分测量下的多维标度定位[239,240]，都是当前研究的热点问题。

(3) 多维标度跟踪理论。书中讨论的多普勒空间多维标度定位理论及方法，可以适用于运动目标的定位，实现瞬时定位。不过，为了更好地描述目标的运动状态，更有效的方法是对运动目标进行跟踪处理。目前，国际上有较多学者开展了这方面的研究，包括多维标度相对速度的估计[68,207,208]、运动观测站的多维标度定位[206]、速度辅助的多维标度[209]、动态多维标度跟踪[210–212] 等。事实上，正如经典多维标度定位理论并不能获得最优估计一样，现有的多维标度跟踪方法都是从经典多维标度出发的，并不能获得最优性能。因此，研究多维标度对运动目标最优跟踪，仍然是一个具有挑战性的课题。

第 2 章　多维标度及其定位原理

多维标度是一种将海量高维数据空间内嵌到低维空间的数据降维处理技术，在降维过程中它能够保持高维度数据的内在结构和本质特征信息。目标定位问题，可以抽象地描述成从各类观测集合中恢复出目标与观测站之间的空间几何结构。保持内在结构的多维标度与目标定位问题在本质上具有密切的内在联系。目标辐射源相对于观测站之间的距离测量，正好契合了多维标度的输出信息。从多维标度角度来看，包括目标与观测站在内所有对象之间的距离，描述了对象之间的相异度，可以获得目标的位置信息。

本章主要内容包括多维标度基础、多维标度技术、多维标度定位理论和辐射源定位性能界等。本章从多维标度基础出发，介绍多维标度输入输出和优化函数，简述经典多维标度、广义多维标度、赋权多维标度、等距特征映射和非度量多维标度技术的基本概念与内涵，系统地给出多维标度定位基本原理、多维标度定位统一框架和辐射源定位多维标度的性质，最后深入地分析辐射源定位的性能界。

2.1　多维标度基础

多维标度是将高维空间的原始数据映射到低维空间的数据处理方法。问题可以描述为：已知高维度空间内 n 个点之间 $n\times n$ 的距离平方矩阵 (distance squared matrix) $\boldsymbol{D}$ 是对称矩阵，其元素满足 $d_{ij}>0, i\neq j$ 且 $d_{ii}=0$，如何重建出这 n 个点的结构？即多维标度能够通过距离平方矩阵 $\boldsymbol{D}$，在 d 维空间内，找出 n 个点的欧氏空间坐标 $\boldsymbol{y}_1,\boldsymbol{y}_2,\cdots,\boldsymbol{y}_n$。

多维标度表述为优化问题[1, 241]：

$$\min_{\boldsymbol{Y}}\sum_{i=1}^{n}\sum_{j=1}^{n}\left(d_{ij}^{\boldsymbol{X}}-d_{ij}^{\boldsymbol{Y}}\right)^2 \tag{2.1}$$

其中，$d_{ij}^{\boldsymbol{X}}=\|\boldsymbol{x}_i-\boldsymbol{x}_j\|^2$；$d_{ij}^{\boldsymbol{Y}}=\left\|\boldsymbol{y}_i-\boldsymbol{y}_j\right\|^2$；$\|\cdot\|$ 是弗罗贝尼乌斯 (Frobenius) 范数。

距离平方矩阵 $\boldsymbol{D}$，可以通过双中心化处理转化为内积矩阵 $\boldsymbol{X}\boldsymbol{X}^{\mathrm{T}}$ 的形式：

$$\boldsymbol{X}\boldsymbol{X}^{\mathrm{T}}=-\frac{1}{2}\boldsymbol{J}_n\boldsymbol{D}\boldsymbol{J}_n^{\mathrm{T}} \tag{2.2}$$

其中，$\boldsymbol{J}_n$ 阵，$\boldsymbol{J}_n=\boldsymbol{I}_n-n^{-1}\mathbf{1}_n\mathbf{1}_n^{\mathrm{T}}$，$\boldsymbol{I}_n$ 是 $n\times n$ 的单位矩阵，$\mathbf{1}_n$ 是 $n\times 1$ 的元素为 1 的列向量。

利用内积矩阵式 (2.2)，多维标度优化问题 (2.1) 可以重新表述为

$$\min_{\boldsymbol{Y}} \sum_{i=1}^{n} \sum_{j=1}^{n} \left(\boldsymbol{x}_i^{\mathrm{T}} \boldsymbol{x}_j - \boldsymbol{y}_i^{\mathrm{T}} \boldsymbol{y}_j\right)^2 \tag{2.3}$$

多维标度优化问题的最优解是 $\boldsymbol{Y} = \boldsymbol{\Lambda}_s^{1/2} \boldsymbol{U}_s^{\mathrm{T}}$，其中 $\boldsymbol{\Lambda}_s$ 是矩阵 $\boldsymbol{D}$ 前 d 个特征值对应的特征值矩阵；$\boldsymbol{U}_s$ 是与特征值矩阵 $\boldsymbol{\Lambda}_s$ 对应的特征向量矩阵。

2.1.1　多维标度输入

多维标度的输入数据，对最终重构出的空间映射结构影响很大。数据点的靠近程度，即接近度，一般体现了对象之间的相同点或不同点[242]。在实际中，多维标度的接近度是多种多样的。不同接近度的一个重要差异是看它们的测量获取方式是直接获取还是间接获取。直接接近度就是直接通过定性判断或者定量评估，获得对象点之间的相似度 (相异度)。定性判断是将直觉、偏好和意见等映射到不同的偏好等级上[243]。间接接近度是通过可以使用的矩阵中某些变量的信息来获取。间接接近度往往会遇到数据混乱问题，这些数据混乱是人的主观错误造成的。实际中可以使用的矩阵通常由一系列的定性数据、定量数据和混合数据组成。因此，度量或非度量的间接接近度很难在这些混乱的数据和矩阵中选择出适当的变量。

利用直接或间接方式，计算接近度信息，进而组成接近度矩阵。接近度矩阵就是多维标度的基本输入信息。针对多维标度众多应用，收集接近度信息变得非常复杂。为了简化接近度信息收集过程，通常使用如下两点重要假设：第一，对象 i 和 j 之间的相异度 ρ_{ij} 具有对称性，即 $\rho_{ij} = \rho_{ji}$，则对象 i 自身的相异度 ρ_{ii} 就变成 0 了；第二，对象 i 和 j 之间的相异度 ρ_{ij} 满足非负定条件，即 $\rho_{ij} \geqslant 0$。那么，简化后的相似度或相异度，具有对称性 ($\rho_{ij} = \rho_{ji}$)、同一性 ($\rho_{ii} = 0$) 和非负定性 ($\rho_{ij} \geqslant 0$)。但是，也有学者并不赞同这些假设[244, 245]，即使对象 i 和 j 之间的相异度 $\rho_{ij} = 0$，对于第三个对象 k 而言，依然存在 $\rho_{ik} \neq \rho_{jk}$。不过，如果相似度或相异度信息满足三角不等式，即对象 i 和 j 满足 $\rho_{ij} = 0$，且有 $\rho_{ij} \leqslant \rho_{ik} + \rho_{kj}$，则上述情况就不会发生。

考虑 m 维量化的向量 $\boldsymbol{y}_l$ 的观测值 y_{il}，针对对象 i 和 j，利用著名的闵可夫斯基 (Minkowski) 距离簇表示的相异度为

$$\rho_{ij} = \left(\sum_{l=1}^{m} \left|y_{il} - y_{jl}\right|^r\right)^{\frac{1}{r}} \tag{2.4}$$

其中，当 $r = 1$ 时，对应着城市距离 (曼哈顿 (Manhattan) 距离)[246]；当 $r = 2$ 时，对应着欧氏距离；当 $r = \infty$ 时，对应着切比雪夫 (Chebyshev) 距离 [也称拉格朗日 (Lagrange) 距离]。

表 2.1 给出了多维标度中常见的接近度模型和数学表示概况，其中 ρ_{ij} 表示相异度，σ_{ij} 表示相似度。接近度模型 1～4 都属于 4 种参数下的闵可夫斯基距离。接近度模型 5 对应着赋权的欧氏距离。接近度模型 6～12 体现了变量间不同的离散度情况：巴塔恰里亚 (Bhattacharyya) 距离要求各变量是非负的[247]；Canberra 模型采用了变量各个维度上的绝对值差异；Bray-Curtis 模型则对各个维度

表 2.1 常见的多维标度接近度概况

序号	模型	接近度表示
1	欧氏距离模型	$\rho_{ij}=\left(\sum_{l=1}^{m}(y_{il}-y_{jl})^2\right)^{\frac{1}{2}}$
2	城市距离模型	$\rho_{ij}=\sum_{l=1}^{m}\lvert y_{il}-y_{jl}\rvert$
3	切比雪夫距离模型	$\rho_{ij}=\max_{l}\lvert y_{il}-y_{jl}\rvert$
4	闵可夫斯基距离模型	$\rho_{ij}=\left(\sum_{l=1}^{m}\lvert y_{il}-y_{jl}\rvert^r\right)^{\frac{1}{r}}\ (r>1)$
5	马哈拉诺比斯 (Mahalanobis) 距离模型	$\rho_{ij}=\left(\sum_{l=1}^{m}w_l\,(y_{il}-y_{jl})^2\right)^{\frac{1}{2}}$
6	巴塔恰里亚距离模型	$\rho_{ij}=\left(\sum_{l=1}^{m}\left(y_{il}^{1/2}-y_{jl}^{1/2}\right)^2\right)^{\frac{1}{2}}$
7	Canberra 模型	$\rho_{ij}=\sum_{l=1}^{m}\frac{\lvert y_{il}-y_{jl}\rvert}{(y_{il}+y_{jl})}$
8	Bray-Curtis 模型	$\rho_{ij}=\frac{\sum_{l=1}^{m}\lvert y_{il}-y_{jl}\rvert}{\sum_{l=1}^{m}(y_{il}+y_{jl})}$
9	Divergence 模型	$\rho_{ij}=\sum_{l=1}^{m}\frac{(y_{il}-y_{jl})^2}{(y_{il}+y_{jl})^2}$
10	Soergel 模型	$\rho_{ij}=\frac{\sum_{l=1}^{m}\lvert y_{il}-y_{jl}\rvert}{\sum_{l=1}^{m}\max_{i,j}(y_{il},y_{jl})}$
11	角分度模型	$\sigma_{ij}=\frac{\sum_{l=1}^{m}y_{il}y_{jl}}{\left(\sum_{l=1}^{m}y_{il}^2\right)^{\frac{1}{2}}\left(\sum_{l=1}^{m}y_{jl}^2\right)^{\frac{1}{2}}}$
12	相关系数模型	$\sigma_{ij}=\frac{\sum_{l=1}^{m}(y_{il}-\bar{y}_i)(y_{jl}-\bar{y}_j)}{\left(\sum_{l=1}^{m}(y_{il}-\bar{y}_i)^2\right)^{\frac{1}{2}}\left(\sum_{l=1}^{m}(y_{jl}-\bar{y}_j)^2\right)^{\frac{1}{2}}}$

上绝对值差异进行求和，主要用在生态学上[248]；Divergence 模型采用了变量各个维度上的均方差异；Soergel 模型与 Canberra 模型类似，但是它使用了各个维度上的最大值变量作为比较对象；角分度模型计算了变量之间的几何夹角，它的取值范围为 $[-1,1]$；相关系数模型体现了变量之间的相关性，在高维度空间中应用优势明显，它的取值范围也为 $[-1,1]$。

多维标度能够利用广义系数相似度 (general coefficient of similarity, GCS)，表示定性和定量混合数据的接近度。广义系数相似度，对赋权相似度进行平均处理。针对对象 i 和 j，它们的广义系数相似度定义为

$$\sigma_{ij} = \frac{\sum_{l=1}^{m} w_{ijl}\sigma_{ijl}}{\sum_{l=1}^{m} w_{ijl}} \tag{2.5}$$

其中，w_{ijl} 是对应的非负数赋权系数；σ_{ijl} 是对象 i 和 j 之间的相似度。赋权可以用来处理确定情况，当对象 i 和 j 之间的相似度无法获得时，权值 $w_{ijl}=0$。另外，当考察的变量包含各种类型的数据时，广义系数相似度的权值，就可以用来很好地描述非定量的数据。

2.1.2 损失函数与应力函数

多维标度，在理论上，需要将每一个相似度 (或相异度) 准确地映射到欧氏距离上。但是实际中很多因素导致测量值存在误差噪声，如测量误差、采样误差和不稳定性等。

为了使相异度函数尽可能地逼近真实距离，即要求 $f(\rho_{ij})=d_{ij}(\boldsymbol{X})$，很多学者提出了不同的技术来解决该优化问题，使得 $f(\rho_{ij})$ 和 $d_{ij}(\boldsymbol{X})$ 之间的差异最小。通常采用统计意义上的均方误差来衡量它们之间的差异：

$$e_{ij}^2 = [f(\rho_{ij}) - d_{ij}(\boldsymbol{X})]^2 \tag{2.6}$$

对于所有的两两对象 (i,j)，将每一组均方误差累计起来，得到原始应力函数 (raw stress function)：

$$\xi_r = \sum_{i=1}^{n}\sum_{j<i}^{n} [f(\rho_{ij}) - d_{ij}(\boldsymbol{X})]^2 \tag{2.7}$$

在进行坐标尺度变换时，原始应力函数 (2.7) 没有经过正则化处理，不具备稳定性。为了保持应力函数的稳定性，学者提出了一系列的正则化处理方式，其中最直接

的正则化方式是采用距离测量值 $\hat{d}_{ij}$，就得到 Kruskal 1 型应力函数 (Stress-1)[16]，定义如下：

$$\xi_1 = \sqrt{\frac{\sum_{i=1}^{n}\sum_{j<i}^{n}\left[\hat{d}_{ij} - d_{ij}(\boldsymbol{X})\right]^2}{\sum_{i=1}^{n}\sum_{j<i}^{n} d_{ij}^2(\boldsymbol{X})}} \tag{2.8}$$

对 Kruskal 1 型应力函数 (Stress-1) 进行中心化处理，就得到 Kruskal 2 型应力函数 (Stress-2)[16]，定义如下：

$$\xi_2 = \sqrt{\frac{\sum_{i=1}^{n}\sum_{j<i}^{n}\left[\hat{d}_{ij} - d_{ij}(\boldsymbol{X})\right]^2}{\sum_{i=1}^{n}\sum_{j<i}^{n}\left[d_{ij}(\boldsymbol{X}) - \bar{d}\,\right]}} \tag{2.9}$$

对应力函数进行最小化的优化处理，是为了在 m 维空间中获得 $\boldsymbol{X}$ 的最优坐标。也有学者不采用上面的距离差构造应力函数，而是利用相异度直接构建正则化应力函数 (normalized stress function)，定义为

$$\xi_n = \frac{\xi_r}{\eta_\rho^2} = \frac{\sum_{i=1}^{n}\sum_{j<i}^{n}\left[f(\rho_{ij}) - d_{ij}(\boldsymbol{X})\right]^2}{\sum_{i=1}^{n}\sum_{j<i}^{n} w_{ij}\rho_{ij}^2} \tag{2.10}$$

显然，当 $\sum_{i=1}^{n}\sum_{j<i}^{n} w_{ij}\rho_{ij}^2 = 1$ 时，$\xi_n = \xi_r$，w_{ij} 为每一个相异度 ρ_{ij} 对应的赋权值。

通过 Tucher 系数，Leeuw[249] 证明了正则化应力函数 ξ_n 和 Kruskal 1 型应力函数 ξ_1 在优化过程中，具有同样极小值。因此，在优化多维标度应力函数时，通常先对接近度进行正则化处理[249]。这一类正则化处理的方法，统称为 SMACOF 算法[186]，即复杂函数最优化尺度算法。为了解决计算复杂度的问题，这种高效的最优化处理方法广泛应用于很多多维标度模型中。

在本质上，损失函数 (loss function) 和应力函数 (stress function) 是一致的，都是描述相异度和距离之间的匹配关系。具体而言，损失函数描述了相异度与对应距离之间的失配程度，应力函数则是衡量相异度对距离的拟合程度。

2.1.3　输出与 Procrustes 分析

虽然多维标度在低维空间内计算出了对象点的所有相对坐标与相对结构，但是却无法获得这些坐标点的旋转、伸缩和反射等变换关系。这在实际中需要进一步处理。

对于 m 维空间坐标矩阵 $\boldsymbol{X}$ 的第 i 个向量 $\boldsymbol{x}_i$，定义坐标变换 $\hat{\boldsymbol{x}}_i$：

$$\hat{\boldsymbol{x}}_i = s\boldsymbol{T}\boldsymbol{x}_i + c \tag{2.11}$$

其中，s 是伸缩因子 ($s<1$ 是压缩，$s>1$ 是拉伸)；$\boldsymbol{T}$ 是旋转或反射变换的正交矩阵；c 是平移量。

对于 $\boldsymbol{x}_i$ 和 $\hat{\boldsymbol{x}}_i$ 的变换关系，在多维标度分析中并不唯一，这就导致了多维标度的输出坐标存在模糊性。Procrustes 分析能够给出这种坐标变换的最优解[2]。Procrustes 分析是一种用来分析形状分布的统计方法，从数学上讲，它就是利用最小二乘法寻找形状与形状之间的仿射变化。

考虑含有 n 个向量的坐标矩阵 $\boldsymbol{X}$ 和 $\boldsymbol{Y}$，维度分别为 m 和 $\bar{m}$，其中 $\bar{m} \leqslant m$。为了便于比较矩阵 $\boldsymbol{X}$ 和 $\boldsymbol{Y}$ 的匹配程度，需要将矩阵 $\boldsymbol{Y}$ 增加 $m-\bar{m}$ 个全为零的行向量，使得 $\boldsymbol{Y}$ 变成 $m \times n$ 的矩阵。矩阵 $\boldsymbol{X}$ 和 $\boldsymbol{Y}$ 之间存在着任意的旋转、伸缩和反射等变换，利用 Procrustes 分析，它们之间的失配度可以表述为

$$\min_{s,\boldsymbol{T},c} \sum_{i=1}^{n} \left(\boldsymbol{y}_i - s\boldsymbol{T}\boldsymbol{x}_i - c\right)^{\mathrm{T}} \left(\boldsymbol{y}_i - s\boldsymbol{T}\boldsymbol{x}_i - c\right) \tag{2.12}$$

优化问题中寻找最优的变换参数 s、$\boldsymbol{T}$ 和 c，Cox T 和 Cox M[1] 给出了详细推导。

2.2　多维标度技术

学者提出了不同的多维标度技术，其中大部分都是通过高维空间的观测相异度 (或相似度) 表示低维度空间内的坐标。相异度通常与欧氏距离映射匹配，即在信息损失最小的条件下，对象 i 和 j 之间的相异度 ρ_{ij} 映射到对应的欧氏距离 d_{ij}，映射函数为

$$f: \rho_{ij} \to d_{ij}\left(\boldsymbol{X}\right) \tag{2.13}$$

其中，$d_{ij}\left(\boldsymbol{X}\right)$ 是依赖于未知坐标矩阵 $\boldsymbol{X}$ 的欧氏距离。

不同种类的多维标度，可以定义成相异度 ρ_{ij} 与对应欧氏距离 $d_{ij}\left(\boldsymbol{X}\right)$ 之间不同的映射函数。因此，所有的多维标度，严格意义上的映射关系都可以表述为 $f\left(\rho_{ij}\right) = d_{ij}\left(\boldsymbol{X}\right)$。但在实际应用中，仅存在近似关系 $f\left(\rho_{ij}\right) \approx d_{ij}\left(\boldsymbol{X}\right)$，映射函数将距离测量值转化为相异度的函数 $\hat{d}_{ij} = f\left(\rho_{ij}\right)$。

有的多维标度选择线性映射函数 $\hat{d}_{ij} = b\rho_{ij}$，即比例多维标度 (ratio MDS)；有的多维标度选择恒等映射函数 $\hat{d}_{ij} = \rho_{ij}$，即纯粹多维标度；有的多维标度选择映射函数 $\hat{d}_{ij} = g + h\rho_{ij}$，即间距多维标度 (interval MDS)，其中参数 g 和 h 保证映射关系成立。因此，多维标度选择的映射函数，在本质上必须满足连续性、单调性和参数化。

根据接近度类别，多维标度可以分为度量多维标度和非度量多维标度。在度量多维标度中，接近度为距离测量值 $\hat{d}_{ij} = \rho_{ij}$，对应的损失函数[248] 为

$$\chi = \sum_{i \neq j} \left(\hat{d}_{ij} - d_{ij} \right)^2 \tag{2.14}$$

在度量多维标度中，m 维空间内的对象 i 和 j 之间的相异度 ρ_{ij} 严格地对应着它们之间的欧氏距离。在非度量多维标度中，对象 i 和 j 之间的相异度 ρ_{ij} 仅仅对应着数据数值大小顺序，如 $\rho_{12} = 6$ 和 $\rho_{34} = 4$，在模型中只表示 $\rho_{12} > \rho_{34}$ 而已。度量多维标度中的接近度信息，体现了对象间的距离测量值，即接近度的间隔和比例必须尽可能地接近真实距离；非度量多维标度中的接近度信息只体现了它们的数据数值大小顺序，距离的大小顺序就含有了接近度的大小顺序信息。度量多维标度主要有四类模型：经典多维标度 (CMDS)、广义多维标度 (generalized MDS, GMDS)、赋权多维标度 (dwMDS) 和等距特征映射 (ISOMAP)。

2.2.1 经典多维标度

经典多维标度，解决的很多问题都类似于早期研究地图重构问题。具体来说，就是给定各对象点之间的距离，然后在地图上布设这些对象点，使得它们在地图上的距离仍然保持原来各对象之间的距离[2, 249]。

用数学语言来描述经典多维标度，就是寻找分布在高维欧氏空间和低维欧氏空间内各个对象之间的等距映射。考虑高维度空间内的 n 个点 $\boldsymbol{X}$，点 i 和 j 之间的相异度为 p_{ij}。针对高维空间内这 n 个点 $\boldsymbol{X}$，经典多维标度就是为了获取它们在 d 维的低维线性空间内的投影，优化投影点的布局，使得这些投影点的欧氏距离 d_{ij} 尽可能地接近原来高维空间里点与点之间的相异度 p_{ij}。

经典多维标度，通过对内积矩阵 $\boldsymbol{B} = \boldsymbol{X}\boldsymbol{X}^{\mathrm{T}}$ 的特征分解，能够找出 n 个点 $\boldsymbol{X}$ 在低维空间内的坐标。这里，内积矩阵 $\boldsymbol{B}$ 可以通过对均方接近度矩阵 $\boldsymbol{D}$ 双中心化处理得到。经典多维标度主要步骤如下。

(1) 计算均方接近度矩阵 $\boldsymbol{D} = \left[p_{ij}^2\right]$。

(2) 双中心化均方接近度矩阵，得到 $\boldsymbol{B} = -\dfrac{1}{2}\boldsymbol{J}\boldsymbol{D}\boldsymbol{J}^{\mathrm{T}}$。双中心化处理，就是减去矩阵中每个元素的行平均和列平均，然后再加上矩阵元素的总平均 (grand mean)。

(3) 特征值分解 $\boldsymbol{B}$，提取前 d 个特征向量 $\boldsymbol{U}_s$ 以及对应的特征值 $\boldsymbol{\Lambda}_s$。

(4) 最后，计算 n 个点 $\boldsymbol{X}$ 在 d 维空间内的坐标 $\boldsymbol{X}=\boldsymbol{U}_s\boldsymbol{\Lambda}_s^{-1/2}$。

当相异度 p_{ij} 不是欧氏距离时，经典多维标度仍然适用，只要矩阵 $\boldsymbol{B}$ 是半正定的，或者相异度 p_{ij} 满足欧氏空间特性。如果矩阵 $\boldsymbol{B}$ 不是半正定的，那么对它进行特征值分解后，产生的特征值大部分都是负数。在这种情况下，对相异度矩阵进行变换，使其具有欧氏空间特征[14]，同时忽略掉极小的特征值[1]。

2.2.2　广义多维标度

将经典多维标度进行自然拓展，适应对象之间的相异度矩阵是非欧氏矩阵的情形[250]，就得到广义多维标度。两个不同曲面的接近度，从经典多维标度来看，有无限种可能性，这就导致经典多维标度的计算过程非常复杂，通常难以实现。广义多维标度能够有效地解决曲面之间的接近度部分匹配和完全匹配问题。换言之，广义多维标度针对一个曲面内嵌到另一个曲面的映射问题，在保持内点测地距离不变的前提下，计算出从一个曲面到另一个曲面的内嵌映射结构。

事实上，除了通常使用的欧氏距离，还会使用到其他非欧氏空间距离，如双曲面距离[251] 和球面距离[252] 等。在广义多维标度中，就是考虑这些非欧氏曲面距离的应用情况。

考虑两个结构 C_1 和 C_2，它们的内点测地距离矩阵分别表示为 $\boldsymbol{G}_1$ 和 $\boldsymbol{G}_2$，那么广义多维标度就是在优化 $\|\boldsymbol{W}\boldsymbol{G}_1-\boldsymbol{G}_2\boldsymbol{W}\|_2^2$ 问题中寻找最优的排列矩阵 $\boldsymbol{W}$，即

$$\min_{\boldsymbol{W}}\|\boldsymbol{W}\boldsymbol{G}_1-\boldsymbol{G}_2\boldsymbol{W}\|_2^2 \tag{2.15}$$

其中，$\|\cdot\|_2^2$ 是结构 C_1 和 C_2 离散映射的 2 范数；排列矩阵的元素定义为 $\boldsymbol{W}_{ij}=\{0,1\}$。

对于连续集合而言，$\|\cdot\|_2^2$ 定义为

$$\|F\|_2^2=\iint\limits_{C_1,C_2} F^2\left(x,y\right)\mathrm{d}a_1\left(x,y\right)\mathrm{d}a_2(x,y) \tag{2.16}$$

对于离散集合而言，$\|\cdot\|_2^2$ 定义为

$$\|F\|_2^2=\mathrm{trace}\left\{\boldsymbol{F}^{\mathrm{T}}\boldsymbol{A}_2\boldsymbol{F}\boldsymbol{A}_1\right\} \tag{2.17}$$

在离散情况下，式 (2.15) 中优化函数的 2 范数可以写成

$$\|\boldsymbol{W}\boldsymbol{G}_1-\boldsymbol{G}_2\boldsymbol{W}\|_2^2=\mathrm{trace}\left\{\boldsymbol{W}\boldsymbol{G}_1-\boldsymbol{G}_2\boldsymbol{W}^{\mathrm{T}}\boldsymbol{G}_2\left(\boldsymbol{W}\boldsymbol{G}_1-\boldsymbol{G}_2\boldsymbol{W}\right)\boldsymbol{G}_1\right\} \tag{2.18}$$

该优化函数可以进一步写成

$$-2\text{trace}\left\{\boldsymbol{W}^{\mathrm{T}}\boldsymbol{G}_2\boldsymbol{W}\boldsymbol{G}_1\right\} \tag{2.19}$$

式 (2.19) 是一个典型的复杂度为多项式的非确定性问题 (non-deterministic polynominal time hard problem, NP 难问题)，很多学者给出了这方面的研究结论[240]。最近，有学者提出利用谱特性处理广义多维标度的优化问题[253]，一方面能够进一步降低计算复杂度，另一方面则克服广义多维标度的非凸优化问题。

2.2.3 赋权多维标度

在赋权多维标度 (dwMDS) 中，引入了一个赋权变量，便于更好地拟合对象点之间的接近度和对应相异度。赋权多维标度也称为 INDSCAL(individual differences in multidimensional scaling) 算法[20]，是由 Carroll 和 Chang 在 1970 年提出来的。赋权多维标度去掉了经典多维标度中的旋转不变性，为用户提供新的维度，这在心理学中具有很重要的意义[254]。一旦估计出了赋权值，剩下的处理就与经典多维标度类似。因此，赋权多维标度的损失函数定义为

$$\chi = \sum_{i=1}^{n}\sum_{j<i}^{n} w_{ij}[p_{ij} - d_{ij}(\boldsymbol{X})]^2 \tag{2.20}$$

其中，w_{ij} 是提高相异度 p_{ij} 量化准确性的对应权值，如果对象 i 和 j 之间没有相异度信息，则 $w_{ij} = 0$。权值 w_{ij} 大小体现了相异度 p_{ij} 的测量精度。在损失函数中，相异度 p_{ij} 测量越精确，则权值 w_{ij} 就越大，给定一个观测噪声模型，权值通常建模为观测噪声标准差的倒数[187]。1980 年，Leeuw 和 Heiser[255] 就提出了赋权思想，典型的赋权包括 S 形应力函数 (S-stress)、STRAIN 和 Sammon 映射。

考虑 INDSCAL 算法[256] 中的 S 形应力函数和 STRAIN,S 形应力函数定义为

$$\xi_{\text{S-stress}} = \sum_{i=1}^{n}\sum_{j<i}^{n} [p_{ij} + d_{ij}(\boldsymbol{X})]^2[p_{ij} - d_{ij}(\boldsymbol{X})]^2 \tag{2.21}$$

其中，S 形应力函数取决于两项，均方差 $[p_{ij} - d_{ij}(\boldsymbol{X})]^2$ 和赋权项 $[p_{ij} + d_{ij}(\boldsymbol{X})]^2$，这两项都取决于 $d_{ij}(\boldsymbol{X})$。假设残差非常小，则相异度 p_{ij} 和距离 $d_{ij}(\boldsymbol{X})$ 非常接近，赋权项 $[p_{ij} + d_{ij}(\boldsymbol{X})]^2$ 可以近似为

$$[p_{ij} + d_{ij}(\boldsymbol{X})]^2 \approx (p_{ij} + p_{ij})^2 = 4p_{ij}^2 \tag{2.22}$$

因此，S 形应力函数在优化处理时，可以采用赋权系数 $w_{ij} = 4p_{ij}^2$。

McGee[257] 提出了多维标度中的弹性距离，能够平等拟合大相异度和小相异度。这一类赋权损失函数是

$$\xi_{\text{elastic}} = \sum_{i=1}^{n}\sum_{j<i}^{n}\left[1-\frac{d_{ij}(\boldsymbol{X})}{p_{ij}}\right]^2 = \sum_{i=1}^{n}\sum_{j<i}^{n} p_{ij}^{-2}\left[p_{ij}-d_{ij}(\boldsymbol{X})\right]^2 \tag{2.23}$$

Sammon 映射[258] 在模式识别中应用很广，也被用于赋权多维标度。Sammon 映射的权值为 $w_{ij} = p_{ij}^{-1}$，对应的损失函数定义为

$$\xi_{\text{Sammon}} = \sum_{i=1}^{n}\sum_{j<i}^{n} p_{ij}^{-1}\left[p_{ij}-d_{ij}(\boldsymbol{X})\right]^2 \tag{2.24}$$

值得指出的是，Sammon 映射的赋权类似于弹性距离的赋权。

Jourdan 和 Melancon[259] 提出了多尺度的损失函数，定义为

$$\xi_{\text{multiscale}} = \sum_{i=1}^{n}\sum_{j<i}^{n} \log_2\left[\frac{d_{ij}(\boldsymbol{X})}{p_{ij}}\right]^2 \tag{2.25}$$

其中，多尺度损失函数是从对数尺度上分析相对误差的。

以上赋权损失函数式 (2.21)、式 (2.23)～ 式 (2.25) 中，赋权值 w_{ij} 的选择都是基于一些具体而特定的信息来确定的。除此之外，还有一类选择权值的方式，就是依据接近度信息的可靠性来选择。接近度信息越可靠，权值就越大；接近度信息可靠性越差，权值越小。

2.2.4　等距特征映射

等距特征映射 (ISOMAP)[3] 是将高维空间结构映射到低维空间内且保持等距特性的一种降维技术。与经典多维标度不同之处在于，经典多维标度处理的是对象点之间的欧氏距离，而等距特征映射处理的则是高维空间结构中的曲面测地距离。因此，等距特征映射也是一种特殊的多维标度方法。

从几何流形 (manifold)——局部具有欧氏空间性质的空间角度来看，经典多维标度采用了点与点之间的欧氏距离，属于线性流形问题，而等距特征映射利用实际的曲面上的测地距离取代欧氏距离，属于非线性流形问题，显然非线性流形更接近真实复杂空间的描述。Tenenbaum 等[3] 证明了在几何框架下，非线性降维的最优解，能够近似地收敛到原始高维度空间数据的真实结构。

在等距特征映射中，首先计算点与点之间的曲面测地距离，其次将这些曲面测地距离作为边，构造一个图 G 的描述，最后对完全连接图 G 进行优化，得到低维空间的等距内嵌映射结构。

构造完全连接图 G 最为关键，任意对象点作为图 G 的顶点，针对对象 i 和 j 之间的测地距离 g_{ij}，如果它满足一定门限 ϵ 条件，即 $g_{ij} < \epsilon$，则 g_{ij} 就成为图 G 顶点 i 和 j 之间的边。计算图 G 每一个顶点相关的测地距离，利用图论中 Floyd 最短路径搜索算法，可以得到图 G 任意顶点之间的边。

考虑完全图 G，它的任意顶点 i 和 j 之间的距离为 g_{ij}，则等距特征映射的损失函数就可以定义为

$$\xi_{\text{isomap}} = \sum_{i=1}^{n}\sum_{j<i}^{n}(g_{ij} - d_{ij})^2 \tag{2.26}$$

关于数据集 D，距离 $d(u,v)$ 和邻域 k 的测地距离[260] 为

$$\bar{D}(a,b) = \min_{p} d(p_i, p_{i+1}) \tag{2.27}$$

其中，p 是长度为 $l\,(l>2)$ 的序列，$p_1 = a$，$p_l = b$ 和 $p_i \in D$，(p_i, p_{i+1}) 是邻域 k 下的最小邻近点。

等距特征映射算法进行空间等距内嵌时，需要使用的正则化矩阵 $\bar{\boldsymbol{M}}$ 的元素 $[\bar{\boldsymbol{M}}]_{ij}$ 为

$$[\bar{\boldsymbol{M}}]_{ij} = -\frac{1}{2}\left([\boldsymbol{M}]_{ij} - \frac{1}{n}\sum_{j}[\boldsymbol{M}]_{ij} - \frac{1}{n}\sum_{i}[\boldsymbol{M}]_{ij} + \frac{1}{n^2}\sum_{i}\sum_{j}[\boldsymbol{M}]_{ij}\right) \tag{2.28}$$

其中，$[\boldsymbol{M}]_{ij} = \bar{D}^2(x_i, x_j)$ 是关于数据集 D 的测地距离平方矩阵元素。

2.2.5　非度量多维标度

与经典多维标度一样，非度量多维标度在保持接近度与距离匹配关系的基础上，计算对象在 m 维空间内的坐标。非度量多维标度的提出是为了克服经典多维标度的两大缺陷[26]：一是相异度与距离之间有一个明确的变换函数；二是内嵌空间约束在欧氏几何空间内。

从本质上来说，对于相异度和接近度之间的关系，非度量多维标度只有一个很宽泛的约束要求。考虑一个单调增函数 f：$d_{ij} = f(\delta_{ij})$，给定一个接近度集合 $\{\delta_{ij}\}$，则产生一个距离集合 $\{d_{ij}\}$，那么对于任意 $\delta_{ij} < \delta_{rs}$，则有 $f(\delta_{ij}) < f(\delta_{rs})$。事实上，非度量多维标度的输入数据，直接就是相异度构成的矩阵 $\boldsymbol{D}$，它的元素 $[\boldsymbol{D}]_{ij}$ 为

$$[\boldsymbol{D}]_{ij} = |\delta_{ij}| \tag{2.29}$$

非度量多维标度并不依赖于相异度数值的大小，而是依赖于相异度数值的大小排序。在本质上，非度量多维标度体现了相异度的顺序，因此也称为顺序多维标度 (ordinal MDS)。

2.2.6　多维标度内涵与性能比较

各类多维标度，虽然都是从经典多维标度发展而来的，但是在定义、计算量和运用上，都有显著的不同，这里对各类多维标度进行比较。

1. 多维标度内涵比较

广义多维标度 (GMDS) 是经典多维标度的直接拓展，将内嵌目标空间拓展到任意平滑的非欧氏空间。广义多维标度主要应用情形为：相异度定义在一个曲面上，而目标空间定义在另一个曲面上，且相异度用曲面距离表示。因此，广义多维标度是从一个曲面到另一个曲面映射变换中寻找最小失真条件下的内嵌映射结构[240]。

等距特征映射 (ISOMAP) 是经典多维标度的另一类拓展，在多维标度输入数据矩阵中使用测地距离[3,261]，从局部具有欧氏空间性质的流形来看，等距特征映射实现了从线性流形到非线性流形的拓展。

赋权多维标度 (dwMDS) 推广了经典多维标度的距离模型，这些非线性的或单调的距离模型使得不同应用情形中的多维标度输入矩阵能够相互区分。从基础的认知处理和响应反馈角度来看，赋权多维标度体现了各类模型的个体差异性[262,263]。赋权多维标度中的权值，建立在距离测量的基础上，当距离测量误差较大时，赋予的权值较小；当距离测量误差较小时，赋予的权值较大。

非度量多维标度 (NMDS) 是经典多维标度的另一类拓展。经典多维标度直接使用度量距离，非度量多维标度则推广了输入数据类型，可以采用仅仅体现距离顺序的非度量数据。这一推广使得多维标度有更为广阔的应用领域。非度量多维标度的输入数据则涵盖了定性判断和定量数据[18]。

2. 多维标度性能比较

考察欧氏空间内线性输入数据，度量多维标度的性能优于非度量多维标度，体现拟合失配程度的应力函数也小于非度量多维标度。这是由于度量多维标度中直接使用了完整的欧氏距离信息，非度量多维标度则仅仅使用了这些距离的数值顺序信息。另外，度量多维标度中的经典多维标度、广义多维标度、赋权多维标度和等距特征映射，四者性能相同。这是由于广义多维标度、赋权多维标度和等距特征映射的推广情形应用到线性数据时，全部退化成经典多维标度，使用的输入数据都是欧氏空间的距离。

考察非线性曲面模型，以一个曲面数据为例，比较各类多维标度在非线性数据输入下的性能，如图 2.1 所示。从图中可以发现：① 广义多维标度和等距特征映射的结果最接近原始曲面，这是由于它们都使用了非欧氏空间内曲面上的测地距离；② 经典多维标度与主成分分析的性能明显比广义多维标度和等距特征映射差，这是由于它们均假设观测数据都是内嵌到线性空间的，这与真实的非线性曲面不匹配；③ 非度量多维标度性能最差，这是由于它仅仅使用了输入数据顺序这一非度量信息，而丢弃了真实的度量距离信息。

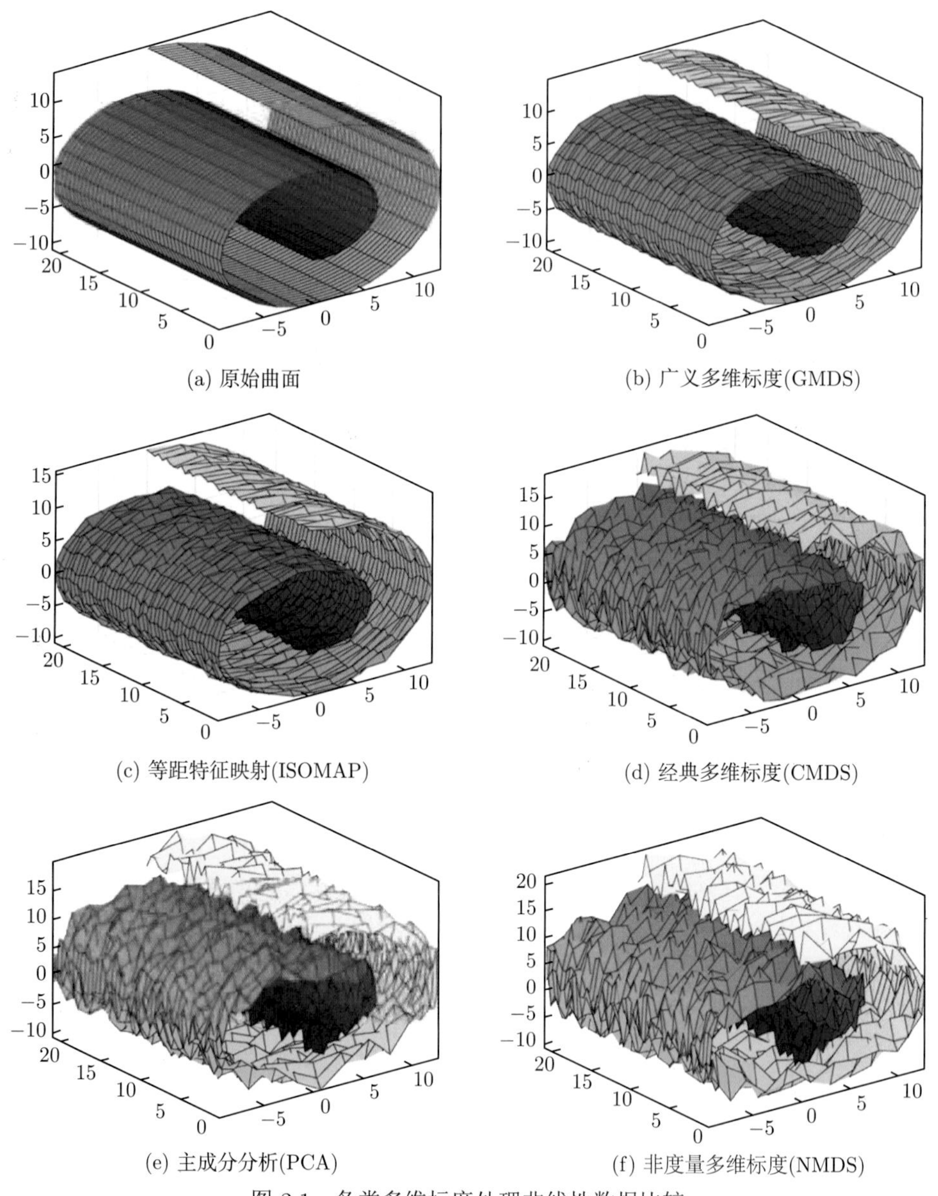

(a) 原始曲面　(b) 广义多维标度(GMDS)

(c) 等距特征映射(ISOMAP)　(d) 经典多维标度(CMDS)

(e) 主成分分析(PCA)　(f) 非度量多维标度(NMDS)

图 2.1　各类多维标度处理非线性数据比较

表 2.2 给出了各类多维标度在线性与非线性、闭式解与迭代解、应力函数强度和计算复杂度等方面的比较结果。其中，N 表示对象点的数量，D 表示空间维

度数。从表 2.2 可以看出，主成分分析和经典多维标度是线性处理方法，具有闭式解，而广义多维标度、非度量多维标度和等距特征映射是非线性处理方法，它们不存在闭式解，只有迭代解。从表 2.2 可以看出，非度量多维标度计算复杂度最低，应力函数强度很高；广义多维标度与等距特征映射计算复杂度和应力函数强度都较低；经典多维标度由于要涉及矩阵特征分解，计算复杂度最高。

表 2.2　各类多维标度比较

名称	线性/非线性	闭式解/迭代解	应力函数强度	计算复杂度
PCA	线性	闭式解	高	$O\left(N^2\right)$
CMDS	线性	闭式解	高	$O\left(N^3\right)$
GMDS	非线性	迭代解	低	$O\left(N^2 \log N\right)$
NMDS	非线性	迭代解	很高	$O\left(N\sqrt{N}\right)$
ISOMAP	非线性	迭代解	低	$O\left(N^2 \log N+N^2 D\right)$

从多维标度应用场景和领域来看，主成分分析和经典多维标度应用最为广泛，而其他多维标度则应用在特定的场景和领域中。其他多维标度根据不同的应用场景对经典多维标度进行了针对性的拓展和推广。因此，在多维标度定位中，理论研究与发展的脉络也是如此，都是立足于经典多维标度，针对具体的辐射源定位场景推广和拓展经典多维标度定位理论及方法。

2.3　多维标度定位理论

2.3.1　多维标度定位基本原理

考虑如下定位问题：设待定的目标辐射源坐标为 $\boldsymbol{x}_0=[x_{01},x_{02},\cdots,x_{0p}]^{\mathrm{T}}$，而 n 个观测站的位置坐标为 $\boldsymbol{x}_i=[x_{i1},x_{i2},\cdots,x_{ip}]^{\mathrm{T}}$, $i=1,2,\cdots,n$。在定位问题中，p 一般取 2 或 3。通过测量观测站与目标辐射源之间的距离 $d_i=\|\boldsymbol{x}_i-\boldsymbol{x}_0\|$，如何确定辐射源目标位置 $\boldsymbol{x}_0$？

在多维标度中，辐射源定位问题属于典型的地图重构问题[10–12]，它可以描述为：对于欧氏空间内的 $n+1$ 个点 (n 个观测站和 1 个目标辐射源)，已知它们之间的距离测量值 (相异度) p_{ij} 构成距离平方矩阵 $\boldsymbol{D}$，重建出这 $n+1$ 个点在 p 维空间的坐标 $\boldsymbol{x}_0,\boldsymbol{x}_1,\cdots,\boldsymbol{x}_n$，使它们之间的距离尽可能地逼近原来的真实距离 d_{ij}。值得注意的是，辐射源定位中仅需要重建坐标 $\boldsymbol{x}_0$ 即可。

观测站坐标 $\boldsymbol{x}_1,\boldsymbol{x}_2,\cdots,\boldsymbol{x}_n$ 是已知的，于是它们之间的相异度 p_{ij} 就可以用真实距离 $d_{ij}=\|\boldsymbol{x}_i-\boldsymbol{x}_j\|$ 替代，只有观测站与目标之间的相异度 $p_i\,(i=1,2,\cdots,n)$ 使用观测值。那么多维标度和辐射源定位问题，从优化角度来看，具有如下等价性：

$$\min_{\boldsymbol{x}_0,\boldsymbol{x}_1,\cdots,\boldsymbol{x}_n}\sum_{i=0}^{n}\sum_{j=0}^{n}\left(p_{ij}-d_{ij}\right)^2=\min_{\boldsymbol{x}_0}\sum_{i=1}^{n}\left(p_i-d_i\right)^2 \tag{2.30}$$

其中，$p_{i0}=p_{0i}=p_i$。

经典多维标度能够给出式 (2.30) 左边优化问题的解：先采用 2.2.1 节矩阵特征分解，给出式 (2.30) 优化问题的相对坐标，再利用 Procrustes 分析，结合已知坐标计算相对坐标的旋转与平移变换关系，计算出绝对坐标，给出目标辐射源的位置坐标。

为了揭示多维标度的定位原理，先忽略观测误差，对应的距离平方矩阵 $\boldsymbol{D}$ 为

$$\boldsymbol{D}=\begin{bmatrix} 0 & d_1^2 & d_2^2 & \cdots & d_n^2 \\ d_1^2 & 0 & d_{12}^2 & \cdots & d_{1n}^2 \\ d_2^2 & d_{21}^2 & 0 & \cdots & d_{2n}^2 \\ \vdots & \vdots & \vdots & & \vdots \\ d_n^2 & d_{n1}^2 & d_{n2}^2 & \cdots & 0 \end{bmatrix} \tag{2.31}$$

经典多维标度需要将对象点的坐标进行中心化变换，Procrustes 分析需要坐标旋转和平移，这些都涉及参考原点问题。经典多维标度选择所有对象点的质心 (centroid) 作为参考原点，即 $\boldsymbol{x}_o=\dfrac{1}{n+1}\sum\limits_{i=0}^{n}\boldsymbol{x}_i$，对应 $(n+1)\times p$ 的中心化坐标矩阵：

$$\boldsymbol{X}=\left[\boldsymbol{x}_0-\boldsymbol{x}_o,\boldsymbol{x}_1-\boldsymbol{x}_o,\cdots,\boldsymbol{x}_n-\boldsymbol{x}_o\right]^{\mathrm{T}} \tag{2.32}$$

定义内积矩阵 $\boldsymbol{B}$：

$$\boldsymbol{B}=\boldsymbol{X}\boldsymbol{X}^{\mathrm{T}} \tag{2.33}$$

其中，内积矩阵 $\boldsymbol{B}$ 的元素定义为

$$[\boldsymbol{B}]_{ij}=\left(\boldsymbol{x}_i-\boldsymbol{x}_o\right)^{\mathrm{T}}\left(\boldsymbol{x}_j-\boldsymbol{x}_o\right) \tag{2.34}$$

对距离平方矩阵 $\boldsymbol{D}$ 进行双中心化变换[1]，就可以得到内积矩阵 $\boldsymbol{B}$：

$$\boldsymbol{B}=-\frac{1}{2}\boldsymbol{J}_{n+1}\boldsymbol{D}\boldsymbol{J}_{n+1}^{\mathrm{T}} \tag{2.35}$$

其中，

$$\boldsymbol{J}_{n+1}=\boldsymbol{I}_{n+1}-\frac{1}{n+1}\boldsymbol{1}_{n+1}\boldsymbol{1}_{n+1}^{\mathrm{T}} \tag{2.36}$$

是中心化矩阵，这里 $\boldsymbol{I}_{n+1}$ 是 $(n+1)\times(n+1)$ 的单位矩阵；$\boldsymbol{1}_{n+1}$ 是 $n+1$ 维的元素全为 1 的列向量。

引理 2.1[188,190]　在多维标度框架内，目标位置坐标 $\boldsymbol{x}_0$ 与多维标度内积矩阵 $\boldsymbol{B}$ 的噪声子空间 $\boldsymbol{U}_n$ 和观测站坐标之间具有如下线性关系：

$$\boldsymbol{P}^{\mathrm{T}}\boldsymbol{U}_n = \boldsymbol{x}_0\boldsymbol{Q}^{\mathrm{T}}\boldsymbol{U}_n \tag{2.37}$$

其中，

$$\boldsymbol{Q} = \left[-\frac{n}{n+1}, \frac{1}{n+1}, \cdots, \frac{1}{n+1}\right]^{\mathrm{T}} \tag{2.38}$$

是 $n+1$ 维系数列向量，且 $\boldsymbol{P}$ 是关于观测站坐标的 $(n+1)\times p$ 的矩阵：

$$\boldsymbol{P} = \left[-\frac{1}{n+1}\sum_{i=1}^{n}\boldsymbol{x}_i, \boldsymbol{x}_1 - \frac{1}{n+1}\sum_{i=1}^{n}\boldsymbol{x}_i, \cdots, \boldsymbol{x}_n - \frac{1}{n+1}\sum_{i=1}^{n}\boldsymbol{x}_i\right]^{\mathrm{T}} \tag{2.39}$$

证明　从内积矩阵 $\boldsymbol{B}$ 的定义式 (2.33) 可以看出，矩阵 $\boldsymbol{B}$ 是一个对称的正定矩阵，它的秩为

$$\operatorname{rank}(\boldsymbol{B}) = \operatorname{rank}\left(\boldsymbol{X}\boldsymbol{X}^{\mathrm{T}}\right) = \operatorname{rank}(\boldsymbol{X}) = p \tag{2.40}$$

对内积矩阵特征分解为

$$\boldsymbol{B} = \boldsymbol{U}\boldsymbol{\Lambda}\boldsymbol{U}^{\mathrm{T}} \tag{2.41}$$

其中，矩阵 $\boldsymbol{\Lambda} = \operatorname{diag}\{\lambda_1, \lambda_2, \cdots, \lambda_{n+1}\}$ 是 $n+1$ 维的对角特征值矩阵；并且矩阵 $\boldsymbol{B}$ 的 $n+1$ 个特征值满足 $\lambda_1 \geqslant \lambda_2 \geqslant \cdots \geqslant \lambda_{n+1} \geqslant 0$；$\boldsymbol{U} = [\boldsymbol{u}_1, \boldsymbol{u}_2, \cdots, \boldsymbol{u}_{n+1}]^{\mathrm{T}}$ 是特征值对应的正交特征向量。

因为矩阵 $\boldsymbol{B}$ 的秩为 p，那么有 $\lambda_{p+1} = \lambda_{p+2} = \cdots = \lambda_{n+1} = 0$，这样矩阵 $\boldsymbol{B}$ 就可以表示为

$$\boldsymbol{B} = \boldsymbol{U}_s\boldsymbol{\Lambda}_s\boldsymbol{U}_s^{\mathrm{T}} \tag{2.42}$$

其中，$\boldsymbol{\Lambda}_s = \operatorname{diag}\{\lambda_1, \lambda_2, \cdots, \lambda_p\}$ 是前面 p 个非零特征值构成的对角特征矩阵；$\boldsymbol{U}_s = [\boldsymbol{u}_1, \boldsymbol{u}_2, \cdots, \boldsymbol{u}_p]^{\mathrm{T}}$ 是信号子空间矩阵；$\boldsymbol{U}_n = [\boldsymbol{u}_{p+1}, \boldsymbol{u}_{p+2}, \cdots, \boldsymbol{u}_{n+1}]^{\mathrm{T}}$ 是对应的噪声子空间矩阵。注意这里使用了位置坐标是 p 维空间的维度信息。

利用内积矩阵 $\boldsymbol{B}$ 的定义式 (2.33) 及其子空间表示式 (2.41)，可以得到中心化矩阵的主轴解 $\boldsymbol{X}^r$：

$$\boldsymbol{X}^r = \boldsymbol{U}_s\boldsymbol{\Lambda}_s^{1/2} \tag{2.43}$$

其中，$\boldsymbol{\Lambda}_s^{1/2} = \operatorname{diag}\{\lambda_1^{1/2}, \lambda_2^{1/2}, \cdots, \lambda_p^{1/2}\}$。

中心化矩阵 $\boldsymbol{X}$ 与它的主轴解 $\boldsymbol{X}^r$ 的关系为

$$\boldsymbol{X} = \boldsymbol{X}^r\boldsymbol{\Omega} \tag{2.44}$$

其中，$\boldsymbol{\Omega}$ 表示某一正交旋转矩阵。多维标度是利用多个对象点之间的距离来恢复对象点的坐标，这就意味着只能得到相对坐标，它与实际的位置坐标之间存在某一旋转关系。如果给定了主轴解和实际的坐标，利用 Procrustes 分析就可以确定这个旋转矩阵 $\boldsymbol{\Omega}$ 为

$$\boldsymbol{\Omega} = \left(\boldsymbol{X}^{r\mathrm{T}}\boldsymbol{X}\boldsymbol{X}^{\mathrm{T}}\boldsymbol{X}^{r}\right)^{1/2}\left(\boldsymbol{X}^{\mathrm{T}}\boldsymbol{X}^{\mathrm{r}}\right)^{-1} \tag{2.45}$$

将式 (2.42) 和式 (2.43) 代入式 (2.45)，得到

$$\begin{aligned}\boldsymbol{\Omega} &= \left(\boldsymbol{\Lambda}_s^{1/2}\boldsymbol{U}_s^{\mathrm{T}}\boldsymbol{U}_s\boldsymbol{\Lambda}_s\boldsymbol{U}_s^{\mathrm{T}}\boldsymbol{U}_s\boldsymbol{\Lambda}_s^{1/2}\right)^{1/2}\left(\boldsymbol{X}^{\mathrm{T}}\boldsymbol{U}_s\boldsymbol{\Lambda}_s^{1/2}\right)^{-1} \\ &= \boldsymbol{\Lambda}_s\left(\boldsymbol{X}^{\mathrm{T}}\boldsymbol{U}_s\boldsymbol{\Lambda}_s^{1/2}\right)^{-1}\end{aligned} \tag{2.46}$$

这里使用了矩阵子空间的性质：$\boldsymbol{U}_s^{\mathrm{T}}\boldsymbol{U}_s = \boldsymbol{I}_p$。

式 (2.46) 两边同时右乘矩阵 $\boldsymbol{X}^{\mathrm{T}}\boldsymbol{U}_s\boldsymbol{\Lambda}_s^{1/2}$，得到

$$\boldsymbol{\Omega}\boldsymbol{X}^{\mathrm{T}}\boldsymbol{U}_s\boldsymbol{\Lambda}_s^{1/2} = \boldsymbol{\Lambda}_s \tag{2.47}$$

再利用正交旋转矩阵的性质 $\boldsymbol{\Omega}^{-1} = \boldsymbol{\Omega}^{\mathrm{T}}$，式 (2.47) 变成

$$\boldsymbol{\Omega} = \boldsymbol{\Lambda}_s^{-1/2}\boldsymbol{U}_s^{\mathrm{T}}\boldsymbol{X} \tag{2.48}$$

将式 (2.43) 以及化简后的旋转矩阵 (2.48) 代入式 (2.44) 中，得到

$$\boldsymbol{X} = \left(\boldsymbol{U}_s\boldsymbol{\Lambda}_s^{1/2}\right)\left(\boldsymbol{\Lambda}_s^{-1/2}\boldsymbol{U}_s^{\mathrm{T}}\boldsymbol{X}\right) = \boldsymbol{U}_s\boldsymbol{U}_s^{\mathrm{T}}\boldsymbol{X} \tag{2.49}$$

根据信号子空间和噪声子空间关系 $\boldsymbol{U}_s\boldsymbol{U}_s^{\mathrm{T}} + \boldsymbol{U}_n\boldsymbol{U}_n^{\mathrm{T}} = \boldsymbol{I}_{n+1}$，式 (2.49) 变成

$$\boldsymbol{U}_n\boldsymbol{U}_n^{\mathrm{T}}\boldsymbol{X} = \boldsymbol{O}_{(n+1)\times p} \tag{2.50}$$

其中，$\boldsymbol{O}_{(n+1)\times p}$ 表示维度为 $(n+1)\times p$ 的全零矩阵。

因为噪声子空间 $\boldsymbol{U}_n$ 是列满秩的，所以式 (2.50) 变为

$$\boldsymbol{U}_n^{\mathrm{T}}\boldsymbol{X} = \boldsymbol{O}_{(n+1-p)\times p} \tag{2.51}$$

利用式 (2.38) 和式 (2.39)，中心化坐标矩阵 $\boldsymbol{X}$ 可以表示为

$$\boldsymbol{X} = \boldsymbol{P} - \boldsymbol{Q}\boldsymbol{x}_0^{\mathrm{T}} \tag{2.52}$$

将式 (2.51) 代入式 (2.52) 中，两边转置，得到

$$\boldsymbol{P}^{\mathrm{T}}\boldsymbol{U}_n - \boldsymbol{x}_0\boldsymbol{Q}^{\mathrm{T}}\boldsymbol{U}_n = \boldsymbol{O}_{p\times(n+1-p)} \tag{2.53}$$

式 (2.52) 就意味着式 (2.37)，命题得证。

引理 2.1 揭示了目标位置坐标 $\boldsymbol{x}_0$ 和多维标度内积矩阵的噪声子空间 $\boldsymbol{U}_n$ 与观测站坐标之间的线性关系。它是从经典多维标度与 Procrustes 分析中推导出来的，利用该定理，通过内积矩阵的噪声子空间矩阵，可以实现目标位置的解析估计。

更进一步地，可以推导目标位置坐标 $\boldsymbol{x}_0$ 与多维标度内积矩阵 $\boldsymbol{B}$ 的直接关系，如定理 2.1 所示。

定理 2.1[188,190]　在多维标度框架内，目标位置坐标 $\boldsymbol{x}_0$ 与多维标度内积矩阵 $\boldsymbol{B}$ 和观测站坐标之间具有如下线性关系：

$$\boldsymbol{B}\begin{bmatrix}\boldsymbol{Q}^{\mathrm{T}}\\ \boldsymbol{P}^{\mathrm{T}}\end{bmatrix}^{\dagger}\begin{bmatrix}1\\ \boldsymbol{x}_0\end{bmatrix}=\boldsymbol{0}_{n+1} \tag{2.54}$$

其中，$\boldsymbol{0}_{n+1}$ 是 $n+1$ 维的全零列向量，$[\cdot]^{\dagger}$ 是 Moore-Penrose 广义逆。

证明　引理 2.1 的目标位置坐标 $\boldsymbol{x}_0$ 与多维标度内积矩阵 $\boldsymbol{B}$ 的噪声子空间 $\boldsymbol{U}_n$ 和观测站坐标之间的线性关系，可以这样表示：

$$\begin{bmatrix}\boldsymbol{Q}^{\mathrm{T}}\\ \boldsymbol{P}^{\mathrm{T}}\end{bmatrix}\boldsymbol{U}_n=\begin{bmatrix}1\\ \boldsymbol{x}_0\end{bmatrix}\boldsymbol{Q}^{\mathrm{T}}\boldsymbol{U}_n \tag{2.55}$$

由于 $\boldsymbol{Q}^{\mathrm{T}}\boldsymbol{U}_n$ 为 $n+1-p$ 维的行向量，则 $\boldsymbol{Q}^{\mathrm{T}}\boldsymbol{U}_n\boldsymbol{U}_n^{\mathrm{T}}\boldsymbol{Q}=\|\boldsymbol{Q}^{\mathrm{T}}\boldsymbol{U}_n\|^2$ 为非零常数。那么，式 (2.55) 两边同时右乘向量 $\boldsymbol{U}_n^{\mathrm{T}}\boldsymbol{Q}$，再在两边同时除以该非零常数 $\|\boldsymbol{Q}^{\mathrm{T}}\boldsymbol{U}_n\|^2$，它变成

$$\begin{bmatrix}\boldsymbol{Q}^{\mathrm{T}}\\ \boldsymbol{P}^{\mathrm{T}}\end{bmatrix}\frac{\boldsymbol{U}_n\boldsymbol{U}_n^{\mathrm{T}}\boldsymbol{Q}_c^{\mathrm{T}}}{\left\|\boldsymbol{Q}^{\mathrm{T}}\boldsymbol{U}_n\right\|^2}=\begin{bmatrix}1\\ \boldsymbol{x}_0\end{bmatrix} \tag{2.56}$$

定义矩阵：

$$\boldsymbol{R}=\begin{bmatrix}\boldsymbol{Q}^{\mathrm{T}}\\ \boldsymbol{P}^{\mathrm{T}}\end{bmatrix},\quad \boldsymbol{V}=\frac{\boldsymbol{U}_n\boldsymbol{U}_n^{\mathrm{T}}\boldsymbol{Q}_c^{\mathrm{T}}}{\left\|\boldsymbol{Q}^{\mathrm{T}}\boldsymbol{U}_n\right\|^2} \tag{2.57}$$

式 (2.56) 变成

$$\boldsymbol{R}\boldsymbol{V}=\begin{bmatrix}1\\ \boldsymbol{x}_0\end{bmatrix} \tag{2.58}$$

由于矩阵 $\boldsymbol{R}$ 是 $(p+1)\times(n+1)$ 的矩阵，所以将有无穷多个矩阵 $\boldsymbol{V}$ 满足式 (2.58)，根据谱分解定理，构成矩阵 $\boldsymbol{V}$ 中的噪声子空间矩阵 $\boldsymbol{U}_n$ 也是无穷多

个。在最小范数意义上，存在这样的噪声子空间矩阵 $\boldsymbol{U}_n$ 使得矩阵 $\boldsymbol{V}$ 满足：

$$\boldsymbol{V} = \boldsymbol{R}^{\dagger} \begin{bmatrix} 1 \\ \boldsymbol{x}_0 \end{bmatrix} \tag{2.59}$$

其中，$\boldsymbol{R}^{\dagger} = \boldsymbol{R}^{\mathrm{T}}(\boldsymbol{R}\boldsymbol{R}^{\mathrm{T}})^{-1}$。

将式 (2.59) 代入式 (2.58)，根据定义式 (2.57)，存在矩阵 $\boldsymbol{U}_n$ 满足：

$$\frac{\boldsymbol{U}_n\boldsymbol{U}_n^{\mathrm{T}}\boldsymbol{Q}^{\mathrm{T}}}{\left\|\boldsymbol{Q}^{\mathrm{T}}\boldsymbol{U}_n\right\|^2} = \begin{bmatrix} \boldsymbol{Q}^{\mathrm{T}} \\ \boldsymbol{P}^{\mathrm{T}} \end{bmatrix}^{\dagger} \begin{bmatrix} 1 \\ \boldsymbol{x}_0 \end{bmatrix} \tag{2.60}$$

根据谱分解定理，任何噪声子空间矩阵和信号子空间矩阵都是正交的，即

$$\boldsymbol{U}_s^{\mathrm{T}}\boldsymbol{U}_n = \boldsymbol{O}_{p\times(n+1-p)} \tag{2.61}$$

其中，$\boldsymbol{O}_{p\times(n+1-p)}$ 表示 $p\times(n+1-p)$ 的全零矩阵。

在式 (2.60) 两边左乘矩阵 $\boldsymbol{U}_s^{\mathrm{T}}$，并利用正交性关系式 (2.61)，得到

$$\boldsymbol{U}_s^{\mathrm{T}} \begin{bmatrix} \boldsymbol{Q}^{\mathrm{T}} \\ \boldsymbol{P}^{\mathrm{T}} \end{bmatrix}^{\dagger} \begin{bmatrix} 1 \\ \boldsymbol{x}_0 \end{bmatrix} = \frac{\boldsymbol{U}_s^{\mathrm{T}}\boldsymbol{U}_n\boldsymbol{U}_n^{\mathrm{T}}\boldsymbol{Q}^{\mathrm{T}}}{\left\|\boldsymbol{Q}^{\mathrm{T}}\boldsymbol{U}_n\right\|^2} = \boldsymbol{0}_p \tag{2.62}$$

再在式 (2.62) 两边左乘矩阵 $\boldsymbol{U}_s\boldsymbol{\Lambda}_s$，式 (2.62) 变为

$$\boldsymbol{U}_s\boldsymbol{\Lambda}_s\boldsymbol{U}_s^{\mathrm{T}} \begin{bmatrix} \boldsymbol{Q}^{\mathrm{T}} \\ \boldsymbol{P}^{\mathrm{T}} \end{bmatrix}^{\dagger} \begin{bmatrix} 1 \\ \boldsymbol{x}_0 \end{bmatrix} = \boldsymbol{0}_2 \tag{2.63}$$

将谱分解 $\boldsymbol{B} = \boldsymbol{U}_s\boldsymbol{\Lambda}_s\boldsymbol{U}_s^{\mathrm{T}}$ 代入式 (2.63)，得到式 (2.54)，命题得证。

定理 2.1 揭示了目标坐标 $\boldsymbol{x}_0$ 与多维标度内积矩阵 $\boldsymbol{B}$、观测站坐标的线性关系。特别要指出的是，该定理不再需要对内积矩阵进行特征分解，可以直接实现目标位置的解析估计。该定理是保证后续最优多维标度定位方法的基础。

2.3.2 多维标度定位统一框架

2.3.1 节的多维标度定位原理都是从经典多维标度出发得到的。在经典多维标度中，选择了所有点的质心作为坐标参考点进行对象点坐标中心化变换。事实上，大量研究[2] 表明，选择不同的参考原点进行多维标度分析，会产生不同的多维标度方法。在具体应用中，有的学者直接使用所有对象点的质心作为参考原点，对应着经典多维标度方法；Wan 等[182] 选择目标位置作为参考原点，提出了子空间定位方法；Cheung 和 So[183] 选择所有观测站的质心，并提出了修正多维标度方法。

为了给出多维标度定位的统一框架，考虑引入广义质心对坐标进行中心化处理。广义质心 $\boldsymbol{x}_c=[x_{c1},x_{c2},\cdots,x_{cp}]^{\mathrm{T}}$，定义为包括观测站和目标在内所有对象点的线性组合：

$$\boldsymbol{x}_c=\omega_0\boldsymbol{x}_0+\omega_1\boldsymbol{x}_1+\cdots+\omega_n\boldsymbol{x}_n=\sum_{i=0}^{n}\omega_i\boldsymbol{x}_i \tag{2.64}$$

其中，$\boldsymbol{\omega}=[\omega_0,\omega_1,\cdots,\omega_n]^{\mathrm{T}}$ 是线性组合系数向量，这些系数都是非负的，且满足 $\sum\limits_{i=0}^{n}\omega_i=1$。

基于广义质心 $\boldsymbol{x}_c$ 的所有点坐标的中心化矩阵 $\boldsymbol{X}_c$ 为

$$\boldsymbol{X}_c=[\boldsymbol{x}_0-\boldsymbol{x}_c,\boldsymbol{x}_1-\boldsymbol{x}_c,\cdots,\boldsymbol{x}_n-\boldsymbol{x}_c]^{\mathrm{T}} \tag{2.65}$$

类似地，定义多维标度广义内积矩阵 $\boldsymbol{B}_c$ 为

$$\boldsymbol{B}_c=\boldsymbol{X}_c\boldsymbol{X}_c^{\mathrm{T}} \tag{2.66}$$

其中，广义内积矩阵 $\boldsymbol{B}_c$ 的元素定义为

$$[\boldsymbol{B}_c]_{ij}=(\boldsymbol{x}_i-\boldsymbol{x}_c)^{\mathrm{T}}(\boldsymbol{x}_j-\boldsymbol{x}_c) \tag{2.67}$$

下面利用已知的距离平方矩阵 $\boldsymbol{D}$，计算多维标度广义内积矩阵元素的表示。距离平方矩阵 $\boldsymbol{D}$ 的元素 $[\boldsymbol{D}]_{ij}=(\boldsymbol{x}_i-\boldsymbol{x}_j)^{\mathrm{T}}(\boldsymbol{x}_i-\boldsymbol{x}_j)$ 可以表示为

$$\begin{aligned}d_{ij}^2=&(\boldsymbol{x}_i-\boldsymbol{x}_c)^{\mathrm{T}}(\boldsymbol{x}_i-\boldsymbol{x}_c)+(\boldsymbol{x}_j-\boldsymbol{x}_c)^{\mathrm{T}}(\boldsymbol{x}_j-\boldsymbol{x}_c)\\&-2(\boldsymbol{x}_i-\boldsymbol{x}_c)^{\mathrm{T}}(\boldsymbol{x}_j-\boldsymbol{x}_c)\end{aligned} \tag{2.68}$$

其中，$i,j=0,1,2,\cdots,n$。

式 (2.68) 两边同乘以 ω_i，再利用 $\sum\limits_{i=0}^{n}\omega_i=1$，对序号 i 求和得到

$$\sum_{i=0}^{n}\omega_i d_{ij}^2=(\boldsymbol{x}_j-\boldsymbol{x}_c)^{\mathrm{T}}(\boldsymbol{x}_j-\boldsymbol{x}_c)+\sum_{i=0}^{n}\omega_i(\boldsymbol{x}_i-\boldsymbol{x}_c)^{\mathrm{T}}(\boldsymbol{x}_i-\boldsymbol{x}_c) \tag{2.69}$$

这里利用了 $\sum\limits_{i=0}^{n}\omega_i\boldsymbol{x}_i=\boldsymbol{x}_c$。

同样地，式 (2.68) 两边同乘以 ω_j，对序号 j 求和得到

$$\sum_{j=0}^{n}\omega_j d_{ij}^2=(\boldsymbol{x}_i-\boldsymbol{x}_c)^{\mathrm{T}}(\boldsymbol{x}_i-\boldsymbol{x}_c)+\sum_{j=0}^{n}\omega_j(\boldsymbol{x}_j-\boldsymbol{x}_c)^{\mathrm{T}}(\boldsymbol{x}_j-\boldsymbol{x}_c) \tag{2.70}$$

继续对式 (2.70) 两边同乘以 ω_i，对序号 i 求和得到

$$\sum_{i=0}^{n}\sum_{j=0}^{n}\omega_i\omega_j d_{ij}^2 = 2\sum_{j=0}^{M} w_j\left(\boldsymbol{x}_j-\boldsymbol{x}_c\right)^{\mathrm{T}}\left(\boldsymbol{x}_j-\boldsymbol{x}_c\right) \tag{2.71}$$

将式 (2.69)～ 式 (2.71) 代入式 (2.68) 中，式 (2.67) 中 $[\boldsymbol{B}_c]_{ij}$ 可以表示成

$$[\boldsymbol{B}_c]_{ij} = -\frac{1}{2}\left(d_{ij}^2-\sum_{i=0}^{n}\omega_i d_{ij}^2-\sum_{j=0}^{n}\omega_j d_{ij}^2+\sum_{i=0}^{n}\sum_{j=0}^{n}\omega_i\omega_j d_{ij}^2\right) \tag{2.72}$$

式 (2.72) 写成矩阵形式，就得到广义内积矩阵 $\boldsymbol{B}_c$：

$$\begin{aligned}\boldsymbol{B}_c &= -\frac{1}{2}\left(\boldsymbol{D}-\boldsymbol{1}_{n+1}\boldsymbol{\omega}^{\mathrm{T}}\boldsymbol{D}-\boldsymbol{D}^{\mathrm{T}}\boldsymbol{\omega}\boldsymbol{1}_{n+1}^{\mathrm{T}}+\boldsymbol{1}_{n+1}\boldsymbol{\omega}^{\mathrm{T}}\boldsymbol{D}\boldsymbol{\omega}\boldsymbol{1}_{n+1}^{\mathrm{T}}\right)\\ &= -\frac{1}{2}\boldsymbol{J}_{n+1}\boldsymbol{D}\boldsymbol{J}_{n+1}^{\mathrm{T}}\end{aligned} \tag{2.73}$$

其中，$\boldsymbol{J}_{n+1}$ 为广义中心化矩阵：

$$\boldsymbol{J}_{n+1} = \boldsymbol{I}_{n+1}-\boldsymbol{1}_{n+1}\boldsymbol{\omega}^{\mathrm{T}} \tag{2.74}$$

其中，$\boldsymbol{J}_{n+1}$ 是 $(n+1)\times(n+1)$ 的矩阵；$\boldsymbol{I}_{n+1}$ 是 $n+1$ 维的单位矩阵；$\boldsymbol{1}_{n+1}$ 是 $n+1$ 维的全 1 列向量。

引理 2.2[188,190] 在多维标度统一框架内，目标位置坐标 $\boldsymbol{x}_0$ 与统一框架下的多维标度内积矩阵 $\boldsymbol{B}$ 的噪声子空间 $\boldsymbol{U}_n$、观测站坐标和广义质心系数 $\boldsymbol{\omega}=[\omega_0,\omega_1,\cdots,\omega_n]^{\mathrm{T}}$ 之间具有如下线性关系：

$$\boldsymbol{P}_c^{\mathrm{T}}\boldsymbol{U}_n = \boldsymbol{x}_0\boldsymbol{Q}_c^{\mathrm{T}}\boldsymbol{U}_n \tag{2.75}$$

其中，$\boldsymbol{Q}_c=[\omega_0-1,\omega_0,\cdots,\omega_0]^{\mathrm{T}}$ 是 $n+1$ 维系数列向量，且 $\boldsymbol{P}_c$ 是关于观测站坐标的 $(n+1)\times p$ 的矩阵：

$$\boldsymbol{P}_c = \left[-\sum_{i=1}^{n}\omega_i\boldsymbol{x}_i,\boldsymbol{x}_1-\sum_{i=1}^{n}\omega_i\boldsymbol{x}_i,\cdots,\boldsymbol{x}_n-\sum_{i=1}^{n}\omega_i\boldsymbol{x}_i\right]^{\mathrm{T}} \tag{2.76}$$

证明 证明过程参考引理 2.1，此处从略。

在多维标度统一框架下，更进一步地可以推导目标位置坐标 $\boldsymbol{x}_0$ 与多维标度内积矩阵 $\boldsymbol{B}_c$ 的直接关系，如定理 2.2 所示。

定理 2.2[190]　在多维标度统一框架内，目标位置坐标 $\boldsymbol{x}_0$ 与统一框架下的多维标度内积矩阵 $\boldsymbol{B}$、观测站坐标和广义质心系数 $\boldsymbol{\omega}=[\omega_0,\omega_1,\cdots,\omega_n]^{\mathrm{T}}$ 之间具有如下线性关系：

$$\boldsymbol{B}_c\begin{bmatrix}\boldsymbol{Q}_c^{\mathrm{T}}\\ \boldsymbol{P}_c^{\mathrm{T}}\end{bmatrix}^{\dagger}\begin{bmatrix}1\\ \boldsymbol{x}_0\end{bmatrix}=\boldsymbol{0}_{n+1} \tag{2.77}$$

证明　证明过程参考定理 2.1，此处从略。

引理 2.2 揭示了目标位置坐标 $\boldsymbol{x}_0$ 和统一框架下的多维标度内积矩阵的噪声子空间 $\boldsymbol{U}_n$、观测站坐标和广义质心系数之间的线性关系。定理 2.2 揭示了目标坐标 $\boldsymbol{x}_0$ 与统一框架下的多维标度内积矩阵 $\boldsymbol{B}_c$、观测站坐标和广义质心系数之间的线性关系。

针对引理 2.2 和定理 2.2，需要特别指出的是它们本质上都是线性关系簇，即给定一组广义质心系数，就对应着具体的线性方程式 (2.75) 和式 (2.77)。因此，在统一框架下的多维标度定位中，有无穷多种定位方式。具体如下：

当 $\omega_0=\omega_1=\cdots=\omega_n=1/(n+1)$ 时，意味着选择了包括观测站与目标在内的所有对象点的质心作为多维标度的参考原点，对应着经典多维标度方法，引理 2.2 就自然退化成引理 2.1，定理 2.2 就退化成定理 2.1。

当 $\omega_0=0,\ \omega_1=\omega_2=\cdots=\omega_n=1/n$ 时，意味着选择了所有观测站的质心作为多维标度的参考原点，对应着修正多维标度方法，引理 2.2 的内积矩阵就退化成修正多维标度[183] 中的形式了。

当 $\omega_0=1,\ \omega_1=\omega_2=\cdots=\omega_n=0$ 时，意味着选择了目标位置作为多维标度的参考原点，对应着子空间多维标度方法，多维标度统一框架下的内积矩阵就退化成子空间方法[184] 中的形式了。选择目标位置作为参考原点，内积矩阵 $\boldsymbol{B}$ 的第一行和第一列元素全部为零，去掉第一行和第一列全零元素，它变成 $n\times n$ 的矩阵，其元素为

$$[\boldsymbol{B}]_{ij}=\frac{1}{2}\left(d_i^2+d_j^2-d_{ij}^2\right) \tag{2.78}$$

其中，$i,j=1,2,\cdots,n$。

在此情况下，引理 2.2 和定理 2.2 有如下推论。

推论 2.1[184]　在多维标度框架内，目标位置坐标 $\boldsymbol{x}_0$ 与多维标度内积矩阵 $\boldsymbol{B}$ 的噪声子空间 $\boldsymbol{U}_n$ 和观测站坐标之间具有如下线性关系：

$$\boldsymbol{P}^{\mathrm{T}}\boldsymbol{U}_n=\boldsymbol{x}_0\boldsymbol{1}_n^{\mathrm{T}}\boldsymbol{U}_n \tag{2.79}$$

其中，$\boldsymbol{P}$ 是 $n\times p$ 维观测站坐标矩阵 $\boldsymbol{P}=[\boldsymbol{x}_1,\boldsymbol{x}_2,\cdots,\boldsymbol{x}_n]^{\mathrm{T}}$。

推论 2.2[188] 目标位置坐标 $\boldsymbol{x}_0$ 与多维标度内积矩阵 $\boldsymbol{B}$ 和观测站坐标之间具有如下线性关系：

$$\boldsymbol{B}\begin{bmatrix}\boldsymbol{1}_n^{\mathrm{T}}\\ \boldsymbol{P}^{\mathrm{T}}\end{bmatrix}^{\dagger}\begin{bmatrix}1\\ \boldsymbol{x}_0\end{bmatrix}=\boldsymbol{0}_n \tag{2.80}$$

其中，$\boldsymbol{P}$ 是 $n\times p$ 维观测站坐标矩阵 $\boldsymbol{P}=[\boldsymbol{x}_1,\boldsymbol{x}_2,\cdots,\boldsymbol{x}_n]^{\mathrm{T}}$。

2.3.3 辐射源定位多维标度性质

定理 2.2 给出的多维标度定位统一框架，揭示了观测站与目标之间真实距离条件下的等量关系。实际中，需要使用观测量替代真实距离，进行多维标度定位。由于定理 2.1 是定理 2.2 的特例，本节根据定理 2.2 来研究目标定位问题中的多维标度性质。

实际中并不知道观测站与目标之间的真实距离 $d_i=\|\boldsymbol{x}_i-\boldsymbol{x}_0\|\ (i=1,2,\cdots,n)$，通常通过测量技术获得它的测量值 r_i，它们组成的观测距离向量为 $\boldsymbol{r}=[r_1,r_2,\cdots,r_n]^{\mathrm{T}}$，真实距离向量为 $\boldsymbol{d}=[d_1,d_2,\cdots,d_n]^{\mathrm{T}}$。

为了后续简化推导，这里定义矩阵

$$\boldsymbol{A}_c=\boldsymbol{R}_c^{\dagger}=\begin{bmatrix}\boldsymbol{Q}_c^{\mathrm{T}}\\ \boldsymbol{P}_c^{\mathrm{T}}\end{bmatrix}^{\dagger}=\boldsymbol{R}_c^{\mathrm{T}}\left(\boldsymbol{R}_c\boldsymbol{R}_c^{\mathrm{T}}\right)^{-1} \tag{2.81}$$

观测向量 $\boldsymbol{r}$ 替代真实距离向量 $\boldsymbol{d}$，对应定理 2.2 的方程变成残差向量 $\boldsymbol{\epsilon}$，它是观测向量 $\boldsymbol{r}$ 的函数，记为 $\boldsymbol{\epsilon}=\boldsymbol{f}(\boldsymbol{r})$：

$$\boldsymbol{\epsilon}=\boldsymbol{f}(\boldsymbol{r})=\hat{\boldsymbol{B}}_c\boldsymbol{A}_c\begin{bmatrix}1\\ \boldsymbol{x}_0\end{bmatrix} \tag{2.82}$$

其中，$\hat{\boldsymbol{B}}_c$ 是内积矩阵 $\boldsymbol{B}_c$ 使用距离测量向量 $\boldsymbol{r}$ 替代真实距离 $\boldsymbol{d}$ 形成的矩阵。

实际中，观测站位置真实坐标 $\boldsymbol{x}_i=[x_{i1},x_{i2},\cdots,x_{ip}]^{\mathrm{T}}\ (i=1,2,\cdots,n)$ 也是不知道的，往往只能获得含有位置误差的观测站坐标 $\boldsymbol{s}_i=[s_{i1},s_{i2},\cdots,s_{ip}]^{\mathrm{T}}$，它们组成观测站测量坐标向量 $\boldsymbol{s}=\left[\boldsymbol{s}_1^{\mathrm{T}},\boldsymbol{s}_2^{\mathrm{T}},\cdots,\boldsymbol{s}_n^{\mathrm{T}}\right]$，而 $\boldsymbol{s}^o=\left[\boldsymbol{x}_1^{\mathrm{T}},\boldsymbol{x}_2^{\mathrm{T}},\cdots,\boldsymbol{x}_n^{\mathrm{T}}\right]^{\mathrm{T}}$ 组成真实的观测站坐标向量。

用观测向量 $\boldsymbol{r}$ 与观测站位置向量 $\boldsymbol{s}$ 替代真实值 $\boldsymbol{d}$ 和 $\boldsymbol{s}^o$，对应定理 2.2 的方程变成残差向量 $\boldsymbol{\epsilon}_{\mathrm{Err}}$，它是向量 $\boldsymbol{r}$ 和 $\boldsymbol{s}$ 的函数，记为 $\boldsymbol{\epsilon}_{\mathrm{Err}}=f(\boldsymbol{r},\boldsymbol{s})$：

$$\boldsymbol{\epsilon}_{\mathrm{Err}}=\boldsymbol{f}(\boldsymbol{r},\boldsymbol{s})=\hat{\boldsymbol{B}}_c\hat{\boldsymbol{A}}_c\begin{bmatrix}1\\ \boldsymbol{x}_0\end{bmatrix} \tag{2.83}$$

性质 2.1[203]　在多维标度框架内，多维标度定位的残差函数式 (2.82) 的雅可比矩阵[264–267] 具有如下性质：

$$\left.\frac{\partial \boldsymbol{f}(\boldsymbol{r})}{\partial \boldsymbol{r}}\right|_{\boldsymbol{r}=\boldsymbol{d}}\left(\frac{\partial \boldsymbol{d}}{\partial \boldsymbol{x}_0}\right)=-\boldsymbol{B}_c\boldsymbol{A}_c\begin{bmatrix}\boldsymbol{0}_p^{\mathrm{T}}\\ \boldsymbol{I}_p\end{bmatrix} \tag{2.84}$$

其中，$\partial\boldsymbol{d}/\partial\boldsymbol{x}_0$ 是真实距离关于目标坐标的梯度函数，它表示为

$$\frac{\partial \boldsymbol{d}}{\partial \boldsymbol{x}_0}=[\boldsymbol{\rho}_1,\boldsymbol{\rho}_2,\cdots,\boldsymbol{\rho}_n]^{\mathrm{T}} \tag{2.85}$$

其中，梯度矩阵的列向量 $\boldsymbol{\rho}_i=[\rho_{i1},\rho_{i2},\cdots,\rho_{ip}]^{\mathrm{T}}\,(i=1,2,\cdots,n)$ 是目标与第 i 个观测站之间的径向单位向量，表示为 $\boldsymbol{\rho}_i=(\boldsymbol{x}_0-\boldsymbol{x}_i)/\|\boldsymbol{x}_0-\boldsymbol{x}_i\|$。

证明　首先，考虑残差向量函数 $\boldsymbol{\epsilon}=\boldsymbol{f}(\boldsymbol{r})$。根据矩阵求导法则，将残差函数 $\boldsymbol{f}(\boldsymbol{r})$ 对观测向量 $\boldsymbol{r}$ 中任意一个标量求导数，可以直接将矩阵中的每一个元素对该标量求导数，还能保持矩阵的维度不发生变化[267]。

将式 (2.31) 和式 (2.73) 的观测矩阵代入式 (2.82)，残差函数 $\boldsymbol{f}(\boldsymbol{r})$ 在真实值 $\boldsymbol{d}$ 附近对标量 r_i 求导，得到

$$\left.\frac{\partial \boldsymbol{f}(\boldsymbol{r})}{\partial r_i}\right|_{\boldsymbol{r}=\boldsymbol{d}}=-\frac{1}{2}\boldsymbol{J}_{n+1}\frac{\partial \boldsymbol{D}}{\partial d_i}\boldsymbol{J}_{n+1}^{\mathrm{T}}\boldsymbol{A}_c\begin{bmatrix}1\\ \boldsymbol{x}_0\end{bmatrix} \tag{2.86}$$

其中，

$$\frac{\partial \boldsymbol{D}}{\partial d_i}=\begin{bmatrix}0 & \cdots & 2d_i & \cdots & 0\\ \vdots & \vdots & 0 & \cdots & 0\\ 2d_i & 0 & 0 & \cdots & 0\\ \vdots & \vdots & \vdots & & \vdots\\ 0 & 0 & 0 & \cdots & 0\end{bmatrix} \tag{2.87}$$

其次，再考察定理 2.2 的方程式 (2.77)。该方程既可以看成残差函数在真实值 $\boldsymbol{d}$ 处的函数 $\boldsymbol{f}(\boldsymbol{d})$，满足 $\boldsymbol{f}(\boldsymbol{d})=\boldsymbol{0}_{n+1}$，也可以看成关于目标坐标向量 $\boldsymbol{x}_0$ 的函数 $\boldsymbol{f}(\boldsymbol{x}_0)$，满足 $\boldsymbol{f}(\boldsymbol{x}_0)=\boldsymbol{0}_{n+1}$，具体而言

$$\boldsymbol{f}(\boldsymbol{x}_0)=\boldsymbol{B}_c\boldsymbol{A}_c\begin{bmatrix}1\\ \boldsymbol{x}_0\end{bmatrix}=\boldsymbol{0}_{n+1} \tag{2.88}$$

将 $\boldsymbol{f}(\boldsymbol{x}_0)$ 对目标位置坐标 $\boldsymbol{x}_0=[x_{01},x_{02},\cdots,x_{0p}]^{\mathrm{T}}$ 中标量 $x_{0j}\,(j=1,2,\cdots,p)$

求导，同时结合式 (2.31) 和式 (2.73)，化简得到

$$-\frac{1}{2}\boldsymbol{J}_{n+1}\frac{\partial \boldsymbol{D}}{\partial x_{0j}}\boldsymbol{J}_{n+1}^{\mathrm{T}}\boldsymbol{A}_c\begin{bmatrix} 1 \\ \boldsymbol{x}_0 \end{bmatrix} = -\boldsymbol{B}_c\boldsymbol{A}_c\begin{bmatrix} 0 \\ 0 \\ \vdots \\ 1 \\ \vdots \\ 0 \end{bmatrix} \tag{2.89}$$

其中，

$$\frac{\partial \boldsymbol{D}}{\partial x_{0j}} = \begin{bmatrix} 0 & 2d_1\rho_{1j} & 2d_2\rho_{2j} & \cdots & 2d_n\rho_{nj} \\ 2d_1\rho_{1j} & 0 & 0 & \cdots & 0 \\ 2d_2\rho_{2j} & 0 & 0 & \cdots & 0 \\ \vdots & \vdots & \vdots & & \vdots \\ 2d_n\rho_{nj} & 0 & 0 & \cdots & 0 \end{bmatrix}. \tag{2.90}$$

最后，对比式 (2.87) 和式 (2.90) 发现，它们存在如下关系：

$$\frac{\partial \boldsymbol{D}}{\partial d_1}\rho_{1j} + \frac{\partial \boldsymbol{D}}{\partial d_2}\rho_{2j} + \cdots + \frac{\partial \boldsymbol{D}}{\partial d_n}\rho_{nj} = \frac{\partial \boldsymbol{D}}{\partial x_{0j}} \tag{2.91}$$

将式 (2.86) 两边同乘标量 ρ_{ij}，再对下标 i 求和，将式 (2.91) 代入其中，并比对式 (2.89)，得到

$$\sum_{i=1}^{n}\left.\frac{\partial \boldsymbol{f}(\boldsymbol{r})}{\partial r_i}\right|_{\boldsymbol{r}=\boldsymbol{d}}\rho_{ij} = -\boldsymbol{B}_c\boldsymbol{A}_c\begin{bmatrix} 0 \\ 0 \\ \vdots \\ 1 \\ \vdots \\ 0 \end{bmatrix} \tag{2.92}$$

将式 (2.92) 整理成矩阵表示：

$$\left.\frac{\partial \boldsymbol{f}(\boldsymbol{r})}{\partial \boldsymbol{r}}\right|_{\boldsymbol{r}=\boldsymbol{d}}\left(\frac{\partial \boldsymbol{d}}{\partial x_{0j}}\right)=-\boldsymbol{B}_c\boldsymbol{A}_c\begin{bmatrix}0\\0\\\vdots\\1\\\vdots\\0\end{bmatrix} \tag{2.93}$$

将式 (2.93) 等号左右两边的列向量，利用 $\partial \boldsymbol{d}/\partial \boldsymbol{x}_0=[\partial \boldsymbol{d}/\partial x_{01},\partial \boldsymbol{d}/\partial x_{02},\cdots,\partial \boldsymbol{d}/\partial x_{0p}]$，依次按照 $j=1,2,\cdots,p$ 的顺序排列成矩阵形式，即可以得到式 (2.84)，命题得证。

性质 2.2[203]　在多维标度框架内，观测站存在位置误差时多维标度定位的残差函数式 (2.83) 的雅可比矩阵[264–267] 具有如下性质：

$$\left.\frac{\partial \boldsymbol{f}(\boldsymbol{r},\boldsymbol{s})}{\partial \boldsymbol{s}}\right|_{\boldsymbol{r}=\boldsymbol{d},\boldsymbol{s}=\boldsymbol{s}^o}=-\left.\frac{\partial \boldsymbol{f}(\boldsymbol{r},\boldsymbol{s})}{\partial \boldsymbol{r}}\right|_{\boldsymbol{r}=\boldsymbol{d},\boldsymbol{s}=\boldsymbol{s}^o}\left(\frac{\partial \boldsymbol{d}}{\partial \boldsymbol{s}^o}\right) \tag{2.94}$$

其中，$\partial \boldsymbol{d}/\partial \boldsymbol{s}^o$ 是真实距离关于观测站真实坐标的梯度函数，它表示为

$$\frac{\partial \boldsymbol{d}}{\partial \boldsymbol{s}^o}=\operatorname{diag}\left\{-\boldsymbol{\rho}_1^{\mathrm{T}},-\boldsymbol{\rho}_2^{\mathrm{T}},\cdots,-\boldsymbol{\rho}_n^{\mathrm{T}}\right\} \tag{2.95}$$

证明　首先，考虑残差向量函数 $\boldsymbol{\epsilon}_{\mathrm{Err}}=\boldsymbol{f}(\boldsymbol{r},\boldsymbol{s})$。同样地，将残差函数 $\boldsymbol{f}(\boldsymbol{r},\boldsymbol{s})$ 对向量 $\boldsymbol{r}$ 和向量 $\boldsymbol{s}$ 中的任意一个标量求导数，可以直接将矩阵中的每一个元素对该标量求导数，同时还能保持矩阵的维度不发生变化[267]。

为了后续推导方便，这里将距离平方矩阵 $\boldsymbol{D}$ 分解成两个矩阵之和，$\boldsymbol{D}=\boldsymbol{D}_1+\boldsymbol{D}_2$，即

$$\boldsymbol{D}_1=\begin{bmatrix}0 & d_1^2 & d_2^2 & \cdots & d_n^2\\ d_1^2 & 0 & 0 & \cdots & 0\\ d_2^2 & 0 & 0 & \cdots & 0\\ \vdots & \vdots & \vdots & \ddots & \vdots\\ d_n^2 & 0 & 0 & \cdots & 0\end{bmatrix} \tag{2.96}$$

和

$$\boldsymbol{D}_2=\begin{bmatrix}0 & 0 & 0 & \cdots & 0\\ 0 & 0 & d_{12}^2 & \cdots & d_{1n}^2\\ 0 & d_{21}^2 & 0 & \cdots & d_{2n}^2\\ \vdots & \vdots & \vdots & \ddots & \vdots\\ 0 & d_{n1}^2 & d_{n2}^2 & \cdots & 0\end{bmatrix} \tag{2.97}$$

先将残差函数 $\boldsymbol{f}(\boldsymbol{r},\boldsymbol{s})$ 在真实值 $\boldsymbol{d}$ 和 $\boldsymbol{s}^o$ 附近对向量 $\boldsymbol{r}$ 中的标量 r_i 求导数，得到

$$\left.\frac{\partial \boldsymbol{f}(\boldsymbol{r},\boldsymbol{s})}{\partial r_i}\right|_{\boldsymbol{r}=\boldsymbol{d},\boldsymbol{s}=\boldsymbol{s}^o} = -\frac{1}{2}\boldsymbol{J}_{n+1}\frac{\partial \boldsymbol{D}_1}{\partial d_i}\boldsymbol{J}_{n+1}^{\mathrm{T}}\boldsymbol{A}_c\begin{bmatrix}1\\ \boldsymbol{x}_0\end{bmatrix} \tag{2.98}$$

其中，$\partial\boldsymbol{D}_1/\partial d_i$ 与式 (2.87) 相同，

$$\left.\frac{\partial \boldsymbol{D}_1}{\partial r_i}\right|_{\boldsymbol{r}=\boldsymbol{d},\boldsymbol{s}=\boldsymbol{s}^o} = \frac{\partial \boldsymbol{D}_1}{\partial d_i} \tag{2.99}$$

$$\left.\frac{\partial \boldsymbol{D}_2}{\partial r_i}\right|_{\boldsymbol{r}=\boldsymbol{d},\boldsymbol{s}=\boldsymbol{s}^o} = \boldsymbol{O}_{n+1} \tag{2.100}$$

再将残差函数 $\boldsymbol{f}(\boldsymbol{r},\boldsymbol{s})$ 在真实值 $\boldsymbol{d}$ 和 $\boldsymbol{s}^o$ 附近对向量 $\boldsymbol{s}$ 中的标量 s_{ij} 求导数，得到

$$\left.\frac{\partial \boldsymbol{f}(\boldsymbol{r},\boldsymbol{s})}{\partial s_{ij}}\right|_{\boldsymbol{r}=\boldsymbol{d},\boldsymbol{s}=\boldsymbol{s}^o} = -\frac{1}{2}\boldsymbol{J}_{n+1}\frac{\partial \boldsymbol{D}_2}{\partial x_{ij}}\boldsymbol{J}_{n+1}^{\mathrm{T}}\boldsymbol{A}_c\begin{bmatrix}1\\ \boldsymbol{x}_0\end{bmatrix} + \boldsymbol{B}_c\frac{\partial \boldsymbol{A}_c}{\partial x_{ij}}\begin{bmatrix}1\\ \boldsymbol{x}_0\end{bmatrix} \tag{2.101}$$

其中，

$$\left.\frac{\partial \boldsymbol{D}_1}{\partial s_{ij}}\right|_{\boldsymbol{r}=\boldsymbol{d},\boldsymbol{s}=\boldsymbol{s}^o} = \boldsymbol{O}_{n+1} \tag{2.102}$$

$$\left.\frac{\partial \boldsymbol{D}_2}{\partial s_{ij}}\right|_{\boldsymbol{r}=\boldsymbol{d},\boldsymbol{s}=\boldsymbol{s}^o} = \frac{\partial \boldsymbol{D}_2}{\partial x_{ij}} \tag{2.103}$$

其次，再考察定理 2.2 中方程式 (2.77)。该方程既可以看成残差函数在真实值 $\boldsymbol{d}$ 和 $\boldsymbol{s}^o$ 处的函数 $\boldsymbol{f}(\boldsymbol{d},\boldsymbol{s}^o)$，满足 $\boldsymbol{f}(\boldsymbol{d},\boldsymbol{s}^o)=\boldsymbol{0}_{n+1}$，也可以看成关于真实坐标向量 $\boldsymbol{x}_0$ 和 $\boldsymbol{s}^o$ 的函数 $\boldsymbol{f}(\boldsymbol{x}_0,\boldsymbol{s}^o)$，满足 $\boldsymbol{f}(\boldsymbol{x}_0,\boldsymbol{s}^o)=\boldsymbol{0}_{n+1}$，具体而言

$$\boldsymbol{f}(\boldsymbol{x}_0,\boldsymbol{s}^o) = \boldsymbol{B}_c\boldsymbol{A}_c\begin{bmatrix}1\\ \boldsymbol{x}_0\end{bmatrix} = \boldsymbol{0}_{n+1} \tag{2.104}$$

将 $\boldsymbol{f}(\boldsymbol{x}_0,\boldsymbol{s}^o)$ 对向量 $\boldsymbol{x}_0=[x_{01},x_{02},\cdots,x_{0p}]^{\mathrm{T}}$ 和 $\boldsymbol{x}_i=[x_{i1},x_{i2},\cdots,x_{ip}]^{\mathrm{T}}$ 中任意一个标量求导数，依然是将矩阵每一个元素对该标量求导数，且保持矩阵维度不变[267]。先将 $\boldsymbol{f}(\boldsymbol{x}_0,\boldsymbol{s}^o)$ 两边对标量 $x_{0j}\ (j=1,2,\cdots,p)$ 求导，得到式 (2.89)。注意，根据矩阵 $\boldsymbol{D}=\boldsymbol{D}_1+\boldsymbol{D}_2$ 的分解定义，$\partial\boldsymbol{D}/\partial x_{0j}=\partial\boldsymbol{D}_1/\partial x_{0j}$，$\partial\boldsymbol{D}_2/\partial x_{0j}=\boldsymbol{O}_{n+1}$。

再将 $\boldsymbol{f}(\boldsymbol{x}_0,\boldsymbol{s}^o)$ 两边对标量 $x_{ij}\,(i=1,2,\cdots,n;j=1,2,\cdots,p)$ 求导，化简得到

$$\frac{1}{2}\boldsymbol{J}_{n+1}\frac{\partial \boldsymbol{D}_1}{\partial x_{ij}}\boldsymbol{J}_{n+1}^{\mathrm{T}}\boldsymbol{A}_c\begin{bmatrix}1\\ \boldsymbol{x}_0\end{bmatrix}=-\frac{1}{2}\boldsymbol{J}_{n+1}\frac{\partial \boldsymbol{D}_2}{\partial x_{ij}}\boldsymbol{J}_{n+1}^{\mathrm{T}}\boldsymbol{A}_c\begin{bmatrix}1\\ \boldsymbol{x}_0\end{bmatrix}+\boldsymbol{B}_c\frac{\partial \boldsymbol{A}_c}{\partial x_{ij}}\begin{bmatrix}1\\ \boldsymbol{x}_0\end{bmatrix}\tag{2.105}$$

其中，

$$\frac{\partial \boldsymbol{D}_1}{\partial x_{ij}}=\begin{bmatrix}0 & \cdots & -2d_i\rho_{ij} & \cdots & 0\\ \vdots & \ddots & \vdots & \vdots & \vdots\\ -2d_i\rho_{ij} & \cdots & 0 & \cdots & 0\\ \vdots & \vdots & \vdots & \ddots & \vdots\\ 0 & \cdots & 0 & \cdots & 0\end{bmatrix}\tag{2.106}$$

将式 (2.105) 代入式 (2.101)，得到

$$\begin{aligned}\left.\frac{\partial \boldsymbol{f}(\boldsymbol{r},\boldsymbol{s})}{\partial s_{ij}}\right|_{\boldsymbol{r}=\boldsymbol{d},\boldsymbol{s}=\boldsymbol{s}^o}&=\frac{1}{2}\boldsymbol{J}_{n+1}\frac{\partial \boldsymbol{D}_1}{\partial x_{ij}}\boldsymbol{J}_{n+1}^{\mathrm{T}}\boldsymbol{A}_c\begin{bmatrix}1\\ \boldsymbol{x}_0\end{bmatrix}\\ &=\frac{1}{2}\boldsymbol{J}_{n+1}\frac{\partial \boldsymbol{D}_1}{\partial d_i}\boldsymbol{J}_{n+1}^{\mathrm{T}}\boldsymbol{A}_c\begin{bmatrix}1\\ \boldsymbol{x}_0\end{bmatrix}(-\rho_{ij})\end{aligned}\tag{2.107}$$

最后，将式 (2.98) 两边同乘 $(-\rho_{ij})$，并对比式 (2.107)，得到

$$\left.\frac{\partial \boldsymbol{f}(\boldsymbol{r},\boldsymbol{s})}{\partial s_{ij}}\right|_{\boldsymbol{r}=\boldsymbol{d},\boldsymbol{s}=\boldsymbol{s}^o}=-\left.\frac{\partial \boldsymbol{f}(\boldsymbol{r},\boldsymbol{s})}{\partial r_i}\right|_{\boldsymbol{r}=\boldsymbol{d},\boldsymbol{s}=\boldsymbol{s}^o}(-\rho_{ij})\tag{2.108}$$

将式 (2.108) 左右两边的列向量，依次按照 $j=1,2,\cdots,p$ 的顺序排列成矩阵形式，

$$\left.\frac{\partial \boldsymbol{f}(\boldsymbol{r},\boldsymbol{s})}{\partial \boldsymbol{s}_i}\right|_{\boldsymbol{r}=\boldsymbol{d},\boldsymbol{s}=\boldsymbol{s}^o}=-\left.\frac{\partial \boldsymbol{f}(\boldsymbol{r},\boldsymbol{s})}{\partial r_i}\right|_{\boldsymbol{r}=\boldsymbol{d},\boldsymbol{s}=\boldsymbol{s}^o}\left(-\boldsymbol{\rho}_i^{\mathrm{T}}\right)\tag{2.109}$$

再将式 (2.109) 左右两边的 $n\times p$ 维矩阵，依次按照 $i=1,2,\cdots,n$ 的顺序排列，即可以得到式 (2.94)，命题得证。

2.4　辐射源定位性能界

在辐射源定位中，目标位置估计的精度至关重要。确定目标位置参数估计均方误差的理论下界[123,268]，找出主要影响因素或限制条件是十分重要的。研究目标位置参数估计理论下界的意义体现在以下三个方面：其一，它能够为不同的定

位算法性能比较提供标准；其二，它能够衡量定位系统的性能是否还有改进的空间，为定位系统的改进奠定理论基础；其三，它还能够为构建新型的定位系统提供能够达到的极限精度，并提醒我们不可能寻求到小于该理论下限的无偏估计量，为系统的设计与构建提供理论支撑。

在估计理论中，克拉默-拉奥下界 (CRLB) 是根据信息论准则确定的，能够有效地刻画最佳估计器的性能，而最大似然估计能够渐进地逼近它[123]，因此它在性能分析中有着重要的地位。

2.4.1 定位克拉默-拉奥下界 (CRLB) 与性能分析

考虑更一般的辐射源定位问题：在二维或三维空间里，为了确定目标的位置 $\boldsymbol{u}^o$，通过 M 个位置为 $\boldsymbol{s}^o$ 的观测站接收目标辐射的信号，产生一组与目标位置有关系的观测向量 $\boldsymbol{m}$，观测量通常建模为

$$\boldsymbol{m}=\boldsymbol{g}(\boldsymbol{u}^o)+\boldsymbol{n} \tag{2.110}$$

其中，$\boldsymbol{n}$ 是观测噪声，通常服从零均值的高斯分布，记为 $\mathcal{N}(\mathbf{0},\boldsymbol{\Sigma})$；$\boldsymbol{g}(\cdot)$ 是关于目标位置 $\boldsymbol{u}^o$ 的通用观测函数向量，它可以是信号到达方向 (DOA)、信号到达时间 (TOA)、信号接收强度 (received signal strength, RSS)、信号接收强度差 (differential received signal strength, DRSS)、信号到达时间差 (TDOA) 等以及它们的组合测量等。

根据观测噪声模型 $\boldsymbol{n}\sim\mathcal{N}(\mathbf{0},\boldsymbol{\Sigma})$，观测向量关于位置坐标 $\boldsymbol{u}^o$ 的对数似然函数为

$$\ln p\left(\boldsymbol{m};\boldsymbol{u}^o\right)=c-\frac{1}{2}\left[\boldsymbol{m}-\boldsymbol{g}\left(\boldsymbol{u}^o\right)\right]^{\mathrm{T}}\boldsymbol{\Sigma}^{-1}\left[\boldsymbol{m}-\boldsymbol{g}\left(\boldsymbol{u}^o\right)\right] \tag{2.111}$$

其中，$c=-\dfrac{1}{2}\ln\left[(2\pi)^{2M-2}\left|\boldsymbol{\Sigma}\right|\right]$ 是一个与位置坐标 $\boldsymbol{u}^o$ 无关的常量。

根据对数似然函数式 (2.111)，可以通过费希尔信息矩阵 (Fisher information matrix, FIM) 计算未知参数 $\boldsymbol{u}^o$ 的克拉默-拉奥下界 (CRLB)：

$$\mathrm{CRLB}_{\boldsymbol{u}}\left(\boldsymbol{u}^o\right)=\left[\left(\frac{\partial\boldsymbol{g}}{\partial\boldsymbol{u}^o}\right)^{\mathrm{T}}\boldsymbol{\Sigma}^{-1}\left(\frac{\partial\boldsymbol{g}}{\partial\boldsymbol{u}^o}\right)\right]^{-1} \tag{2.112}$$

其中，$\partial\boldsymbol{g}/\partial\boldsymbol{u}^o$ 是函数 $\boldsymbol{g}(\boldsymbol{u}^o)$ 关于目标坐标 $\boldsymbol{u}^o$ 的梯度矩阵。

克拉默-拉奥下界 (CRLB) 是评价所有估计器的标尺[123]，但是对于一个具体估计器而言，通常通过分析估计器的偏差和方差来评价它的好坏[123]：估计器的偏差越小越好；估计器的方差越小越好。

对于常规优化问题，代价函数 $J(\boldsymbol{u})$ 是参数变量 $\boldsymbol{u}$ 下的连续函数，$\hat{\boldsymbol{u}}$ 是代价函数下参数 $\boldsymbol{u}$ 的全局最优估计，那么

$$\left.\frac{\partial J(\boldsymbol{u})}{\partial \boldsymbol{u}}\right|_{\boldsymbol{u}=\boldsymbol{u}^o} = \mathbf{0} \tag{2.113}$$

其中，$\mathbf{0}$ 是与列向量 $\hat{\boldsymbol{u}}$ 相同长度的全零列向量。

因为估计值 $\hat{\boldsymbol{u}}$ 非常接近真实值 $\boldsymbol{u}^o$，可以将 $\partial J/\partial \boldsymbol{u}$ 在真实值 $\boldsymbol{u}^o$ 附近进行一阶泰勒展开：

$$-\left.\frac{\partial J}{\partial \boldsymbol{u}}\right|_{\boldsymbol{u}=\boldsymbol{u}^o} \simeq \left.\frac{\partial^2 J(\boldsymbol{u})}{\partial \boldsymbol{u}\partial \boldsymbol{u}^{\mathrm{T}}}\right|_{\boldsymbol{u}=\boldsymbol{u}^o} (\hat{\boldsymbol{u}} - \boldsymbol{u}^o) \tag{2.114}$$

其中，$(\partial^2 J)/(\partial \boldsymbol{u}\partial \boldsymbol{u}^{\mathrm{T}})$ 是代价函数 $J(\boldsymbol{u})$ 的黑塞 (Hessian) 矩阵，它是对称阵，有如下关系：

$$\frac{\partial^2 J}{\partial \boldsymbol{u}\partial \boldsymbol{u}^{\mathrm{T}}} = \left(\frac{\partial^2 J}{\partial \boldsymbol{u}\partial \boldsymbol{u}^{\mathrm{T}}}\right)^{\mathrm{T}} \tag{2.115}$$

假设代价函数 $J(\boldsymbol{u})$ 的二阶导数，即 $J(\boldsymbol{u})$ 的黑塞矩阵，在真实值 $\boldsymbol{u}^o$ 附近是足够连续的，那么可以近似：

$$-\left.\frac{\partial J}{\partial \boldsymbol{u}}\right|_{\boldsymbol{u}=\boldsymbol{u}^o} \simeq \left.\mathbb{E}\left[\frac{\partial^2 J}{\partial \boldsymbol{u}\partial \boldsymbol{u}^{\mathrm{T}}}\right]\right|_{\boldsymbol{u}=\boldsymbol{u}^o} (\hat{\boldsymbol{u}} - \boldsymbol{u}^o) \tag{2.116}$$

对式 (2.116) 两边取期望，进而估计器 $\hat{\boldsymbol{u}}$ 的偏差可以描述为

$$\mathbb{E}\{\hat{\boldsymbol{u}}\} - \boldsymbol{u}^o \simeq -\mathbb{E}\left[\frac{\partial^2 J}{\partial \boldsymbol{u}\partial \boldsymbol{u}^{\mathrm{T}}}\right]^{-1} \left.\mathbb{E}\left[\frac{\partial J}{\partial \boldsymbol{u}}\right]\right|_{\boldsymbol{u}=\boldsymbol{u}^o} \tag{2.117}$$

对式 (2.116) 两边同时转置，得到

$$-\left.\left(\frac{\partial J}{\partial \boldsymbol{u}}\right)^{\mathrm{T}}\right|_{\boldsymbol{u}=\boldsymbol{u}^o} \simeq (\hat{\boldsymbol{u}} - \boldsymbol{u}^o)^{\mathrm{T}} \left.\mathbb{E}\left[\frac{\partial^2 J}{\partial \boldsymbol{u}\partial \boldsymbol{u}^{\mathrm{T}}}\right]\right|_{\boldsymbol{u}=\boldsymbol{u}^o} \tag{2.118}$$

若真实值 $\boldsymbol{u}^o$ 的估计值 $\hat{\boldsymbol{u}}$ 是无偏的，即 $\mathbb{E}\{\hat{\boldsymbol{u}}\} = \boldsymbol{u}^o$，则估计值 $\hat{\boldsymbol{u}}$ 的协方差矩阵表示为 $\mathrm{Cov}\{\hat{\boldsymbol{u}}\} = \mathbb{E}[(\hat{\boldsymbol{u}} - \boldsymbol{u}^o)(\hat{\boldsymbol{u}} - \boldsymbol{u}^o)^{\mathrm{T}}]$。

式 (2.116) 和式 (2.118) 两边对应相乘，并取期望得到

$$\left.\mathbb{E}\left[\left(\frac{\partial J}{\partial \boldsymbol{u}}\right)\left(\frac{\partial J}{\partial \boldsymbol{u}}\right)^{\mathrm{T}}\right]\right|_{\boldsymbol{u}=\boldsymbol{u}^o} \simeq \left.\mathbb{E}\left[\frac{\partial^2 J}{\partial \boldsymbol{u}\partial \boldsymbol{u}^{\mathrm{T}}}\right]\right|_{\boldsymbol{u}=\boldsymbol{u}^o} \mathrm{Cov}\{\hat{\boldsymbol{u}}\}\, \left.\mathbb{E}\left[\frac{\partial^2 J}{\partial \boldsymbol{u}\partial \boldsymbol{u}^{\mathrm{T}}}\right]\right|_{\boldsymbol{u}=\boldsymbol{u}^o} \tag{2.119}$$

进一步，协方差矩阵 $\mathrm{Cov}\{\hat{\boldsymbol{u}}\}$ 可以表示为

$$\mathrm{Cov}\{\hat{\boldsymbol{u}}\} \simeq \mathbb{E}\left[\frac{\partial^2 J}{\partial \boldsymbol{u}\partial \boldsymbol{u}^{\mathrm{T}}}\right]^{-1} \mathbb{E}\left[\left(\frac{\partial J}{\partial \boldsymbol{u}}\right)\left(\frac{\partial J}{\partial \boldsymbol{u}}\right)^{\mathrm{T}}\right] \mathbb{E}\left[\frac{\partial^2 J}{\partial \boldsymbol{u}\partial \boldsymbol{u}^{\mathrm{T}}}\right]^{-1}\Bigg|_{\boldsymbol{u}=\boldsymbol{u}^o} \tag{2.120}$$

估计值 $\hat{\boldsymbol{u}}$ 的方差就是协方差矩阵 $\mathrm{Cov}\{\hat{\boldsymbol{u}}\}$ 的对角元素。在足够小的观测误差下，协方差矩阵 $\mathrm{Cov}\{\hat{\boldsymbol{u}}\}$ 可以预测代价函数 $J(\boldsymbol{u})$ 的最优化估计的性能。

2.4.2 考虑观测站位置误差的定位性能界

实际中，通常只能获取观测站位置的测量坐标 $\boldsymbol{s}$，而无法获取观测站位置的真实坐标 $\boldsymbol{s}^o$。观测站的测量坐标常常会引入测量误差，该位置误差会使得目标定位精度恶化[226, 230–232, 269]，影响目标辐射源的定位精度。

观测站位置的测量坐标 $\boldsymbol{s}$ 可以建模为

$$\boldsymbol{s} = \left[\boldsymbol{s}_1^{\mathrm{T}}, \boldsymbol{s}_2^{\mathrm{T}}, \cdots, \boldsymbol{s}_n^{\mathrm{T}}\right]^{\mathrm{T}} = \boldsymbol{s}^o + \boldsymbol{n}_s \tag{2.121}$$

其中，$\boldsymbol{n}_s$ 是观测站位置的测量误差，通常假设测量误差服从零均值的高斯分布，记作 $\boldsymbol{n}_s \sim \mathcal{N}(\boldsymbol{0}, \boldsymbol{\Sigma}_s)$。为了简化后续推导，这里假设观测站位置误差 $\boldsymbol{n}_s$ 和测量噪声 $\boldsymbol{n}$ 是不相关的，即 $\mathbb{E}[\boldsymbol{n}_s\boldsymbol{n}^{\mathrm{T}}] = \boldsymbol{O}$。注意，此时测量函数向量变成 $\boldsymbol{g}(\boldsymbol{u}^o, \boldsymbol{s}^o)$。

当获得了观测站位置误差这一统计先验信息时，关于未知变量 $\boldsymbol{\theta}^o = [\boldsymbol{u}^{o\mathrm{T}}, \boldsymbol{s}^{o\mathrm{T}}]^{\mathrm{T}}$ 的测量向量 $\boldsymbol{\varphi} = [\boldsymbol{m}^{\mathrm{T}}, \boldsymbol{s}^{\mathrm{T}}]^{\mathrm{T}}$ 的对数似然函数为

$$\begin{aligned}\ln p(\boldsymbol{\varphi};\boldsymbol{\theta}^o) =& c_1 - \frac{1}{2}\left[\boldsymbol{m} - \boldsymbol{g}(\boldsymbol{u}^o, \boldsymbol{s}^o)\right]^{\mathrm{T}} \boldsymbol{\Sigma}^{-1}\left[\boldsymbol{m} - \boldsymbol{g}(\boldsymbol{u}^o, \boldsymbol{s}^o)\right] \\ &+ c_2 - \frac{1}{2}(\boldsymbol{s} - \boldsymbol{s}^o)^{\mathrm{T}} \boldsymbol{\Sigma}_s^{-1}(\boldsymbol{s} - \boldsymbol{s}^o)\end{aligned} \tag{2.122}$$

其中，$c_1 = -\dfrac{1}{2}\ln[(2\pi)^{2M-2}|\boldsymbol{\Sigma}|]$ 和 $c_2 = -\dfrac{1}{2}\ln[(2\pi)^{2M-2}|\boldsymbol{\Sigma}_s|]$ 是与位置坐标 $\boldsymbol{u}^o$ 和观测站坐标 $\boldsymbol{s}^o$ 无关的常量。

对数似然函数式 (2.122) 对应的费希尔 (Fisher) 信息矩阵为

$$\mathrm{FIM} = \mathbb{E}\left[\frac{\partial^2 \ln p(\boldsymbol{\varphi};\boldsymbol{\theta}^o)}{\partial \boldsymbol{\theta}^o \partial \boldsymbol{\theta}^{o\mathrm{T}}}\right] = \begin{bmatrix} \boldsymbol{X} & \boldsymbol{Y} \\ \boldsymbol{Y}^{\mathrm{T}} & \boldsymbol{Z} \end{bmatrix} \tag{2.123}$$

其中，分块矩阵 $\boldsymbol{X}$、$\boldsymbol{Y}$ 和 $\boldsymbol{Z}$ 由 $\boldsymbol{g}(\boldsymbol{u}^o, \boldsymbol{s}^o)$ 的梯度函数 $\partial\boldsymbol{g}/\partial\boldsymbol{u}^o$ 和 $\partial\boldsymbol{g}/\partial\boldsymbol{s}^o$ 确定：

$$\boldsymbol{X} = \left(\frac{\partial \boldsymbol{g}}{\partial \boldsymbol{u}^o}\right)^{\mathrm{T}} \boldsymbol{\Sigma}^{-1}\left(\frac{\partial \boldsymbol{g}}{\partial \boldsymbol{u}^o}\right) \tag{2.124}$$

$$\boldsymbol{Y} = \left(\frac{\partial \boldsymbol{g}}{\partial \boldsymbol{u}^o}\right)^{\mathrm{T}} \boldsymbol{\Sigma}^{-1}\left(\frac{\partial \boldsymbol{g}}{\partial \boldsymbol{s}^o}\right) \tag{2.125}$$

$$\boldsymbol{Z}=\left(\frac{\partial \boldsymbol{g}}{\partial \boldsymbol{s}^{o}}\right)^{\mathrm{T}} \boldsymbol{\Sigma}^{-1}\left(\frac{\partial \boldsymbol{g}}{\partial \boldsymbol{s}^{o}}\right)+\boldsymbol{\Sigma}_{s}^{-1} \tag{2.126}$$

利用分块矩阵求逆公式[265]，可以计算目标位置 $\boldsymbol{u}^o$ 的克拉默-拉奥下界 (CRLB)：

$$\begin{aligned} \mathrm{CRLB}_{\boldsymbol{u},\boldsymbol{s}}\left(\boldsymbol{u}^{o}\right) &=\left(\boldsymbol{X}-\boldsymbol{Y} \boldsymbol{Z}^{-1} \boldsymbol{Y}^{\mathrm{T}}\right)^{-1} \\ &=\boldsymbol{X}^{-1}+\boldsymbol{X}^{-1} \boldsymbol{Y}\left(\boldsymbol{Z}-\boldsymbol{Y}^{\mathrm{T}} \boldsymbol{X}^{-1} \boldsymbol{Y}\right)^{-1} \boldsymbol{Y}^{\mathrm{T}} \boldsymbol{X}^{-1} \end{aligned} \tag{2.127}$$

需要指出，式 (2.127) 给出的关于目标位置 $\boldsymbol{u}^o$ 的克拉默-拉奥下界 (CRLB) 是建立在观测站位置存在误差这一统计先验信息基础上的。事实上，观测站的真实位置坐标虽然是未知的，但是它是确定的，这就意味着定位问题就从单向量 $\boldsymbol{u}^o$ 的估计变成了 $\boldsymbol{u}^o$ 和 $\boldsymbol{s}^o$ 的联合估计，此时目标位置 $\boldsymbol{u}^o$ 的克拉默-拉奥下界 (CRLB) 就会受到另一个向量 $\boldsymbol{s}^o$ 的影响。

当观测站位置误差统计先验信息无法获取时，观察目标位置 $\boldsymbol{u}^o$ 的克拉默-拉奥下界 (CRLB) 式 (2.127)，从数学表示上来看，它是在观测站位置没有误差情况的克拉默-拉奥下界 (CRLB) 式 (2.112) 简化形式为 $\boldsymbol{X}^{-1}$ 的基础上，增加了与观测站位置误差相关的附加项 $\boldsymbol{X}^{-1} \boldsymbol{Y}\left(\boldsymbol{Z}-\boldsymbol{Y}^{\mathrm{T}} \boldsymbol{X}^{-1} \boldsymbol{Y}\right)^{-1} \boldsymbol{Y}^{\mathrm{T}} \boldsymbol{X}^{-1}$。直觉上，当观测站位置没有误差时，目标位置 $\boldsymbol{u}^o$ 的克拉默-拉奥下界 (CRLB) 式 (2.127) 就退化为式 (2.112)。于是，很多学者[202, 218–220] 认为，附加项 $\boldsymbol{X}^{-1} \boldsymbol{Y}\left(\boldsymbol{Z}-\boldsymbol{Y}^{\mathrm{T}} \boldsymbol{X}^{-1} \boldsymbol{Y}\right)^{-1} \boldsymbol{Y}^{\mathrm{T}} \boldsymbol{X}^{-1}$，就是观测站位置误差对目标定位精度的影响，并以此为理论依据和出发点，提出了一系列降低或校正观测站位置误差的算法[201–204, 218–220]。

事实上，对于观测站位置是否存在误差这两种情形而言，对比它们的克拉默-拉奥下界 (CRLB)，既没有理论指导意义，也没有实际指导价值。当观测站位置存在误差时，针对具体的估计器，无论是否获得这一先验统计信息，估计器的输入数据中都已经包含了观测站位置误差信息，这时再去对比观测站不存在误差的理想情况，就没有实际意义了。

换言之，对于存在观测站位置误差的定位系统而言，一方面，如果没有获得观测站位置误差的统计先验信息，就无法使用克拉默-拉奥下界 (CRLB) 式 (2.127) 来评估定位算法的性能；另一方面，即使采用了不存在位置误差的定位算法，而输入数据中观测站位置误差是客观存在的，用克拉默-拉奥下界 (CRLB) 式 (2.112) 来刻画它的定位性能，也是不准确的，或者不是紧界 (tight bound)。

所以，除了上面的考虑观测站位置误差的目标位置定位精度，研究忽略观测站位置误差的目标定位理论精度，具有重要的实际价值。围绕观测站位置误差统计先验信息，从估计理论来看，考虑观测站位置误差的目标位置定位理论精度对应着使用这一先验信息条件下的克拉默-拉奥下界 (CRLB) 式 (2.127)；忽略观测站位置误差的目标位置定位理论精度，对应着无法获取这一先验信息条件下最优估计器的均方差，通常可以根据最大似然估计导出[123, 268]。

2.4.3 忽略观测站位置误差的定位性能界

研究无法获取观测站位置误差统计先验信息条件下的估计均方差，对于指导具体的估计器而言，更具有理论意义和实际价值。最早注意这一问题的是美国 Missouri-Columbia 大学的 Ho 等[226]，他们于 2007 年在 TDOA/FDOA 定位系统中推导了无法获取观测站位置误差先验统计信息时的估计均方误差，即假设观测站位置坐标是准确的。2014 年，Ho 和 Yang[231] 又发现了存在某些条件，无论是否获取观测站位置误差统计先验信息，最优估计器的性能都是等价的。也就是说，当满足一定条件时，即使获取了观测站位置误差统计先验信息，也不能提高估计器的理论性能。这一结论对于简化定位系统具有重要的实际指导意义。

当观测站位置存在误差时，如果忽略误差并假设观测站位置是准确的，或者无法获取观测站位置误差统计先验信息，那么目标定位的最大似然估计就变成了一个条件最大似然估计，设 $\boldsymbol{u}_{u|s}$ 为忽略观测站位置误差的目标位置条件最大似然估计，根据式 (2.110)，可以得到

$$\boldsymbol{m} = \boldsymbol{g}(\boldsymbol{u}_{u|s}, \boldsymbol{s}) \tag{2.128}$$

条件最大似然估计 $\boldsymbol{u}_{u|s}$ 的均方差可以表示为

$$\mathrm{MSE}_{\boldsymbol{u}|\boldsymbol{s}}(\boldsymbol{u}^o) = \mathbb{E}_{\boldsymbol{n}_s}\left\{\mathbb{E}_{\boldsymbol{n}_m|\boldsymbol{n}_s}\left[\left(\boldsymbol{u}_{u|s} - \boldsymbol{u}^o\right)\left(\boldsymbol{u}_{u|s} - \boldsymbol{u}^o\right)^{\mathrm{T}}\right]\right\} \tag{2.129}$$

对 $\boldsymbol{g}(\boldsymbol{u}_{u|s}, \boldsymbol{s})$ 函数在真实值附近 $\boldsymbol{u}_{u|s} = \boldsymbol{u}^o$ 处进行泰勒级数展开，忽略高次项，保留线性项，得到

$$\boldsymbol{g}\left(\boldsymbol{u}_{u|s}, \boldsymbol{s}\right) \simeq \boldsymbol{g}(\boldsymbol{u}^o, \boldsymbol{s}) + \left.\frac{\partial \boldsymbol{g}}{\partial \boldsymbol{u}}\right|_{\boldsymbol{u}^o|\boldsymbol{s}}\left(\boldsymbol{u}_{u|s} - \boldsymbol{u}^o\right) \tag{2.130}$$

定义残差向量 $\boldsymbol{\epsilon}_{\boldsymbol{u}|\boldsymbol{s}} \triangleq \boldsymbol{m} - \boldsymbol{g}(\boldsymbol{u}^o, \boldsymbol{s})$，当观测站位置误差 $\boldsymbol{n}_s$ 很小时，函数以 $\boldsymbol{g}(\boldsymbol{u}^o, \boldsymbol{s})$ 可以在 $\boldsymbol{s}^o$ 处用泰勒一阶近似表示，再根据观测模型式 (2.110)，残差向量变成

$$\boldsymbol{\epsilon}_{u|s} \simeq \boldsymbol{m} - \boldsymbol{g}\left(\boldsymbol{u}^o, \boldsymbol{s}^o\right) - \left.\frac{\partial \boldsymbol{g}}{\partial \boldsymbol{s}}\right|_{\boldsymbol{u}^o, \boldsymbol{s}^o} \cdot \boldsymbol{n}_s = \boldsymbol{n} - \frac{\partial \boldsymbol{g}}{\partial \boldsymbol{s}^o} \cdot \boldsymbol{n}_s \tag{2.131}$$

当观测站位置误差 $\boldsymbol{n}_s$ 很小时，梯度函数存在如下近似关系：

$$\left.\frac{\partial \boldsymbol{g}}{\partial \boldsymbol{u}}\right|_{\boldsymbol{u}^o|\boldsymbol{s}} \simeq \left.\frac{\partial \boldsymbol{g}}{\partial \boldsymbol{u}}\right|_{\boldsymbol{u}^o, \boldsymbol{s}^o} = \frac{\partial \boldsymbol{g}}{\partial \boldsymbol{u}^o} \tag{2.132}$$

将式 (2.132) 和式 (2.128) 代入式 (2.130)，利用残差向量定义 $\boldsymbol{\epsilon}_{\boldsymbol{u}|\boldsymbol{s}} \triangleq \boldsymbol{m} - \boldsymbol{g}(\boldsymbol{u}^o, \boldsymbol{s})$ 以及它的近似表示式 (2.131)，得到

$$\left(\frac{\partial \boldsymbol{g}}{\partial \boldsymbol{u}^o}\right)\boldsymbol{u}_{\boldsymbol{u}|\boldsymbol{s}} \simeq \boldsymbol{n}_m - \left(\frac{\partial \boldsymbol{g}}{\partial \boldsymbol{s}^o}\right)\boldsymbol{n}_s \tag{2.133}$$

则在最小二乘意义下，目标位置的条件最大似然估计偏差为

$$\boldsymbol{u}_{\boldsymbol{u}|\boldsymbol{s}} - \boldsymbol{u}^o \simeq \left[\left(\frac{\partial \boldsymbol{g}}{\partial \boldsymbol{u}^o}\right)^{\mathrm{T}}\boldsymbol{\Sigma}^{-1}\left(\frac{\partial \boldsymbol{g}}{\partial \boldsymbol{u}^o}\right)\right]^{-1}\left(\frac{\partial \boldsymbol{g}}{\partial \boldsymbol{u}^o}\right)^{\mathrm{T}}\boldsymbol{\Sigma}^{-1}\left(\boldsymbol{n}_m - \frac{\partial \boldsymbol{g}}{\partial \boldsymbol{s}^o}\cdot\boldsymbol{n}_s\right) \tag{2.134}$$

将式 (2.134) 代入式 (2.129)，计算出条件最大似然估计均方差，利用矩阵 $\boldsymbol{X}$ [式 (2.124)]、$\boldsymbol{Y}$ [式 (2.125)] 和 $\boldsymbol{Z}$ [式 (2.126)] 的定义，化简均方差得到[231]

$$\mathrm{MSE}_{\boldsymbol{u}|\boldsymbol{s}}(\boldsymbol{u}^o) \simeq \boldsymbol{X}^{-1} + \boldsymbol{X}^{-1}\boldsymbol{Y}\boldsymbol{\Sigma}_s\boldsymbol{Y}^{\mathrm{T}}\boldsymbol{X}^{-1} \tag{2.135}$$

2.4.4　存在观测站误差的性能界不等式

当观测站存在位置误差时，如果忽略位置误差，意味着估计器没有使用观测站位置误差统计先验信息，此时的最优估计器的性能就对应着条件最大似然估计的均方差 $\mathrm{MSE}_{\boldsymbol{u}|\boldsymbol{s}}(\boldsymbol{u}^o)$ [式 (2.135)]；如果考虑位置误差，意味着估计器使用了观测站位置误差统计先验信息，此时的最优估计器的性能就对应着考虑位置误差的克拉默-拉奥下界 $\mathrm{CRLB}_{\boldsymbol{u},\boldsymbol{s}}(\boldsymbol{u}^o)$ [式 (2.127)]，它们之间存在着如下不等式。

定理 2.3　在观测高斯噪声和观测站位置高斯误差条件下，忽略观测站位置误差的条件最大似然估计的均方差 $\mathrm{MSE}_{\boldsymbol{u}|\boldsymbol{s}}(\boldsymbol{u}^o)$ 与考虑观测站位置误差的克拉默-拉奥下界 $\mathrm{CRLB}_{\boldsymbol{u},\boldsymbol{s}}(\boldsymbol{u}^o)$ 之间满足半正定性意义上的不等式：

$$\mathrm{MSE}_{\boldsymbol{u}|\boldsymbol{s}}(\boldsymbol{u}^o) \succeq \mathrm{CRLB}_{\boldsymbol{u},\boldsymbol{s}}(\boldsymbol{u}^o) \tag{2.136}$$

其中，$\succeq$ 表示矩阵满足半正定性，当且仅当满足如下条件时取等号

$$\left(\frac{\partial \boldsymbol{g}}{\partial \boldsymbol{s}^o}\right)\boldsymbol{\Sigma}_s\left(\frac{\partial \boldsymbol{g}}{\partial \boldsymbol{s}^o}\right)^{\mathrm{T}} = k\boldsymbol{\Sigma} \tag{2.137}$$

其中，k 是一恒定常数。

证明　为了简化表示，这里定义如下矩阵：

$$\boldsymbol{G}_u = \boldsymbol{\Sigma}^{-1/2}\left(\frac{\partial \boldsymbol{g}}{\partial \boldsymbol{u}^o}\right) \tag{2.138}$$

$$\boldsymbol{G}_s = \boldsymbol{\Sigma}^{-1/2}\left(\frac{\partial \boldsymbol{g}}{\partial \boldsymbol{s}^o}\right) \tag{2.139}$$

根据矩阵 $\boldsymbol{X}$ [式 (2.124)]、$\boldsymbol{Y}$ [式 (2.125)] 和 $\boldsymbol{Z}$ [式 (2.126)] 的定义，它们可以简化为 $\boldsymbol{X} = \boldsymbol{G}_u^{\mathrm{T}}\boldsymbol{G}_u$，$\boldsymbol{Y} = \boldsymbol{G}_u^{\mathrm{T}}\boldsymbol{G}_s$ 和 $\boldsymbol{Z} = \boldsymbol{G}_s^{\mathrm{T}}\boldsymbol{G}_s + \boldsymbol{\Sigma}_s^{-1}$。

根据式 (2.135) 和式 (2.127)，代入简化后的矩阵 $\boldsymbol{X}$、矩阵 $\boldsymbol{Y}$ 和矩阵 $\boldsymbol{Z}$，得到

$$\mathrm{MSE}_{\boldsymbol{u}|\boldsymbol{s}}(\boldsymbol{u}^o) - \mathrm{CRLB}_{\boldsymbol{u},\boldsymbol{s}}(\boldsymbol{u}^o) = \boldsymbol{X}^{-1}\boldsymbol{Y}\left[\boldsymbol{\Sigma}_s - \left(\boldsymbol{\Sigma}_s^{-1} + \boldsymbol{G}_s^{\mathrm{T}}\boldsymbol{G}_u^{\perp}\boldsymbol{G}_s\right)^{-1}\right]\boldsymbol{Y}^{\mathrm{T}}\boldsymbol{X}^{-1} \tag{2.140}$$

其中，$\boldsymbol{G}_u^{\perp} = \boldsymbol{I} - \boldsymbol{G}_u(\boldsymbol{G}_u^{\mathrm{T}}\boldsymbol{G}_u)^{-1}\boldsymbol{G}_u^{\mathrm{T}}$ 是矩阵 $\boldsymbol{G}_u$ 列向量张成子空间的正交投影矩阵。它满足正交性关系：$\boldsymbol{G}_u^{\perp}\boldsymbol{G}_u = \boldsymbol{O}$。

由于矩阵 $\boldsymbol{X}$ 是对称正定矩阵，则其逆矩阵 $\boldsymbol{X}^{-1}$ 也是正定矩阵，而矩阵 $\boldsymbol{Y}^{\mathrm{T}}$ 是列满秩的矩阵，那么根据式 (2.140)，为了证明半正定性关系式 (2.136)，只需要证明

$$\boldsymbol{\Sigma}_s - \left(\boldsymbol{\Sigma}_s^{-1} + \boldsymbol{G}_s^{\mathrm{T}}\boldsymbol{G}_u^{\perp}\boldsymbol{G}_s\right)^{-1} \succeq \boldsymbol{O} \tag{2.141}$$

在半正定性意义上成立。

观测站位置误差协方差矩阵 $\boldsymbol{\Sigma}_s$ 是对称正定矩阵，则其逆矩阵 $\boldsymbol{\Sigma}_s^{-1}$ 也是对称正定矩阵；矩阵 $\boldsymbol{G}_s^{\mathrm{T}}\boldsymbol{G}_u^{\perp}\boldsymbol{G}_s$ 是对称矩阵，则 $\boldsymbol{\Sigma}_s^{-1} + \boldsymbol{G}_s^{\mathrm{T}}\boldsymbol{G}_u^{\perp}\boldsymbol{G}_s$ 是对称正定矩阵，自然地，其逆矩阵 $(\boldsymbol{\Sigma}_s^{-1} + \boldsymbol{G}_s^{\mathrm{T}}\boldsymbol{G}_u^{\perp}\boldsymbol{G}_s)^{-1}$ 也是对称正定矩阵。

正定矩阵有可逆性定理[267]：对于正定矩阵 $\boldsymbol{A}$ 和正定矩阵 $\boldsymbol{B}$，当且仅当 $\boldsymbol{A} \succ \boldsymbol{B}$ 时，有 $\boldsymbol{B}^{-1} \succ \boldsymbol{A}^{-1}$。

由于正定矩阵 $\boldsymbol{\Sigma}_s^{-1} + \boldsymbol{G}_s^{\mathrm{T}}\boldsymbol{G}_u^{\perp}\boldsymbol{G}_s$ 和 $\boldsymbol{\Sigma}_s^{-1}$ 满足 $\boldsymbol{\Sigma}_s^{-1} + \boldsymbol{G}_s^{\mathrm{T}}\boldsymbol{G}_u^{\perp}\boldsymbol{G}_s \succeq \boldsymbol{\Sigma}_s^{-1}$，那么有 $\boldsymbol{\Sigma}_s = \{\boldsymbol{\Sigma}_s^{-1}\}^{-1} \succeq (\boldsymbol{\Sigma}_s^{-1} + \boldsymbol{G}_s^{\mathrm{T}}\boldsymbol{G}_u^{\perp}\boldsymbol{G}_s)^{-1}$，即有式 (2.141) 成立，将其代入式 (2.140) 有

$$\mathrm{MSE}_{\boldsymbol{u}|\boldsymbol{s}}(\boldsymbol{u}^o) - \mathrm{CRLB}_{\boldsymbol{u},\boldsymbol{s}}(\boldsymbol{u}^o) \succeq \boldsymbol{O} \tag{2.142}$$

进而式 (2.136) 成立，命题得证。

下面考察定理成立时取等号的条件[231]。对矩阵 $(\boldsymbol{\Sigma}_s^{-1} + \boldsymbol{G}_s^{\mathrm{T}}\boldsymbol{G}_u^{\perp}\boldsymbol{G}_s)^{-1}$ 应用矩阵求逆定理[265]，式 (2.141) 左边变成

$$\boldsymbol{\Sigma}_s - \left(\boldsymbol{\Sigma}_s^{-1} + \boldsymbol{G}_s^{\mathrm{T}}\boldsymbol{G}_u^{\perp}\boldsymbol{G}_s\right)^{-1} = \left(\boldsymbol{\Sigma}_s^{-1} + \boldsymbol{G}_s^{\mathrm{T}}\boldsymbol{G}_u^{\perp}\tilde{G}_s\right)^{-1}\boldsymbol{G}_s^{\mathrm{T}}\boldsymbol{G}_u^{\perp}\boldsymbol{G}_s\boldsymbol{\Sigma}_s \tag{2.143}$$

将式 (2.143) 和 $\boldsymbol{Y} = \boldsymbol{G}_u^{\mathrm{T}}\boldsymbol{G}_s$ 代入式 (2.140)，得到

$$\begin{aligned}&\mathrm{MSE}_{\boldsymbol{u}|\boldsymbol{s}}(\boldsymbol{u}^o) - \mathrm{CRLB}_{\boldsymbol{u},\boldsymbol{s}}(\boldsymbol{u}^o)\\ &= \boldsymbol{X}^{-1}\boldsymbol{G}_u^{\mathrm{T}}\boldsymbol{G}_s\left(\boldsymbol{\Sigma}_s^{-1} + \boldsymbol{G}_s^{\mathrm{T}}\boldsymbol{G}_u^{\perp}\tilde{\boldsymbol{G}}_s\right)^{-1}\boldsymbol{G}_s^{\mathrm{T}}\boldsymbol{G}_u^{\perp}\boldsymbol{G}_s\boldsymbol{\Sigma}_s\boldsymbol{G}_s^{\mathrm{T}}\boldsymbol{G}_u\boldsymbol{X}^{-1} \succeq \boldsymbol{O}\end{aligned} \tag{2.144}$$

当且仅当 $\boldsymbol{G}_s\boldsymbol{\Sigma}_s\boldsymbol{G}_s^{\mathrm{T}}=k\boldsymbol{I}$ 时，利用正交性 $\boldsymbol{G}_u^{\perp}\boldsymbol{G}_u=\boldsymbol{O}$，在半正定意义上，上述不等式取等号。

将式 (2.139) 代入取等号条件 $\boldsymbol{G}_s\boldsymbol{\Sigma}_s\boldsymbol{G}_s^{\mathrm{T}}=k\boldsymbol{I}$ 中，化简得到式 (2.137)，命题取等号条件成立。

在观测站位置存在误差的定位系统中，定理 2.3 揭示了条件最大似然估计的均方差 $\mathrm{MSE}_{\boldsymbol{u}|\boldsymbol{s}}(\boldsymbol{u}^o)$ 与联合估计的克拉默-拉奥下界 $\mathrm{CRLB}_{\boldsymbol{u},\boldsymbol{s}}(\boldsymbol{u}^o)$ 之间的重要关系。定理 2.3 取等号的条件，则揭示了当观测站的布局结构与位置误差统计方差满足一定条件时，即使不考虑观测站位置误差的影响，也仍然能够达到最优估计性能。这一取等号的条件，针对不同的定位体制或观测技术，会有不同的具体表现形式。

因此，定理 2.3 既具有重要的理论意义，也具有重要的实际指导价值，主要表现在以下几个方面。

(1) 定位系统观测站位置坐标，通常用 GPS 或者其他方式测量，都不可避免地会带来误差，因此，需要使用更具有实际指导意义的性能界：条件最大似然估计的均方差 $\mathrm{MSE}_{\boldsymbol{u}|\boldsymbol{s}}(\boldsymbol{u}^o)$ 与联合估计的克拉默-拉奥下界 $\mathrm{CRLB}_{\boldsymbol{u},\boldsymbol{s}}(\boldsymbol{u}^o)$。

(2) 在分析与评估观测站位置误差带给定位估计器的性能恶化程度时，直接利用 $\mathrm{CRLB}_{\boldsymbol{u}}(\boldsymbol{u}^o)$ 和 $\mathrm{CRLB}_{\boldsymbol{u},\boldsymbol{s}}(\boldsymbol{u}^o)$ 的差异进行定量和定性分析，都是不合适的；即使完全忽略观测站位置误差的影响，定位估计器的性能界也不是 $\mathrm{CRLB}_{\boldsymbol{u}}(\boldsymbol{u}^o)$，定位性能的恶化程度，体现在 $\mathrm{MSE}_{\boldsymbol{u}|\boldsymbol{s}}(\boldsymbol{u}^o)$ 和 $\mathrm{CRLB}_{\boldsymbol{u},\boldsymbol{s}}(\boldsymbol{u}^o)$ 的差异上。

(3) 实际定位系统中，$\mathrm{MSE}_{\boldsymbol{u}|\boldsymbol{s}}(\boldsymbol{u}^o)$ 和 $\mathrm{CRLB}_{\boldsymbol{u},\boldsymbol{s}}(\boldsymbol{u}^o)$ 的差异具有重要的价值，主要体现在：首先它可以从理论上评估观测站位置误差给定位精度带来的恶化程度；其次还可以分析校正方法能够带来定位精度的极限改善空间；再次在两者差异为零时它可以提醒不必再做观测站位置校正设计；最后它还可以用来作为指导观测站优化布局的准则。

(4) 从信息论的角度来看，信息越多，不确定性就越小。刻画定位精度的性能界，则体现了使用信息量的差异：当无法获得观测站位置误差的先验信息时，信息最少，对应着条件最大似然估计的均方差 $\mathrm{MSE}_{\boldsymbol{u}|\boldsymbol{s}}(\boldsymbol{u}^o)$ 最大；当获得观测站位置误差统计先验信息时，对应着联合估计克拉默-拉奥下界 $\mathrm{CRLB}_{\boldsymbol{u},\boldsymbol{s}}(\boldsymbol{u}^o)$；当获得完全的观测站位置信息时，即获得了不存在任何误差的观测站准确位置坐标，信息最大，则对应着克拉默-拉奥下界 $\mathrm{CRLB}_{\boldsymbol{u}}(\boldsymbol{u}^o)$ 最小。因此，$\mathrm{MSE}_{\boldsymbol{u}|\boldsymbol{s}}(\boldsymbol{u}^o)$ 是紧界，$\mathrm{CRLB}_{\boldsymbol{u}}(\boldsymbol{u}^o)$ 是松界 (loose bound)。

第 3 章　距离空间多维标度定位

距离空间多维标度定位就是在多维标度框架内根据对象点之间的距离测量，重构对象点的位置坐标。测量对象节点之间距离的方法多种多样：有的测量接收信号强度[168,197,270]，有的测量接收信号强度差异[179,271]，有的测量接收信号到达时间[136,174,221]，有的通过节点间通信链路的最短路径 (shortest path) 来获得节点间的距离[82,84]。根据含有目标位置坐标的距离测量集合，可以估计出目标位置坐标。

本章从建立距离测量定位模型开始，给出定位性能理论下界，并以此作为标尺，衡量和检验后续多维标度定位的性能。本章主要内容包括距离定位模型与克拉默-拉奥下界 (CRLB)、经典多维标度定位[190]、修正多维标度定位[183]、子空间多维标度定位[182,184]、加权多维标度定位[188,190]、观测站位置误差下多维标度定位[201,202] 等，最后给出各类多维标度定位方法的数值仿真与验证。

3.1　距离定位模型与克拉默-拉奥下界 (CRLB)

假定目标辐射源的位置坐标为 $\boldsymbol{x}_0 = [x_0, y_0]^{\mathrm{T}}$，其中 $[\cdot]^{\mathrm{T}}$ 表示矩阵转置。M 个观测站的位置坐标为 $\boldsymbol{x}_m = [x_m, y_m]^{\mathrm{T}}$ $(m = 1, 2, \cdots, M)$。这里考虑二维空间距离测量的定位问题，三维空间定位是二维情况的自然推广。

距离观测值 r_m 对应着受观测误差影响的真实距离 d_m，则观测定位问题可以建模为

$$r_m = d_m + n_m \tag{3.1}$$

其中，$m = 1, 2, \cdots, M$，n_m 表示距离测量噪声，它们一般是零均值的高斯随机变量。由它们组成的距离测量噪声向量 $\boldsymbol{n} = [n_1, n_2, \cdots, n_M]^{\mathrm{T}}$，协方差矩阵为 $\boldsymbol{\Sigma} = \mathbb{E}\{\boldsymbol{n}\boldsymbol{n}^{\mathrm{T}}\}$，其中 $\mathbb{E}\{\cdot\}$ 表示期望算子。

真实距离 $d_m(m = 1, 2, \cdots, M)$ 表示为

$$d_m = \|\boldsymbol{x}_m - \boldsymbol{x}_0\| \tag{3.2}$$

距离测量模型式 (3.1) 可以写成矩阵形式：

$$\boldsymbol{r} = \boldsymbol{d} + \boldsymbol{n} \tag{3.3}$$

其中，$\boldsymbol{r}=[r_1,r_2,\cdots,r_M]^{\mathrm{T}}$ 是距离的测量向量；$\boldsymbol{d}=[d_1,d_2,\cdots,d_M]^{\mathrm{T}}$ 是真实距离向量。

距离测量定位模型式 (3.3) 可以描述为从含有测量距离误差 $\boldsymbol{n}$ 的观测量 $\boldsymbol{r}$ 中估计出未知参数 $\boldsymbol{x}_0=[x_0,y_0]^{\mathrm{T}}$。因此，采用距离测量的定位问题是一个典型的参数估计问题。克拉默-拉奥下界 (CRLB) 是描述参数估计性能的重要理论工具，它是任意无偏估计量的方差的下界[123]。采用距离测量的目标位置估计的克拉默-拉奥下界 (CRLB)[183] 可以表示为

$$\mathrm{CRLB}\left(\boldsymbol{x}_0\right)=\left[\left(\frac{\partial \boldsymbol{d}}{\partial \boldsymbol{x}_0}\right)^{\mathrm{T}} \boldsymbol{\Sigma}^{-1}\left(\frac{\partial \boldsymbol{d}}{\partial \boldsymbol{x}_0}\right)\right]^{-1} \tag{3.4}$$

其中，$\partial \boldsymbol{d}/\partial \boldsymbol{x}_0$ 是真实距离关于目标坐标 $\boldsymbol{x}_0$ 的梯度矩阵，它表示为 $\partial \boldsymbol{d}/\partial \boldsymbol{x}_0=[\boldsymbol{\rho}_1,\boldsymbol{\rho}_2,\cdots,\boldsymbol{\rho}_M]^{\mathrm{T}}$，它的列向量 $\boldsymbol{\rho}_m$ 是目标 $\boldsymbol{x}_0$ 到观测站 $\boldsymbol{x}_m$ 的径向单位向量，即

$$\boldsymbol{\rho}_m=\frac{\boldsymbol{x}_0-\boldsymbol{x}_m}{\left\|\boldsymbol{x}_0-\boldsymbol{x}_m\right\|} \tag{3.5}$$

其中，$m=1,2,\cdots,M$。

3.2　经典多维标度定位

在 M 个观测站中，任意两个观测站之间的距离为

$$d_{mn}=\left\|\boldsymbol{x}_m-\boldsymbol{x}_n\right\|,\quad m,n=1,2,\cdots,M \tag{3.6}$$

根据式 (3.2)，观测站到目标的距离 $d_m\,(m=1,2,\cdots,M)$ 可重新表述为

$$d_m=d_{m0}=d_{0m} \tag{3.7}$$

为了便于和经典多维标度进行比较，这里先忽略距离测量的误差。距离测量的定位问题可以这样描述：空间中已知任意两个点 (包括所有观测站和目标) 之间的距离以及观测站的坐标，确定目标辐射源的位置坐标。这符合经典多维标度的原型问题。距离测量的定位问题和经典多维标度有细微的差别：经典多维标度通过任意两点的距离只能确定对象或点的相对位置，而距离测量的定位问题需要确定目标的绝对位置。

在经典多维标度框架中，任意两点 (包括所有观测站和目标) 之间的距离平方矩阵，定义为矩阵 $\boldsymbol{D}$，如式 (2.31) 所示，可以表示为

$$
\boldsymbol{D}=\begin{bmatrix} 0 & d_1^2 & d_2^2 & \cdots & d_M^2 \\ d_1^2 & 0 & d_{12}^2 & \cdots & d_{1M}^2 \\ d_2^2 & d_{21}^2 & 0 & \cdots & d_{2M}^2 \\ \vdots & \vdots & \vdots & & \vdots \\ d_M^2 & d_{M1}^2 & d_{M2}^2 & \cdots & 0 \end{bmatrix} \tag{3.8}
$$

经典多维标度中，选择空间内所有对象点的质心作为参考原点[1]。对于距离测量的定位问题，参考原点为包括测量站和目标在内的所有对象点的质心，即 $\boldsymbol{x}_o=\dfrac{1}{M+1}\sum\limits_{i=0}^{M}\boldsymbol{x}_i$，它形成的中心化坐标矩阵 $\boldsymbol{X}$，如式 (2.32) 所示：

$$
\boldsymbol{X}=[\boldsymbol{x}_0-\boldsymbol{x}_o,\boldsymbol{x}_1-\boldsymbol{x}_o,\cdots,\boldsymbol{x}_M-\boldsymbol{x}_o]^{\mathrm{T}} \tag{3.9}
$$

经典多维标度中的内积矩阵，用矩阵 $\boldsymbol{B}$ 表示，定义为 $\boldsymbol{B}=\boldsymbol{X}\boldsymbol{X}^{\mathrm{T}}$，它可以通过距离平方矩阵 $\boldsymbol{D}$ [式 (3.8)]，经过双中心化变换[1] 得到，如式 (3.10) 所示：

$$
\boldsymbol{B}=-\frac{1}{2}\boldsymbol{J}_{M+1}\boldsymbol{D}\boldsymbol{J}_{M+1}^{\mathrm{T}} \tag{3.10}
$$

其中，

$$
\boldsymbol{J}_{M+1}=\boldsymbol{I}_{M+1}-\frac{1}{M+1}\boldsymbol{1}_{M+1}\boldsymbol{1}_{M+1}^{\mathrm{T}} \tag{3.11}
$$

是中心化矩阵，这里 $\boldsymbol{I}_{M+1}$ 是 $(M+1)\times(M+1)$ 的单位阵；$\boldsymbol{1}_{M+1}$ 是 $M+1$ 维的元素全为 1 的列向量。

在距离测量目标定位中，需要使用距离测量值 $r_m(m=1,2,\cdots,M)$ 代替真实值 d_m，得到的距离平方矩阵与内积矩阵分别表示为 $\hat{\boldsymbol{D}}$ 和 $\hat{\boldsymbol{B}}$。那么，距离空间经典多维标度定位问题，可以描述成关于目标坐标 $\boldsymbol{x}_0$ 的优化问题，表述为

$$
\arg\min_{\boldsymbol{x}_0}\left\|\hat{\boldsymbol{B}}-\boldsymbol{X}\boldsymbol{X}^{\mathrm{T}}\right\|^2 \tag{3.12}
$$

在经典多维标度定位框架内，引理 2.1[188,190] 给出了优化问题式 (3.12) 的解。使用距离测量值 $r_m(m=1,2,\cdots,M)$ 代替真实值 d_m，引理 2.1 的等式就有了残差，残差向量 $\boldsymbol{\epsilon}$ 表示为

$$
\boldsymbol{\epsilon}=\boldsymbol{x}_0\boldsymbol{Q}^{\mathrm{T}}\hat{\boldsymbol{U}}_n-\boldsymbol{P}^{\mathrm{T}}\hat{\boldsymbol{U}}_n \tag{3.13}
$$

其中，$\hat{\boldsymbol{U}}_n$ 是内积矩阵 $\hat{\boldsymbol{B}}$ 的噪声子空间矩阵；矩阵 $\boldsymbol{Q}$ 和 $\boldsymbol{P}$ 分别为

$$
\boldsymbol{Q}=\left[-\frac{M}{M+1},\frac{1}{M+1},\cdots,\frac{1}{M+1}\right]^{\mathrm{T}} \tag{3.14}
$$

和

$$\boldsymbol{P}=\left[-\frac{1}{M+1}\sum_{m=1}^{M}\boldsymbol{x}_m,\boldsymbol{x}_1-\frac{1}{M+1}\sum_{m=1}^{M}\boldsymbol{x}_m,\cdots,\boldsymbol{x}_M-\frac{1}{M+1}\sum_{m=1}^{M}\boldsymbol{x}_m\right]^{\mathrm{T}} \tag{3.15}$$

经典多维标度优化问题式 (3.12) 就可以转化成优化问题：$\arg\min\limits_{\boldsymbol{x}_0}\boldsymbol{\epsilon}^{\mathrm{T}}\boldsymbol{\epsilon}$，即对应式 (3.13) 在最小二乘意义下的目标位置估计为

$$\hat{\boldsymbol{x}}_0=\frac{\boldsymbol{P}^{\mathrm{T}}\hat{\boldsymbol{U}}_n\hat{\boldsymbol{U}}_n^{\mathrm{T}}\boldsymbol{Q}}{\boldsymbol{Q}^{\mathrm{T}}\hat{\boldsymbol{U}}_n\hat{\boldsymbol{U}}_n^{\mathrm{T}}\boldsymbol{Q}} \tag{3.16}$$

式 (3.16) 表明，距离空间内的经典多维标度，能够给出稳定可行的目标位置有效估计①。

不过，需要指出的是在经典多维标度定位中，辐射源目标位置的估计不能保证是最优的，无法达到目标位置估计的克拉默-拉奥下界 (CRLB)。高斯-马尔可夫定理指出，只有在独立同分布的高斯白噪声条件下，最小二乘估计才是最优的。在实际中，距离测量值 $r_m(m=1,2,\cdots,M)$ 中的观测误差，即使可以假设为独立同分布的零均值高斯白噪声，但是，通过经典多维标度引理 2.1 得到式 (3.13) 中的残差向量 $\boldsymbol{\epsilon}$，它的各个分量不再是独立同分布的零均值高斯白噪声，因而，它给出的解式 (3.16) 不是最优的。具体而言，距离测量中的测量误差，经过双中心变换后，测量误差传播到内积矩阵 $\boldsymbol{B}$ 的每一个元素中，然后再对内积矩阵进行特征分解，残差向量就丧失了原观测量固有的独立同分布的高斯白噪声统计特性。因此，距离空间经典多维标度定位是稳定有效估计，但不是最优估计。

3.3　修正多维标度定位

3.3.1　修正多维标度定位算法

与经典多维标度定位不同，修正多维标度定位选择所有观测站的质心作为多维标度坐标变换的参考原点，即 $\boldsymbol{x}_o=\sum\limits_{i=1}^{M}\boldsymbol{x}_i/M$，根据 2.3.2 节，对应的中心化坐标矩阵 $\boldsymbol{X}$ 表示为

$$\boldsymbol{X}=[\boldsymbol{x}_0-\boldsymbol{x}_c,\boldsymbol{x}_1-\boldsymbol{x}_c,\cdots,\boldsymbol{x}_M-\boldsymbol{x}_c]^{\mathrm{T}} \tag{3.17}$$

① 2005 年，Cheung 和 So[183] 曾指出，经典多维标度算法用在距离定位问题中既不稳定也不可行。这是他们凭着参考原点不能含有未知的目标位置这一直觉作出的判断。当然，祸福相依，这一错误的直觉，使得他们选择所有观测站的质心作为参考原点，提出了修正多维标度定位算法。

根据式 (2.73)，修正多维标度形成的内积矩阵 $\boldsymbol{B}=\boldsymbol{X}\boldsymbol{X}^{\mathrm{T}}$ 为

$$\boldsymbol{B}=-\frac{1}{2}\boldsymbol{J}_{M+1}\boldsymbol{D}\boldsymbol{J}_{M+1}^{\mathrm{T}} \tag{3.18}$$

其中，

$$\boldsymbol{J}_{M+1}=\boldsymbol{I}_{M+1}-\mathbf{1}_{M+1}\boldsymbol{\omega}^{\mathrm{T}} \tag{3.19}$$

是修正多维标度的中心化矩阵，这里 $\boldsymbol{I}_{M+1}$ 是 $(M+1)\times(M+1)$ 的单位矩阵，$\boldsymbol{\omega}=[0,1/M,1/M,\cdots,1/M]^{\mathrm{T}}$ 是 $M+1$ 维的列向量。

需要指出，修正多维标度定位提出的初衷与动机，与经典多维标度定位原理完全不同。Cheung 和 So[183] 的着眼点在于，在多维标度中如何构建旋转矩阵，使它不受未知的目标位置坐标的影响。当时，研究者注意到经典多维标度有两个问题值得关注：一是多维标度的旋转矩阵需要知道目标坐标 $\boldsymbol{x}_0$，在实际中无法做到；二是即使可以得到比较可靠的 $\boldsymbol{x}_0$ 的初值估计，观察距离平方矩阵 $\boldsymbol{D}$ [式 (3.8)] 中的元素发现，仅仅第一行和第一列的元素受到距离观测误差的影响，其他元素则不受距离观测误差的影响，然而，经过双中心化变换，内积矩阵的所有元素都会受到距离观测误差的影响。解决上述问题最直接的办法就是只选择所有观测站的质心，作为多维标度的参考原点。

因此，修正多维标度定位的核心思想是改变了坐标矩阵中的参考原点。这样既排除目标位置坐标 $\boldsymbol{x}_0$ 这一未知参数的影响，又可以利用没有观测误差的距离平方分块矩阵计算出更准确的坐标旋转距离。修正多维标度定位的详细推导过程较为复杂，这里为了保持理论的简洁性，忽略修正多维标度原始推导过程，采用简洁明了的多维标度定位统一框架，参见 2.3.2 节。

将 $\boldsymbol{\omega}=[0,1/M,1/M,\cdots,1/M]^{\mathrm{T}}$ 代入式 (2.72)，可以得到修正多维标度框架下的内积矩阵 $\boldsymbol{B}$ [式 (3.18)]，此时，它可以分块表示为

$$\boldsymbol{B}=\begin{bmatrix} B_{11} & \boldsymbol{b}^{\mathrm{T}} \\ \boldsymbol{b} & \boldsymbol{B}_1 \end{bmatrix} \tag{3.20}$$

其中，B_{11} 是矩阵 $\boldsymbol{B}$ 的第一个对角元素；$\boldsymbol{b}$ 是 M 维的列向量；$\boldsymbol{B}_1$ 是 $M\times M$ 的子矩阵。具体而言，

$$B_{11}=-\frac{1}{2}\left(-\frac{2}{M}\sum_{i=1}^{M}d_i^2+\frac{1}{M^2}\sum_{i=1}^{M}\sum_{j=1}^{M}d_{ij}^2\right) \tag{3.21}$$

$$[\boldsymbol{b}]_i=-\frac{1}{2}\left(d_i^2-\frac{1}{M}\sum_{j=1}^{M}d_j^2-\frac{1}{M}\sum_{j=1}^{M}d_{ij}^2+\frac{1}{M^2}\sum_{i=1}^{M}\sum_{j=1}^{M}d_{ij}^2\right) \tag{3.22}$$

$$[\boldsymbol{B}_1]_{ij}=-\frac{1}{2}\left(d_{ij}^2-\frac{1}{M}\sum_{i=1}^{M}d_{ij}^2-\frac{1}{M}\sum_{j=1}^{M}d_{ij}^2+\frac{1}{M^2}\sum_{i=1}^{M}\sum_{j=1}^{M}d_{ij}^2\right) \tag{3.23}$$

其中，$i,j=1,2,\cdots,M$。

距离空间修正多维标度定位问题，可以描述成关于目标坐标 $\boldsymbol{x}_0$ 的优化问题，表述为

$$\arg\min_{\boldsymbol{x}_0}\left\|\hat{\boldsymbol{B}}-\boldsymbol{X}\boldsymbol{X}^{\mathrm{T}}\right\|^2 \tag{3.24}$$

其中，$\hat{\boldsymbol{B}}$ 是修正多维标度定位框架内使用距离测量值 $r_m(m=1,2,\cdots,M)$ 代替真实值 d_m 得到的内积矩阵。值得注意的是，从式 (3.21)～ 式 (3.23) 可以看出，矩阵 $\hat{\boldsymbol{B}}$ 仅第一行和第一列受到距离观测误差的影响，其他元素则不受影响。

在修正多维标度定位框架内，引理 2.2[188,190] 给出了优化问题式 (3.24) 的解。使用距离测量值 $r_m(m=1,2,\cdots,M)$ 代替真实值 d_m，引理 2.2 在修正多维标度定位框架内的等式就有了残差。使用向量 $\boldsymbol{\omega}=[0,1/M,1/M,\cdots,1/M]^{\mathrm{T}}$，残差向量 $\boldsymbol{\epsilon}$ 具体表示为

$$\boldsymbol{\epsilon}=\boldsymbol{x}_0\boldsymbol{Q}^{\mathrm{T}}\hat{\boldsymbol{U}}_n-\boldsymbol{P}^{\mathrm{T}}\hat{\boldsymbol{U}}_n \tag{3.25}$$

其中，$\hat{\boldsymbol{U}}_n$ 是内积矩阵 $\hat{\boldsymbol{B}}$ [式 (3.18)] 的噪声子空间矩阵；矩阵 $\boldsymbol{Q}=[-1,0,\cdots,0]^{\mathrm{T}}$ 是 $M+1$ 维的列向量；矩阵 $\boldsymbol{P}$ 为

$$\boldsymbol{P}=\left[-\frac{1}{M}\sum_{m=1}^{M}\boldsymbol{x}_m,\boldsymbol{x}_1-\frac{1}{M}\sum_{m=1}^{M}\boldsymbol{x}_m,\cdots,\boldsymbol{x}_M-\frac{1}{M}\sum_{m=1}^{M}\boldsymbol{x}_m\right]^{\mathrm{T}} \tag{3.26}$$

修正多维标度优化问题式 (3.24) 就可以转化成优化问题 $\arg\min\limits_{\boldsymbol{x}_0}\boldsymbol{\epsilon}^{\mathrm{T}}\boldsymbol{\epsilon}$，即对应式 (3.25) 在最小二乘意义下的目标位置估计为

$$\hat{\boldsymbol{x}}_0=\frac{\boldsymbol{P}^{\mathrm{T}}\hat{\boldsymbol{U}}_n\hat{\boldsymbol{U}}_n^{\mathrm{T}}\boldsymbol{Q}}{\boldsymbol{Q}^{\mathrm{T}}\hat{\boldsymbol{U}}_n\hat{\boldsymbol{U}}_n^{\mathrm{T}}\boldsymbol{Q}} \tag{3.27}$$

式 (3.27) 表明，距离空间内修正多维标度定位，能够给出目标的有效位置坐标估计。根据 3.2 节的分析，修正多维标度定位也不是最优估计。关于修正多维标度定位，下面将给出详细的定位性能分析。

3.3.2　修正多维标度定位性能

评价一个估计算法的好坏，通常通过分析估计器的偏差和方差来实现。估计器的偏差越小越好，估计器的方差越小越好。

修正多维标度定位，本质上是将观测站的质心作为参考点，形成新的坐标矩阵 $\boldsymbol{X}$，进而得到修正的内积矩阵 $\boldsymbol{B}$，因此，修正多维标度定位在最小二乘意义下，优化的代价函数变成：

$$J=\left\|\hat{\boldsymbol{B}}-\tilde{\boldsymbol{X}}\tilde{\boldsymbol{X}}^{\mathrm{T}}\right\|^{2} \tag{3.28}$$

其中，$\tilde{\boldsymbol{X}}$ 是对应的矩阵变量。由于观测站坐标已知，代价函数在矩阵变量 $\tilde{\boldsymbol{X}}$ 下的实际变量是 $\tilde{\boldsymbol{x}}_0=[\tilde{x}_0,\tilde{y}_0]^{\mathrm{T}}$。那么，可以将式 (3.28) 表示成变量 $\tilde{\boldsymbol{x}}_0$ 的函数。

通过代价函数计算修正多维标度定位的偏差和方差，利用式 (2.117) 和式 (2.120)，可以用来评价修正多维标度定位的性能，代价函数进一步表示为

$$J=\left\|\hat{\boldsymbol{B}}-\tilde{\boldsymbol{X}}\tilde{\boldsymbol{X}}^{\mathrm{T}}\right\|^{2}=\operatorname{tr}\left\{\left(\hat{\boldsymbol{B}}-\tilde{\boldsymbol{X}}\tilde{\boldsymbol{X}}^{\mathrm{T}}\right)\left(\hat{\boldsymbol{B}}-\tilde{\boldsymbol{X}}\tilde{\boldsymbol{X}}^{\mathrm{T}}\right)^{\mathrm{T}}\right\} \tag{3.29}$$

其中，$\operatorname{tr}\{\cdot\}$ 表示迹算子。

首先，注意到式 (3.20) 中，除了第一行和第一列的元素，修正内积矩阵 $\hat{\boldsymbol{B}}$ 和矩阵 $\tilde{\boldsymbol{X}}\tilde{\boldsymbol{X}}^{\mathrm{T}}$ 的其余元素都是完全相等的，这就意味着在计算残差矩阵 $(\hat{\boldsymbol{B}}-\tilde{\boldsymbol{X}}\tilde{\boldsymbol{X}}^{\mathrm{T}})$ 时，只需要计算 B_{11} 对应的残差 ΔB_{11}，以及 $[\boldsymbol{b}]_i$ 对应的残差 $\Delta[\boldsymbol{b}]_i$ 即可。

将第 i 个观测站的距离平方误差 $\boldsymbol{\epsilon}_i$ 表示为

$$\begin{aligned}\boldsymbol{\epsilon}_i&=r_i^2-\left((x_i-\tilde{x}_0)^2+(y_i-\tilde{y}_0)^2\right)\\&=\frac{1}{2}\left(\left(x_i\tilde{x}_0+y_i\tilde{y}_0-0.5\left(\tilde{x}_0^2+\tilde{y}_0^2\right)\right)-\frac{1}{2}\left(x_i^2+y_i^2-r_i^2\right)\right)\end{aligned} \tag{3.30}$$

从式 (3.22) 可以得到 $[\boldsymbol{b}]_i$ 的残差项 $\Delta[\boldsymbol{b}]_i$：

$$\begin{aligned}\Delta\left[\boldsymbol{b}\right]_i=&-\frac{1}{2}\left(\frac{M+1}{M}\right)\left(\boldsymbol{\epsilon}_i-\frac{1}{M+1}\sum_{j=1}^{M}\boldsymbol{\epsilon}_j-\frac{1}{M+1}\boldsymbol{\epsilon}_i\right.\\&\left.+\frac{1}{(M+1)^2}\sum_{j=1}^{M}\boldsymbol{\epsilon}_j\right)+\frac{1}{M(M+1)}\sum_{j=1}^{M}\boldsymbol{\epsilon}_j\\=&-\frac{1}{2}\boldsymbol{\epsilon}_i+\frac{1}{2M}\sum_{j=1}^{M}\boldsymbol{\epsilon}_j\end{aligned} \tag{3.31}$$

类似地，可以得到式 (3.21) 的残差项 ΔB_{11}：

$$\Delta B_{11}=\frac{1}{M}\sum_{i=1}^{M}\boldsymbol{\epsilon}_i \tag{3.32}$$

由式 (3.31) 和式 (3.32)，残差矩阵可以重新写成

$$\hat{\boldsymbol{B}}-\tilde{\boldsymbol{X}}\tilde{\boldsymbol{X}}^{\mathrm{T}}=\frac{1}{M}\sum_{i=1}^{M}\boldsymbol{\epsilon}_i\boldsymbol{\Pi}-\frac{1}{2}\boldsymbol{\Gamma} \tag{3.33}$$

其中，

$$\boldsymbol{\Pi}=\begin{bmatrix}1 & 0.5 & \cdots & 0.5\\ 0.5 & 0 & \cdots & 0\\ \vdots & \vdots & & \vdots\\ 0.5 & 0 & \cdots & 0\end{bmatrix},\quad \boldsymbol{\Gamma}=\begin{bmatrix}0 & \boldsymbol{\epsilon}_1 & \cdots & \boldsymbol{\epsilon}_M\\ \boldsymbol{\epsilon}_1 & 0 & \cdots & 0\\ \vdots & \vdots & & \vdots\\ \boldsymbol{\epsilon}_M & 0 & \cdots & 0\end{bmatrix} \tag{3.34}$$

从而得到

$$\begin{aligned}&\left(\hat{\boldsymbol{B}}-\tilde{\boldsymbol{X}}\tilde{\boldsymbol{X}}^{\mathrm{T}}\right)\left(\hat{\boldsymbol{B}}-\tilde{\boldsymbol{X}}\tilde{\boldsymbol{X}}^{\mathrm{T}}\right)^{\mathrm{T}}\\ &=\left(\frac{1}{M}\sum_{i=1}^{M}\boldsymbol{\epsilon}_i\right)^2\boldsymbol{\Pi}\cdot\boldsymbol{\Pi}^{\mathrm{T}}\\ &\quad-\frac{1}{2M}\sum_{i=1}^{M}\boldsymbol{\epsilon}_i\boldsymbol{\Gamma}\cdot\boldsymbol{\Pi}^{\mathrm{T}}-\frac{1}{2M}\sum_{i=1}^{M}\boldsymbol{\epsilon}_i\boldsymbol{\Pi}\cdot\boldsymbol{\Gamma}^{\mathrm{T}}+\frac{1}{4}\boldsymbol{\Gamma}\cdot\boldsymbol{\Gamma}^{\mathrm{T}}\end{aligned} \tag{3.35}$$

其中，

$$\boldsymbol{\Pi}\cdot\boldsymbol{\Pi}^{\mathrm{T}}=\begin{bmatrix}1+0.25M & * & \cdots & *\\ * & 0.25 & \cdots & *\\ \vdots & \vdots & & \vdots\\ * & * & \cdots & 0.25\end{bmatrix} \tag{3.36}$$

$$\boldsymbol{\Gamma}\cdot\boldsymbol{\Gamma}^{\mathrm{T}}=\begin{bmatrix}\sum_{i=1}^{M}\boldsymbol{\epsilon}_i^2 & * & \cdots & *\\ * & \boldsymbol{\epsilon}_i^2 & \cdots & *\\ \vdots & \vdots & & \vdots\\ * & * & \cdots & \boldsymbol{\epsilon}_i^2\end{bmatrix} \tag{3.37}$$

$$\boldsymbol{\Gamma}\cdot\boldsymbol{\Pi}^{\mathrm{T}}=\begin{bmatrix}0.5\sum_{i=1}^{M}\boldsymbol{\epsilon}_i & * & \cdots & * \\ * & \boldsymbol{\epsilon}_i & \cdots & * \\ \vdots & \vdots & & \vdots \\ * & * & \cdots & \boldsymbol{\epsilon}_i\end{bmatrix} \tag{3.38}$$

$$\boldsymbol{\Pi}\cdot\boldsymbol{\Gamma}^{\mathrm{T}}=\begin{bmatrix}0.5\sum_{i=1}^{M}\boldsymbol{\epsilon}_i & * & \cdots & * \\ * & \boldsymbol{\epsilon}_i & \cdots & * \\ \vdots & \vdots & & \vdots \\ * & * & \cdots & \boldsymbol{\epsilon}_i\end{bmatrix} \tag{3.39}$$

其中，$*$ 表示后续计算不相关的元素。

把式 (3.36)~ 式 (3.39) 代入式 (3.35)，计算残差矩阵的迹，得到代价函数为

$$J=\left(\frac{1}{2}-\frac{M-2}{2M^2}\right)\sum_{i=1}^{M}\boldsymbol{\epsilon}_i^2-2\left(\frac{M-2}{2M^2}\right)\sum_{i=1}\sum_{\substack{j=1\\ i\neq j}}\boldsymbol{\epsilon}_i\boldsymbol{\epsilon}_j \tag{3.40}$$

注意到代价函数式 (3.40)，表述成了误差平方和，不过第二项是误差交叉项积的和，这意味着代价函数是广义最小二乘下的代价函数。

先将距离平方误差式 (3.30) 表示成一个列向量：

$$\boldsymbol{\epsilon}=[\boldsymbol{\epsilon}_1,\boldsymbol{\epsilon}_2,\cdots,\boldsymbol{\epsilon}_M]^{\mathrm{T}}=2\left[\boldsymbol{G}\tilde{x}_0-0.5\left(\tilde{\boldsymbol{x}}_0^{\mathrm{T}}\tilde{\boldsymbol{x}}_0\right)\mathbf{1}_M-\boldsymbol{h}\right] \tag{3.41}$$

其中，

$$\boldsymbol{G}=\begin{bmatrix}x_1 & y_1 \\ x_2 & y_2 \\ \vdots & \vdots \\ x_M & x_M\end{bmatrix} \tag{3.42}$$

$$\boldsymbol{h}=\frac{1}{2}\begin{bmatrix}x_1^2+y_1^2-r_1^2 \\ x_2^2+y_2^2-r_2^2 \\ \vdots \\ x_M^2+y_M^2-r_M^2\end{bmatrix} \tag{3.43}$$

利用式 (3.41)，式 (3.40) 可以表示成加权意义下的代价函数：

$$J=\left[\boldsymbol{G}\tilde{\boldsymbol{x}}_0-0.5\left(\tilde{\boldsymbol{x}}_0^{\mathrm{T}}\tilde{\boldsymbol{x}}_0\right)\mathbf{1}_M-\boldsymbol{h}\right]^{\mathrm{T}}\boldsymbol{W}\left[\boldsymbol{G}\tilde{\boldsymbol{x}}_0-0.5\left(\tilde{\boldsymbol{x}}_0^{\mathrm{T}}\tilde{\boldsymbol{x}}_0\right)\mathbf{1}_M-\boldsymbol{h}\right] \tag{3.44}$$

其中，

$$\boldsymbol{W}=4\left(\frac{1}{2}\boldsymbol{I}_M-\frac{M-2}{2M^2}\mathbf{1}_M\mathbf{1}_M^{\mathrm{T}}\right) \tag{3.45}$$

1. 无偏性分析

对代价函数式 (3.44) 求偏导数，得到

$$\frac{\partial J}{\partial \tilde{\boldsymbol{x}}_0}=2\left(\boldsymbol{G}^{\mathrm{T}}-\tilde{\boldsymbol{x}}_0\mathbf{1}_M^{\mathrm{T}}\right)\boldsymbol{W}\left[\boldsymbol{G}\tilde{\boldsymbol{x}}_0-0.5\left(\tilde{\boldsymbol{x}}_0^{\mathrm{T}}\tilde{\boldsymbol{x}}_0\right)\mathbf{1}_M-\boldsymbol{h}\right] \tag{3.46}$$

考虑到距离测量值 r_m 中测量误差 q_m，相对于真实值 d_m 而言足够小，则测量误差的高阶项 $\{q_m^2\}$ 可以忽略，此时在真实值 $\boldsymbol{x}_0$ 处的偏导数 $\partial J/\partial\tilde{\boldsymbol{x}}_0$ 近似为

$$\left.\frac{\partial J}{\partial \tilde{\boldsymbol{x}}_0}\right|_{\tilde{\boldsymbol{x}}_0=\boldsymbol{x}_0}\simeq 2\left(\boldsymbol{G}^{\mathrm{T}}-\boldsymbol{x}_0\mathbf{1}_M^{\mathrm{T}}\right)\boldsymbol{W}\left(\boldsymbol{d}\odot\boldsymbol{n}\right) \tag{3.47}$$

对式 (3.47) 两边求期望，并利用 $\mathbb{E}\{\boldsymbol{n}\}=0$，得到

$$\mathbb{E}\left.\left[\frac{\partial J}{\partial \tilde{\boldsymbol{x}}_0}\right]\right|_{\tilde{\boldsymbol{x}}_0\simeq\boldsymbol{x}_0}=2\left(\boldsymbol{G}^{\mathrm{T}}-\boldsymbol{x}_0\mathbf{1}_M^{\mathrm{T}}\right)\boldsymbol{W}\mathbb{E}\left[\boldsymbol{d}\odot\boldsymbol{n}\right]=0 \tag{3.48}$$

其中，$\odot$ 表示阿达马 (Hadamard) 积，即矩阵对应元素直接相乘。

将式 (3.48) 代入式 (2.117)，得到估计值 $\hat{\boldsymbol{x}}_0$ 的期望：

$$\mathbb{E}\left\{\hat{\boldsymbol{x}}_0\right\}\simeq\boldsymbol{x}_0 \tag{3.49}$$

这表明，在代价函数的黑塞矩阵是非奇异的条件下，距离空间下的修正多维标度定位算法是无偏估计。

2. 方差分析

对偏导数 $\partial J/\partial\tilde{\boldsymbol{x}}_0$ [式 (3.46)] 右乘它的转置矩阵，得到

$$\left.\left(\frac{\partial J}{\partial \tilde{\boldsymbol{x}}_0}\right)\left(\frac{\partial J}{\partial \tilde{\boldsymbol{x}}_0}\right)^{\mathrm{T}}\right|_{\tilde{\boldsymbol{x}}_0=\boldsymbol{x}_0}\simeq 4\left(\boldsymbol{G}^{\mathrm{T}}-\boldsymbol{x}_0\mathbf{1}_M^{\mathrm{T}}\right)\boldsymbol{W}\left(\boldsymbol{d}\boldsymbol{d}^{\mathrm{T}}\odot\boldsymbol{n}\boldsymbol{n}^{\mathrm{T}}\right)\boldsymbol{W}\left(\boldsymbol{G}-\mathbf{1}_M\boldsymbol{x}_0^{\mathrm{T}}\right) \tag{3.50}$$

由于 $\hat{\boldsymbol{x}}_0$ 是无偏估计，对式 (3.50) 两边求期望，利用 $\boldsymbol{\varSigma}=\mathbb{E}\{\boldsymbol{n}\boldsymbol{n}^{\mathrm{T}}\}$，得到

$$\mathbb{E}\left.\left[\left(\frac{\partial J}{\partial \tilde{\boldsymbol{x}}_0}\right)\left(\frac{\partial J}{\partial \tilde{\boldsymbol{x}}_0}\right)^{\mathrm{T}}\right]\right|_{\tilde{\boldsymbol{x}}_0=\boldsymbol{x}_0}\simeq 4\left(\boldsymbol{G}^{\mathrm{T}}-\boldsymbol{x}_0\mathbf{1}_M^{\mathrm{T}}\right)\boldsymbol{W}\left(\boldsymbol{d}\boldsymbol{d}^{\mathrm{T}}\odot\boldsymbol{\varSigma}\right)\boldsymbol{W}\left(\boldsymbol{G}-\mathbf{1}_M\boldsymbol{x}_0^{\mathrm{T}}\right) \tag{3.51}$$

类似地，对偏导数 $\partial J/\partial\tilde{\boldsymbol{x}}_0$ [式 (3.46)] 进一步求偏导数，再对两边求期望，可以得到

$$\mathbb{E}\left[\frac{\partial^2 J}{\partial\tilde{\boldsymbol{x}}_0\partial\tilde{\boldsymbol{x}}_0^{\mathrm{T}}}\right]\bigg|_{\tilde{\boldsymbol{x}}_0=\boldsymbol{x}_0}\simeq 2\left(\boldsymbol{G}^{\mathrm{T}}-\boldsymbol{x}_0\mathbf{1}_M^{\mathrm{T}}\right)\boldsymbol{W}\left(\boldsymbol{G}-\mathbf{1}_M\boldsymbol{x}_0^{\mathrm{T}}\right) \tag{3.52}$$

将式 (3.51) 和式 (3.52) 代入式 (2.120)，可以得到估计值 $\hat{\boldsymbol{x}}_0$ 的协方差矩阵 $\mathrm{Cov}(\boldsymbol{x}_0)$，其中 $\mathrm{Cov}(\boldsymbol{x}_0)$ 的对角元素分别对应着目标坐标中 x_0 和 y_0 的方差。

通过修正多维标度定位的性能分析，结合代价函数式 (3.44)，可以发现修正多维标度定位与其他定位算法之间存在紧密的联系。

当代价函数中的加权矩阵 $\boldsymbol{W}$ 变成单位阵 $\boldsymbol{I}_M$，并将 $\tilde{\boldsymbol{x}}_0^{\mathrm{T}}\tilde{\boldsymbol{x}}_0$ 作为一个独立变量时，代价函数退化成为校正最小二乘 (CLS) 算法。

当代价函数中的加权矩阵 $\boldsymbol{W}$ 选择最优加权矩阵，并将 $\tilde{\boldsymbol{x}}_0^{\mathrm{T}}\tilde{\boldsymbol{x}}_0$ 作为一个独立变量时，代价函数变成两步最小二乘算法。

当代价函数中的加权矩阵 $\boldsymbol{W}$ 变成单位阵 $\boldsymbol{I}_M$，并移除变量 $\tilde{\boldsymbol{x}}_0^{\mathrm{T}}\tilde{\boldsymbol{x}}_0$ 时，代价函数退化成为线性最小二乘 (LLS) 算法。

3.4 子空间多维标度定位

3.4.1 最小集子空间定位

为了便于解释子空间多维标度定位，这里先给出最小集合情况下的导出过程(二维空间中只使用三个观测站)[182]，清晰揭示出子空间与多维标度的潜在联系，然后再自然拓展到 $M(M>3)$ 个观测站的情况。

考虑三个观测站 $\boldsymbol{x}_i=[x_i,y_i]^{\mathrm{T}}\ (i=1,2,3)$，利用三个距离测量值 $r_i(i=1,2,3)$ 确定辐射源目标的位置坐标 $\boldsymbol{x}_0=[x_0,y_0]^{\mathrm{T}}$，其中 $[\cdot]^{\mathrm{T}}$ 表示矩阵转置。

设第 i 个和第 j 个观测站的距离为 $d_{ij}\,(i,j=1,2,3)$，注意到 $d_{ij}=d_{ji}$ 和 $d_{ii}=0$。第 i 个观测站与目标真实距离为 $d_i\,(i=1,2,3)$。

定义多维相似度量矩阵 (multidimensional similarity matrix)：

$$\boldsymbol{B}=\frac{1}{2}\begin{bmatrix}2d_1^2 & d_1^2+d_2^2-d_{12}^2 & d_1^2+d_3^2-d_{13}^2\\ d_2^2+d_1^2-d_{21}^2 & 2d_2^2 & d_2^2+d_3^2-d_{23}^2\\ d_3^2+d_1^2-d_{31}^2 & d_3^2+d_2^2-d_{32}^2 & 2d_3^2\end{bmatrix} \tag{3.53}$$

观察相似度量矩阵的元素 $\{[\boldsymbol{B}]_{ij},i,j=1,2,3\}$ 发现，它与余弦公式存在着内在联系。余弦公式可以重新表示为

$$d_i^2+d_j^2-d_{ij}^2=2d_id_j\cos\theta_{ij} \tag{3.54}$$

其中，θ_{ij} 表示向量 $\boldsymbol{x}_i-\boldsymbol{x}_0$ 和 $\boldsymbol{x}_j-\boldsymbol{x}_0$ 的夹角，它的余弦函数揭示了这两个向量之间的相似度：

$$\cos\theta_{ij}=\frac{(\boldsymbol{x}_i-\boldsymbol{x}_0)^{\mathrm{T}}(\boldsymbol{x}_j-\boldsymbol{x}_0)}{\|\boldsymbol{x}_i-\boldsymbol{x}_0\|\cdot\|\boldsymbol{x}_j-\boldsymbol{x}_0\|}=\frac{(\boldsymbol{x}_i-\boldsymbol{x}_0)^{\mathrm{T}}(\boldsymbol{x}_j-\boldsymbol{x}_0)}{d_id_j}\tag{3.55}$$

那么将式 (3.55) 代入式 (3.54)，相似度量矩阵的元素 $\{[\boldsymbol{B}]_{ij},i,j=1,2,3\}$ 可以表示为

$$[\boldsymbol{B}]_{ij}=\frac{1}{2}\left(d_i^2+d_j^2-d_{ij}^2\right)=(\boldsymbol{x}_i-\boldsymbol{x}_0)^{\mathrm{T}}(\boldsymbol{x}_j-\boldsymbol{x}_0)\tag{3.56}$$

进而，相似度量矩阵 $\boldsymbol{B}$ 可以完整表述为

$$\boldsymbol{B}=\begin{bmatrix}x_1-x_0 & y_1-y_0\\ x_2-x_0 & y_2-y_0\\ x_3-x_0 & y_3-y_0\end{bmatrix}\begin{bmatrix}x_1-x_0 & y_1-y_0\\ x_2-x_0 & y_2-y_0\\ x_3-x_0 & y_3-y_0\end{bmatrix}^{\mathrm{T}}\tag{3.57}$$

相似度量矩阵 $\boldsymbol{B}$ 的完整表述，揭示了该矩阵是一个半正定对称矩阵。由于列向量 $[x_1-x_0,x_2-x_0,x_3-x_0]^{\mathrm{T}}$ 和列向量 $[y_1-y_0,y_2-y_0,y_3-y_0]^{\mathrm{T}}$ 是不相关的，因此矩阵 $\boldsymbol{B}$ 的秩 $\mathrm{rank}\{\boldsymbol{B}\}=2$，其中 $\mathrm{rank}\{\cdot\}$ 表示矩阵的秩。此外，元素 $[\boldsymbol{B}]_{ij}$ 表示了两个向量 $\boldsymbol{x}_i-\boldsymbol{x}_0$ 和 $\boldsymbol{x}_j-\boldsymbol{x}_0$ 之间的相关性，是两个向量之间的相似性度量，因此，矩阵 $\boldsymbol{B}$ 称为多维相似度矩阵。

在距离测量定位中，需要使用距离测量值 $r_m(m=1,2,3)$ 代替真实值 d_m，得到的相似度量矩阵表示为 $\hat{\boldsymbol{B}}$，对其进行特征值分解：

$$\hat{\boldsymbol{B}}=\boldsymbol{U}\boldsymbol{\Lambda}\boldsymbol{U}^{\mathrm{T}}\tag{3.58}$$

其中，矩阵 $\boldsymbol{\Lambda}=\mathrm{diag}\{\lambda_1,\lambda_2,\lambda_3\}$ 是对角特征值矩阵，并且矩阵 $\boldsymbol{B}$ 的三个特征值满足 $\lambda_1\geqslant\lambda_2\geqslant\lambda_3\geqslant0$，$\boldsymbol{U}=[\boldsymbol{u}_1,\boldsymbol{u}_2,\boldsymbol{u}_3]^{\mathrm{T}}$ 是特征值对应的正交特征向量矩阵。

矩阵 $\boldsymbol{B}$ 的秩为 2，那么有 $\lambda_3\simeq0$，$\boldsymbol{u}_3$ 为对应的噪声子空间向量。进而有

$$\boldsymbol{u}_3^{\mathrm{T}}\hat{\boldsymbol{B}}\boldsymbol{u}_3\simeq0\tag{3.59}$$

根据式 (3.57)，式 (3.59) 变成

$$\boldsymbol{u}_3^{\mathrm{T}}\begin{bmatrix}x_1-x_0 & y_1-y_0\\ x_2-x_0 & y_2-y_0\\ x_3-x_0 & y_3-y_0\end{bmatrix}\simeq\boldsymbol{0}^{\mathrm{T}}\tag{3.60}$$

所以，目标坐标 $\boldsymbol{x}_0 = [x_0, y_0]^{\mathrm{T}}$ 的估计值 $\hat{\boldsymbol{x}}_0 = [\hat{x}_0, \hat{y}_0]^{\mathrm{T}}$，$\hat{x}_0$ 和 $\hat{y}_0$ 为

$$\hat{x}_0 = \frac{\boldsymbol{u}_3^{\mathrm{T}}}{\boldsymbol{u}_3^{\mathrm{T}}\boldsymbol{1}_3}\begin{bmatrix} x_1 \\ x_2 \\ x_3 \end{bmatrix} \tag{3.61}$$

和

$$\hat{y}_0 = \frac{\boldsymbol{u}_3^{\mathrm{T}}}{\boldsymbol{u}_3^{\mathrm{T}}\boldsymbol{1}_3}\begin{bmatrix} y_1 \\ y_2 \\ y_3 \end{bmatrix} \tag{3.62}$$

通过构建多维相似度量矩阵，利用噪声子空间与该相似度量矩阵的正交性，实现了目标坐标的估计。相似度量矩阵是通过坐标矩阵的内积构造的，因此，这一方法也称为子空间多维标度定位方法。

3.4.2 广义子空间定位

很自然的，这种思路可以扩展到 $M(M > 3)$ 个观测站的情况，从而获得子空间多维标度定位算法[184]。

拓展式 (3.57)，定义多维相似度量矩阵 $\boldsymbol{B} = \boldsymbol{X}\boldsymbol{X}^{\mathrm{T}}$，这里 $\boldsymbol{X}$ 是一个 $M \times 2$ 维的坐标矩阵：

$$\boldsymbol{X} = [\boldsymbol{x}_1 - \boldsymbol{x}_0,\ \boldsymbol{x}_2 - \boldsymbol{x}_0,\ \cdots,\ \boldsymbol{x}_M - \boldsymbol{x}_0]^{\mathrm{T}} \tag{3.63}$$

拓展式 (3.56)，相似度量矩阵的元素 $[\boldsymbol{B}]_{mn}\,(m, n = 1, 2, \cdots, M)$ 可以表示为

$$[\boldsymbol{B}]_{mn} = 0.5\left(d_m^2 + d_n^2 - d_{mn}^2\right) \tag{3.64}$$

值得注意的是，这里的多维相似度量矩阵 $\boldsymbol{B} = \boldsymbol{X}\boldsymbol{X}^{\mathrm{T}}$，本质上对应着多维标度统一框架内的内积矩阵式 (2.78)，此时中心化坐标矩阵 $\boldsymbol{X}$ 将目标坐标 $\boldsymbol{x}_0$ 作为参考原点。

使用距离测量值 $r_m(m = 1, 2, \cdots, M)$ 代替真实值 d_m，根据式 (3.64) 得到的内积矩阵表示为 $\hat{\boldsymbol{B}}$。那么，子空间多维标度定位问题可以描述成关于目标坐标 $\boldsymbol{x}_0$ 的优化问题，表述为

$$\arg\min_{\boldsymbol{x}_0} \left\| \hat{\boldsymbol{B}} - \boldsymbol{X}\boldsymbol{X}^{\mathrm{T}} \right\|^2 \tag{3.65}$$

在多维标度定位框架内，推论 2.1[184] 给出了优化问题式 (3.65) 的解。使用距离测量值 $r_m(m = 1, 2, \cdots, M)$ 代替真实值 d_m，推论 2.1 的等式就有了残差。残差向量 $\boldsymbol{\epsilon}$ 表示为

$$\boldsymbol{\epsilon} = \boldsymbol{x}_0\boldsymbol{1}_M^{\mathrm{T}}\hat{\boldsymbol{U}}_n - \boldsymbol{P}^{\mathrm{T}}\hat{\boldsymbol{U}}_n\boldsymbol{P}^{\mathrm{T}}\boldsymbol{U}_n \tag{3.66}$$

其中，$\hat{\boldsymbol{U}}_n$ 是内积矩阵 $\hat{\boldsymbol{B}}$ 的噪声子空间矩阵；矩阵 $\boldsymbol{P}=[\boldsymbol{x}_1,\boldsymbol{x}_2,\cdots,\boldsymbol{x}_n]^{\mathrm{T}}$。

子空间多维标度优化问题式 (3.65) 就可以转化成优化问题 $\arg\min\limits_{\boldsymbol{x}_0}\boldsymbol{\epsilon}^{\mathrm{T}}\boldsymbol{\epsilon}$，即对应式 (3.66) 在最小二乘意义下的目标位置估计：

$$\hat{\boldsymbol{x}}_0=\frac{\boldsymbol{P}^{\mathrm{T}}\hat{\boldsymbol{U}}_n\hat{\boldsymbol{U}}_n^{\mathrm{T}}\mathbf{1}_M}{\mathbf{1}_M^{\mathrm{T}}\hat{\boldsymbol{U}}_n\hat{\boldsymbol{U}}_n^{\mathrm{T}}\mathbf{1}_M}\tag{3.67}$$

式 (3.67) 表明，距离空间内子空间多维标度定位，能够给出目标的有效位置坐标估计。根据 3.2 节的分析，子空间多维标度定位也不是最优估计。

值得注意的是，当 $M=3$ 时，$\boldsymbol{U}_n=\boldsymbol{u}_3$，式 (3.67) 退化成

$$\hat{\boldsymbol{x}}_0^{\mathrm{T}}=\frac{\boldsymbol{u}_3^{\mathrm{T}}}{\boldsymbol{u}_3^{\mathrm{T}}\mathbf{1}_3}\begin{bmatrix}x_1 & y_1\\ x_2 & y_2\\ x_3 & y_3\end{bmatrix}\tag{3.68}$$

它就是三个观测站的子空间多维标度定位估计式 (3.61) 和式 (3.62)。该子空间方法是式 (3.61) 和式 (3.62) 的扩展，它们都是利用多维相似度量矩阵的噪声子空间得到的，因此，这一方法也称为广义子空间多维标度定位方法。

在子空间多维标度定位中，针对优化的代价函数 $\|\hat{\boldsymbol{B}}-\boldsymbol{X}\boldsymbol{X}^{\mathrm{T}}\|^2$，同样可以利用式 (2.117) 和式 (2.120) 计算这个估计器的偏差与方差，用于评价子空间多维标度定位的性能。这里不再赘述。

3.5　加权多维标度定位

3.5.1　多维标度定位统一框架

对比经典多维标度、修正多维标度和子空间多维标度，可以发现，三者都定义了各自的内积矩阵进行算法推导。需要指出的是，内积矩阵的构造建立在坐标矩阵上，坐标矩阵的差异将会产生不同的内积矩阵，进而产生不同类型的多维标度分析。

2.3.2 节多维标度统一框架揭示出：比较经典多维标度的坐标矩阵式 (3.9)、修正多维标度的坐标矩阵式 (3.17) 和子空间多维标度的坐标矩阵式 (3.63)，它们的本质区别在于参考原点的选择不同。对象点坐标的中心化变换是多维标度中的关键环节，中心化变换涉及参考原点的选择：经典多维标度定位选择所有点 (包括观测站和目标) 的质心，修正多维标度定位选择所有观测站的质心，而子空间多维标度定位选择目标位置作为参考原点。

从多维标度统一框架出发，考虑引入广义质心对数据坐标进行中心化处理。广义质心如式 (3.69) 所示，定义为包括观测站和目标在内所有坐标的线性组合：

$$\boldsymbol{x}_c = \omega_0 \boldsymbol{x}_0 + \omega_1 \boldsymbol{x}_1 + \cdots + \omega_M \boldsymbol{x}_M = \sum_{i=0}^{M} \omega_i \boldsymbol{x}_i \tag{3.69}$$

其中，$\boldsymbol{\omega} = [\omega_0, \omega_1, \cdots, \omega_M]^{\mathrm{T}}$ 是广义质心系数向量，这些系数都是非负的，且满足 $\sum\limits_{i=0}^{M} \omega_i = 1$。

基于广义质心 $\boldsymbol{x}_c$ 的中心化矩阵 $\boldsymbol{X}_c$，如式 (3.70) 所示：

$$\boldsymbol{X}_c = [\boldsymbol{x}_0 - \boldsymbol{x}_c, \boldsymbol{x}_1 - \boldsymbol{x}_c, \cdots, \boldsymbol{x}_M - \boldsymbol{x}_c]^{\mathrm{T}} \tag{3.70}$$

广义内积矩阵 $\boldsymbol{B}_c = \boldsymbol{X}_c \boldsymbol{X}_c^{\mathrm{T}}$ 如式 (3.71) 所示：

$$\boldsymbol{B}_c = -\frac{1}{2} \boldsymbol{J}_{M+1} \boldsymbol{D} \boldsymbol{J}_{M+1}^{\mathrm{T}} \tag{3.71}$$

其中，$\boldsymbol{J}_{M+1}$ 为广义中心化矩阵：

$$\boldsymbol{J}_{M+1} = \boldsymbol{I}_{M+1} - \boldsymbol{1}_{M+1} \boldsymbol{\omega}^{\mathrm{T}} \tag{3.72}$$

式中，$\boldsymbol{J}_{M+1}$ 是 $(M+1) \times (M+1)$ 的矩阵；$\boldsymbol{I}_{M+1}$ 是 $M+1$ 维的单位矩阵；$\boldsymbol{1}_{M+1}$ 是 $M+1$ 维的全 1 列向量。

在距离测量目标定位中，需要使用距离测量值 $r_m (m = 1, 2, \cdots, M)$ 代替真实值 d_m，同样得到的距离平方矩阵与内积矩阵分别表示为 $\hat{\boldsymbol{D}}$ 和 $\hat{\boldsymbol{B}}$。那么，多维标度统一框架下的定位问题，可以描述成关于目标坐标 $\boldsymbol{x}_0$ 的优化问题，表述为

$$\arg\min_{\boldsymbol{x}_0} \left\| \hat{\boldsymbol{B}} - \boldsymbol{X} \boldsymbol{X}^{\mathrm{T}} \right\|^2 \tag{3.73}$$

在多维标度定位统一框架内，引理 2.2[188, 190] 给出了优化问题式 (3.12) 的解。使用距离测量值 $r_m (m = 1, 2, \cdots, M)$ 代替真实值 d_m，引理 2.2 的等式就有了残差，残差向量 $\boldsymbol{\epsilon}$ 表示为

$$\boldsymbol{\epsilon} = \boldsymbol{x}_0 \boldsymbol{Q}_c^{\mathrm{T}} \hat{\boldsymbol{U}}_n - \boldsymbol{P}_c^{\mathrm{T}} \hat{\boldsymbol{U}}_n \tag{3.74}$$

其中，$\boldsymbol{Q}_c = [\omega_0 - 1, \omega_0, \cdots, \omega_0]^{\mathrm{T}}$ 是 $(M+1)$ 维的系数列向量，且 $\boldsymbol{P}_c$ 是关于观测站坐标的 $(M+1) \times 2$ 的矩阵：

$$\boldsymbol{P}_c = \left[-\sum_{i=1}^{n} \omega_i \boldsymbol{x}_i, \boldsymbol{x}_1 - \sum_{i=1}^{n} \omega_i \boldsymbol{x}_i, \cdots, \boldsymbol{x}_n - \sum_{i=1}^{n} \omega_i \boldsymbol{x}_i \right]^{\mathrm{T}} \tag{3.75}$$

优化问题式 (3.73) 就可以转化成优化问题 $\arg\min\limits_{\boldsymbol{x}_0} \boldsymbol{\epsilon}^{\mathrm{T}}\boldsymbol{\epsilon}$，即对应式 (3.74) 在最小二乘意义下的目标位置估计为

$$\hat{\boldsymbol{x}}_0 = \frac{\boldsymbol{P}_c^{\mathrm{T}}\hat{\boldsymbol{U}}_n\hat{\boldsymbol{U}}_n^{\mathrm{T}}\boldsymbol{Q}_c}{\boldsymbol{Q}_c^{\mathrm{T}}\hat{\boldsymbol{U}}_n\hat{\boldsymbol{U}}_n^{\mathrm{T}}\boldsymbol{Q}_c} \tag{3.76}$$

目标位置的估计式 (3.76) 是距离测量定位的多维标度统一框架下的通解，对应着距离空间多维标度定位的算法簇。在算法簇中，给定一种参考原点选择方式，即广义质心系数 $\boldsymbol{\omega} = [\omega_0, \omega_1, \cdots, \omega_M]^{\mathrm{T}}$，就会产生对应的多维标度定位算法，广义质心系数体现在矩阵 $\boldsymbol{P}_c$、$\boldsymbol{Q}_c$ 和 $\boldsymbol{B}_c$ 中。经典多维标度定位、修正多维标度定位以及子空间多维标度定位都是它的特例。

当广义质心系数为

$$\omega_0 = \omega_1 = \cdots = \omega_M = \frac{1}{M+1} \tag{3.77}$$

时，意味着选择了包括观测站与目标在内的所有对象点的质心作为多维标度的参考原点，目标位置坐标估计式 (3.76) 就变成了修正多维标度定位估计式 (3.16)。

当广义质心系数为

$$\omega_0 = 0, \omega_1 = \omega_2 = \cdots = \omega_M = \frac{1}{M} \tag{3.78}$$

时，意味着选择所有观测站的质心作为多维标度的参考原点，目标位置坐标估计式 (3.76) 就变成了子空间多维标度定位估计式 (3.27)。

当广义质心系数为

$$\omega_0 = 1, \omega_1 = \omega_2 = \cdots = \omega_M = 0 \tag{3.79}$$

时，意味着选择了目标位置作为多维标度的参考原点，目标位置估计式 (3.76) 就变成了经典多维标度定位估计式 (3.67)。

对于距离空间多维标度定位统一框架下的算法簇，需要指出三点。

其一，多维标度定位统一框架下的算法簇中，有无穷多种多维标度定位算法。无论选择哪一种广义质心系数，形成的多维标度定位算法都是稳定可行的。

其二，多维标度定位统一框架下的算法簇中，所有的定位算法都不能保证是最优的，无法达到目标位置坐标估计的克拉默-拉奥下界 (CRLB)。高斯-马尔可夫定理指出，只有在独立同分布的高斯白噪声条件下，最小二乘估计才是最优的。在实际中，距离测量值 $r_m(m = 1, 2, \cdots, M)$ 中的观测噪声，通常可以假设为独立同分

布的零均值高斯白噪声，但是，通过引理 2.2 得到式 (3.74) 中的残差向量 $\boldsymbol{\epsilon}$，它的各个分量不再是独立同分布的零均值高斯白噪声，因而，它给出的解 [式 (3.76)] 不是最优的。具体而言，距离测量中的测量噪声，经过双中心变换后，测量噪声传播到内积矩阵 $\boldsymbol{B}$ 的每一个元素中，然后再对内积矩阵进行特征分解，残差向量就丧失了原观测量固有的独立同分布的高斯白噪声统计特性。因此，距离空间多维标度统一框架内的定位算法簇都不能保证是最优估计。

其三，多维标度定位统一框架下的算法簇无法直接对残差误差 $\boldsymbol{\epsilon}$ [式 (3.74)] 加权“白化”来优化性能，提高精度。这是由于“白化”过程需要获得误差 $\boldsymbol{\epsilon}$ 的统计特性，但引理 2.2 使用了噪声子空间矩阵，特征值分解过程中的误差传递到目前为止仍没有定论。

3.5.2 加权多维标度定位算法

在距离空间多维标度定位中，为了获得最优的定位性能，需要研究距离测量误差在多维标度定位中的传递过程，以期寻求最优的处理方法。定理 2.2 给出了内积矩阵与目标位置之间的直接关系，使用定理 2.2 求解优化问题式 (3.73)，能够克服引理 2.2 特征值分解带来的影响。

当使用距离测量值 $r_i(i=1,2,\cdots,M)$ 代替真实值 d_i 时，得到的距离平方矩阵和广义内积矩阵分别表示为 $\hat{\boldsymbol{D}}$ 和 $\hat{\boldsymbol{B}}_c$，使用 $\boldsymbol{A}_c$ 简化表示式 (2.80)，根据定理 2.2 得到残差向量 $\boldsymbol{\epsilon}$ 为

$$\boldsymbol{\epsilon}=\hat{\boldsymbol{B}}_c\boldsymbol{A}_c\begin{bmatrix}1\\ \boldsymbol{x}_0\end{bmatrix} \tag{3.80}$$

从式 (3.80) 可以看出：矩阵 $\boldsymbol{A}_c$ 仅仅与广义质心系数和接收站的位置坐标有关，与距离测量值无关；广义内积矩阵 $\hat{\boldsymbol{B}}_c$ 是距离平方矩阵 $\hat{\boldsymbol{D}}$ 的双中心化变换，使得残差向量 $\boldsymbol{\epsilon}$ 的各个元素是相关的。下面分析距离测量噪声是如何扩散传递到残差向量 $\boldsymbol{\epsilon}$ 中的。

当使用距离测量值 $r_m(m=1,2,\cdots,M)$ 代替真实值 d_m 时，距离平方矩阵 $\boldsymbol{D}$ [式 (3.8)] 的第一列和第一行的元素 $d_m^2\ (m=1,2,\cdots,M)$ 受到影响，用 $\hat{\boldsymbol{D}}$ 表示。根据观测模型式 (3.1)，受影响的元素 d_m^2 变成

$$r_m^2=d_m^2\left[1+2\frac{n_m}{d_m}+\left(\frac{n_m}{d_m}\right)^2\right] \tag{3.81}$$

当 $|n_m|/d_m\simeq 0(m=1,2,\cdots,M)$ 时，可以忽略它的二次项 $(n_m/d_m)^2$ 的影响，矩阵 $\hat{\boldsymbol{D}}$ 中的元素 r_m^2 可以近似为

$$r_m^2\simeq d_m^2\left(1+2\frac{n_m}{d_m}\right)=d_m^2+2d_mn_m \tag{3.82}$$

使用距离测量值得到的距离平方矩阵 $\hat{\boldsymbol{D}}$ 可以表示为

$$\hat{\boldsymbol{D}} = \boldsymbol{D} + \Delta\boldsymbol{D} \tag{3.83}$$

其中，$\Delta\boldsymbol{D}$ 矩阵可以表示成观测噪声 $n_m(m=1,2,\cdots,M)$ 的线性形式：

$$\Delta\boldsymbol{D} \simeq \begin{bmatrix} 0 & 2d_1n_1 & \cdots & 2d_Mn_M \\ 2d_1n_1 & 0 & \cdots & 0 \\ \vdots & \vdots & & \vdots \\ 2d_Mn_M & 0 & \cdots & 0 \end{bmatrix} \tag{3.84}$$

存在观测噪声的广义内积矩阵 $\hat{\boldsymbol{B}}_c$ 也可表示为

$$\hat{\boldsymbol{B}}_c = \boldsymbol{B}_c + \Delta\boldsymbol{B}_c \tag{3.85}$$

根据式 (3.71)，$\Delta\boldsymbol{B}_c$ 为

$$\Delta\boldsymbol{B}_c = -\frac{1}{2}\boldsymbol{J}_{M+1}\Delta\boldsymbol{D}\boldsymbol{J}_{M+1}^{\mathrm{T}} \tag{3.86}$$

将式 (3.85) 代入式 (3.80)，同时结合式 (3.86) 和定理 2.2 中的式 (2.77)，残差向量变成

$$\boldsymbol{\epsilon} \simeq \Delta\boldsymbol{B}_c\boldsymbol{A}_c\begin{bmatrix} 1 \\ \boldsymbol{x}_0 \end{bmatrix} = -\frac{1}{2}\boldsymbol{J}_{M+1}\Delta\boldsymbol{D}\boldsymbol{J}_{M+1}^{\mathrm{T}}\boldsymbol{A}_c\begin{bmatrix} 1 \\ \boldsymbol{x}_0 \end{bmatrix} \tag{3.87}$$

定义向量

$$\bar{a} = \boldsymbol{J}_{M+1}^{\mathrm{T}}\boldsymbol{A}_c\begin{bmatrix} 1 \\ \boldsymbol{x}_0 \end{bmatrix} \triangleq [\bar{a}_0, \bar{a}_1, \cdots, \bar{a}_M]^{\mathrm{T}} \tag{3.88}$$

结合式 (3.84) 和式 (3.88)，式 (3.87) 变成

$$\boldsymbol{\epsilon} \simeq -\frac{1}{2}\boldsymbol{J}_{M+1}\boldsymbol{H_d}\boldsymbol{n} \tag{3.89}$$

其中，$\boldsymbol{H}_d$ 是 $(M+1)\times M$ 的矩阵：

$$\boldsymbol{H}_d = \begin{bmatrix} 2\bar{a}_1d_1 & 2\bar{a}_2d_2 & \cdots & 2\bar{a}_Md_M \\ 2\bar{a}_0d_1 & 0 & \cdots & 0 \\ 0 & 2\bar{a}_0d_2 & \cdots & 0 \\ \vdots & \vdots & & \vdots \\ 0 & 0 & \cdots & 2\bar{a}_0d_M \end{bmatrix} \tag{3.90}$$

定义矩阵 $\boldsymbol{G_d}$ 为

$$\boldsymbol{G}_d = -\frac{1}{2}\boldsymbol{J}_{M+1}\boldsymbol{H_d} \tag{3.91}$$

将式 (3.72) 代入式 (3.89)，距离空间多维标度定位残差向量 $\boldsymbol{\epsilon}$ 与观测误差向量 $\boldsymbol{n}$ 的关系变成

$$\boldsymbol{\epsilon} \simeq \boldsymbol{G_d n} \tag{3.92}$$

根据 $\mathbb{E}\{\boldsymbol{n}\} = \boldsymbol{0}_M$，均值 $\mathbb{E}\{\boldsymbol{\epsilon}\} = \boldsymbol{0}_{M+1}$，再根据 $\boldsymbol{\Sigma} = \mathbb{E}\{\boldsymbol{nn}\}^{\mathrm{T}}$，残差向量 $\boldsymbol{\epsilon}$ 的协方差矩阵为

$$\mathbb{E}\left\{\boldsymbol{\epsilon\epsilon}^{\mathrm{T}}\right\} \simeq \boldsymbol{G_d}\mathbb{E}\left\{\boldsymbol{nn}^{\mathrm{T}}\right\}\boldsymbol{G_d}^{\mathrm{T}} = \boldsymbol{G_d\Sigma G_d}^{\mathrm{T}} \tag{3.93}$$

残差向量式 (3.92) 体现了观测噪声向量在多维标度定位中的传递关系，它为后续处理消除多维标度残差向量之间的相关性奠定了基础。此外，式 (3.93) 表明残差向量近似是零均值的高斯噪声，协方差矩阵为 $\boldsymbol{G_d\Sigma G_d}^{\mathrm{T}}$。那么，在多维标度统一框架内的优化问题式 (3.73) 就可以转化成如下优化问题：

$$\arg\min_{\boldsymbol{x}_0} \boldsymbol{\epsilon}^{\mathrm{T}}\boldsymbol{W}_c\boldsymbol{\epsilon} \tag{3.94}$$

其中，$\boldsymbol{W}_c$ 是加权矩阵，能够使残差向量 $\boldsymbol{\epsilon}$ 各元素变成独立同分布的高斯变量，即最优加权矩阵：

$$\boldsymbol{W}_c = \mathbb{E}\left\{\boldsymbol{\epsilon\epsilon}^{\mathrm{T}}\right\}^{-1} \tag{3.95}$$

残差向量式 (3.80) 还可以表示成目标位置坐标线性形式：

$$\boldsymbol{\epsilon} = \hat{\boldsymbol{B}}_c\boldsymbol{A}_c\begin{bmatrix}\boldsymbol{0}_2^{\mathrm{T}}\\ \boldsymbol{I}_2\end{bmatrix}\boldsymbol{x}_0 + \hat{\boldsymbol{B}}_c\boldsymbol{A}_c\begin{bmatrix}1\\ \boldsymbol{0}_2\end{bmatrix} \tag{3.96}$$

在高斯噪声条件下，优化问题式 (3.94) 的最优解，对应着式 (3.96) 在加权最小二乘意义下的目标位置估计：

$$\begin{aligned}\hat{\boldsymbol{x}}_0 = &-\left(\left(\hat{\boldsymbol{B}}_c\boldsymbol{A}_c\begin{bmatrix}\boldsymbol{0}_2^{\mathrm{T}}\\ \boldsymbol{I}_2\end{bmatrix}\right)^{\mathrm{T}}\boldsymbol{W}_c\left(\hat{\boldsymbol{B}}_c\boldsymbol{A}_c\begin{bmatrix}\boldsymbol{0}_2^{\mathrm{T}}\\ \boldsymbol{I}_2\end{bmatrix}\right)\right)^{-1}\\ &\cdot\left(\hat{\boldsymbol{B}}_c\boldsymbol{A}_c\begin{bmatrix}\boldsymbol{0}_2^{\mathrm{T}}\\ \boldsymbol{I}_2\end{bmatrix}\right)^{\mathrm{T}}\boldsymbol{W}_c\hat{\boldsymbol{B}}_c\boldsymbol{A}_c\begin{bmatrix}1\\ \boldsymbol{0}_2\end{bmatrix}\end{aligned} \tag{3.97}$$

由于矩阵 $\boldsymbol{G_d}$ 为 $(M+1)\times M$ 的，所以 $\operatorname{rank}(\boldsymbol{G_d}) < M+1$，此时矩阵 $\boldsymbol{G_d\Sigma G_d}^{\mathrm{T}}$ 是奇异的，这意味着最优加权矩阵式 (3.95) 不是唯一的，通常选择广义逆矩阵：

$$\boldsymbol{W}_c = \left(\boldsymbol{G_d\Sigma G_d}^{\mathrm{T}}\right)^{\dagger} = \boldsymbol{G_d}^{T\dagger}\boldsymbol{\Sigma}^{-1}\boldsymbol{G_d}^{\dagger} \tag{3.98}$$

注意，在距离空间多维标度定位中，使用定理 2.2 能够获得距离测量噪声在多维标度定位中的传递过程，从而得到加权最小二乘意义下的最优目标位置估计。更重要的是，这些多维标度定位统一框架下的算法簇也是无穷的，这是由于广义质心系数是可以任意选择的。

3.5.3　加权多维标度定位最优性证明

本节在分析距离空间多维标度定位估计器式 (3.97) 性能的基础上，将其性能与目标位置的克拉默-拉奥下界 (CRLB) 式 (3.4) 进行比较，从理论上给出多维标度定位最优性的严格解析证明。

采用微分扰动方法，分析距离空间多维标度定位估计器式 (3.97) 的偏差与方差特性。假设目标位置估计 $\hat{\boldsymbol{x}}_0$ 式 (3.97) 可以表示为

$$\hat{\boldsymbol{x}}_0 = \boldsymbol{x}_0 + \Delta\boldsymbol{x}_0 \tag{3.99}$$

其中，$\Delta\boldsymbol{x}_0$ 表示估计偏差。

将式 (3.99) 和 $\hat{\boldsymbol{B}}_c = \boldsymbol{B}_c + \Delta\boldsymbol{B}_c$ 代入式 (3.97)，化简得到

$$\begin{aligned}&\left((\boldsymbol{B}_c + \Delta\boldsymbol{B}_c)\boldsymbol{A}_c\begin{bmatrix}\boldsymbol{0}_2^{\mathrm{T}}\\ \boldsymbol{I}_2\end{bmatrix}\right)^{\mathrm{T}}\boldsymbol{W}_c\left((\boldsymbol{B}_c + \Delta\boldsymbol{B}_c)\boldsymbol{A}_c\begin{bmatrix}\boldsymbol{0}_2^{\mathrm{T}}\\ \boldsymbol{I}_2\end{bmatrix}\right)(\boldsymbol{x}_0 + \Delta\boldsymbol{x}_0)\\ &\quad = -\left((\boldsymbol{B}_c + \Delta\boldsymbol{B}_c)\boldsymbol{A}_c\begin{bmatrix}\boldsymbol{0}_2^{\mathrm{T}}\\ \boldsymbol{I}_2\end{bmatrix}\right)^{\mathrm{T}}\boldsymbol{W}_c(\boldsymbol{B}_c + \Delta\boldsymbol{B}_c)\boldsymbol{A}_c\begin{bmatrix}1\\ \boldsymbol{0}_2\end{bmatrix}\end{aligned} \tag{3.100}$$

当 $|n_m|/d_m \simeq 0(m = 1, 2, \cdots, M)$ 时，可以忽略二阶误差项，保留线性项，利用式 (3.92)，近似得到

$$\Delta\boldsymbol{x}_0 \simeq -\left(\left(\boldsymbol{B}_c\boldsymbol{A}_c\begin{bmatrix}\boldsymbol{0}_2^{\mathrm{T}}\\ \boldsymbol{I}_2\end{bmatrix}\right)^{\mathrm{T}}\boldsymbol{W}_c\left(\boldsymbol{B}_c\boldsymbol{A}_c\begin{bmatrix}\boldsymbol{0}_2^{\mathrm{T}}\\ \boldsymbol{I}_2\end{bmatrix}\right)\right)^{-1}\left(\boldsymbol{B}_c\boldsymbol{A}_c\begin{bmatrix}\boldsymbol{0}_2^{\mathrm{T}}\\ \boldsymbol{I}_2\end{bmatrix}\right)^{\mathrm{T}}\boldsymbol{W}_c\boldsymbol{G}_d\boldsymbol{n} \tag{3.101}$$

对偏差两边取期望,并利用 $\mathbb{E}\{\boldsymbol{n}\} = \boldsymbol{0}_M$,得到 $\mathbb{E}\{\Delta\boldsymbol{x}_0\} = \boldsymbol{0}_2$,它表明 $\mathbb{E}\{\hat{\boldsymbol{x}}_0\} = \boldsymbol{x}_0$，在较小的观测误差下，距离空间多维标度定位估计是近似无偏的，属于无偏估计。

利用 $\boldsymbol{\Sigma} = \mathbb{E}\{\boldsymbol{n}\boldsymbol{n}^{\mathrm{T}}\}$，估计偏差 $\Delta\boldsymbol{x}_0$ 的协方差 $\mathrm{Cov}\{\hat{\boldsymbol{x}}_0\} = \mathbb{E}\left\{\Delta\boldsymbol{x}_0\Delta\boldsymbol{x}_0^{\mathrm{T}}\right\}$ 为

$$\mathrm{Cov}\{\hat{\boldsymbol{x}}_0\} \simeq \left(\left(\boldsymbol{B}_c\boldsymbol{A}_c\begin{bmatrix}\boldsymbol{0}_2^{\mathrm{T}}\\ \boldsymbol{I}_2\end{bmatrix}\right)^{\mathrm{T}}\boldsymbol{W}_c\left(\boldsymbol{B}_c\boldsymbol{A}_c\begin{bmatrix}\boldsymbol{0}_2^{\mathrm{T}}\\ \boldsymbol{I}_2\end{bmatrix}\right)\right)^{-1} \tag{3.102}$$

这里使用了最优加权矩阵式 (3.98)。

定理 3.1[203]　在距离空间多维标度统一框架内，当距离测量高斯噪声 n_m $(m=1,2,\cdots,M)$ 满足 $|n_m|/d_m \simeq 0$ 时，加权最小二乘意义下的定位算法簇都是最优的，这就是意味着目标位置估计的方差能够达到它的克拉默-拉奥下界 (CRLB)，即

$$\mathrm{Cov}\{\hat{\boldsymbol{x}}_0\} = \mathrm{CRLB}(\boldsymbol{x}_0) \tag{3.103}$$

证明　先考察残差向量 $\boldsymbol{\epsilon}$ [式 (3.80)]，它是将定理 2.2 的真实距离向量 $\boldsymbol{d}$ 用测量值 $\boldsymbol{r}$ 替代，因此它可以看成测量向量 $\boldsymbol{r}$ 的函数，记为 $\boldsymbol{\epsilon}=\boldsymbol{f}(\boldsymbol{r})$。

当距离测量噪声 n_m 满足 $|n_m|/d_m \simeq 0(m=1,2,\cdots,M)$ 时，残差 $\boldsymbol{\epsilon}=\boldsymbol{f}(\boldsymbol{r})$ 在真实距离向量 $\boldsymbol{d}$ 处泰勒展开，保留线性项，利用 $\boldsymbol{f}(\boldsymbol{d})=\boldsymbol{0}_M$，可以近似得到

$$\boldsymbol{\epsilon} \simeq \boldsymbol{f}(\boldsymbol{d}) + \left.\frac{\partial \boldsymbol{f}(\boldsymbol{r})}{\partial \boldsymbol{r}}\right|_{\boldsymbol{r}=\boldsymbol{d}} \cdot (\boldsymbol{r}-\boldsymbol{d}) = \left.\frac{\partial \boldsymbol{f}(\boldsymbol{r})}{\partial \boldsymbol{r}}\right|_{\boldsymbol{r}=\boldsymbol{d}} \cdot \boldsymbol{n} \tag{3.104}$$

对比式 (3.104) 和式 (3.92) 可以发现，式 (3.91) 中定义的矩阵 $\boldsymbol{G}_{\boldsymbol{d}}$ 就是残差向量函数 $\boldsymbol{\epsilon}=\boldsymbol{f}(\boldsymbol{r})$ 在真实距离向量 $\boldsymbol{d}$ 处的雅可比矩阵，即

$$\boldsymbol{G}_{\boldsymbol{d}} = \left.\frac{\partial \boldsymbol{f}(\boldsymbol{r})}{\partial \boldsymbol{r}}\right|_{\boldsymbol{r}=\boldsymbol{d}} \tag{3.105}$$

依据性质 2.1，多维标度定位中的雅可比矩阵满足：

$$\left.\frac{\partial \boldsymbol{f}(\boldsymbol{r})}{\partial \boldsymbol{r}}\right|_{\boldsymbol{r}=\boldsymbol{d}} \left(\frac{\partial \boldsymbol{d}}{\partial \boldsymbol{x}_0}\right) = -\boldsymbol{B}_c\boldsymbol{A}_c \begin{bmatrix} \boldsymbol{0}_2^{\mathrm{T}} \\ \boldsymbol{I}_2 \end{bmatrix} \tag{3.106}$$

将式 (3.105) 代入式 (3.106)，得到

$$\boldsymbol{G}_{\boldsymbol{d}} \left(\frac{\partial \boldsymbol{d}}{\partial \boldsymbol{x}_0}\right) = -\boldsymbol{B}_c\boldsymbol{A}_c \begin{bmatrix} \boldsymbol{0}_2^{\mathrm{T}} \\ \boldsymbol{I}_2 \end{bmatrix} \tag{3.107}$$

将最优加权矩阵式 (3.98) 代入协方差式 (3.102) 中，并对两边求逆，得到

$$\mathrm{Cov}\{\hat{\boldsymbol{x}}_0\}^{-1} = \left(\boldsymbol{B}_c\boldsymbol{A}_c \begin{bmatrix} \boldsymbol{0}_2^{\mathrm{T}} \\ \boldsymbol{I}_2 \end{bmatrix}\right)^{\mathrm{T}} \boldsymbol{G}_{\boldsymbol{d}}^{\mathrm{T}\dagger} \boldsymbol{\Sigma}^{-1} \boldsymbol{G}_{\boldsymbol{d}}^{\dagger} \left(\boldsymbol{B}_c\boldsymbol{A}_c \begin{bmatrix} \boldsymbol{0}_2^{\mathrm{T}} \\ \boldsymbol{I}_2 \end{bmatrix}\right) \tag{3.108}$$

再将式 (3.107) 代入式 (3.108)，利用 $\boldsymbol{G}_{\boldsymbol{d}}^{\dagger}\boldsymbol{G}_{\boldsymbol{d}} = \boldsymbol{I}_M$，得到

$$\begin{aligned}\mathrm{Cov}\left\{\hat{\boldsymbol{x}}_0\right\}^{-1} &= \left(-\boldsymbol{G}_{\boldsymbol{d}}\frac{\partial \boldsymbol{d}}{\partial \boldsymbol{x}_0}\right)^{\mathrm{T}} \boldsymbol{G}_{\boldsymbol{d}}^{\mathrm{T}\dagger}\boldsymbol{\Sigma}^{-1}\boldsymbol{G}_{\boldsymbol{d}}^{\dagger}\left(-\boldsymbol{G}_{\boldsymbol{d}}\frac{\partial \boldsymbol{d}}{\partial \boldsymbol{x}_0}\right) \\ &= \left(-\frac{\partial \boldsymbol{d}}{\partial \boldsymbol{x}_0}\right)^{\mathrm{T}} \boldsymbol{G}_{\boldsymbol{d}}^{\mathrm{T}}\boldsymbol{G}_{\boldsymbol{d}}^{\mathrm{T}\dagger}\boldsymbol{\Sigma}^{-1}\boldsymbol{G}_{\boldsymbol{d}}^{\dagger}\boldsymbol{G}_{\boldsymbol{d}}\left(-\frac{\partial \boldsymbol{d}}{\partial \boldsymbol{x}_0}\right) \\ &= \left(\frac{\partial \boldsymbol{d}}{\partial \boldsymbol{x}_0}\right)^{\mathrm{T}} \boldsymbol{\Sigma}^{-1}\left(\frac{\partial \boldsymbol{d}}{\partial \boldsymbol{x}_0}\right)\end{aligned} \tag{3.109}$$

对比式 (3.109) 和克拉默-拉奥下界 (CRLB) 式 (3.4)，得到

$$\mathrm{Cov}\left\{\hat{\boldsymbol{x}}_0\right\}^{-1} = \mathrm{CRLB}\left(\boldsymbol{x}_0\right)^{-1} \tag{3.110}$$

对式 (3.110) 两边求逆，就得到式 (3.103)。命题得证。

还需要指出的是，距离空间多维标度统一框架内加权最小二乘意义下的定位算法簇的最优性，与参考原点的选择没有关系，因为这里没有对广义质心系数提出任何约束要求。在多维标度定位统一框架内，定理 3.1 揭示了在任意参考原点的选择下，加权最小二乘意义下的定位算法簇都是最优估计。

3.6　观测站位置误差下多维标度定位

3.6.1　观测站位置误差下定位模型与性能界

在距离测量定位中，当观测站位置精确已知时，多维标度统一框架内加权最小二乘意义下的定位算法能够达到克拉默-拉奥下界 (CRLB)。但是在实际应用中，获得的观测站位置很可能有误差，或者观测站位置本身不准确，这时距离测量定位的精度将受到很大的影响[226, 230–232, 269]。

为了考察观测站位置不准确的情况对定位精度的影响，本节在 3.1 节定位模型的基础上，增加观测站位置误差模型，用以深入分析观测站位置误差的影响，提出相应的多维标度定位算法。

在 3.1 节中，为了确定目标位置坐标 $\boldsymbol{x}_0 = [x_0, y_0]^{\mathrm{T}}$，使用的是 M 个观测站真实的位置坐标 $\boldsymbol{x}_m = [x_m, y_m]^{\mathrm{T}}\,(m = 1, 2, \cdots, M)$。在实际中，往往无法获得观测站的真实坐标向量 $\boldsymbol{s}^o = \left[\boldsymbol{x}_1^{\mathrm{T}}, \boldsymbol{x}_2^{\mathrm{T}}, \cdots, \boldsymbol{x}_M^{\mathrm{T}}\right]^{\mathrm{T}}$，只能获得观测站位置坐标的测量值 $\boldsymbol{s}_m = [s_{m1}, s_{m2}]^{\mathrm{T}}\,(m = 1, 2, \cdots, M)$，它们组成了观测站测量坐标向量 $\boldsymbol{s} = [\boldsymbol{s}_1^{\mathrm{T}}, \boldsymbol{s}_2^{\mathrm{T}}, \cdots, \boldsymbol{s}_M^{\mathrm{T}}]$。观测站位置的测量坐标 $\boldsymbol{s}$ 可以建模为

$$\boldsymbol{s} = \left[\boldsymbol{s}_1^{\mathrm{T}}, \boldsymbol{s}_2^{\mathrm{T}}, \cdots, \boldsymbol{s}_M^{\mathrm{T}}\right]^{\mathrm{T}} = \boldsymbol{s}^o + \boldsymbol{n}_s \tag{3.111}$$

其中，$\boldsymbol{n}_s = [\boldsymbol{n}_{s_1}^{\mathrm{T}}, \boldsymbol{n}_{s_2}^{\mathrm{T}}, \cdots, \boldsymbol{n}_{s_M}^{\mathrm{T}}]^{\mathrm{T}}$ 是观测站的位置误差，通常假设位置误差服从零均值的高斯分布，记作 $\boldsymbol{n}_s \sim \mathcal{N}(\mathbf{0}, \boldsymbol{\Sigma}_s)$。为了简化后续推导，这里假设观测站位置误差 $\boldsymbol{n}_s$ 和 3.1 节中距离测量模型式 (3.3) 的测量噪声 $\boldsymbol{n}$ 是不相关的，即 $\mathbb{E}[\boldsymbol{n}_s\boldsymbol{n}^{\mathrm{T}}] = \boldsymbol{O}$。

对于观测站存在位置误差的距离测量定位问题，它可以描述为从含有观测误差 $[\boldsymbol{n}^{\mathrm{T}}, \boldsymbol{n}_s^{\mathrm{T}}]^{\mathrm{T}}$ 的观测量 $[\boldsymbol{r}^{\mathrm{T}}, \boldsymbol{s}^{\mathrm{T}}]^{\mathrm{T}}$ 中估计出未知参数 $\boldsymbol{x}_0 = [x_0, y_0]^{\mathrm{T}}$。因此，观测站位置存在误差的距离测量定位问题也是典型的参数估计问题，目标位置坐标 $\boldsymbol{x}_0$ 的克拉默-拉奥下界 (CRLB)，可以从 2.4 节中的通用形式式 (2.127)，在距离定位中具体化为

$$\begin{aligned}\mathrm{CRLB}_{\boldsymbol{x}_0,\boldsymbol{s}}(\boldsymbol{x}_0) &= \left(\boldsymbol{X} - \boldsymbol{Y}\boldsymbol{Z}^{-1}\boldsymbol{Y}^{\mathrm{T}}\right)^{-1} \\ &= \boldsymbol{X}^{-1} + \boldsymbol{X}^{-1}\boldsymbol{Y}\left(\boldsymbol{Z} - \boldsymbol{Y}^{\mathrm{T}}\boldsymbol{X}^{-1}\boldsymbol{Y}\right)\boldsymbol{Y}^{\mathrm{T}}\boldsymbol{X}^{-1}\end{aligned} \tag{3.112}$$

其中，矩阵 $\boldsymbol{X}$、矩阵 $\boldsymbol{Y}$ 和矩阵 $\boldsymbol{Z}$ 由梯度函数 $\partial\boldsymbol{d}/\partial\boldsymbol{x}_0$ 和 $\partial\boldsymbol{d}/\partial\boldsymbol{s}^o$ 确定：

$$\boldsymbol{X} = \left(\frac{\partial\boldsymbol{d}}{\partial\boldsymbol{x}_0}\right)^{\mathrm{T}}\boldsymbol{\Sigma}^{-1}\left(\frac{\partial\boldsymbol{d}}{\partial\boldsymbol{x}_0}\right) \tag{3.113}$$

$$\boldsymbol{Y} = \left(\frac{\partial\boldsymbol{d}}{\partial\boldsymbol{x}_0}\right)^{\mathrm{T}}\boldsymbol{\Sigma}^{-1}\left(\frac{\partial\boldsymbol{d}}{\partial\boldsymbol{s}^o}\right) \tag{3.114}$$

$$\boldsymbol{Z} = \left(\frac{\partial\boldsymbol{d}}{\partial\boldsymbol{s}^o}\right)^{\mathrm{T}}\boldsymbol{\Sigma}^{-1}\left(\frac{\partial\boldsymbol{d}}{\partial\boldsymbol{s}^o}\right) + \boldsymbol{\Sigma}_s^{-1} \tag{3.115}$$

其中，定义 $\boldsymbol{\rho}_m = [\rho_{m1}, \rho_{m2}]^{\mathrm{T}}$ 是目标与第 m 个观测站之间的径向单位向量，它表示为 $\boldsymbol{\rho}_m = (\boldsymbol{x}_0 - \boldsymbol{x}_m) / \|\boldsymbol{x}_0 - \boldsymbol{x}_m\|, m = 1, 2, \cdots, M$，则梯度函数矩阵为

$$\frac{\partial\boldsymbol{d}}{\partial\boldsymbol{x}_0} = [\boldsymbol{\rho}_1, \boldsymbol{\rho}_2, \cdots, \boldsymbol{\rho}_M]^{\mathrm{T}} \tag{3.116}$$

$$\frac{\partial\boldsymbol{d}}{\partial\boldsymbol{s}^o} = \mathrm{diag}\left\{-\boldsymbol{\rho}_1^{\mathrm{T}}, -\boldsymbol{\rho}_2^{\mathrm{T}}, \cdots, -\boldsymbol{\rho}_M^{\mathrm{T}}\right\} \tag{3.117}$$

当观测站位置存在误差时，如果忽略误差并假设观测站位置是准确的，或者无法获取观测站位置误差统计先验信息，那么目标位置坐标 $\boldsymbol{x}_0$ 的最大似然估计，就变成了条件最大似然估计。这里，条件最大似然估计的均方差可以从 2.4 节中的通用形式式 (2.135) 具体化得到

$$\mathrm{MSE}_{\boldsymbol{x}_0|\boldsymbol{s}}(\boldsymbol{x}_0) \simeq \boldsymbol{X}^{-1} + \boldsymbol{X}^{-1}\boldsymbol{Y}\boldsymbol{\Sigma}_s\boldsymbol{Y}^{\mathrm{T}}\boldsymbol{X}^{-1} \tag{3.118}$$

当观测站存在位置误差时，比较性能界式 (3.112) 和式 (3.118)。如果忽略位置误差，意味着估计器没有使用观测站位置误差统计先验信息，此时的最优估计器

的性能就对应着条件最大似然估计的均方差 $\mathrm{MSE}_{\boldsymbol{x}_0|\boldsymbol{s}}(\boldsymbol{x}_0)$ [式 (3.118)]；如果考虑位置误差，意味着估计器使用了观测站位置误差统计先验信息，此时的最优估计器的性能就对应着考虑位置误差的克拉默-拉奥下界 $\mathrm{CRLB}_{\boldsymbol{x}_0,\boldsymbol{s}}(\boldsymbol{x}_0)$ [式 (3.112)]。2.4 节中定理 2.3，在这里 $\mathrm{MSE}_{\boldsymbol{x}_0|\boldsymbol{s}}(\boldsymbol{x}_0)$ 和 $\mathrm{CRLB}_{\boldsymbol{x}_0,\boldsymbol{s}}(\boldsymbol{x}_0)$ 之间的不等式 (2.131) 具体化为以下推论。

推论 3.1　在观测高斯噪声和观测站位置高斯误差条件下，忽略观测站位置误差的条件最大似然估计的均方差 $\mathrm{MSE}_{\boldsymbol{x}_0|s}(\boldsymbol{x}_0)$ 与考虑观测站位置误差的克拉默-拉奥下界 $\mathrm{CRLB}_{\boldsymbol{x}_0,\boldsymbol{s}}(\boldsymbol{x}_0)$ 之间满足半正定性意义上的不等式：

$$\mathrm{MSE}_{\boldsymbol{x}_0|\boldsymbol{s}}(\boldsymbol{x}_0) \succeq \mathrm{CRLB}_{\boldsymbol{x}_0,\boldsymbol{s}}(\boldsymbol{x}_0) \tag{3.119}$$

其中，当且仅当满足如下条件时取等号：

$$\left(\frac{\partial \boldsymbol{d}}{\partial \boldsymbol{s}^o}\right) \boldsymbol{\Sigma}_s \left(\frac{\partial \boldsymbol{d}}{\partial \boldsymbol{s}^o}\right)^{\mathrm{T}} = k\boldsymbol{\Sigma} \tag{3.120}$$

其中，k 为一恒定常数。

证明　证明过程参考定理 2.3，此处从略。

在观测站位置存在误差的定位系统中，如果不考虑观测站位置误差的影响，即使直接使用 3.5 节的目标定位算法，对应的性能界已不再是式 (3.4)，而是对应着条件最大似然估计的均方差式 (3.118)。这是由于观测站位置误差是客观存在的，即使不考虑观测站位置误差，估计器的输入数据中也已经包含了观测站位置误差的信息。推论 3.1 取等号的条件，揭示了当观测站的布局结构与位置误差统计方差满足一定条件时，即使不考虑观测站位置误差的影响，也仍然能够达到最优估计性能。但是，这一条件在实际中应用价值并不高，这是因为这一条件中涉及未知的目标位置坐标。

事实上，针对距离测量定位问题，可以得到更加实用的取等号弱条件[231]。考察径向单位向量 $\boldsymbol{\rho}_m = (\boldsymbol{x}_0 - \boldsymbol{x}_m) / \|\boldsymbol{x}_0 - \boldsymbol{x}_m\|, m = 1, 2, \cdots, M$，它的范数具有如下性质：

$$\|\boldsymbol{\rho}_1\| = \|\boldsymbol{\rho}_2\| = \cdots = \|\boldsymbol{\rho}_M\| = 1 \tag{3.121}$$

根据式 (3.121) 和梯度函数定义式 (3.117)，有

$$\left(\frac{\partial \boldsymbol{d}}{\partial \boldsymbol{s}^o}\right) \left(\frac{\partial \boldsymbol{d}}{\partial \boldsymbol{s}^o}\right)^{\mathrm{T}} = \mathrm{diag}\left\{\|\boldsymbol{\rho}_1\|^2, \|\boldsymbol{\rho}_2\|^2, \cdots, \|\boldsymbol{\rho}_M\|^2\right\} = \boldsymbol{I}_M \tag{3.122}$$

对比式 (3.120) 和式 (3.122)，取等号条件式 (3.120) 可以弱化成不再依赖于未知的目标位置坐标：

$$\boldsymbol{\Sigma} = k\boldsymbol{\Lambda}, \quad \boldsymbol{\Sigma}_s = \boldsymbol{\Lambda} \otimes \boldsymbol{I}_2 \tag{3.123}$$

其中，$\boldsymbol{\Lambda}=\operatorname{diag}\{\sigma_1^2,\sigma_2^2,\cdots,\sigma_M^2\}$。

进一步来说，更弱的取等号条件，可以简化式 (3.123) 得到

$$\boldsymbol{\Sigma}=\sigma_r^2\boldsymbol{I}_M,\quad \boldsymbol{\Sigma}_s=\sigma_s^2\boldsymbol{I}_{2M} \tag{3.124}$$

在距离测量定位系统中，当距离测量噪声协方差正比于单位矩阵，观测站位置误差协方差也正比于单位阵时，对于任意的观测站几何布局结构，都不需要考虑观测站位置误差的影响。即使观测站位置误差很大时，也仍然不需要考虑观测站位置误差的影响。远场目标定位场景基本都满足这样的观测噪声特性和观测站位置误差特性。

3.6.2 观测站位置误差下多维标度定位算法

在观测站位置存在误差的距离测量定位系统中，当观测站位置误差特性不满足推论 3.1 中不等式取等号条件式 (3.120)，也不满足其弱化条件式 (3.123) 或式 (3.124) 时，如果仍然忽略观测站位置误差的影响，那么多维标度定位的性能将会大大降低[201–203]。因此，在距离空间多维标度定位中，为了获得最优的定位性能，除了需要研究距离测量误差在多维标度定位中的传递过程，还需要研究观测站位置误差的传递过程。

以定理 2.2 为基础，当观测站位置坐标存在误差时，用距离测量向量 $\boldsymbol{r}$ 和位置坐标向量 $\boldsymbol{s}$ 替代定理 2.2 的真实值，使用式 (2.80)，得到残差向量 $\boldsymbol{\epsilon}_{\text{Err}}$：

$$\boldsymbol{\epsilon}_{\text{Err}}=\hat{\boldsymbol{B}}_c\hat{\boldsymbol{A}}_c\begin{bmatrix}1\\ \boldsymbol{x}_0\end{bmatrix} \tag{3.125}$$

其中，$\hat{\boldsymbol{A}}_c$ 与 $\hat{\boldsymbol{B}}_c$ 表示矩阵 $\boldsymbol{A}_c$ 和 $\boldsymbol{B}_c$ 受观测噪声和位置误差影响的对应矩阵。

下面依次分析矩阵 $\hat{\boldsymbol{B}}_c$ 和 $\hat{\boldsymbol{A}}_c$ 的误差是如何传递到残差向量 $\boldsymbol{\epsilon}_{\text{Err}}$ 中的。

首先，由于观测噪声和位置误差的影响，距离平方矩阵 $\boldsymbol{D}$ 的所有元素都受到影响，变成矩阵 $\hat{\boldsymbol{D}}$。当 $|n_m|/d_m\simeq 0(m=1,2,\cdots,M)$ 时，矩阵 $\hat{\boldsymbol{D}}$ 第一行和第一列中的元素，依然如式 (3.82) 所示。

矩阵 $\hat{\boldsymbol{D}}$ 的其他元素，记作 $\hat{\boldsymbol{d}}_{mn}^2$，体现了观测站 $\boldsymbol{s}_m$ 和 $\boldsymbol{s}_n$ 的距离，利用式 (3.111)，可以表示为

$$\hat{\boldsymbol{d}}_{mn}^2=d_{mn}^2\left[1+\boldsymbol{\rho}_{\boldsymbol{x}_m,\boldsymbol{x}_n}^{\mathrm{T}}\left(\frac{\boldsymbol{n}_{s_m}}{d_{mn}}\right)-\boldsymbol{\rho}_{\boldsymbol{x}_m,\boldsymbol{x}_n}^{\mathrm{T}}\left(\frac{\boldsymbol{n}_{s_n}}{d_{mn}}\right)+\left(\frac{\|\boldsymbol{n}_{s_m}-\boldsymbol{n}_{s_n}\|}{d_{mn}}\right)^2\right] \tag{3.126}$$

其中，$\boldsymbol{\rho}_{\boldsymbol{x}_m,\boldsymbol{x}_n}$ 是观测站 $\boldsymbol{x}_m$ 与 $\boldsymbol{x}_n$ 位置之间的径向单位向量，它定义为 $\boldsymbol{\rho}_{\boldsymbol{x}_m,\boldsymbol{x}_n}=(\boldsymbol{x}_m-\boldsymbol{x}_n)/\|\boldsymbol{x}_m-\boldsymbol{x}_n\|$。

为了得到忽略二次项 $\|\boldsymbol{n}_{s_m}-\boldsymbol{n}_{s_n}\|/d_{mn}^2$ 的近似条件，需要分析一次项：

$$\begin{aligned}\frac{\|\boldsymbol{n}_{s_m}-\boldsymbol{n}_{s_n}\|}{d_{mn}}&\leqslant\frac{\|\boldsymbol{n}_{s_m}\|}{d_{mn}}+\frac{\|\boldsymbol{n}_{s_n}\|}{d_{mn}}\\&\leqslant\frac{d_m+d_n}{d_{mn}}\max\left\{\frac{\|\boldsymbol{n}_{s_m}\|}{d_m},\frac{\|\boldsymbol{n}_{s_n}\|}{d_n}\right\}\end{aligned}\tag{3.127}$$

这里使用了范数三角不等式 $\|\boldsymbol{n}_{s_m}-\boldsymbol{n}_{s_n}\|\leqslant\|\boldsymbol{n}_{s_m}\|+\|\boldsymbol{n}_{s_n}\|$。

当 $\|\boldsymbol{n}_{s_m}\|/d_m\simeq 0(m=1,2,\cdots,M)$ 时，有 $\max\{\|\boldsymbol{n}_{s_m}\|/d_m,\|\boldsymbol{n}_{s_n}\|/d_n\}\simeq 0$。利用夹逼准则，式 (3.127) 中一次项有如下近似：

$$\frac{\|\boldsymbol{n}_{s_m}-\boldsymbol{n}_{s_n}\|}{d_{mn}}\simeq 0\tag{3.128}$$

当 $\|\boldsymbol{n}_{s_m}\|/d_m\simeq 0(m=1,2,\cdots,M)$ 时，可以忽略二次项 $\|\boldsymbol{n}_{s_m}-\boldsymbol{n}_{s_n}\|/d_{mn}^2$ 的影响，$\hat{\boldsymbol{d}}_{mn}^2$ 可以近似为

$$\begin{aligned}\hat{\boldsymbol{d}}_{mn}^2&\simeq d_{mn}^2\left(1+\boldsymbol{\rho}_{\boldsymbol{x}_m,\boldsymbol{x}_n}^{\mathrm{T}}\frac{\boldsymbol{n}_{s_m}}{d_{mn}}-\boldsymbol{\rho}_{\boldsymbol{x}_m,\boldsymbol{x}_n}^{\mathrm{T}}\frac{\boldsymbol{n}_{s_n}}{d_{mn}}\right)\\&=d_{mn}^2+(\boldsymbol{x}_m-\boldsymbol{x}_n)^{\mathrm{T}}\boldsymbol{n}_{s_m}-(\boldsymbol{x}_m-\boldsymbol{x}_n)^{\mathrm{T}}\boldsymbol{n}_{s_n}\end{aligned}\tag{3.129}$$

将距离平方矩阵 $\boldsymbol{D}$ 分解成两个矩阵之和：$\boldsymbol{D}=\boldsymbol{D}_1+\boldsymbol{D}_2$，$\boldsymbol{D}_1$ 如式 (2.96) 所示，$\boldsymbol{D}_2$ 如式 (2.97) 所示。那么，使用距离测量值和有误差的观测站位置，就形成了与矩阵 $\boldsymbol{D}$ 对应的矩阵 $\hat{\boldsymbol{D}}$ 以及它的分解 $\hat{\boldsymbol{D}}=\hat{\boldsymbol{D}}_1+\hat{\boldsymbol{D}}_2$，它们都可以表示成如下形式：$\hat{\boldsymbol{D}}_1=\boldsymbol{D}_1+\Delta\boldsymbol{D}_1$ 和 $\hat{\boldsymbol{D}}_2=\boldsymbol{D}_2+\Delta\boldsymbol{D}_2$，这里 $\Delta\boldsymbol{D}_1$ 矩阵可以表示成观测噪声 $\boldsymbol{n}$ 的线性形式：

$$\Delta\boldsymbol{D}_1\simeq\begin{bmatrix}0&2d_1n_1&\cdots&2d_Mn_M\\2d_1n_1&0&\cdots&0\\\vdots&\vdots&\ddots&\vdots\\2d_Mn_M&0&\cdots&0\end{bmatrix}\tag{3.130}$$

$\Delta\boldsymbol{D}_2$ 矩阵可以表示成观测站位置误差 $\boldsymbol{n}_s$ 的线性形式：

$$[\Delta\boldsymbol{D}_2]_{mn}\simeq\begin{cases}0,&m=0,n=0,1,\cdots,M\\0,&n=0,m=1,2\cdots,M\\(\boldsymbol{x}_m-\boldsymbol{x}_n)^{\mathrm{T}}(\boldsymbol{n}_{s_m}-\boldsymbol{n}_{s_n}),&m,n=1,2\cdots,M\end{cases}\tag{3.131}$$

存在观测噪声和位置误差的广义内积矩阵 $\hat{\boldsymbol{B}}_c$ 也可表示为

$$\hat{\boldsymbol{B}}_c=\boldsymbol{B}_c+\Delta\boldsymbol{B}_c\tag{3.132}$$

根据式 (3.71)，$\Delta\boldsymbol{B}_c$ 为

$$\Delta\boldsymbol{B}_c = -\frac{1}{2}\boldsymbol{J}_{M+1}\Delta\boldsymbol{D}_1\boldsymbol{J}_{M+1}^{\mathrm{T}} - \frac{1}{2}\boldsymbol{J}_{M+1}\Delta\boldsymbol{D}_2\boldsymbol{J}_{M+1}^{\mathrm{T}} \tag{3.133}$$

同样地，式 (2.81) 中由 $\boldsymbol{Q}_c$ 和 $\boldsymbol{P}_c$ 组成的矩阵 $\boldsymbol{R}_c = [\boldsymbol{Q}_c, \boldsymbol{P}_c]^{\mathrm{T}}$，也将受到观测站位置误差的影响而变成 $\hat{\boldsymbol{R}}_c$，它可以表示为 $\hat{\boldsymbol{R}}_c = \boldsymbol{R}_c + \Delta\boldsymbol{R}_c$。根据矩阵 $\boldsymbol{P}_c$ [式 (3.75)] 的定义，$\Delta\boldsymbol{R}_c$ 可以表示为

$$\Delta\boldsymbol{R}_c = \begin{bmatrix} 0 & 0 & \cdots & 0 \\ -\sum_{m=1}^{M}\omega_m\boldsymbol{n}_{s_m} & \boldsymbol{n}_{s_1} - \sum_{m=1}^{M}\omega_m\boldsymbol{n}_{s_m} & \cdots & \boldsymbol{n}_{s_M} - \sum_{m=1}^{M}\omega_m\boldsymbol{n}_{s_m} \end{bmatrix} \tag{3.134}$$

存在观测站位置误差的矩阵 $\hat{\boldsymbol{A}}_c$ 可以表示为

$$\hat{\boldsymbol{A}}_c = \boldsymbol{A}_c + \Delta\boldsymbol{A}_c \tag{3.135}$$

根据 $\boldsymbol{A}_c$ 的定义式 (2.81)，$\boldsymbol{A}_c = \boldsymbol{R}_c^{\dagger} = \boldsymbol{R}_c^{\mathrm{T}}(\boldsymbol{R}_c\boldsymbol{R}_c^{\mathrm{T}})^{-1}$，保留线性项，忽略高次项，得到矩阵 $\hat{\boldsymbol{A}}_c$ 的误差项[267] $\Delta\boldsymbol{A}_c$：

$$\Delta\boldsymbol{A}_c \simeq -\boldsymbol{A}_c\Delta\boldsymbol{R}_c\boldsymbol{A}_c + (\boldsymbol{I}_{M+1} - \boldsymbol{A}_c\boldsymbol{R}_c)\,\Delta\boldsymbol{R}_c^{\mathrm{T}}\left(\boldsymbol{R}_c\boldsymbol{R}_c^{\mathrm{T}}\right)^{-1} \tag{3.136}$$

结合上述分析，考察观测噪声 $\boldsymbol{q}$ 与位置误差 $\boldsymbol{n}_s$ 传递给残差向量 $\boldsymbol{\epsilon}_{\mathrm{Err}}$ 的过程。将式 (3.132) 和式 (3.135) 代入式 (3.125)，同时和定理 2.2 中的式 (2.77) 比较，残差向量 $\boldsymbol{\epsilon}_{\mathrm{Err}}$ 变成

$$\begin{aligned}\boldsymbol{\epsilon}_{\mathrm{Err}} \simeq & -\frac{1}{2}\boldsymbol{J}_{M+1}\Delta\boldsymbol{D}_1\boldsymbol{J}_{M+1}^{\mathrm{T}}\boldsymbol{A}_c\begin{bmatrix}1\\ \boldsymbol{x}_0\end{bmatrix} - \frac{1}{2}\boldsymbol{J}_{M+1}\Delta\boldsymbol{D}_2\boldsymbol{J}_{M+1}^{\mathrm{T}}\boldsymbol{A}_c\begin{bmatrix}1\\ \boldsymbol{x}_0\end{bmatrix} \\ & - \boldsymbol{B}_c\boldsymbol{A}_c\Delta\boldsymbol{R}_c\boldsymbol{A}_c\begin{bmatrix}1\\ \boldsymbol{x}_0\end{bmatrix} + \boldsymbol{B}_c(\boldsymbol{I}_{M+1} - \boldsymbol{A}_c\boldsymbol{R}_c)\,\Delta\boldsymbol{R}_c^{\mathrm{T}}\left(\boldsymbol{R}_c\boldsymbol{R}_c^{\mathrm{T}}\right)^{-1}\begin{bmatrix}1\\ \boldsymbol{x}_0\end{bmatrix}\end{aligned} \tag{3.137}$$

对于残差向量 $\boldsymbol{\epsilon}_{\mathrm{Err}}$ 的第一项，可以写成

$$-\frac{1}{2}\boldsymbol{J}_{M+1}\Delta\boldsymbol{D}_1\boldsymbol{J}_{M+1}^{\mathrm{T}}\boldsymbol{A}_c\begin{bmatrix}1\\ \boldsymbol{x}_0\end{bmatrix} = \boldsymbol{G}_d\boldsymbol{n} \tag{3.138}$$

其中，$\boldsymbol{G}_d$ 是维度为 $(M+1)\times M$ 的矩阵，如式 (3.91) 所示。

对于残差向量 $\boldsymbol{\epsilon}_{\mathrm{Err}}$ 的第二项，可以写成

$$-\frac{1}{2}\boldsymbol{J}_{M+1}\Delta\boldsymbol{D}_2\boldsymbol{J}_{M+1}^{\mathrm{T}}\boldsymbol{A}_c\begin{bmatrix}1\\\boldsymbol{x}_0\end{bmatrix}=\boldsymbol{G}_{\boldsymbol{s}1}\boldsymbol{n}_s \tag{3.139}$$

其中，$\boldsymbol{G}_{\boldsymbol{s}1}$ 是 $(M+1)\times 2M$ 的矩阵，

$$\boldsymbol{G}_{\boldsymbol{s}1}=-\frac{1}{2}\boldsymbol{J}_{M+1}\begin{bmatrix}0 & \cdots & 0\\ \sum_{m=1}^{M}\bar{a}_m\left(\boldsymbol{x}_1-\boldsymbol{x}_m\right)^{\mathrm{T}} & \cdots & -\bar{a}_M\left(\boldsymbol{x}_1-\boldsymbol{x}_M\right)^{\mathrm{T}}\\ \vdots & \ddots & \vdots\\ -\bar{a}_1\left(\boldsymbol{x}_M-\boldsymbol{x}_1\right)^{\mathrm{T}} & \cdots & \sum_{m=1}^{M}\bar{a}_m\left(\boldsymbol{x}_M-\boldsymbol{x}_m\right)^{\mathrm{T}}\end{bmatrix} \tag{3.140}$$

对于残差向量 $\boldsymbol{\epsilon}_{\mathrm{Err}}$ 的第三项，可以写成

$$-\boldsymbol{B}_c\boldsymbol{A}_c\Delta\boldsymbol{R}_c\boldsymbol{A}_c\begin{bmatrix}1\\\boldsymbol{x}_0\end{bmatrix}=\boldsymbol{G}_{\boldsymbol{s}2}\boldsymbol{n}_s \tag{3.141}$$

其中，$\boldsymbol{G}_{\boldsymbol{s}2}$ 是 $(M+1)\times 2M$ 的矩阵，

$$\boldsymbol{G}_{\boldsymbol{s}2}=-\boldsymbol{B}_c\boldsymbol{A}_c\begin{bmatrix}\boldsymbol{0}_2^{\mathrm{T}} & \cdots & \boldsymbol{0}_2^{\mathrm{T}}\\ \left(\bar{b}_1-\omega_1\boldsymbol{1}^{\mathrm{T}}\bar{b}\right)\boldsymbol{I}_2 & \cdots & \left(\bar{b}_M-\omega_M\boldsymbol{1}^{\mathrm{T}}\bar{b}\right)\boldsymbol{I}_2\end{bmatrix} \tag{3.142}$$

和

$$\bar{b}=\boldsymbol{A}_c\begin{bmatrix}1\\\boldsymbol{x}_0\end{bmatrix}\triangleq\left[\bar{b}_0,\bar{b}_1,\cdots,\bar{b}_M\right]^{\mathrm{T}} \tag{3.143}$$

对于残差向量 $\boldsymbol{\epsilon}_{\mathrm{Err}}$ 的第四项，可以写成

$$\boldsymbol{B}\left(\boldsymbol{I}_M-\boldsymbol{A}\boldsymbol{R}\right)\Delta\boldsymbol{R}^{\mathrm{T}}\left(\boldsymbol{R}\boldsymbol{R}^{\mathrm{T}}\right)^{-1}\begin{bmatrix}1\\\boldsymbol{x}_0\end{bmatrix}=\boldsymbol{G}_{\boldsymbol{s}3}\boldsymbol{n}_s \tag{3.144}$$

其中，$\boldsymbol{G}_{\boldsymbol{s}3}$ 是 $(M+1)\times 2M$ 的矩阵，

$$\boldsymbol{G}_{\boldsymbol{s}3}=\boldsymbol{B}_c\left(\boldsymbol{I}_{M+1}-\boldsymbol{A}_c\boldsymbol{R}_c\right)\begin{bmatrix}-\omega_1\bar{c}_1^{\mathrm{T}} & \cdots & -\omega_M\bar{c}_1^{\mathrm{T}}\\ \left(1-\omega_1\right)\bar{c}_1^{\mathrm{T}} & \cdots & -\omega_M\bar{c}_1^{\mathrm{T}}\\ \vdots & \ddots & \vdots\\ -\omega_1\bar{c}_1^{\mathrm{T}} & \cdots & \left(1-\omega_M\right)\bar{c}_1^{\mathrm{T}}\end{bmatrix} \tag{3.145}$$

和

$$\left(\boldsymbol{R}\boldsymbol{R}^{\mathrm{T}}\right)^{-1}\left[\begin{array}{c}1\\ \boldsymbol{x}_0\end{array}\right]\triangleq[\bar{c}_0,\bar{c}_1,\bar{c}_2]^{\mathrm{T}}\triangleq\left[\bar{c}_0,\bar{\boldsymbol{c}}_1^{\mathrm{T}}\right]^{\mathrm{T}} \tag{3.146}$$

将式 (3.91)、式 (3.139)、式 (3.141) 和式 (3.144) 代入式 (3.137)，残差向量 $\boldsymbol{\epsilon}_{\mathrm{Err}}$ 变成

$$\boldsymbol{\epsilon}_{\mathrm{Err}}\simeq\boldsymbol{G}_{\boldsymbol{d}}\boldsymbol{n}+\boldsymbol{G}_{\boldsymbol{s}}\boldsymbol{n}_s \tag{3.147}$$

其中

$$\boldsymbol{G}_{\boldsymbol{s}}=\boldsymbol{G}_{\boldsymbol{s}1}+\boldsymbol{G}_{\boldsymbol{s}2}+\boldsymbol{G}_{\boldsymbol{s}3} \tag{3.148}$$

根据 $\mathbb{E}\{\boldsymbol{n}\}=\boldsymbol{0}_M$ 和 $\mathbb{E}\{\boldsymbol{n}_s\}=\boldsymbol{0}_{2M}$，均值 $\mathbb{E}\{\boldsymbol{\epsilon}_{\mathrm{Err}}\}\simeq\boldsymbol{0}_{M+1}$，再根据 $\mathbb{E}\left\{\boldsymbol{n}\boldsymbol{n}^{\mathrm{T}}\right\}=\boldsymbol{\Sigma}$、$\mathbb{E}\left\{\boldsymbol{n}_s\boldsymbol{n}_s^{\mathrm{T}}\right\}=\boldsymbol{\Sigma}_{\boldsymbol{s}}$ 和 $\mathbb{E}\left[\boldsymbol{n}_{\boldsymbol{s}}\boldsymbol{n}^{\mathrm{T}}\right]=\boldsymbol{O}$，残差向量 $\boldsymbol{\epsilon}_{\mathrm{Err}}$ 的协方差矩阵为

$$\mathbb{E}\left\{\boldsymbol{\epsilon}_{\mathrm{Err}}\boldsymbol{\epsilon}_{\mathrm{Err}}^{\mathrm{T}}\right\}\simeq\boldsymbol{G}_{\boldsymbol{d}}\boldsymbol{\Sigma}\boldsymbol{G}_{\boldsymbol{d}}^{\mathrm{T}}+\boldsymbol{G}_{\boldsymbol{s}}\boldsymbol{\Sigma}_{\boldsymbol{s}}\boldsymbol{G}_{\boldsymbol{s}}^{\mathrm{T}} \tag{3.149}$$

残差向量 $\boldsymbol{\epsilon}_{\mathrm{Err}}$ [式 (3.147)] 体现了距离测量噪声 $\boldsymbol{n}$ 和位置误差 $\boldsymbol{n}_s$ 在多维标度定位中的传递过程，它为后续处理消除多维标度残差向量之间的相关性奠定了基础。从这一传递过程可以看出：残差向量 $\boldsymbol{\epsilon}_{\mathrm{Err}}$ 可以近似表示成距离测量噪声 $\boldsymbol{n}$ 和观测站位置误差 $\boldsymbol{n}_s$ 的线性组合，如果观测站位置没有误差或误差很小可以忽略时，残差向量 $\boldsymbol{\epsilon}_{\mathrm{Err}}$ 就变成了 $\boldsymbol{\epsilon}_{\mathrm{Err}}=\boldsymbol{G}_{\boldsymbol{d}}\boldsymbol{n}$，这与式 (3.92) 相同。此外，式 (3.149) 表明残差向量近似是零均值的高斯噪声，协方差矩阵为 $\boldsymbol{G}_{\boldsymbol{d}}\boldsymbol{\Sigma}\boldsymbol{G}_{\boldsymbol{d}}^{\mathrm{T}}+\boldsymbol{G}_{\boldsymbol{s}}\boldsymbol{\Sigma}_{\boldsymbol{s}}\boldsymbol{G}_{\boldsymbol{s}}^{\mathrm{T}}$。那么，当观测站位置存在误差时，在多维标度统一框架内的优化问题式 (3.73) 就可以转化成如下优化问题：

$$\arg\min_{\boldsymbol{x}_0}\boldsymbol{\epsilon}_{\mathrm{Err}}^{\mathrm{T}}\boldsymbol{W}_{\mathrm{Err}}\boldsymbol{\epsilon}_{\mathrm{Err}} \tag{3.150}$$

其中，$\boldsymbol{W}_{\mathrm{Err}}$ 是加权矩阵，能够使残差向量 $\boldsymbol{\epsilon}_{\mathrm{Err}}$ 各元素变成独立同分布的高斯变量，即最优加权矩阵：

$$\boldsymbol{W}_{\mathrm{Err}}=\mathbb{E}\left\{\boldsymbol{\epsilon}_{\mathrm{Err}}\boldsymbol{\epsilon}_{\mathrm{Err}}^{\mathrm{T}}\right\}^{-1} \tag{3.151}$$

残差向量 $\boldsymbol{\epsilon}_{\mathrm{Err}}$ [式 (3.125)] 还可以表示成目标位置坐标线性形式：

$$\boldsymbol{\epsilon}_{\mathrm{Err}}=\hat{\boldsymbol{B}}_c\hat{\boldsymbol{A}}_c\left[\begin{array}{c}\boldsymbol{0}_2^{\mathrm{T}}\\ \boldsymbol{I}_2\end{array}\right]\boldsymbol{x}_0+\hat{\boldsymbol{B}}_c\hat{\boldsymbol{A}}_c\left[\begin{array}{c}1\\ \boldsymbol{0}_2\end{array}\right] \tag{3.152}$$

在高斯噪声条件下，优化问题式 (3.150) 的最优解，对应着式 (3.152) 在加权

最小二乘意义下的目标位置估计为

$$\hat{\boldsymbol{x}}_0 = -\left(\left(\hat{\boldsymbol{B}}_c\hat{\boldsymbol{A}}_c\begin{bmatrix}\boldsymbol{0}_2^{\mathrm{T}}\\ \boldsymbol{I}_2\end{bmatrix}\right)^{\mathrm{T}}\boldsymbol{W}_{\mathrm{Err}}\left(\hat{\boldsymbol{B}}_c\hat{\boldsymbol{A}}_c\begin{bmatrix}\boldsymbol{0}_2^{\mathrm{T}}\\ \boldsymbol{I}_2\end{bmatrix}\right)\right)^{-1} \cdot\left(\hat{\boldsymbol{B}}_c\hat{\boldsymbol{A}}_c\begin{bmatrix}\boldsymbol{0}_2^{\mathrm{T}}\\ \boldsymbol{I}_2\end{bmatrix}\right)^{\mathrm{T}}\boldsymbol{W}_{\mathrm{Err}}\hat{\boldsymbol{B}}_c\hat{\boldsymbol{A}}_c\begin{bmatrix}1\\ \boldsymbol{0}_2\end{bmatrix} \tag{3.153}$$

其中，最优加权矩阵 $\boldsymbol{W}_{\mathrm{Err}}$ 由式 (3.149) 和式 (3.151) 确定：

$$\boldsymbol{W}_{\mathrm{Err}} = \left(\boldsymbol{G}_{\boldsymbol{d}}\boldsymbol{\Sigma}\boldsymbol{G}_{\boldsymbol{d}}^{\mathrm{T}} + \boldsymbol{G}_{\boldsymbol{s}}\boldsymbol{\Sigma}_{\boldsymbol{s}}\boldsymbol{G}_{\boldsymbol{s}}^{\mathrm{T}}\right)^{-1} \tag{3.154}$$

当观测站位置存在误差时，与 3.5 节类似，在距离空间多维标度定位中，使用定理 2.2 能够获得距离测量噪声和位置误差的传递过程，从而得到加权最小二乘意义下的最优目标位置估计。值得指出的是：首先，使用观测站位置误差统计特性信息能形成最优加权矩阵，从而获得最优估计；其次，这些多维标度定位统一框架下的算法簇也是无穷的，因为广义质心系数是可以任意选择的。

3.6.3　观测站位置误差下定位算法最优性证明

本节在分析观测站位置误差多维标度定位估计器式 (3.153) 性能的基础上，将其性能与克拉默-拉奥下界 (CRLB) 式 (3.112) 进行比较，从理论上给出观测站位置误差多维标度定位最优性的严格解析证明。

假设目标位置估计 $\hat{\boldsymbol{x}}_0$ [式 (3.153)] 可以表示为

$$\hat{\boldsymbol{x}}_0 = \boldsymbol{x}_0 + \Delta\boldsymbol{x}_0 \tag{3.155}$$

其中，$\Delta\boldsymbol{x}_0$ 表示估计偏差。

与 3.5 节类似，通过微分扰动分析方法，可以得到多维标度定位估计器的偏差表示：

$$\Delta\boldsymbol{x}_0 \simeq -\left(\left(\boldsymbol{B}_c\boldsymbol{A}_c\begin{bmatrix}\boldsymbol{0}_2^{\mathrm{T}}\\ \boldsymbol{I}_2\end{bmatrix}\right)^{\mathrm{T}}\boldsymbol{W}_{\mathrm{Err}}\left(\boldsymbol{B}_c\boldsymbol{A}_c\begin{bmatrix}\boldsymbol{0}_2^{\mathrm{T}}\\ \boldsymbol{I}_2\end{bmatrix}\right)\right)^{-1} \cdot\left(\boldsymbol{B}_c\boldsymbol{A}_c\begin{bmatrix}\boldsymbol{0}_2^{\mathrm{T}}\\ \boldsymbol{I}_2\end{bmatrix}\right)^{\mathrm{T}}\boldsymbol{W}_{\mathrm{Err}}\left(\boldsymbol{G}_{\boldsymbol{d}}\boldsymbol{n} + \boldsymbol{G}_{\boldsymbol{s}}\boldsymbol{n}_s\right) \tag{3.156}$$

对估计偏差 $\Delta\boldsymbol{x}_0$ 两边取期望，并利用 $\mathbb{E}\{\boldsymbol{n}\} = \boldsymbol{0}_M$ 和 $\mathbb{E}\{\boldsymbol{n}_s\} = \boldsymbol{0}_{2M}$，得到 $\mathbb{E}\{\Delta\boldsymbol{x}_0\} \simeq \boldsymbol{0}_2$，它表明 $\mathbb{E}\{\hat{\boldsymbol{x}}_0\} \simeq \boldsymbol{x}_0$，在较小的观测噪声和位置误差条件下，观测站位置误差多维标度定位是近似无偏的，属于无偏估计。

利用 $\mathbb{E}\left\{\boldsymbol{n}\boldsymbol{n}^{\mathrm{T}}\right\}=\boldsymbol{\Sigma}$、$\mathbb{E}\left\{\boldsymbol{n}_s\boldsymbol{n}_s^{\mathrm{T}}\right\}=\boldsymbol{\Sigma}_{\boldsymbol{s}}$ 和 $\mathbb{E}\left[\boldsymbol{n}_{\boldsymbol{s}}\boldsymbol{n}^{\mathrm{T}}\right]=\boldsymbol{O}$，估计偏差 $\Delta\boldsymbol{x}_0$ 的协方差 $\mathrm{Cov}_{\boldsymbol{x}_0,\boldsymbol{s}}\left\{\hat{\boldsymbol{x}}_0\right\}=\mathbb{E}\left\{\Delta\boldsymbol{x}_0\Delta\boldsymbol{x}_0^{\mathrm{T}}\right\}$ 为

$$\mathrm{Cov}_{\boldsymbol{x}_0,\boldsymbol{s}}\left\{\hat{\boldsymbol{x}}_0\right\}\simeq\left(\left(\boldsymbol{B}_c\boldsymbol{A}_c\begin{bmatrix}\boldsymbol{0}_2^{\mathrm{T}}\\ \boldsymbol{I}_2\end{bmatrix}\right)^{\mathrm{T}}\boldsymbol{W}_{\mathrm{Err}}\left(\boldsymbol{B}_c\boldsymbol{A}_c\begin{bmatrix}\boldsymbol{0}_2^{\mathrm{T}}\\ \boldsymbol{I}_2\end{bmatrix}\right)\right)^{-1} \tag{3.157}$$

这里使用了最优加权矩阵式 (3.154)。

定理 3.2[203]　在观测站位置存在误差的距离空间多维标度统一框架内，当距离测量高斯噪声 n_m 满足 $\left|n_m\right|/d_m\simeq 0\,(m=1,2,\cdots,M)$，观测站位置高斯误差满足 $\|\boldsymbol{n}_{s_m}\|/d_m\simeq 0\,(m=1,2,\cdots,M)$ 时，加权最小二乘意义下定位算法簇都是最优的，这意味着目标位置估计方差能够达到它的克拉默-拉奥下界 (CRLB)，即

$$\mathrm{Cov}_{\boldsymbol{x}_0,\boldsymbol{s}}\left\{\hat{\boldsymbol{x}}_0\right\}=\mathrm{CRLB}_{\boldsymbol{x}_0,\boldsymbol{s}}\left(\boldsymbol{x}_0\right) \tag{3.158}$$

证明　先考察残差向量 $\boldsymbol{\epsilon}_{\mathrm{Err}}$ [式 (3.125)]，它是将定理 2.2 的真实距离向量 $\boldsymbol{d}$ 与位置坐标 $\boldsymbol{s}^o$ 用测量值 $\boldsymbol{r}$ 与 $\boldsymbol{s}$ 替代，因此它可以看成测量向量 $\boldsymbol{r}$ 与 $\boldsymbol{s}$ 的函数，即 $\boldsymbol{\epsilon}_{\mathrm{Err}}\triangleq\boldsymbol{f}(\boldsymbol{r},\boldsymbol{s})$。

当距离测量噪声 n_m 满足 $\left|n_m\right|/d_m\simeq 0(m=1,2,\cdots,M)$，观测站位置误差满足 $\|\boldsymbol{n}_{s_m}\|/d_m\simeq 0(m=1,2,\cdots,M)$ 时，残差向量 $\boldsymbol{\epsilon}_{\mathrm{Err}}\triangleq\boldsymbol{f}(\boldsymbol{r},\boldsymbol{s})$ 在真实值 $\boldsymbol{d}$ 和 $\boldsymbol{s}^o$ 处进行泰勒展开，保留线性项，可以近似得到

$$\begin{aligned}\boldsymbol{\epsilon}_{\mathrm{Err}}&\simeq\boldsymbol{f}\left(\boldsymbol{d},\boldsymbol{s}^o\right)+\left.\frac{\partial\boldsymbol{f}\left(\boldsymbol{r},\boldsymbol{s}\right)}{\partial\boldsymbol{r}}\right|_{\boldsymbol{r}=\boldsymbol{d},\boldsymbol{s}=\boldsymbol{s}^o}\cdot\left(\boldsymbol{r}-\boldsymbol{d}\right)+\left.\frac{\partial\boldsymbol{f}\left(\boldsymbol{r},\boldsymbol{s}\right)}{\partial\boldsymbol{s}}\right|_{\boldsymbol{r}=\boldsymbol{d},\boldsymbol{s}=\boldsymbol{s}^o}\cdot\left(\boldsymbol{s}-\boldsymbol{s}^o\right)\\&=\left.\frac{\partial\boldsymbol{f}\left(\boldsymbol{r},\boldsymbol{s}\right)}{\partial\boldsymbol{r}}\right|_{\boldsymbol{r}=\boldsymbol{d},\boldsymbol{s}=\boldsymbol{s}^o}\cdot\boldsymbol{n}+\left.\frac{\partial\boldsymbol{f}\left(\boldsymbol{r},\boldsymbol{s}\right)}{\partial\boldsymbol{s}}\right|_{\boldsymbol{r}=\boldsymbol{d},\boldsymbol{s}=\boldsymbol{s}^o}\cdot\boldsymbol{n}_s\end{aligned} \tag{3.159}$$

注意，无论观测站是否存在位置误差，残差向量 $\boldsymbol{\epsilon}=\boldsymbol{f}(\boldsymbol{r})$ [式 (3.80)] 与 $\boldsymbol{\epsilon}_{\mathrm{Err}}=\boldsymbol{f}(\boldsymbol{r},\boldsymbol{s})$ [式 (3.125)] 在真实值 $\boldsymbol{d}$ 和 $\boldsymbol{s}^o$ 处关于距离测量向量 $\boldsymbol{r}$ 的雅可比矩阵是相等的，结合式 (3.105)，得到

$$\boldsymbol{G}_{\boldsymbol{d}}=\left.\frac{\partial\boldsymbol{f}\left(\boldsymbol{r}\right)}{\partial\boldsymbol{r}}\right|_{\boldsymbol{r}=\boldsymbol{d}}=\left.\frac{\partial\boldsymbol{f}\left(\boldsymbol{r},\boldsymbol{s}\right)}{\partial\boldsymbol{r}}\right|_{\boldsymbol{r}=\boldsymbol{d},\boldsymbol{s}=\boldsymbol{s}^o} \tag{3.160}$$

对比式 (3.159) 和式 (3.147) 可以发现，式 (3.159) 中定义的矩阵 $\boldsymbol{G}_{\boldsymbol{d}}$ 和 $\boldsymbol{G}_{\boldsymbol{s}}$ 就是残差向量函数 $\boldsymbol{\epsilon}_{\mathrm{Err}}=\boldsymbol{f}(\boldsymbol{r},\boldsymbol{s})$ 在真实值 $\boldsymbol{d}$ 和 $\boldsymbol{s}^o$ 处的雅可比矩阵，$\boldsymbol{G}_{\boldsymbol{s}}$ 表示为

$$\boldsymbol{G}_{\boldsymbol{s}}=\left.\frac{\partial\boldsymbol{f}\left(\boldsymbol{r},\boldsymbol{s}\right)}{\partial\boldsymbol{s}}\right|_{r=d,s=\boldsymbol{s}^o} \tag{3.161}$$

依据 2.3.3 节的性质 2.2，观测站存在位置误差时多维标度定位中的雅可比矩阵满足：

$$\left.\frac{\partial \boldsymbol{f}(\boldsymbol{r},\boldsymbol{s})}{\partial \boldsymbol{s}}\right|_{r=d,s=\boldsymbol{s}^o}=-\left.\frac{\partial \boldsymbol{f}(\boldsymbol{r},\boldsymbol{s})}{\partial \boldsymbol{r}}\right|_{r=d,s=\boldsymbol{s}^o}\left(\frac{\partial \boldsymbol{d}}{\partial \boldsymbol{s}^o}\right) \tag{3.162}$$

将式 (3.160) 和式 (3.161) 代入式 (3.162) 中，得到

$$\boldsymbol{G}_{\boldsymbol{s}}=-\boldsymbol{G}_{\boldsymbol{d}}\left(\frac{\partial \boldsymbol{d}}{\partial \boldsymbol{s}^o}\right) \tag{3.163}$$

在式 (3.163) 两边同时左乘 $\boldsymbol{G}_{\boldsymbol{d}}^{\dagger}$，并利用 $\boldsymbol{G}_{\boldsymbol{d}}^{\dagger}\boldsymbol{G}_{\boldsymbol{d}}=\boldsymbol{I}_M$，得到

$$\boldsymbol{G}_{\boldsymbol{d}}^{\dagger}\boldsymbol{G}_{\boldsymbol{s}}=-\frac{\partial \boldsymbol{d}}{\partial \boldsymbol{s}^o} \tag{3.164}$$

应用矩阵求逆引理[264, 265]，最优加权矩阵式 (3.154) 变成

$$\begin{aligned}\boldsymbol{W}_{\mathrm{Err}}&=\left(\boldsymbol{G}_{\boldsymbol{d}}\boldsymbol{\Sigma}\boldsymbol{G}_{\boldsymbol{d}}^{\mathrm{T}}+\boldsymbol{G}_{\boldsymbol{s}}\boldsymbol{\Sigma}_{\boldsymbol{s}}\boldsymbol{G}_{\boldsymbol{s}}^{\mathrm{T}}\right)^{-1}=\left(\boldsymbol{G}_{\boldsymbol{d}}\boldsymbol{\Sigma}\boldsymbol{G}_{\boldsymbol{d}}^{\mathrm{T}}\right)^{\dagger}\\&\quad-\left(\boldsymbol{G}_{\boldsymbol{d}}\boldsymbol{\Sigma}\boldsymbol{G}_{\boldsymbol{d}}^{\mathrm{T}}\right)^{\dagger}\boldsymbol{G}_{s}\left(\boldsymbol{\Sigma}_{\boldsymbol{s}}^{-1}+\boldsymbol{G}_{\boldsymbol{s}}^{\mathrm{T}}\left(\boldsymbol{G}_{\boldsymbol{d}}\boldsymbol{\Sigma}\boldsymbol{G}_{\boldsymbol{d}}^{\mathrm{T}}\right)^{\dagger}\boldsymbol{G}_{s}\right)^{-1}\boldsymbol{G}_{s}^{\mathrm{T}}\left(\boldsymbol{G}_{\boldsymbol{d}}\boldsymbol{\Sigma}\boldsymbol{G}_{\boldsymbol{d}}^{\mathrm{T}}\right)^{\dagger}\end{aligned} \tag{3.165}$$

将式 (3.107) 代入协方差矩阵式 (3.157) 中，并对两边求逆，得到

$$\mathrm{Cov}_{\boldsymbol{x}_0,\boldsymbol{s}}\{\hat{\boldsymbol{x}}_0\}^{-1}=\left(-\boldsymbol{G}_{\boldsymbol{d}}\frac{\partial \boldsymbol{d}}{\partial \boldsymbol{x}_0}\right)^{\mathrm{T}}\boldsymbol{W}_{\mathrm{Err}}\left(-\boldsymbol{G}_{\boldsymbol{d}}\frac{\partial \boldsymbol{d}}{\partial \boldsymbol{x}_0}\right) \tag{3.166}$$

将式 (3.165) 和式 (3.164) 代入式 (3.166) 中，结合 $\left(\boldsymbol{G}_{\boldsymbol{d}}\boldsymbol{\Sigma}\boldsymbol{G}_{\boldsymbol{d}}^{\mathrm{T}}\right)^{\dagger}=\boldsymbol{G}_{\boldsymbol{d}}^{\mathrm{T}\dagger}\boldsymbol{\Sigma}^{-1}\boldsymbol{G}_{\boldsymbol{d}}^{\dagger}$ 和 $\boldsymbol{G}_{\boldsymbol{d}}^{\dagger}\boldsymbol{G}_{\boldsymbol{d}}=\boldsymbol{I}_M$，得到

$$\begin{aligned}\mathrm{Cov}_{\boldsymbol{x}_0,\boldsymbol{s}}\{\hat{\boldsymbol{x}}_0\}^{-1}&=\left(-\boldsymbol{G}_{\boldsymbol{d}}\frac{\partial \boldsymbol{d}}{\partial \boldsymbol{x}_0}\right)^{\mathrm{T}}\boldsymbol{W}_{\mathrm{Err}}\left(-\boldsymbol{G}_{\boldsymbol{d}}\frac{\partial \boldsymbol{d}}{\partial \boldsymbol{x}_0}\right)\\&=\boldsymbol{X}-\boldsymbol{Y}\boldsymbol{Z}^{-1}\boldsymbol{Y}^{\mathrm{T}}\end{aligned} \tag{3.167}$$

由于矩阵求逆定理

$$\left(\boldsymbol{X}-\boldsymbol{Y}\boldsymbol{Z}^{-1}\boldsymbol{Y}^{\mathrm{T}}\right)^{-1}=\boldsymbol{X}^{-1}+\boldsymbol{X}^{-1}\boldsymbol{Y}(\boldsymbol{Z}-\boldsymbol{Y}^{\mathrm{T}}\boldsymbol{X}^{-1}\boldsymbol{Y})\boldsymbol{Y}^{\mathrm{T}}\boldsymbol{X}^{-1} \tag{3.168}$$

对比式 (3.167) 和克拉默-拉奥下界 (CRLB) 式 (3.112)，利用式 (3.168)，得到

$$\mathrm{Cov}_{\boldsymbol{x}_0,\boldsymbol{s}}\{\hat{\boldsymbol{x}}_0\}^{-1}=\mathrm{CRLB}_{\boldsymbol{x}_0,\boldsymbol{s}}(\boldsymbol{x}_0)^{-1} \tag{3.169}$$

对式 (3.169) 两边求逆，得到式 (3.158)。命题得证。

同样地，观测站位置误差下的多维标度统一框架内加权最小二乘意义下的定位算法簇的最优性，与参考原点的选择没有关系，因为这里没有对广义质心系数提出任何约束要求。在多维标度定位统一框架内，定理 3.2 揭示了在任意参考原点的选择下，观测站位置误差下的加权最小二乘意义下的定位算法簇都是最优估计。

3.6.4 观测模型失配下多维标度定位算法

当观测站位置存在误差时，实际中距离观测模型与定位算法并不是完全匹配的，往往存在失配现象。距离观测模型失配现象主要表现在两个方面：一方面，无法获得观测站位置误差的先验统计特性，即信息缺失导致距离观测模型失配；另一方面，为了简化工程实现直接忽略了观测站位置误差，即简化算法流程导致距离观测模型失配。

当距离观测模型失配时，观测站位置误差统计特性的缺失导致多维标度定位算法中最优加权矩阵从式 (3.154) 变成式 (3.98)，目标位置估计从式 (3.153) 变成

$$\begin{aligned}\hat{\boldsymbol{x}}_0 = &-\left(\left(\hat{\boldsymbol{B}}_c\hat{\boldsymbol{A}}_c\begin{bmatrix}\mathbf{0}_2^{\mathrm{T}}\\ \boldsymbol{I}_2\end{bmatrix}\right)^{\mathrm{T}}\boldsymbol{W}_c\left(\hat{\boldsymbol{B}}_c\hat{\boldsymbol{A}}_c\begin{bmatrix}\mathbf{0}_2^{\mathrm{T}}\\ \boldsymbol{I}_2\end{bmatrix}\right)\right)^{-1}\\ &\cdot\left(\hat{\boldsymbol{B}}_c\hat{\boldsymbol{A}}_c\begin{bmatrix}\mathbf{0}_2^{\mathrm{T}}\\ \boldsymbol{I}_2\end{bmatrix}\right)^{\mathrm{T}}\boldsymbol{W}_c\hat{\boldsymbol{B}}_c\hat{\boldsymbol{A}}_c\begin{bmatrix}1\\ \mathbf{0}_2\end{bmatrix}\end{aligned} \tag{3.170}$$

值得注意的是，虽然最优加权矩阵中缺失了观测站位置误差的统计特性，但是矩阵 $\hat{\boldsymbol{B}}_c$ 和 $\hat{\boldsymbol{A}}_c$ 中包含观测站位置误差。

通过微分扰动分析，失配条件下目标位置多维标度定位估计器的偏差表示为

$$\begin{aligned}\Delta\boldsymbol{x}_0 \simeq &-\left(\left(\boldsymbol{B}_c\boldsymbol{A}_c\begin{bmatrix}\mathbf{0}_2^{\mathrm{T}}\\ \boldsymbol{I}_2\end{bmatrix}\right)^{\mathrm{T}}\boldsymbol{W}_c\left(\boldsymbol{B}_c\boldsymbol{A}_c\begin{bmatrix}\mathbf{0}_2^{\mathrm{T}}\\ \boldsymbol{I}_2\end{bmatrix}\right)\right)^{-1}\\ &\cdot\left(\boldsymbol{B}_c\boldsymbol{A}_c\begin{bmatrix}\mathbf{0}_2^{\mathrm{T}}\\ \boldsymbol{I}_2\end{bmatrix}\right)^{\mathrm{T}}\boldsymbol{W}_c\left(\boldsymbol{G}_{\boldsymbol{d}}\boldsymbol{n}+\boldsymbol{G}_{\boldsymbol{s}}\boldsymbol{n}_s\right)\end{aligned} \tag{3.171}$$

对偏差两边取期望，并利用 $\mathbb{E}\{\boldsymbol{n}\}=\mathbf{0}_M$ 和 $\mathbb{E}\{\boldsymbol{n}_s\}=\mathbf{0}_{2M}$，得到 $\mathbb{E}\{\Delta\boldsymbol{x}_0\}\simeq\mathbf{0}_2$，它表明 $\mathbb{E}\{\hat{\boldsymbol{x}}_0\}\simeq\boldsymbol{x}_0$，即距离观测模型失配时多维标度定位仍然是近似无偏的，属于无偏估计。

距离观测模型失配时，估计偏差 $\Delta\boldsymbol{x}_0$ 的协方差变成条件协方差矩阵

$$\begin{aligned}\mathrm{Cov}_{\boldsymbol{x}_0|\boldsymbol{s}}\{\hat{\boldsymbol{x}}_0\} \simeq &\left(\boldsymbol{H}_0^{\mathrm{T}}\boldsymbol{W}_c\boldsymbol{H}_0\right)^{-1}\\ &+\left(\boldsymbol{H}_0^{\mathrm{T}}\boldsymbol{W}_c\boldsymbol{H}_0\right)^{-1}\boldsymbol{H}_0^{\mathrm{T}}\boldsymbol{W}_c\boldsymbol{G}_{\boldsymbol{s}}\boldsymbol{\Sigma}_{\boldsymbol{s}}\boldsymbol{G}_{\boldsymbol{s}}^{\mathrm{T}}\boldsymbol{W}_c\boldsymbol{H}_0\left(\boldsymbol{H}_0^{\mathrm{T}}\boldsymbol{W}_c\boldsymbol{H}_0\right)^{-1}\end{aligned} \tag{3.172}$$

其中

$$\boldsymbol{H}_0 = \boldsymbol{B}_c\boldsymbol{A}_c\begin{bmatrix}\boldsymbol{0}_2^{\mathrm{T}}\\ \boldsymbol{I}_2\end{bmatrix} \tag{3.173}$$

定理 3.3[203]　在观测站位置存在误差的距离空间多维标度统一框架内，当距离测量高斯噪声 n_m 满足 $|n_m|/d_m \simeq 0\,(m=1,2,\cdots,M)$，观测站位置高斯误差满足 $\|\boldsymbol{n}_{s_m}\|/d_m \simeq 0\,(m=1,2,\cdots,M)$ 时，距离观测模型失配下加权最小二乘意义下定位算法簇都是最优的，即

$$\mathrm{Cov}_{\boldsymbol{x}_0|\boldsymbol{s}}\{\hat{\boldsymbol{x}}_0\} = \mathrm{MSE}_{\boldsymbol{x}_0|\boldsymbol{s}}(\boldsymbol{x}_0) \tag{3.174}$$

证明　根据式 (3.102)、式 (3.103) 和式 (3.113)，条件协方差矩阵式 (3.172) 变成

$$\mathrm{Cov}_{\boldsymbol{x}_0|\boldsymbol{s}}\{\hat{\boldsymbol{x}}_0\} \simeq \boldsymbol{X}^{-1} + \boldsymbol{X}^{-1}\boldsymbol{H}_0^{\mathrm{T}}\boldsymbol{W}_c\boldsymbol{G}_{\boldsymbol{s}}\boldsymbol{\Sigma}_{\boldsymbol{s}}\boldsymbol{G}_{\boldsymbol{s}}^{\mathrm{T}}\boldsymbol{W}_c\boldsymbol{H}_0\boldsymbol{X}^{-1} \tag{3.175}$$

根据式 (3.107) 和式 (3.164)，结合 $\boldsymbol{W}_c = \boldsymbol{G}_{\boldsymbol{d}}^{\mathrm{T}\dagger}\boldsymbol{\Sigma}^{-1}\boldsymbol{G}_{\boldsymbol{d}}^{\dagger}$ 和 $\boldsymbol{G}_{\boldsymbol{d}}^{\dagger}\boldsymbol{G}_{\boldsymbol{d}} = \boldsymbol{I}_M$，得到

$$\begin{aligned}\boldsymbol{H}_0^{\mathrm{T}}\boldsymbol{W}_c\boldsymbol{G}_{\boldsymbol{s}} &= -\left(\frac{\partial \boldsymbol{d}}{\partial \boldsymbol{x}_0}\right)^{\mathrm{T}}\left(\boldsymbol{G}_{\boldsymbol{d}}^{\mathrm{T}}\boldsymbol{G}_{\boldsymbol{d}}^{\mathrm{T}\dagger}\right)\boldsymbol{\Sigma}^{-1}\left(\boldsymbol{G}_{\boldsymbol{d}}^{\dagger}\boldsymbol{G}_{\boldsymbol{s}}\right)\\ &= \left(\frac{\partial \boldsymbol{d}}{\partial \boldsymbol{x}_0}\right)^{\mathrm{T}}\boldsymbol{\Sigma}^{-1}\left(\frac{\partial \boldsymbol{d}}{\partial \boldsymbol{s}^o}\right)\end{aligned} \tag{3.176}$$

将式 (3.176) 和式 (3.114) 代入式 (3.175)，得到

$$\mathrm{Cov}_{\boldsymbol{x}_0|\boldsymbol{s}}\{\hat{\boldsymbol{x}}_0\} \simeq \boldsymbol{X}^{-1} + \boldsymbol{X}^{-1}\boldsymbol{Y}\boldsymbol{\Sigma}_{\boldsymbol{s}}\boldsymbol{Y}^{\mathrm{T}}\boldsymbol{X}^{-1} \tag{3.177}$$

将式 (3.177) 和式 (3.118) 对比，得到式 (3.172)，命题得证。

距离观测模型失配条件下，定理 3.3 揭示了在任意参考原点的选择下，观测站位置误差下的失配模型中加权最小二乘意义下的定位算法簇都是最优估计。

3.7　数值仿真与验证

3.7.1　加权多维标度和常用多维标度定位比较

实验 1　加权多维标度是与常用多维标度 (经典多维标度、修正多维标度和子空间多维标度) 对应的加权算法。使用均方位置误差 (mean-square position error，MSPE) 衡量每一种估计算法的性能，定义为 $\mathbb{E}[(\hat{\boldsymbol{x}}_0-\boldsymbol{x}_0)^{\mathrm{T}}(\hat{\boldsymbol{x}}_0-\boldsymbol{x}_0)]$，对应着协方差矩阵式 (3.102) 的对角元素之和。位置的克拉默-拉奥下界 (CRLB) 使用矩阵式 (3.4) 的对角元素之和。

先使用三个观测站，它们位置坐标是 $[0,0]$、$[0,6000]$ 和 $[6000,6000]$，接着依次再加入六个观测站，它们位置坐标依次是 $[6000,0]$、$[6000,-6000]$、$[0,-6000]$、$[-6000,-6000]$、$[-6000,0]$ 和 $[-6000,6000]$。距离测量 r_m 的观测噪声 n_m 服从独立零均值的高斯分布，即 $n_m \sim \mathcal{N}(0,\sigma^2)$，这里 σ^2 定义为 $\sigma^2 = d_m^2/\text{SNR}$，SNR (signal-to-noise ratio) 是信噪比。所有结果都是仿真 10000 次的平均值。

第一组数值仿真验证中，目标辐射源位置设定为 $[-4000,-500]$。首先固定信噪比 SNR = 30dB，考察经典多维标度、修正多维标度、子空间多维标度以及它们各自对应的加权多维标度算法的性能，随着观测站数量的变化曲线，如图 3.1 所示。再固定观测站数量 $M=5$，考察多维标度性能随着信噪比的变化曲线，如图 3.2 所示。

在图 3.1 中，经典多维标度、修正多维标度和子空间多维标度都不能达到目标位置的克拉默-拉奥下界 (CRLB)，而且这些多维标度算法中，随着观测站数量的变化，并没有出现某一种算法的性能总是优于其他算法。这些结论表明，选择不同的参考点，并不能获得最优的定位性能。不同的参考点下的算法性能无法达到定位精度的理论下界。因此，考虑从优化参考点选择的角度，来提高多维标度定位算法的性能是不现实的。这也正是 3.5 节提出加权多维标度定位算法的动机。而加权多维标度与这些多维标度算法形成了鲜明的对比，无论选择哪一种参考点，它们的加权多维标度都能够达到目标位置的克拉默-拉奥下界 (CRLB)，获得最优的定位性能。

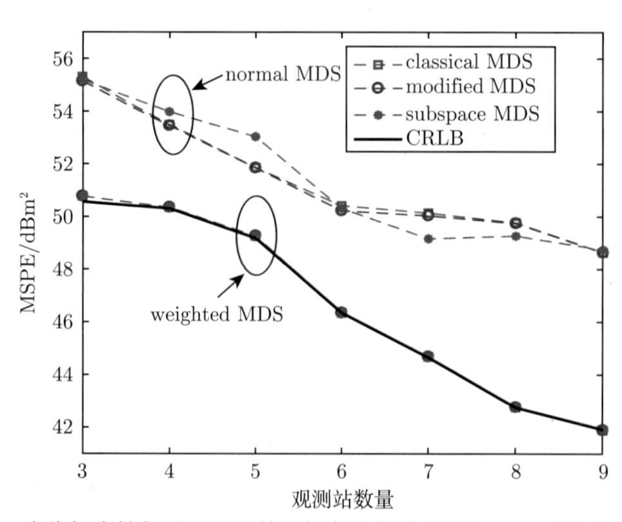

图 3.1 多维标度性能随观测站数量的变化曲线 (SNR = 30dB) (第一组)

classical MDS 为经典多维标度，modified MDS 为修正多维标度，subspace MDS 为子空间多维标度，normal MDS 为常规多维标度，weighted MDS 为加权多维标度，CRLB 为克拉默-拉奥下界，后文余同

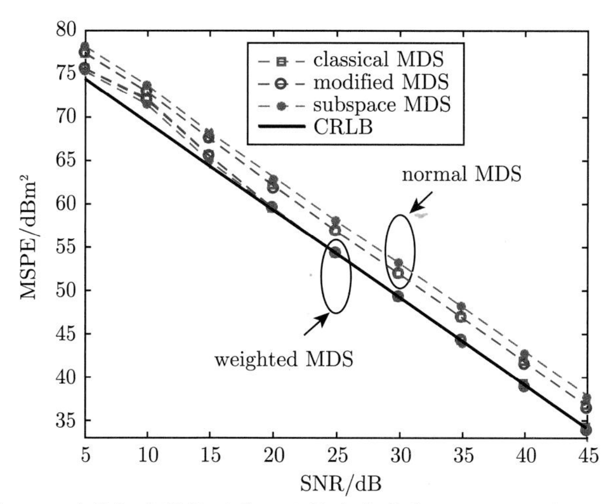

图 3.2　多维标度性能随信噪比的变化曲线 ($M = 5$) (第一组)

在图 3.2 中，当距离观测噪声较小时，信噪比较大，此时经典多维标度、修正多维标度和子空间多维标度方法的性能明显偏离克拉默-拉奥下界 (CRLB)，即使信噪比很大，衡量性能的位置均方也依然高于克拉默-拉奥下界 (CRLB)。在信噪比较大时，各类加权多维标度算法都能达到克拉默-拉奥下界 (CRLB)。不过，值得注意的是，随着 SNR 低至 20dB，加权多维标度定位算法开始偏离克拉默-拉奥下界 (CRLB)，这是由于距离定位问题是一个非线性问题，存在非线性门限效应现象。

在第二组数值仿真验证中，目标辐射源位置在正方形区域 $[-3000, -3000]$、$[-3000, 3000]$、$[3000, -3000]$ 和 $[3000, 3000]$ 内随机均匀分布，其他条件重复第一组的数组仿真验证，结果如图 3.3 和图 3.4 所示。注意，此时目标位置的克拉默-拉奥下界 (CRLB) 是所有随机位置的统计平均值。在图 3.3 和图 3.4 中，无论定位性能随着观测站数量的变化曲线，还是随着信噪比的变化曲线，都揭示了经典多维标度、修正多维标度和子空间多维标度的性能都不是最优的，无法达到目标位置的克拉默-拉奥下界 (CRLB)。不过，从统计角度来看，在目标辐射源随机分布条件下，这些多维标度的性能统计较为接近。加权多维标度与这些多维标度算法形成了鲜明的对比，即使目标位置随机分布，它们的加权多维标度都能够达到目标位置的克拉默-拉奥下界 (CRLB)，获得最优的定位性能。

第一组和第二组的实验表明，不同参考原点下的加权多维标度定位的性能都能达到定位参数估计的克拉默-拉奥下界 (CRLB)，这也从数值仿真角度验证了 3.5.3 节中加权多维标度最优性定理 3.1。这里需要指出，参考点的选择问题不是距离定位问题自身包含的，而是采用多维标度技术引入的，那么最优的距离定位算法自然就应该与参考点选择问题没有关系。这些结论表明，选择不同的参考原点，并不影响加权多维标度定位的性能。自然地，在加权多维标度分析中，多维标度内积矩阵扩散传播的观测噪声，是可以实现“白化”的，进而获得最优的定位性能。

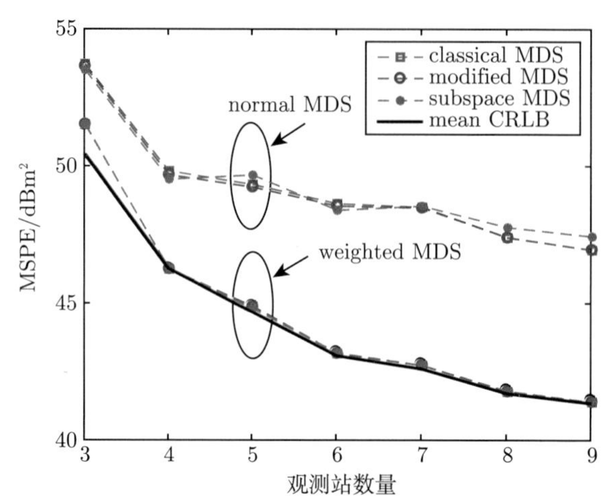

图 3.3　多维标度性能随观测站数量的变化曲线 (SNR = 30dB) (第二组)

mean CRLB 为平均克拉默-拉奥下界，后文余同

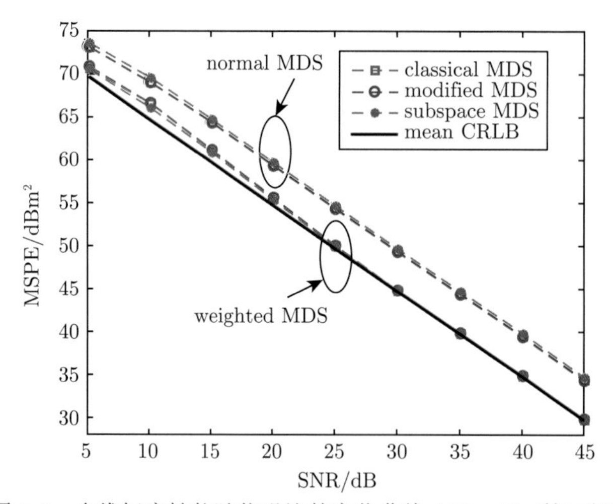

图 3.4　多维标度性能随信噪比的变化曲线 ($M = 5$) (第二组)

3.7.2　加权多维标度和其他定位算法比较

实验 2　现有其他距离定位有线性迭代定位算法、线性定位算法和线性校正定位算法。其中，线性迭代定位算法需要初始值，这里不参与比较。线性定位算法的典型代表是位置线 (line of position，LOP) 算法[135,136]，线性校正定位算法的典型代表是 Chan 算法[150,153,154]。重复 3.7.1 节实验 1 的两组数值仿真与验证条件，比较加权多维标度定位与 LOP 算法和 Chan 算法的性能。

在第一组数值仿真验证中，目标辐射源位置设定为 $[-4000, -500]$。图 3.5 给出了信噪比为 30dB 时定位算法性能随着观测站数量的变化曲线，图 3.6 给出了观测站数量为 5 时定位算法性能随着信噪比的变化曲线。

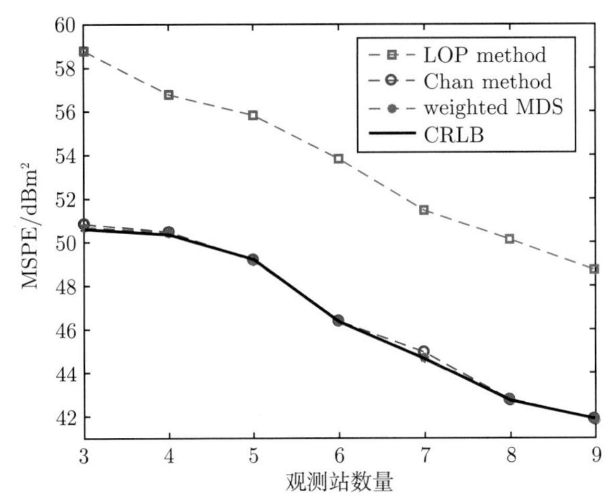

图 3.5　定位算法性能随观测站数量的变化曲线 (SNR = 30dB) (第一组)
LOP method 为位置线算法，Chan method 为 Chan 算法，后文余同

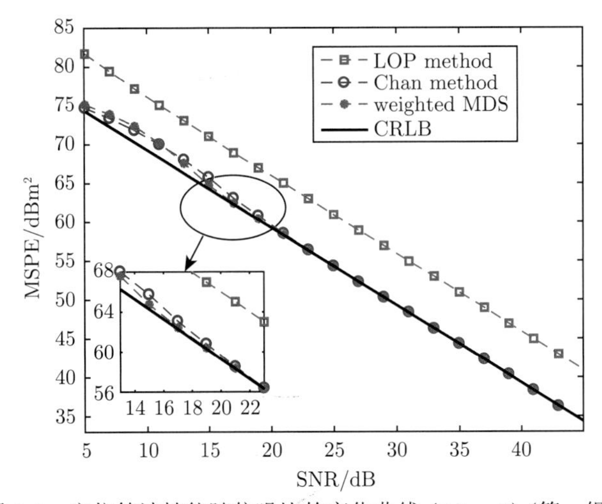

图 3.6　定位算法性能随信噪比的变化曲线 ($M = 5$) (第一组)

在图 3.5 中，加权多维标度与 Chan 算法性能相当，都能达到位置估计的克拉默-拉奥下界 (CRLB)，属于最优解，而 LOP 算法则偏离克拉默-拉奥下界 (CRLB) 较远，是次优解。

在图 3.6 中，LOP 算法明显偏离克拉默-拉奥下界 (CRLB)，而加权多维标度与 Chan 算法在信噪比较大时，都能达到克拉默-拉奥下界 (CRLB)。不过，随着信噪比的降低，加权多维标度与 Chan 算法出现门限效应的信噪比差别较为明显，加权多维标度出现门限效应的信噪比比 Chan 算法低约 5dB。这些结论表明，加权多维标度不仅具有最优的定位性能，还具有较大的稳健性。

在第二组数值仿真验证中，目标辐射源位置在正方形区域 $[-3000,-3000]$、$[-3000,3000]$、$[3000,-3000]$ 和 $[3000,3000]$ 内随机均匀分布，其他条件重复第一组的数组仿真验证，结果如图 3.7 和图 3.8 所示。注意，此时目标位置的克拉默-拉奥下界 (CRLB) 是所有随机位置的统计平均值。在如图 3.7 和图 3.8 中，LOP 算法都明显偏离克拉默-拉奥下界 (CRLB)，而加权多维标度与 Chan 算法在信噪比较大时，都能达到克拉默-拉奥下界 (CRLB)。第一组和第二组的试验表明，加权多维标度明显优于现有线性定位算法和现有线性校正定位算法。

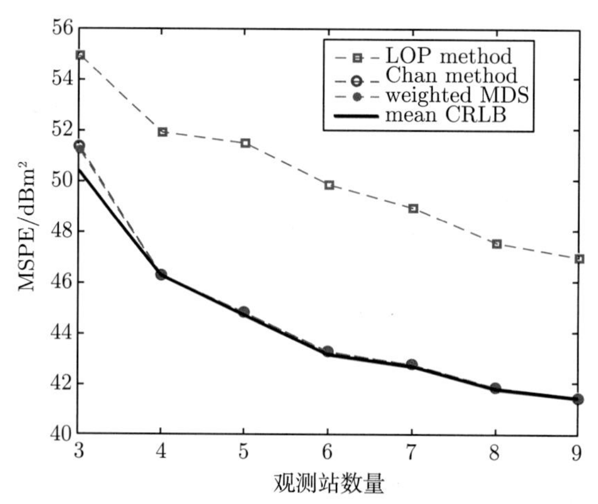

图 3.7 定位算法性能随观测站数量的变化曲线 (SNR = 30dB) (第二组)

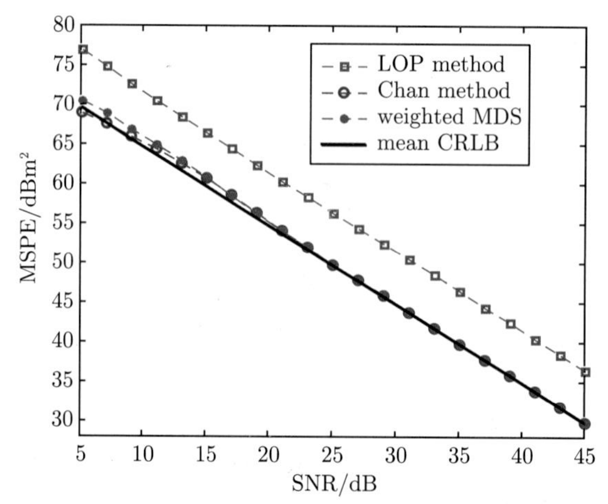

图 3.8 定位算法性能随信噪比的变化曲线 ($M=5$) (第二组)

3.7.3 观测站位置误差下加权多维标度定位验证

实验 3 仿真验证观测站存在位置误差条件下的加权多维标度性能，这里还比较了不存在位置误差的克拉默-拉奥下界 $\mathrm{CRLB}(\boldsymbol{x}_0)$ 式 (3.4)、忽略位置误差的均方差 $\mathrm{MSE}_{\boldsymbol{x}_0|\boldsymbol{s}}(\boldsymbol{x}_0)$ [式 (3.118)] 和考虑位置误差的克拉默-拉奥下界 $\mathrm{CRLB}_{\boldsymbol{x}_0,\boldsymbol{s}}(\boldsymbol{x}_0)$ [式 (3.112)]。忽略观测站位置误差时，使用加权多维标度估计式 (3.97)，考虑观测站位置误差时，使用加权多维标度估计式 (3.153)，它们之间的区别体现在是否使用观测站位置误差的统计特性 $\boldsymbol{\Sigma}_{\boldsymbol{s}}$。当观测站存在位置误差时，衡量多维标度定位性能的均方位置误差对应着协方差矩阵式 (3.157) 的对角元素之和，忽略观测站位置误差时均方位置误差对应着协方差矩阵式 (3.102) 的对角元素之和。

数值仿真验证与 3.7.1 节实验 1 类似，先使用三个观测站，它们真实位置坐标是 $[0,0]$、$[0,6000]$ 和 $[6000,6000]$，接着依次再加入六个观测站，它们真实位置坐标依次是 $[6000,0]$、$[6000,-6000]$、$[0,-6000]$、$[-6000,-6000]$、$[-6000,0]$ 和 $[-6000,6000]$。观测站 $\boldsymbol{s}_m$ 的位置误差 $\boldsymbol{n}_{\boldsymbol{s}_m}$ 服从独立零均值的高斯分布，即 $\boldsymbol{n}_{\boldsymbol{s}_m}\sim\mathcal{N}\left(\boldsymbol{0},\sigma_{s_m}^2\boldsymbol{I}_2\right)$，这里 $\sigma_{s_m}^2$ 是观测站 $\boldsymbol{s}_m$ 坐标的方差。前三个观测站的协方差矩阵设置为 $10\sigma_s^2\boldsymbol{I}_2$、$2\sigma_s^2\boldsymbol{I}_2$ 和 $20\sigma_s^2\boldsymbol{I}_2$，这里 σ_s^2 为方差，接着再将依次加入的观测站协方差矩阵分别设置为 $40\sigma_s^2\boldsymbol{I}_2$、$50\sigma_s^2\boldsymbol{I}_2$、$3\sigma_s^2\boldsymbol{I}_2$、$15\sigma_s^2\boldsymbol{I}_2$、$25\sigma_s^2\boldsymbol{I}_2$ 和 $5\sigma_s^2\boldsymbol{I}_2$。距离测量 r_m 的观测噪声 n_m 如 3.7.1 节实验 1 所示，与观测站位置误差独立，它服从独立零均值的高斯分布，即 $n_m\sim\mathcal{N}(0,\sigma^2)$，这里 σ^2 定义为 $\sigma^2=d_m^2/\mathrm{SNR}$，SNR 是信噪比。所有结果都是仿真 10000 次的平均值。

在第一组数值仿真验证中，目标辐射源位置设定为 $[-4000,-500]$。首先固定信噪比 $\mathrm{SNR}=30\mathrm{dB}$，图 3.9 给出了观测站位置误差 $\sigma_s^2=40\mathrm{dBm}^2$ 时，加权多维标度定位的性能随着观测站数量的变化曲线，图 3.10 给出了观测站数量为 5 时，加权多维标度的定位性能随着观测站位置误差方差 σ_s^2 的变化曲线。

从图 3.9 和图 3.10 可以看出，忽略观测站位置误差的加权多维标度定位性能，达到了对应的均方差 $\mathrm{MSE}_{\boldsymbol{x}_0|\boldsymbol{s}}(\boldsymbol{x}_0)$ [式 (3.118)]；考虑观测站位置误差的加权多维标度定位性能，达到了对应克拉默-拉奥下界 $\mathrm{CRLB}_{\boldsymbol{x}_0,\boldsymbol{s}}(\boldsymbol{x}_0)$ [式 (3.112)]；而忽略观测站位置误差的克拉默-拉奥下界 $\mathrm{CRLB}(\boldsymbol{x}_0)$ [式 (3.4)] 是最松的界，对最优算法并不具有指导意义。此外，考虑观测站位置误差的加权多维标度定位算法性能，明显超过了忽略观测站位置误差的加权多维标度定位算法性能，这也验证了推论 3.1 的理论结论式 (3.119)。

特别地，设定距离测量噪声服从相同的高斯分布，方差为 $\sigma^2=40\mathrm{dBm}^2$。当观测站位置存在误差时，设定观测站位置误差也服从相同的高斯分布，图 3.11 给出了观测站位置误差方差为 $\sigma_s^2=40\mathrm{dBm}^2$ 时，定位算法性能随着观测站数量的

变化曲线，图 3.12 给出了当观测站数量 $M = 5$ 时，定位算法性能随着观测站位置误差方差 σ_s^2 的变化曲线。从图 3.11 和图 3.12 可以看出，针对固定目标辐射源，考虑位置误差的克拉默-拉奥下界 (CRLB) $\mathrm{CRLB}_{\boldsymbol{x}_0,\boldsymbol{s}}(\boldsymbol{x}_0)$ 和忽略位置误差的均方差 $\mathrm{MSE}_{\boldsymbol{x}_0|\boldsymbol{s}}(\boldsymbol{x}_0)$ 是一样的，与此同时无论是否考虑观测站的位置误差，对应的加权多维标度性能也是一样的。这些结论验证了推论 3.1 中取等号的条件式 (3.124)。

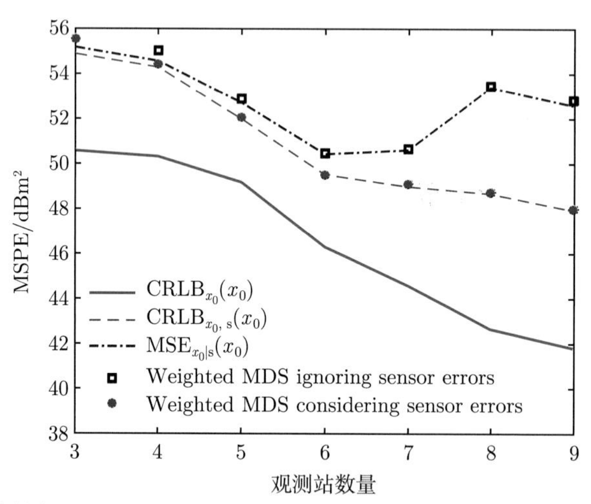

图 3.9 定位算法性能随观测站数量的变化曲线 (SNR = 30dB，$\sigma_s^2 = 40\mathrm{dBm}^2$) (第一组)
Weighted MDS ignoring sensor errors 为忽略观测站位置误差的加权多维标度，Weighted MDS considering sensor errors 为考虑观测站位置误差的加权多维标度，后文余同

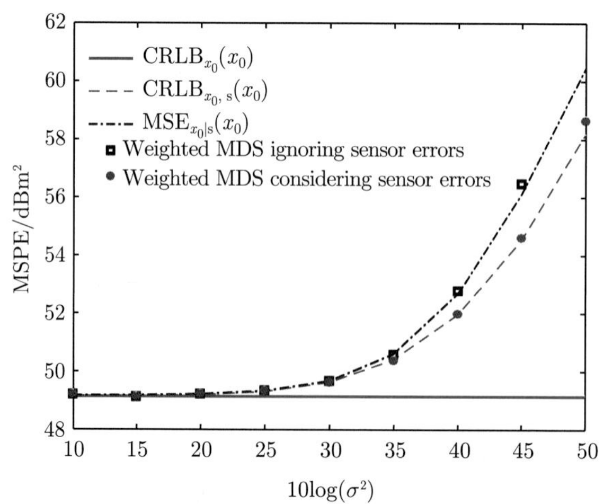

图 3.10 定位算法性能随位置误差方差 σ_s^2 的变化曲线 (M=5，SNR = 30dB) (第一组)

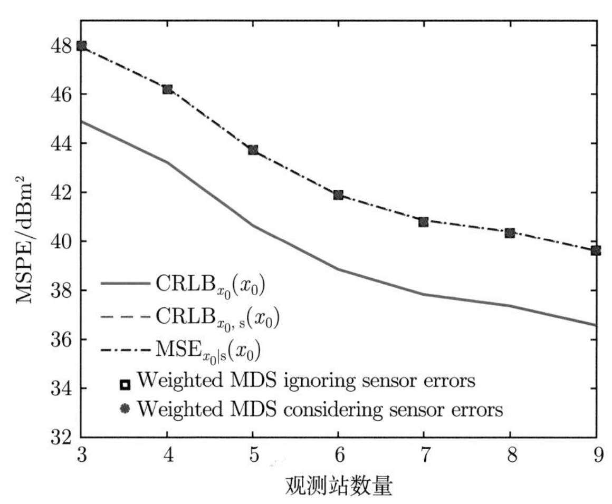

图 3.11　定位算法性能随观测站数量的变化曲线 ($\sigma^2 = 40\text{dBm}^2, \sigma_s^2 = 40\text{dBm}^2$) (第一组)

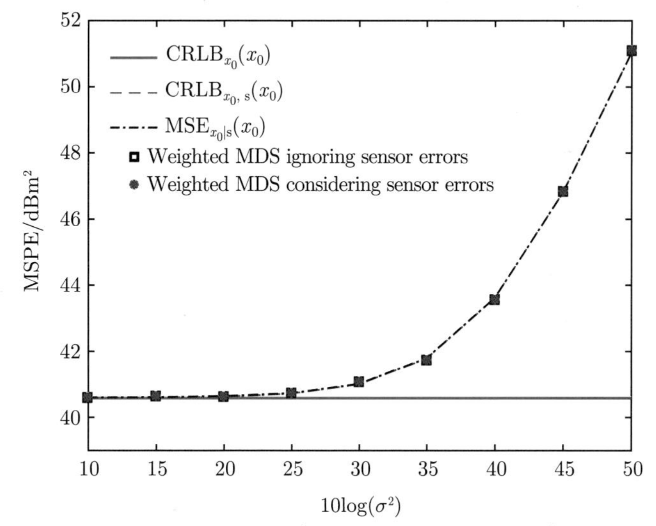

图 3.12　定位算法性能随位置误差方差 σ_s^2 的变化曲线 ($M = 5, \sigma^2 = 40\text{dBm}^2$) (第一组)

在第二组数值仿真验证中，目标辐射源位置在正方形区域 $[-3000, -3000]$、$[-3000, 3000]$、$[3000, -3000]$ 和 $[3000, 3000]$ 内随机均匀分布，其他条件重复第一组的数值仿真验证，结果如图 3.13 和图 3.14 所示。注意，此时目标位置的克拉默-拉奥下界 (CRLB) 和均方差都是所有随机位置的统计平均值。在图 3.13 和图 3.14 中，无论定位算法性能随着观测站数量的变化曲线，还是它们随着观测站位置方差的变化曲线，都揭示了如下结论：考虑观测站位置误差的加权多维标度定位性能，能够达到对应的克拉默-拉奥下界 $\text{CRLB}_{\boldsymbol{x}_0,\boldsymbol{s}}(\boldsymbol{x}_0)$；忽略观测站位置误差的加权多维标度定位性能，能够达到对应的均方差 $\text{MSE}_{\boldsymbol{x}_0|\boldsymbol{s}}(\boldsymbol{x}_0)$；观测站位置不

存在误差的克拉默-拉奥下界 $\mathrm{CRLB}_{\boldsymbol{x}_0}(\boldsymbol{x}_0)$ 是最松的，在这些情况下不具有实际指导意义。

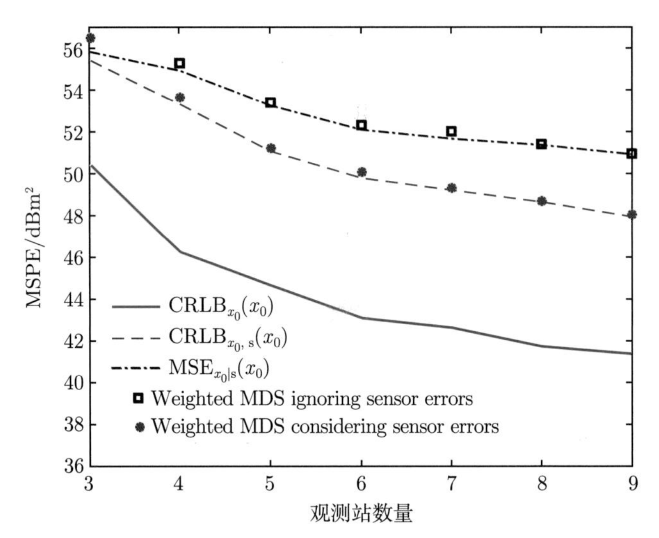

图 3.13 定位算法性能随观测站数量的变化曲线 (SNR=30dB，$\sigma_s^2 = 40\mathrm{dBm}^2$) (第二组)

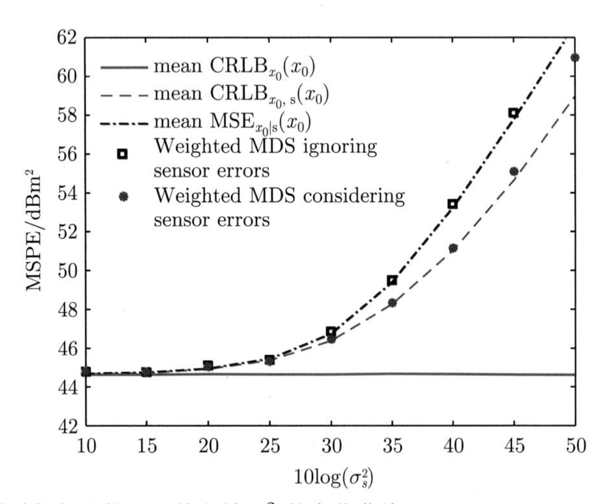

图 3.14 定位算法性能随位置误差方差 σ_s^2 的变化曲线 ($M = 5$，SNR = 30dB) (第二组)

特别地，设定距离测量噪声服从相同的高斯分布，方差为 $\sigma^2 = 40\mathrm{dBm}^2$。当观测站位置存在误差时，设定观测站位置误差也服从相同的高斯分布，图 3.15 给出了当观测站位置误差方差为 $\sigma_s^2 = 40\mathrm{dBm}^2$ 时，定位算法性能随着观测站数量的变化曲线，图 3.16 给出了当 $M = 5$ 时，定位算法性能随着观测站位置误差方差 σ_s^2 的变化曲线。从图 3.15 和图 3.16 可以看出，针对随机分布的目标辐射源

而言，忽略位置误差的均方差 $\mathrm{MSE}_{\boldsymbol{x}_0|\boldsymbol{s}}(\boldsymbol{x}_0)$ 和考虑位置误差的克拉默-拉奥下界 $\mathrm{CRLB}_{\boldsymbol{x}_0,\boldsymbol{s}}(\boldsymbol{x}_0)$ 是一样的，与此同时无论是否考虑观测站的位置误差，对应的加权多维标度性能也是一样的。

第一组和第二组的仿真实验，都验证了如下结论：当观测站位置存在误差时，如果这些位置误差不满足独立同分布的统计特性，则需要考虑位置误差对定位性能的影响，如果这些位置误差具有独立同分布的统计特性，则不再需要考虑位置误差的影响。

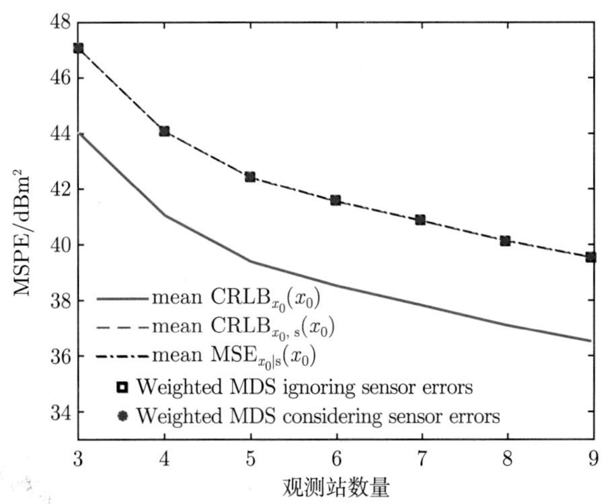

图 3.15　定位算法性能随观测站数量的变化曲线 ($\sigma^2 = 40\mathrm{dBm}^2, \sigma_s^2 = 40\mathrm{dBm}^2$) (第二组)

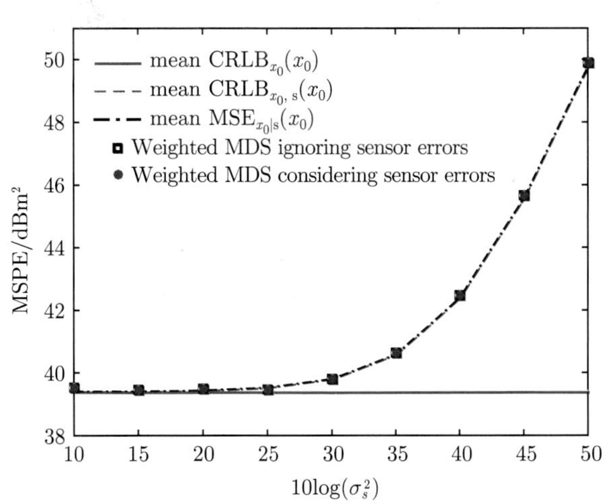

图 3.16　定位算法性能随观测站位置误差方差 σ_s^2 的变化曲线 ($M = 5, \sigma^2 = 40\mathrm{dBm}^2$) (第二组)

第 4 章　距离差空间多维标度定位

距离差空间，就是针对某一目标，以任一观测站为基准，其他所有观测站与基准观测站相对目标形成的距离差集合所张成的空间。距离差空间多维标度定位就是通过某种映射关系，将距离差集合映射到新空间内对象点之间的某种“距离”集合，获得新空间对象点之间的相似度 (相异度)，进而可以在新空间内重构出对象点的坐标。因此，距离差空间多维标度定位的核心，在于构造距离差集合到某种“距离”集合的映射关系。测量距离差通常测量目标到对象点之间的信号到达时间差 (TDOA)，再将该 TDOA 乘以对应介质信号传播的速度。根据含有目标位置坐标的距离差测量集合，可以实现目标位置坐标的估计。

本章从建立距离差测量定位模型出发，给出定位性能理论下界，并以此作为标尺，衡量和检验后续多维标度定位的性能。本章主要内容包括距离差定位模型与克拉默-拉奥下界 (CRLB)、距离差空间多维标度及其性质、距离差空间多维标度定位[189,193]、观测站位置误差下距离差空间多维标度定位[202] 等，最后给出各类多维标度定位方法的数值仿真与验证。

4.1　距离差定位模型与克拉默-拉奥下界 (CRLB)

假定目标辐射源的位置坐标为 $\boldsymbol{x}_0 = [x_0, y_0, z_0]^{\mathrm{T}}$，其中 $[\cdot]^{\mathrm{T}}$ 表示矩阵转置。M 个观测站的位置坐标为 $\boldsymbol{x}_m = [x_m, y_m, z_m]^{\mathrm{T}}$ $(m = 1, 2, \cdots, M)$。这里考虑三维空间距离差测量的定位问题，二维空间定位是三维的特殊情况。

在距离差空间中，不失一般性，选择第一个观测站为参考，其他观测站与它相对于目标位置形成的距离差测量 $r_{m1}\,(m = 2, 3, \cdots, M)$，对应着受观测误差影响的真实距离差 d_{m1}。距离差 r_{m1} 通常通过信号到达时间差 t_{m1} 来测量，即 $r_{m1} = vt_{m1}$，这里 v 表示信号在介质中的传播速度，如声音信号在空气中的传播速度约为 340m/s，声音信号在海水中的传播速度约为 1500m/s，电磁波信号的传播速度约为 3×10^8m/s。

距离差定位问题可建模为

$$r_{m1} = d_{m1} + n_{m1} \tag{4.1}$$

其中，$n_{m1}(m = 2, 3, \cdots, M)$ 表示测量噪声，它一般是零均值的高斯随机变量。由它们组成的测量噪声向量 $\boldsymbol{n} = [n_{21}, n_{31}, \cdots, n_{M1}]^{\mathrm{T}}$ 的协方差矩阵为 $\boldsymbol{\Sigma} = \mathbb{E}\left\{\boldsymbol{n}\boldsymbol{n}^{\mathrm{T}}\right\}$。

真实距离差 $d_{m1}(m=2,3,\cdots,M)$ 表示为

$$d_{m1}=\|\boldsymbol{x}_0-\boldsymbol{x}_m\|-\|\boldsymbol{x}_0-\boldsymbol{x}_1\| \tag{4.2}$$

其中，$d_m=\|\boldsymbol{x}_0-\boldsymbol{x}_m\|\,(m=1,2,\cdots,M)$ 是目标 $\boldsymbol{x}_0$ 到观测站 $\boldsymbol{x}_m$ 的距离。

距离差定位模型 (4.1) 可以写成矩阵的形式：

$$\boldsymbol{r}=\boldsymbol{d}+\boldsymbol{n} \tag{4.3}$$

其中，$\boldsymbol{r}=[r_{21},r_{31},\cdots,r_{M1}]^{\mathrm{T}}$ 是距离差测量向量；$\boldsymbol{d}=[d_{21},d_{31},\cdots,d_{M1}]^{\mathrm{T}}$ 是真实距离差向量。

距离差定位模型式 (4.3) 可以描述为从含有观测误差 $\boldsymbol{n}$ 的观测量 $\boldsymbol{r}$ 中估计出未知参数 $\boldsymbol{x}_0=[x_0,y_0,z_0]^{\mathrm{T}}$。因此，距离差定位问题也是典型的参数估计问题。克拉默-拉奥下界 (CRLB) 是描述参数估计性能的重要理论工具，它是任意无偏估计量方差的下界。辐射源目标位置估计的克拉默-拉奥下界 (CRLB) 是

$$\mathrm{CRLB}(\boldsymbol{x}_0)=\left\{\left(\frac{\partial\boldsymbol{d}}{\partial\boldsymbol{x}_0}\right)^{\mathrm{T}}\boldsymbol{\Sigma}^{-1}\left(\frac{\partial\boldsymbol{d}}{\partial\boldsymbol{x}_0}\right)\right\}^{-1} \tag{4.4}$$

其中，$\partial\boldsymbol{d}/\partial\boldsymbol{x}_0$ 是梯度矩阵。定义目标位置 $\boldsymbol{x}_0$ 到观测站位置 $\boldsymbol{x}_m$ 的径向单位向量 $\boldsymbol{\rho}_m=(\boldsymbol{x}_0-\boldsymbol{x}_m)/\|\boldsymbol{x}_0-\boldsymbol{x}_m\|,(m=1,2,\cdots,M)$，则 $\partial\boldsymbol{d}/\partial\boldsymbol{x}_0$ 表示为

$$\frac{\partial\boldsymbol{d}}{\partial\boldsymbol{x}_0}=\begin{bmatrix}\boldsymbol{\rho}_2^{\mathrm{T}}-\boldsymbol{\rho}_1^{\mathrm{T}}\\ \boldsymbol{\rho}_3^{\mathrm{T}}-\boldsymbol{\rho}_1^{\mathrm{T}}\\ \vdots\\ \boldsymbol{\rho}_M^{\mathrm{T}}-\boldsymbol{\rho}_1^{\mathrm{T}}\end{bmatrix} \tag{4.5}$$

4.2　距离差空间多维标度及其性质

4.2.1　距离差空间多维标度分析

一般来说，多维标度采用距离来表现对象或点之间的相似性。在距离差定位中，没有距离，仅有距离差。如果采用多维标度来研究距离差定位问题，就需要将距离差构造成某个空间内的距离表示。在三维定位问题中，将距离差作为一个纯虚数维度引入三维位置空间[189,193]，构造了一种含有纯虚维度的特殊四维空间。在这个特殊空间内，对象点之间的“距离”可以通过距离差表示出来，从而获得特殊空间内对象点之间的相似度 (相异度)。需要说明的是这里引入纯虚数维度，仅仅是为了使用距离差来度量某种空间内对象点之间的相似度。

在四维复空间内，目标坐标变成 $\boldsymbol{z}_0=[x_0,y_0,z_0,\mathrm{i}d_{01}]^{\mathrm{T}}$，其中 $d_{01}=-d_1$ 和 $d_1=\|\boldsymbol{x}_1-\boldsymbol{x}_0\|$。观测站的坐标变成了 $\boldsymbol{z}_m=[x_m,y_m,z_m,\mathrm{i}d_{m1}]^{\mathrm{T}}\,(m=1,2,\cdots,M)$，其中 $d_{11}=0$，i 为虚数单位，$\mathrm{i}^2=-1$。

四维复空间内的对象点 $\boldsymbol{z}_m$ 和 $\boldsymbol{z}_n$ 的相异度为

$$\|\boldsymbol{z}_m-\boldsymbol{z}_n\|^2=\|\boldsymbol{x}_m-\boldsymbol{x}_n\|^2-(d_{m1}-d_{n1})^2 \tag{4.6}$$

其中，$m,n=1,2,\cdots,M$。

当 $m=0,n=1,2,\cdots,M$ 时，由于 $d_{01}=-d_1$，所以

$$\|\boldsymbol{z}_0-\boldsymbol{z}_n\|^2=\|\boldsymbol{x}_0-\boldsymbol{x}_n\|^2-(d_{01}-d_{n1})^2=0 \tag{4.7}$$

式 (4.6) 和式 (4.7) 表明，四维复空间内对象点之间的距离 $\|\boldsymbol{z}_m-\boldsymbol{z}_n\|^2$ 可以用距离差 $\{d_{n1},n=2,3,\cdots,M\}$ 集合表示。换言之，在四维复空间内，距离差可以用来描述对象点之间的相似度 (或相异度)。

因此，针对距离差定位问题，距离差空间多维标度保持了第 2 章中多维标度定位的固有特性。具体表现为：首先，2.3.1 节基于距离空间的经典多维标度框架中引理 2.1 和定理 2.1，可以拓展到距离差空间，形成经典多维标度定位算法[189,193]；其次，2.3.2 节多维标度统一框架中的引理 2.2 和定理 2.2，也可以拓展到距离差空间，这意味着统一框架内，任意参考点的距离差空间多维标度定位也是有效可行的[194,199]；最后，2.3.3 节多维标度定位中的性质 2.1 和性质 2.2，也可以应用到距离差空间[202,203]。

3.5 节已经证明了参考原点对多维标度定位性能的最优性没有影响[203]，为了简化后续推导，这里只考虑一种参考原点的选择方式，即选择待确定的目标坐标 $\boldsymbol{z}_0=[x_0,y_0,z_0,\mathrm{i}d_{01}]^{\mathrm{T}}$ 作为参考原点。

中心化矩阵，记为 $\boldsymbol{Z}$，表示为

$$\boldsymbol{Z}=[\boldsymbol{z}_1-\boldsymbol{z}_0,\boldsymbol{z}_2-\boldsymbol{z}_0,\cdots,\boldsymbol{z}_M-\boldsymbol{z}_0]^{\mathrm{T}} \tag{4.8}$$

定义内积矩阵 $\boldsymbol{B}=\boldsymbol{Z}\boldsymbol{Z}^{\mathrm{T}}$，有 $\mathrm{rank}\{\boldsymbol{B}\}=\mathrm{rank}\{\boldsymbol{Z}\}=4$，其元素 $[\boldsymbol{B}]_{mn}$ 为

$$[\boldsymbol{B}]_{mn}=(\boldsymbol{x}_m-\boldsymbol{x}_0)^{\mathrm{T}}(\boldsymbol{x}_n-\boldsymbol{x}_0)-(d_{m1}-d_{01})(d_{n1}-d_{01}) \tag{4.9}$$

其中，$m,n=1,2,\cdots,M$。

由于向量 $(\boldsymbol{x}_m-\boldsymbol{x}_0)$、$(\boldsymbol{x}_n-\boldsymbol{x}_0)$ 和 $(\boldsymbol{x}_m-\boldsymbol{x}_n)$ 之间存在关系：

$$(\boldsymbol{x}_m-\boldsymbol{x}_0)^{\mathrm{T}}(\boldsymbol{x}_n-\boldsymbol{x}_0)=\frac{1}{2}\left[\|\boldsymbol{x}_m-\boldsymbol{x}_0\|^2+\|\boldsymbol{x}_n-\boldsymbol{x}_0\|^2-\|\boldsymbol{x}_m-\boldsymbol{x}_n\|^2\right] \tag{4.10}$$

将式 (4.10) 代入式 (4.9)，可以得到内积矩阵 $\boldsymbol{B}$ 的元素：

$$[\boldsymbol{B}]_{mn} = \frac{1}{2}\left[(d_{m1} - d_{n1})^2 - \|\boldsymbol{x}_m - \boldsymbol{x}_n\|^2\right] \tag{4.11}$$

以待确定的目标坐标作为参考原点,2.3.2 节与之对应的多维标度定位推论 2.2 可以拓展到距离差空间，得到定理 4.1。

定理 4.1[189, 194]　在距离差空间多维标度框架内，目标坐标 x_0 与内积矩阵 $\boldsymbol{B}$、观测站坐标以及距离差之间具有如下线性关系：

$$\boldsymbol{B}\boldsymbol{A}\begin{bmatrix} 1 \\ \boldsymbol{x}_0 \\ d_{01} \end{bmatrix} = \boldsymbol{0}_M \tag{4.12}$$

其中，$\boldsymbol{A} = \boldsymbol{R}^{\dagger} = \boldsymbol{R}^{\mathrm{T}}\left(\boldsymbol{R}\boldsymbol{R}^{\mathrm{T}}\right)^{-1}$；$\boldsymbol{R}$ 是 $5 \times M$ 维的矩阵

$$\boldsymbol{R} = \begin{bmatrix} 1 & 1 & \cdots & 1 \\ \boldsymbol{x}_1 & \boldsymbol{x}_2 & \cdots & \boldsymbol{x}_M \\ 0 & d_{21} & \cdots & d_{M1} \end{bmatrix} \tag{4.13}$$

证明　证明过程参考定理 2.1，此处从略。

定理 4.1 揭示了目标位置坐标和距离差空间多维标度内积矩阵、观测站坐标和距离差之间的线性关系。

4.2.2　距离差空间多维标度性质

定理 4.1 给出了距离差空间多维标度分析，揭示了观测站与目标位置在真实距离差条件下的等量关系。实际中，需要使用观测量替代真实距离差，进行多维标度定位。与 2.3.3 节距离空间不同，这里需要研究距离差空间多维标度的性质。

结合距离差测量模型式 (4.3)，观测向量 $\boldsymbol{r}$ 替代真实距离向量 $\boldsymbol{d}$，对应定理 4.1 中的方程变成残差向量 $\boldsymbol{\epsilon}$，它是观测向量 $\boldsymbol{r}$ 的函数，记作 $\boldsymbol{\epsilon} = \boldsymbol{f}(\boldsymbol{r})$：

$$\boldsymbol{\epsilon} = \boldsymbol{f}(\boldsymbol{r}) = \hat{\boldsymbol{B}}\hat{\boldsymbol{A}}\begin{bmatrix} 1 \\ \boldsymbol{x}_0 \\ d_{01} \end{bmatrix} \tag{4.14}$$

其中，$\hat{\boldsymbol{A}}$ 与 $\hat{\boldsymbol{B}}$ 为矩阵 $\boldsymbol{A}$ 和 $\boldsymbol{B}$ 使用距离差测量向量 $\boldsymbol{r}$ 替代真实值 $\boldsymbol{d}$ 形成的对应矩阵。需要强调的是，此处不同于距离空间的残差向量式 (3.80) 表示，观测向量 $\boldsymbol{r}$ 同时影响到矩阵 $\boldsymbol{A}$ 和 $\boldsymbol{B}$。

实际中，观测站位置真实坐标 $\boldsymbol{x}_m = [x_m, y_m, z_m]^{\mathrm{T}}$ $(m = 1, 2, \cdots, M)$ 也是不知道的，往往只能获得含有位置误差的观测站坐标 $\boldsymbol{s}_m = [s_{m1}, s_{m2}, s_{m3}]^{\mathrm{T}}$，它们组成观测站测量坐标向量 $\boldsymbol{s} = \left[\boldsymbol{s}_1^{\mathrm{T}}, \boldsymbol{s}_2^{\mathrm{T}}, \cdots, \boldsymbol{s}_M^{\mathrm{T}}\right]$，而 $\boldsymbol{s}^o = \left[\boldsymbol{x}_1^{\mathrm{T}}, \boldsymbol{x}_2^{\mathrm{T}}, \cdots, \boldsymbol{x}_M^{\mathrm{T}}\right]^{\mathrm{T}}$ 组成真实观测站坐标向量。

用观测向量 $\boldsymbol{r}$ 与观测站位置向量 $\boldsymbol{s}$ 替代真实值 $\boldsymbol{d}$ 和 $\boldsymbol{s}^o$，对应定理 4.1 的方程变成残差向量 $\boldsymbol{\epsilon}_{\mathrm{Err}}$，它是向量 $\boldsymbol{r}$ 和 $\boldsymbol{s}$ 的函数，记作 $\boldsymbol{\epsilon}_{\mathrm{Err}} = \boldsymbol{f}(\boldsymbol{r}, \boldsymbol{s})$：

$$\boldsymbol{\epsilon}_{\mathrm{Err}} = \boldsymbol{f}(\boldsymbol{r}, \boldsymbol{s}) = \hat{\boldsymbol{B}}\hat{\boldsymbol{A}} \begin{bmatrix} 1 \\ \boldsymbol{x}_0 \\ \hat{d}_{01} \end{bmatrix} \tag{4.15}$$

注意，这里矩阵 $\hat{\boldsymbol{A}}$ 和 $\hat{\boldsymbol{B}}$ 不同于残差向量 $\boldsymbol{\epsilon}$ [式 (4.14)] 中的定义，它们受到观测向量 $\boldsymbol{r}$ 和观测站位置向量 $\boldsymbol{s}$ 的影响，$\hat{d}_{01}$ 是 d_{01} 受到观测站影响的表示。为了表述简洁，这里仅从残差向量上加以区分。

性质 4.1[202]　在距离差空间多维标度框架内，多维标度定位的残差函数式 (4.14) 的雅可比矩阵[264~267] 具有如下性质：

$$\left.\frac{\partial \boldsymbol{f}(\boldsymbol{r})}{\partial \boldsymbol{r}}\right|_{\boldsymbol{r}=\boldsymbol{d}} \left(\frac{\partial \boldsymbol{d}}{\partial \boldsymbol{x}_0}\right) = -\boldsymbol{B}\boldsymbol{A} \begin{bmatrix} \boldsymbol{0}_3^{\mathrm{T}} \\ \boldsymbol{I}_3 \\ -\boldsymbol{\rho}_1^{\mathrm{T}} \end{bmatrix} \tag{4.16}$$

其中，$\partial \boldsymbol{d}/\partial \boldsymbol{x}_0$ 是真实距离差关于目标坐标的梯度函数，如式 (4.5) 所示。

证明　首先，考虑残差向量函数 $\boldsymbol{\epsilon} = \boldsymbol{f}(\boldsymbol{r})$ [式 (4.14)]。根据矩阵求导法则，将残差函数 $\boldsymbol{f}(\boldsymbol{r})$ 对观测向量 $\boldsymbol{r}$ 中任意一个标量求导数，可以直接将矩阵中的每一个元素对该标量求导数，还能保持矩阵的维度不发生变化[267]。

广义逆矩阵 $\boldsymbol{A} = \boldsymbol{R}^{\dagger}$ 对任意标量 u 求导数，具有如下性质[267]：

$$\frac{\partial \boldsymbol{A}}{\partial u} = -\boldsymbol{A}\frac{\partial \boldsymbol{R}}{\partial u}\boldsymbol{A} + (\boldsymbol{I} - \boldsymbol{A}\boldsymbol{R})\frac{\partial \boldsymbol{R}}{\partial u}\left(\boldsymbol{R}\boldsymbol{R}^{\mathrm{T}}\right)^{-1} \tag{4.17}$$

残差函数 $\boldsymbol{f}(\boldsymbol{r})$ 在真实值 $\boldsymbol{d}$ 附近对标量 r_{i1} $(i = 2, 3, \cdots, M)$ 求导，得到

$$\left.\frac{\partial \boldsymbol{f}(\boldsymbol{r})}{\partial r_{i1}}\right|_{\boldsymbol{r}=\boldsymbol{d}} = \frac{\partial \boldsymbol{B}}{\partial d_{i1}}\boldsymbol{A} \begin{bmatrix} 1 \\ \boldsymbol{x}_0 \\ d_{01} \end{bmatrix} + \boldsymbol{B}\frac{\partial \boldsymbol{A}}{\partial d_{i1}} \begin{bmatrix} 1 \\ \boldsymbol{x}_0 \\ d_{01} \end{bmatrix} \tag{4.18}$$

其中

$$\left[\frac{\partial \boldsymbol{B}}{\partial d_{i1}}\right]_{mn} = \begin{cases} d_{i1} - d_{n1}, & m = i, n = 1, 2, \cdots, M \\ d_{i1} - d_{m1}, & n = i, m = 1, 2, \cdots, M \\ 0, & \text{其他} \end{cases} \tag{4.19}$$

以及根据式 (4.17) 确定的

$$\left[\frac{\partial \boldsymbol{R}}{\partial d_{i1}}\right]_{mn} = \begin{cases} 1, & m=5, n=i \\ 0, & \text{其他} \end{cases} \tag{4.20}$$

其次，再考察定理 4.1 式 (4.12)。该方程既可以看成残差函数 $\boldsymbol{f}(\boldsymbol{r})$ 在真实值 $\boldsymbol{d}$ 处的函数的具体形式 $\boldsymbol{f}(\boldsymbol{d}) = \boldsymbol{0}_{M-1}$，也可以看成目标位置坐标 $\boldsymbol{x}_0$ 的函数 $\boldsymbol{f}(\boldsymbol{x}_0) = \boldsymbol{0}_{M-1}$，具体为

$$\boldsymbol{f}(\boldsymbol{x}_0) = \boldsymbol{BA}\begin{bmatrix} 1 \\ \boldsymbol{x}_0 \\ d_{01} \end{bmatrix} = \boldsymbol{0}_M \tag{4.21}$$

将 $\boldsymbol{f}(\boldsymbol{x}_0)$ 对目标位置坐标 $\boldsymbol{x}_0$ 中第 j 个标量 $x_{0j}\,(j=1,2,3)$ 求导，得到

$$\frac{\partial \boldsymbol{B}}{\partial x_{0j}}\boldsymbol{A}\begin{bmatrix} 1 \\ \boldsymbol{x}_0 \\ d_{01} \end{bmatrix} + \boldsymbol{B}\frac{\partial \boldsymbol{A}}{\partial x_{0j}}\begin{bmatrix} 1 \\ \boldsymbol{x}_0 \\ d_{01} \end{bmatrix} = -\boldsymbol{BA}\begin{bmatrix} 0 \\ 0 \\ \vdots \\ 1 \\ \vdots \\ -\rho_{1j} \end{bmatrix} \tag{4.22}$$

其中，ρ_{1j} 是目标 $\boldsymbol{x}_0$ 与观测站 $\boldsymbol{x}_1$ 之间径向单位向量 $\boldsymbol{\rho}_1$ 的第 j 个元素，和

$$\left[\frac{\partial \boldsymbol{B}}{\partial x_{0j}}\right]_{mn} = (d_{m1} - d_{n1})(\rho_{mj} - \rho_{nj}) \tag{4.23}$$

以及根据式 (4.17) 确定的

$$\left[\frac{\partial \boldsymbol{R}}{\partial x_{0j}}\right]_{mn} = \begin{cases} \rho_{nj} - \rho_{1j}, & m=5, n=2,3,\cdots,M \\ 0, & \text{其他} \end{cases} \tag{4.24}$$

最后，对比式 (4.19) 和式 (4.23) 发现，它们存在如下关系：

$$\sum_{i=2}^{M} \frac{\partial \boldsymbol{B}}{\partial d_{i1}}(\rho_{ij} - \rho_{1j}) = \frac{\partial \boldsymbol{B}}{\partial x_{0j}} \tag{4.25}$$

同样地，对比式 (4.20) 和式 (4.24) 发现，它们存在如下关系：

$$\sum_{i=2}^{M} \frac{\partial \boldsymbol{R}}{\partial d_{i1}}(\rho_{ij} - \rho_{1j}) = \frac{\partial \boldsymbol{R}}{\partial x_{0j}} \tag{4.26}$$

将式 (4.18) 两边同乘标量 $(\rho_{ij}-\rho_{1j})$，再对下标 i 求和，利用等量关系式 (4.17)、式 (4.25) 和式 (4.26)，比对式 (4.22)，得到

$$\sum_{i=2}^{M}\left.\frac{\partial \boldsymbol{f}(\boldsymbol{r})}{\partial r_{i1}}\right|_{\boldsymbol{r}=\boldsymbol{d}}(\rho_{ij}-\rho_{1j})=-\boldsymbol{BA}\begin{bmatrix}0\\0\\\vdots\\1\\\vdots\\-\rho_{1j}\end{bmatrix} \tag{4.27}$$

将式 (4.27) 整理成矩阵形式：

$$\left.\frac{\partial \boldsymbol{f}(\boldsymbol{r})}{\partial \boldsymbol{r}}\right|_{\boldsymbol{r}=\boldsymbol{d}}\left(\frac{\partial \boldsymbol{d}}{\partial x_{0j}}\right)=-\boldsymbol{BA}\begin{bmatrix}0\\0\\\vdots\\1\\\vdots\\-\rho_{1j}\end{bmatrix} \tag{4.28}$$

将式 (4.28) 左右两边列向量，依次按照 $j=1,2,3$ 的顺序排列成矩阵形式，利用 $\partial\boldsymbol{d}/\boldsymbol{x}_0=[\partial\boldsymbol{d}/\partial x_{01},\partial\boldsymbol{d}/\partial x_{02},\partial\boldsymbol{d}/\partial x_{03}]$，即可以得到式 (4.16)，命题得证。

性质 4.2[202] 在距离差空间多维标度框架内，观测站存在位置误差时，多维标度定位的残差函数式 (4.15) 的雅可比矩阵[264~267] 具有如下性质：

$$\left.\frac{\partial \boldsymbol{f}(\boldsymbol{r},\boldsymbol{s})}{\partial \boldsymbol{s}}\right|_{\boldsymbol{r}=\boldsymbol{d},\boldsymbol{s}=\boldsymbol{s}^o}=-\left.\frac{\partial \boldsymbol{f}(\boldsymbol{r},\boldsymbol{s})}{\partial \boldsymbol{r}}\right|_{\boldsymbol{r}=\boldsymbol{d},\boldsymbol{s}=\boldsymbol{s}^o}\left(\frac{\partial \boldsymbol{d}}{\partial \boldsymbol{s}^o}\right) \tag{4.29}$$

其中，$\partial\boldsymbol{d}/\partial\boldsymbol{s}^o$ 是真实距离差关于观测站真实位置坐标的梯度函数，表示为

$$\frac{\partial \boldsymbol{d}}{\partial \boldsymbol{s}^o}=\begin{bmatrix}\boldsymbol{\rho}_1^{\mathrm{T}} & -\boldsymbol{\rho}_2^{\mathrm{T}} & \boldsymbol{0}_3^{\mathrm{T}} & \cdots & \boldsymbol{0}_3^{\mathrm{T}}\\ \boldsymbol{\rho}_1^{\mathrm{T}} & \boldsymbol{0}_3^{\mathrm{T}} & -\boldsymbol{\rho}_3^{\mathrm{T}} & \cdots & \boldsymbol{0}_3^{\mathrm{T}}\\ \vdots & \vdots & \vdots & \ddots & \vdots\\ \boldsymbol{\rho}_1^{\mathrm{T}} & \boldsymbol{0}_3^{\mathrm{T}} & \boldsymbol{0}_3^{\mathrm{T}} & \cdots & -\boldsymbol{\rho}_M^{\mathrm{T}}\end{bmatrix} \tag{4.30}$$

证明 首先，考虑残差向量函数 $\boldsymbol{\epsilon}_{\mathrm{Err}}=\boldsymbol{f}(\boldsymbol{r},\boldsymbol{s})$ [式 (4.15)]。同样地，将残差函数 $\boldsymbol{f}(\boldsymbol{r},\boldsymbol{s})$ 对向量 $\boldsymbol{r}$ 和 $\boldsymbol{s}$ 中的任意一个标量求导数，可以直接将矩阵中的每一个元素对该标量求导数，同时还能保持矩阵的维度不发生变化[267]。

为了后续推导方便，将距离平方矩阵 $\boldsymbol{B}$ [式 (4.11)] 分解成两个矩阵之和，$\boldsymbol{B}=\boldsymbol{B}_1+\boldsymbol{B}_2$，即

$$[\boldsymbol{B}_1]_{mn}=\frac{1}{2}\left(d_{m1}-d_{n1}\right)^2 \tag{4.31}$$

和

$$[\boldsymbol{B}_2]_{mn}=-\frac{1}{2}\left\|\boldsymbol{x}_m-\boldsymbol{x}_n\right\|^2 \tag{4.32}$$

同样地，将矩阵 $\boldsymbol{R}$ [式 (4.13)] 也分解成两个矩阵之和，$\boldsymbol{R}=\boldsymbol{R}_1+\boldsymbol{R}_2$，即

$$\boldsymbol{R}_1=\begin{bmatrix} 0_4 & 0_4 & \cdots & 0_4 \\ 0 & d_{21} & \cdots & d_{M1} \end{bmatrix} \tag{4.33}$$

和

$$\boldsymbol{R}_2=\begin{bmatrix} 1 & 1 & \cdots & 1 \\ \boldsymbol{x}_1 & \boldsymbol{x}_2 & \cdots & \boldsymbol{x}_M \\ 0 & 0 & \cdots & 0 \end{bmatrix} \tag{4.34}$$

先将残差函数 $\boldsymbol{f}(\boldsymbol{r},\boldsymbol{s})$ 在真实值 $\boldsymbol{d}$ 和 $\boldsymbol{s}^o$ 附近对向量 $\boldsymbol{r}$ 中第 i 个标量 r_{i1} 求导数，利用广义逆矩阵导数性质，得到

$$\left.\frac{\partial \boldsymbol{f}(\boldsymbol{r},\boldsymbol{s})}{\partial r_{i1}}\right|_{\boldsymbol{r}=\boldsymbol{d},\boldsymbol{s}=\boldsymbol{s}^o}=\frac{\partial \boldsymbol{B}_1}{\partial d_{i1}}\boldsymbol{A}\begin{bmatrix} 1 \\ \boldsymbol{x}_0 \\ d_{01} \end{bmatrix}+\boldsymbol{B}\frac{\partial \boldsymbol{A}_1}{\partial d_{i1}}\begin{bmatrix} 1 \\ \boldsymbol{x}_0 \\ d_{01} \end{bmatrix} \tag{4.35}$$

其中，$\partial\boldsymbol{B}_1/\partial d_{i1}$ 与式 (4.19) 相同，$\partial\boldsymbol{B}_2/\partial d_{i1}=\boldsymbol{O}$；$\partial\boldsymbol{A}_1/\partial d_{i1}$ 根据式 (4.17) 确定，它里面的 $\partial\boldsymbol{R}_1/\partial d_{i1}$ 与式 (4.20) 相同，$\partial\boldsymbol{A}_2/\partial d_{i1}=\boldsymbol{O}$。

再将残差函数 $\boldsymbol{f}(\boldsymbol{r},\boldsymbol{s})$ 在真实值 $\boldsymbol{d}$ 和 $\boldsymbol{s}^o$ 附近对向量 $\boldsymbol{s}_i(i=1,2,\cdots,M)$ 中第 j 个标量 s_{1j} 求导数。

当 $i=1$ 时，有

$$\left.\frac{\partial \boldsymbol{f}(\boldsymbol{r},\boldsymbol{s})}{\partial s_{1j}}\right|_{\boldsymbol{r}=\boldsymbol{d},\boldsymbol{s}=\boldsymbol{s}^o}=\frac{\partial \boldsymbol{B}_2}{\partial x_{1j}}\boldsymbol{A}\begin{bmatrix} 1 \\ \boldsymbol{x}_0 \\ d_{01} \end{bmatrix}+\boldsymbol{B}\frac{\partial \boldsymbol{A}_2}{\partial x_{1j}}\begin{bmatrix} 1 \\ \boldsymbol{x}_0 \\ d_{01} \end{bmatrix}+\boldsymbol{B}\boldsymbol{A}\begin{bmatrix} 0_4 \\ \rho_{1j} \end{bmatrix} \tag{4.36}$$

当 $i=2,3,\cdots,M$ 时，有

$$\left.\frac{\partial \boldsymbol{f}(\boldsymbol{r},\boldsymbol{s})}{\partial s_{ij}}\right|_{\boldsymbol{r}=\boldsymbol{d},\boldsymbol{s}=\boldsymbol{s}^o}=\frac{\partial \boldsymbol{B}_2}{\partial x_{ij}}\boldsymbol{A}\begin{bmatrix} 1 \\ \boldsymbol{x}_0 \\ d_{01} \end{bmatrix}+\boldsymbol{B}\frac{\partial \boldsymbol{A}_2}{\partial x_{ij}}\begin{bmatrix} 1 \\ \boldsymbol{x}_0 \\ d_{01} \end{bmatrix} \tag{4.37}$$

其次，再考察定理 4.1 式 (4.12)。该方程既可以看成残差函数 $\boldsymbol{f}(\boldsymbol{r},\boldsymbol{s})$ 在真实值 $\boldsymbol{d}$ 和 $\boldsymbol{s}^o$ 处的函数的具体形式 $\boldsymbol{f}(\boldsymbol{d},\boldsymbol{s}^o)=\boldsymbol{0}_{M-1}$，也可以看成真实坐标 $\boldsymbol{x}_0$ 和 $\boldsymbol{s}^o$ 的函数 $\boldsymbol{f}(\boldsymbol{x}_0,\boldsymbol{s}^o)=\boldsymbol{0}_{M-1}$，具体为

$$\boldsymbol{f}(\boldsymbol{x}_0,\boldsymbol{s}^o)=\boldsymbol{BA}\begin{bmatrix}1\\\boldsymbol{x}_0\\d_{01}\end{bmatrix}=\boldsymbol{0}_{M-1} \tag{4.38}$$

先将 $\boldsymbol{f}(\boldsymbol{x}_0,\boldsymbol{s}^o)$ 两边对向量 $\boldsymbol{x}_0$ 中标量 $x_{0j}\,(j=1,2,3)$ 求导，得到式 (4.22)。再将 $\boldsymbol{f}(\boldsymbol{x}_0,\boldsymbol{s}^o)$ 两边对向量 $\boldsymbol{s}^o$ 中标量 $x_{ij}\,(i=1,2,\cdots,M;j=1,2,3)$ 求导，得到

$$\frac{\partial\boldsymbol{f}(\boldsymbol{x}_0,\boldsymbol{s}^o)}{\partial x_{ij}}=\boldsymbol{0}_M \tag{4.39}$$

当 $i=1$ 时，有

$$-\frac{\partial\boldsymbol{B}_1}{\partial x_{1j}}\boldsymbol{A}\begin{bmatrix}1\\\boldsymbol{x}_0\\d_{01}\end{bmatrix}-\boldsymbol{B}\frac{\partial\boldsymbol{A}_1}{\partial x_{1j}}\begin{bmatrix}1\\\boldsymbol{x}_0\\d_{01}\end{bmatrix}=\frac{\partial\boldsymbol{B}_2}{\partial x_{1j}}\boldsymbol{A}\begin{bmatrix}1\\\boldsymbol{x}_0\\d_{01}\end{bmatrix}+\boldsymbol{B}\frac{\partial\boldsymbol{A}_2}{\partial x_{1j}}\begin{bmatrix}1\\\boldsymbol{x}_0\\d_{01}\end{bmatrix}+\boldsymbol{BA}\begin{bmatrix}0_4\\\rho_{1j}\end{bmatrix} \tag{4.40}$$

将式 (4.40) 代入式 (4.36)，得到

$$\left.\frac{\partial\boldsymbol{f}(\boldsymbol{r},\boldsymbol{s})}{\partial s_{1j}}\right|_{\boldsymbol{r}=\boldsymbol{d},\boldsymbol{s}=\boldsymbol{s}^o}=-\frac{\partial\boldsymbol{B}_1}{\partial x_{1j}}\boldsymbol{A}\begin{bmatrix}1\\\boldsymbol{x}_0\\d_{01}\end{bmatrix}-\boldsymbol{B}\frac{\partial\boldsymbol{A}_1}{\partial x_{1j}}\begin{bmatrix}1\\\boldsymbol{x}_0\\d_{01}\end{bmatrix} \tag{4.41}$$

其中

$$\left[\frac{\partial\boldsymbol{B}_1}{\partial x_{1j}}\right]_{mn}=\begin{cases}d_{n1}\rho_{1j}, & m=1,n=1,2,\cdots,M\\d_{m1}\rho_{1j}, & n=1,m=1,2,\cdots,M\\0, & \text{其他}\end{cases} \tag{4.42}$$

以及根据式 (4.17) 确定的

$$\left[\frac{\partial\boldsymbol{R}_1}{\partial x_{1j}}\right]_{mn}=\begin{cases}\rho_{1j}, & m=5,n=2,3,\cdots,M\\0, & \text{其他}\end{cases} \tag{4.43}$$

最后，对比式 (4.42) 和式 (4.35) 中的 $\partial\boldsymbol{B}_1/\partial d_{i1}$ 发现，它们存在如下关系：

$$\sum_{i=2}^{M}\frac{\partial\boldsymbol{B}_1}{\partial d_{i1}}\rho_{1j}=\frac{\partial\boldsymbol{B}_1}{\partial x_{1j}} \tag{4.44}$$

同样地，对比式 (4.43) 和式 (4.35) 中的 $\partial \boldsymbol{R}_1/\partial d_{i1}$ 发现，它们存在如下关系：

$$\sum_{i=2}^{M} \frac{\partial \boldsymbol{R}_1}{\partial d_{i1}} \rho_{1j} = \frac{\partial \boldsymbol{R}_1}{\partial x_{1j}} \tag{4.45}$$

将式 (4.35) 两边同乘 ρ_{1j}，结合等量关系式 (4.17)、式 (4.44) 和式 (4.45)，对比式 (4.41)，得到的等式再按照 $j=1,2,3$ 的顺序排列成矩阵形式有

$$\left.\frac{\partial \boldsymbol{f}(\boldsymbol{r},\boldsymbol{s})}{\partial \boldsymbol{s}_1}\right|_{\boldsymbol{r}=\boldsymbol{d},\boldsymbol{s}=\boldsymbol{s}^o} = -\left.\frac{\partial \boldsymbol{f}(\boldsymbol{r},\boldsymbol{s})}{\partial \boldsymbol{r}}\right|_{\boldsymbol{r}=\boldsymbol{d},\boldsymbol{s}=\boldsymbol{s}^o} \boldsymbol{1}_{M-1}\boldsymbol{\rho}_1^{\mathrm{T}} \tag{4.46}$$

当 $i=2,3,\cdots,M$ 时，有

$$-\frac{\partial \boldsymbol{B}_1}{\partial x_{ij}} \boldsymbol{A} \begin{bmatrix} 1 \\ \boldsymbol{x}_0 \\ d_{01} \end{bmatrix} - \boldsymbol{B}\frac{\partial \boldsymbol{A}_1}{\partial x_{ij}} \begin{bmatrix} 1 \\ \boldsymbol{x}_0 \\ d_{01} \end{bmatrix} = \frac{\partial \boldsymbol{B}_2}{\partial x_{ij}} \boldsymbol{A} \begin{bmatrix} 1 \\ \boldsymbol{x}_0 \\ d_{01} \end{bmatrix} + \boldsymbol{B}\frac{\partial \boldsymbol{A}_2}{\partial x_{ij}} \begin{bmatrix} 1 \\ \boldsymbol{x}_0 \\ d_{01} \end{bmatrix} \tag{4.47}$$

将式 (4.47) 代入式 (4.37)，得到

$$\left.\frac{\partial \boldsymbol{f}(\boldsymbol{r},\boldsymbol{s})}{\partial s_{ij}}\right|_{\boldsymbol{r}=\boldsymbol{d},\boldsymbol{s}=\boldsymbol{s}^o} = -\frac{\partial \boldsymbol{B}_1}{\partial x_{ij}} \boldsymbol{A} \begin{bmatrix} 1 \\ \boldsymbol{x}_0 \\ d_{01} \end{bmatrix} - \boldsymbol{B}\frac{\partial \boldsymbol{A}_1}{\partial x_{ij}} \begin{bmatrix} 1 \\ \boldsymbol{x}_0 \\ d_{01} \end{bmatrix} \tag{4.48}$$

其中

$$\left[\frac{\partial \boldsymbol{B}_1}{\partial x_{ij}}\right]_{mn} = \begin{cases} (d_{i1}-d_{n1})(-\rho_{ij}), & m=i, n=1,2,\cdots,M \\ (d_{i1}-d_{m1})(-\rho_{ij}), & n=i, m=1,2,\cdots,M \\ 0, & \text{其他} \end{cases} \tag{4.49}$$

以及根据式 (4.17) 确定的

$$\left[\frac{\partial \boldsymbol{R}_1}{\partial x_{ij}}\right]_{mn} = \begin{cases} -\rho_{ij}, & m=5, n=i \\ 0, & \text{其他} \end{cases} \tag{4.50}$$

对比式 (4.49) 和式 (4.35) 中的 $\partial \boldsymbol{B}_1/\partial d_{i1}$ 发现，它们存在如下关系：

$$\sum_{i=2}^{M} \frac{\partial \boldsymbol{B}_1}{\partial d_{i1}} (-\rho_{ij}) = \frac{\partial \boldsymbol{B}_1}{\partial x_{1j}} \tag{4.51}$$

同样地，对比式 (4.50) 和式 (4.35) 中的 $\partial \boldsymbol{R}_1/\partial d_{i1}$ 发现，它们存在如下关系：

$$\sum_{i=2}^{M} \frac{\partial \boldsymbol{R}_1}{\partial d_{i1}}(-\rho_{ij}) = \frac{\partial \boldsymbol{R}_1}{\partial x_{1j}} \tag{4.52}$$

将式 (4.48) 两边同乘 $(-\rho_{ij})$，结合等量关系式 (4.17)、式 (4.51) 和式 (4.52)，对比式 (4.48)，得到的等式再按照 $j = 1, 2, 3$ 的顺序排列成矩阵形式有

$$\left.\frac{\partial \boldsymbol{f}(\boldsymbol{r}, \boldsymbol{s})}{\partial \boldsymbol{s}_i}\right|_{\boldsymbol{r}=\boldsymbol{d}, \boldsymbol{s}=\boldsymbol{s}^o} = -\left.\frac{\partial \boldsymbol{f}(\boldsymbol{r}, \boldsymbol{s})}{\partial r_i}\right|_{\boldsymbol{r}=\boldsymbol{d}, \boldsymbol{s}=\boldsymbol{s}^o} \left(-\boldsymbol{\rho}_i^{\mathrm{T}}\right) \tag{4.53}$$

再将式 (4.46) 和式 (4.53) 左右两边的 $M \times 3$ 维矩阵，依次按照 $i = 1, 2, \cdots, M$ 的顺序呈列排列，即可以得到式 (4.29)，命题得证。

4.3 距离差空间多维标度定位算法及最优性证明

4.3.1 距离差空间多维标度定位算法

在距离差测量目标定位中，需要使用距离差测量值 $r_{m1}(m = 2, 3, \cdots, M)$ 代替真实值 d_{m1}，得到的内积矩阵为 $\hat{\boldsymbol{B}}$。为了方便表示，令 $\boldsymbol{y}_0 = \left[\boldsymbol{x}_0^{\mathrm{T}}, d_{01}\right]^{\mathrm{T}}$。那么，距离差空间多维标度定位问题可以描述成关于未知坐标 $\boldsymbol{y}_0$ 的优化问题，表述为

$$\arg\min_{\boldsymbol{y}_0} \left\| \hat{\boldsymbol{B}} - \boldsymbol{Z}\boldsymbol{Z}^{\mathrm{T}} \right\|^2 \tag{4.54}$$

在距离差多维标度定位中，定理 4.1[189,194] 给出了优化问题式 (4.54) 的解。使用距离差测量值 $r_{m1}(m = 2, 3, \cdots, M)$ 代替真实值 d_{m1}，定理 4.1 的等式就有了残差 $\boldsymbol{\epsilon}$，下面依次分析距离差观测噪声是如何扩散传递到残差向量 $\boldsymbol{\epsilon}$ 中的。

先观察内积矩阵式 (4.11) 发现，它的元素中分量 $(d_{m1} - d_{n1})^2$，都受到距离差测量值的影响，根据观测模型式 (4.3)，它变成

$$(r_{m1} - r_{n1})^2 = (d_{m1} - d_{n1})^2 \left[1 + 2\frac{n_{m1} - n_{n1}}{d_{m1} - d_{n1}} + \left(\frac{n_{m1} - n_{n1}}{d_{m1} - d_{n1}}\right)^2\right] \tag{4.55}$$

为了得到忽略二次项 $[(n_{m1} - n_{n1})/(d_{m1} - d_{n1})]^2$ 的近似条件，根据 $d_{m1} - d_{n1} = d_m - d_n$，需要分析其一次项：

$$\frac{n_{m1} - n_{n1}}{d_{m1} - d_{n1}} = \frac{d_m}{d_m - d_n}\frac{n_{m1}}{d_m} - \frac{d_n}{d_m - d_n}\frac{n_{n1}}{d_n} \tag{4.56}$$

利用三角不等式，则有

$$\begin{aligned}\left|\frac{n_{m1}-n_{n1}}{d_{m1}-d_{n1}}\right| &\leqslant \left|\frac{d_m}{d_m-d_n}\right|\left|\frac{n_{m1}}{d_m}\right|+\left|\frac{d_n}{d_m-d_n}\right|\left|\frac{n_{n1}}{d_n}\right| \\ &\leqslant \left|\frac{d_m+d_n}{d_m-d_n}\right|\max\left\{\frac{|n_{m1}|}{d_m},\frac{|n_{n1}|}{d_n}\right\}\end{aligned} \tag{4.57}$$

当 $|n_{m1}|/d_m \simeq 0(m=2,3,\cdots,M)$ 时，$\max\{|n_{m1}|/d_m,|n_{n1}|/d_n\}\simeq 0$。利用夹逼准则，有

$$\left|\frac{n_{m1}-n_{n1}}{d_{m1}-d_{n1}}\right| \simeq 0 \tag{4.58}$$

那么当 $|n_{m1}|/d_m \simeq 0(m=2,3,\cdots,M)$ 时，可以忽略二次项 $(|n_{m1}-n_{n1}|/|d_m-d_n|)^2$ 的影响，式 (4.55) 中 $(r_{m1}-r_{n1})^2$ 可以近似为

$$(r_{m1}-r_{n1})^2 \simeq (d_{m1}-d_{n1})^2\left(1+2\frac{n_{m1}-n_{n1}}{d_{m1}-d_{n1}}\right) \tag{4.59}$$

使用距离差测量值 $r_{m1}(m=2,3,\cdots,M)$ 得到内积矩阵可以表示为

$$\hat{\boldsymbol{B}}=\boldsymbol{B}+\Delta\boldsymbol{B} \tag{4.60}$$

其中，根据式 (4.11) 和式 (4.60)，误差内积矩阵 $\Delta\boldsymbol{B}$ 的元素可以近似表示为

$$[\Delta\boldsymbol{B}]_{mn} \simeq (d_{m1}-d_{n1})(q_{m1}-q_{n1}) \tag{4.61}$$

再分析矩阵 $\hat{\boldsymbol{A}}$ 的误差情况。距离差测量使得矩阵 $\boldsymbol{R}$ 变成 $\hat{\boldsymbol{R}}$，表示为

$$\hat{\boldsymbol{R}}=\boldsymbol{R}+\Delta\boldsymbol{R} \tag{4.62}$$

其中

$$\Delta\boldsymbol{R}=\begin{bmatrix}\boldsymbol{0}_4 & \boldsymbol{0}_4 & \cdots & \boldsymbol{0}_4 \\ 0 & n_{21} & \cdots & n_{M1}\end{bmatrix} \tag{4.63}$$

根据 $\boldsymbol{A}=\boldsymbol{R}^{\dagger}=\boldsymbol{R}^{\mathrm{T}}\left(\boldsymbol{R}\boldsymbol{R}^{\mathrm{T}}\right)^{-1}$，把矩阵 $\hat{\boldsymbol{A}}$ 表示成

$$\hat{\boldsymbol{A}}=\boldsymbol{A}+\Delta\boldsymbol{A} \tag{4.64}$$

则误差矩阵 $\Delta\boldsymbol{A}$ 近似为

$$\Delta\boldsymbol{A} \simeq -\boldsymbol{A}\Delta\boldsymbol{R}\boldsymbol{A}+(\boldsymbol{I}-\boldsymbol{A}\boldsymbol{R})\,\Delta\boldsymbol{R}^{\mathrm{T}}\left(\boldsymbol{R}\boldsymbol{R}^{\mathrm{T}}\right)^{-1} \tag{4.65}$$

特别地，当 $M=5$ 时，矩阵 $\boldsymbol{A}$ 和 $\boldsymbol{R}$ 均是方阵，$\boldsymbol{AR}=\boldsymbol{I}$，此时式 (4.65) 中右边第二项就消失了，误差矩阵 $\Delta\boldsymbol{A}$ 退化为 $\Delta\boldsymbol{A}\simeq-\boldsymbol{A}\Delta\boldsymbol{R}\boldsymbol{A}$。

将式 (4.60) 和式 (4.64) 代入残差向量式 (4.14)，结合式 (4.12)，保留线性项，忽略高次项，残差向量 $\boldsymbol{\epsilon}$ 变成

$$\boldsymbol{\epsilon}\simeq(\Delta\boldsymbol{B}\boldsymbol{A}+\boldsymbol{B}\Delta\boldsymbol{A})\begin{bmatrix}1\\\boldsymbol{y}_0\end{bmatrix}\tag{4.66}$$

将式 (4.65) 代入式 (4.66)，得到

$$\boldsymbol{\epsilon}\simeq\Delta\boldsymbol{B}\boldsymbol{A}\begin{bmatrix}1\\\boldsymbol{y}_0\end{bmatrix}-\boldsymbol{B}\boldsymbol{A}\Delta\boldsymbol{R}\boldsymbol{A}\begin{bmatrix}1\\\boldsymbol{y}_0\end{bmatrix}+\boldsymbol{B}\left(\boldsymbol{I}-\boldsymbol{A}\boldsymbol{R}\right)\Delta\boldsymbol{R}\left(\boldsymbol{R}\boldsymbol{R}^{\mathrm{T}}\right)^{-1}\begin{bmatrix}1\\\boldsymbol{y}_0\end{bmatrix}\tag{4.67}$$

式 (4.67) 中残差向量 $\boldsymbol{\epsilon}$ 的第一项可以写成

$$\Delta\boldsymbol{B}\boldsymbol{A}\begin{bmatrix}1\\\boldsymbol{y}_0\end{bmatrix}=\boldsymbol{T}_1\boldsymbol{n}\tag{4.68}$$

其中，$\boldsymbol{T}_1$ 是 $M\times(M-1)$ 的矩阵，即

$$\boldsymbol{T}_1=\begin{bmatrix}-\bar{a}_2\left(d_{11}-d_{21}\right) & \cdots & -\bar{a}_M\left(d_{11}-d_{M1}\right)\\ \sum_{m=1}^{M}\bar{a}_m\left(d_{21}-d_{m1}\right) & \cdots & -\bar{a}_M\left(d_{21}-d_{M1}\right)\\ \vdots & \ddots & \vdots\\ -\bar{a}_2\left(d_{M1}-d_{21}\right) & \cdots & \sum_{m=1}^{M}\bar{a}_m\left(d_{M1}-d_{m1}\right)\end{bmatrix}\tag{4.69}$$

和

$$\boldsymbol{A}\begin{bmatrix}1\\\boldsymbol{y}_0\end{bmatrix}\triangleq\left[\bar{a}_1,\bar{a}_2,\cdots,\bar{a}_M\right]^{\mathrm{T}}\tag{4.70}$$

式 (4.67) 中残差向量 $\boldsymbol{\epsilon}$ 的第二项和第三项可以合并写成

$$-\boldsymbol{B}\boldsymbol{A}\Delta\boldsymbol{R}\boldsymbol{A}\begin{bmatrix}1\\\boldsymbol{y}_0\end{bmatrix}+\boldsymbol{B}\left(\boldsymbol{I}-\boldsymbol{A}\boldsymbol{R}\right)\Delta\boldsymbol{R}^{\mathrm{T}}\left(\boldsymbol{R}\boldsymbol{R}^{\mathrm{T}}\right)^{-1}\begin{bmatrix}1\\\boldsymbol{y}_0\end{bmatrix}=\boldsymbol{B}\boldsymbol{T}_2\boldsymbol{n}\tag{4.71}$$

其中，$\boldsymbol{T}_2$ 是 $M \times (M-1)$ 的矩阵，即

$$\boldsymbol{T}_2 = (\boldsymbol{I} - \boldsymbol{A}\boldsymbol{R}) \begin{bmatrix} 0 & \cdots & 0 \\ \bar{b}_5 & \cdots & 0 \\ \vdots & \ddots & \vdots \\ 0 & \cdots & \bar{b}_5 \end{bmatrix} - \boldsymbol{A} \begin{bmatrix} \boldsymbol{0}_4 & \boldsymbol{0}_4 & \cdots & \boldsymbol{0}_4 \\ a_2 & a_3 & \cdots & a_M \end{bmatrix} \tag{4.72}$$

和

$$\left(\boldsymbol{R}\boldsymbol{R}^{\mathrm{T}}\right)^{-1} \begin{bmatrix} 1 \\ \boldsymbol{y}_0 \end{bmatrix} \triangleq \left[\bar{b}_1, \bar{b}_2, \bar{b}_3, \bar{b}_4, \bar{b}_5\right]^{\mathrm{T}} \tag{4.73}$$

定义 $M \times (M-1)$ 的矩阵 $\boldsymbol{G}_d$:

$$\boldsymbol{G}_d = \boldsymbol{T}_1 + \boldsymbol{B}\boldsymbol{T}_2 \tag{4.74}$$

则残差向量 $\boldsymbol{\epsilon}$ [式 (4.14)] 变成

$$\boldsymbol{\epsilon} \simeq \boldsymbol{G}_d \boldsymbol{n} \tag{4.75}$$

根据 $\mathbb{E}\{\boldsymbol{n}\} = \boldsymbol{0}_{M-1}$，均值 $\mathbb{E}\{\boldsymbol{\epsilon}\} = \boldsymbol{0}_M$，再根据 $\boldsymbol{\Sigma} = \mathbb{E}\left\{\boldsymbol{n}\boldsymbol{n}^{\mathrm{T}}\right\}$，残差向量 $\boldsymbol{\epsilon}$ 的协方差矩阵为

$$\mathbb{E}\left\{\boldsymbol{\epsilon}\boldsymbol{\epsilon}^{\mathrm{T}}\right\} = \boldsymbol{G}_d \mathbb{E}\left\{\boldsymbol{n}\boldsymbol{n}^{\mathrm{T}}\right\} \boldsymbol{G}_d^{\mathrm{T}} = \boldsymbol{G}_d \boldsymbol{\Sigma} \boldsymbol{G}_d^{\mathrm{T}} \tag{4.76}$$

在距离差空间多维标度定位中，残差向量式 (4.75) 体现了观测噪声向量的传递关系，它是消除多维标度残差向量之间相关性的基础。此外，式 (4.76) 表明残差向量近似是零均值的高斯噪声，协方差矩阵为 $\boldsymbol{G}_d \boldsymbol{\Sigma} \boldsymbol{G}_d^{\mathrm{T}}$。那么，在距离差空间多维标度框架内的优化问题式 (4.54) 就可以转化成如下优化问题：

$$\arg\min_{\boldsymbol{y}_0} \boldsymbol{\epsilon}^{\mathrm{T}} \boldsymbol{W} \boldsymbol{\epsilon} \tag{4.77}$$

其中，$\boldsymbol{W}$ 是加权矩阵，能够使残差向量 $\boldsymbol{\epsilon}$ 各元素变成独立同分布的高斯变量，即最优加权矩阵：

$$\boldsymbol{W} = \mathbb{E}\left\{\boldsymbol{\epsilon}\boldsymbol{\epsilon}^{\mathrm{T}}\right\}^{-1} \tag{4.78}$$

残差向量式 (4.14) 还可以表示成目标位置坐标线性形式：

$$\boldsymbol{\epsilon} = \hat{\boldsymbol{B}}\hat{\boldsymbol{A}} \begin{bmatrix} \boldsymbol{0}_4^{\mathrm{T}} \\ \boldsymbol{I}_4 \end{bmatrix} \boldsymbol{y}_0 + \hat{\boldsymbol{B}}\hat{\boldsymbol{A}} \begin{bmatrix} 1 \\ \boldsymbol{0}_4 \end{bmatrix} \tag{4.79}$$

在高斯噪声条件下，优化问题式 (4.77) 的最优解，对应着式 (4.79) 在加权最小二乘意义下的未知坐标估计：

$$\hat{\boldsymbol{y}}_0 = -\left(\left(\hat{\boldsymbol{B}}\hat{\boldsymbol{A}}\begin{bmatrix}\boldsymbol{0}_4^{\mathrm{T}}\\ \boldsymbol{I}_4\end{bmatrix}\right)^{\mathrm{T}}\boldsymbol{W}\left(\hat{\boldsymbol{B}}\hat{\boldsymbol{A}}\begin{bmatrix}\boldsymbol{0}_4^{\mathrm{T}}\\ \boldsymbol{I}_4\end{bmatrix}\right)\right)^{-1}\left(\hat{\boldsymbol{B}}\hat{\boldsymbol{A}}\begin{bmatrix}\boldsymbol{0}_4^{\mathrm{T}}\\ \boldsymbol{I}_4\end{bmatrix}\right)^{\mathrm{T}}\boldsymbol{W}\hat{\boldsymbol{B}}\hat{\boldsymbol{A}}\begin{bmatrix}1\\ \boldsymbol{0}_4\end{bmatrix} \tag{4.80}$$

由于矩阵 $\boldsymbol{G_d}$ 为 $M\times(M-1)$ 的，所以 $\mathrm{rank}\,(\boldsymbol{G_d}) < M$，此时矩阵 $\boldsymbol{G_d}\boldsymbol{\Sigma}\boldsymbol{G_d}^{\mathrm{T}}$ 是奇异的，这意味着最优加权矩阵式 (4.78) 不是唯一的，通常选择它的广义逆矩阵

$$\boldsymbol{W} = \left(\boldsymbol{G_d}\boldsymbol{\Sigma}\boldsymbol{G_d}^{\mathrm{T}}\right)^{\dagger} = \boldsymbol{G_d}^{\mathrm{T}\dagger}\boldsymbol{\Sigma}^{-1}\boldsymbol{G_d}^{\dagger} \tag{4.81}$$

那么，目标未知坐标估计就对应着式 (4.80) 中 $\hat{\boldsymbol{y}}_0$ 的前三个元素，即

$$\hat{\boldsymbol{x}}_0 = \hat{\boldsymbol{y}}_0(1:3) \tag{4.82}$$

因此，在距离差空间多维标度定位中，使用定理 4.1 能够获得距离差测量噪声在多维标度定位中的传递过程，从而得到加权最小二乘意义下的最优目标位置估计。值得指出的是：首先，距离差空间多维标度定位中，虽然引入了额外变量 d_{01}，但是在估计值 $\hat{\boldsymbol{y}}_0$ 中，不再需要解算额外变量 d_{01} 中的目标坐标 $\hat{\boldsymbol{x}}_0$，这是因为该耦合信息已经应用到内积矩阵 $\boldsymbol{B}$ 中了；其次，与传统距离差定位中构造伪线性方程不同，在距离差空间多维标度框架中，利用观测量的结构信息构造了关于目标位置坐标的新型线性关系，对应的目标位置估计带有多维标度固有的稳健性。

4.3.2 定位算法最优性证明

本节在分析距离差空间多维标度定位估计器式 (4.82) 性能的基础上，将其性能与目标位置的克拉默-拉奥下界 (CRLB) 式 (4.4) 进行比较，从理论上给出多维标度定位最优性的严格解析证明。

采用微分扰动方法，分析距离差空间多维标度定位中目标位置估计式 (4.82) 的偏差与方差特性。假设目标位置估计 $\hat{\boldsymbol{x}}_0$ [式 (4.82)] 可以表示为

$$\hat{\boldsymbol{x}}_0 = \boldsymbol{x}_0 + \Delta\boldsymbol{x}_0 \tag{4.83}$$

其中，$\Delta\boldsymbol{x}_0$ 表示估计偏差。

注意未知参数 $\boldsymbol{y}_0 = \left[\boldsymbol{x}_0^{\mathrm{T}}, d_{01}\right]^{\mathrm{T}}$ 的估计 $\hat{y}_0$ [式 (4.80)] 中含有 d_{01} 的估计值 $\hat{d}_{01}$，它与目标位置估计 $\hat{\boldsymbol{x}}_0$ 具有如下耦合关系：$\hat{d}_{01} = -\|\boldsymbol{x}_1 - \hat{\boldsymbol{x}}_0\|$。对 $\hat{d}_{01}$ 在真实值 $\boldsymbol{x}_0$ 处泰勒展开，当偏差 $\Delta\boldsymbol{x}_0$ 较小时，可以忽略非线性项，保留线性项，近似得到

$$\hat{d}_{01} \simeq d_{01} - \boldsymbol{\rho}_1^{\mathrm{T}}\Delta\boldsymbol{x}_0 \tag{4.84}$$

将式 (4.60)、式 (4.64)、式 (4.83) 和式 (4.84) 代入式 (4.80)，化简得到

$$\begin{aligned}&\left((\boldsymbol{B}+\Delta\boldsymbol{B})(\boldsymbol{A}+\Delta\boldsymbol{A})\begin{bmatrix}\boldsymbol{0}_4^{\mathrm{T}}\\ \boldsymbol{I}_4\end{bmatrix}\right)^{\mathrm{T}}\\&\quad\cdot\boldsymbol{W}\left((\boldsymbol{B}+\Delta\boldsymbol{B})(\boldsymbol{A}+\Delta\boldsymbol{A})\begin{bmatrix}\boldsymbol{0}_4^{\mathrm{T}}\\ \boldsymbol{I}_4\end{bmatrix}\right)\begin{bmatrix}\boldsymbol{x}_0+\Delta\boldsymbol{x}_0\\ d_{01}-\boldsymbol{\rho}_1^{\mathrm{T}}\Delta\boldsymbol{x}_0\end{bmatrix}\\&=-\left((\boldsymbol{B}+\Delta\boldsymbol{B})(\boldsymbol{A}+\Delta\boldsymbol{A})\begin{bmatrix}\boldsymbol{0}_4^{\mathrm{T}}\\ \boldsymbol{I}_4\end{bmatrix}\right)^{\mathrm{T}}\\&\quad\cdot\boldsymbol{W}(\boldsymbol{B}+\Delta\boldsymbol{B})(\boldsymbol{A}+\Delta\boldsymbol{A})\begin{bmatrix}1\\ \boldsymbol{0}_4\end{bmatrix}\end{aligned}\tag{4.85}$$

当 $|n_{m1}|/d_m\simeq 0(m=2,3,\cdots,M)$ 时，可以忽略二阶误差项，保留线性项，利用式 (4.12)，近似得到

$$\begin{aligned}\Delta\boldsymbol{x}_0\simeq&-\left(\left(\boldsymbol{BA}\begin{bmatrix}\boldsymbol{0}_3^{\mathrm{T}}\\ \boldsymbol{I}_3\\ -\boldsymbol{\rho}_1^{\mathrm{T}}\end{bmatrix}\right)^{\mathrm{T}}\boldsymbol{W}\left(\boldsymbol{BA}\begin{bmatrix}\boldsymbol{0}_3^{\mathrm{T}}\\ \boldsymbol{I}_3\\ -\boldsymbol{\rho}_1^{\mathrm{T}}\end{bmatrix}\right)\right)^{-1}\\&\cdot\left(\boldsymbol{BA}\begin{bmatrix}\boldsymbol{0}_3^{\mathrm{T}}\\ \boldsymbol{I}_3\\ -\boldsymbol{\rho}_1^{\mathrm{T}}\end{bmatrix}\right)^{\mathrm{T}}\boldsymbol{W}\boldsymbol{G}_d\boldsymbol{n}\end{aligned}\tag{4.86}$$

对估计偏差两边取期望，并利用 $\mathbb{E}\{\boldsymbol{n}\}=\boldsymbol{0}_{M-1}$，得到

$$\mathbb{E}\{\Delta\boldsymbol{x}_0\}\simeq\boldsymbol{0}_3\tag{4.87}$$

它表明 $\mathbb{E}\{\hat{\boldsymbol{x}}_0\}\simeq\boldsymbol{x}_0$，在较小的观测误差下，距离差空间多维标度定位估计是近似无偏的，属于无偏估计。

利用 $\boldsymbol{\Sigma}=\mathbb{E}\{\boldsymbol{n}\boldsymbol{n}^{\mathrm{T}}\}$，估计偏差 $\Delta\boldsymbol{x}_0$ 的协方差 $\mathrm{Cov}\{\hat{\boldsymbol{x}}_0\}=\mathbb{E}\left\{\Delta\boldsymbol{x}_0\Delta\boldsymbol{x}_0^{\mathrm{T}}\right\}$ 为

$$\mathrm{Cov}\{\hat{\boldsymbol{x}}_0\}\simeq\left(\left(\boldsymbol{BA}\begin{bmatrix}\boldsymbol{0}_3^{\mathrm{T}}\\ \boldsymbol{I}_3\\ -\boldsymbol{\rho}_1^{\mathrm{T}}\end{bmatrix}\right)^{\mathrm{T}}\boldsymbol{W}\left(\boldsymbol{BA}\begin{bmatrix}\boldsymbol{0}_3^{\mathrm{T}}\\ \boldsymbol{I}_3\\ -\boldsymbol{\rho}_1^{\mathrm{T}}\end{bmatrix}\right)\right)^{-1}\tag{4.88}$$

这里使用了最优加权矩阵式 (4.81)。

定理 4.2[202] 在距离差空间多维标度框架内，当距离差测量高斯噪声满足 $|n_{m1}|/d_m \simeq 0(m=2,3,\cdots,M)$ 时，加权最小二乘意义下的定位算法是最优的，这就意味着目标位置估计的方差能够达到它的克拉默-拉奥下界 (CRLB)，即

$$\mathrm{Cov}\{\hat{x}_0\} = \mathrm{CRLB}(\boldsymbol{x}_0) \tag{4.89}$$

证明 先考察依据观测噪声得到残差向量 $\boldsymbol{\epsilon}=\boldsymbol{f}(\boldsymbol{r})$ [式 (4.14)]，它是将定理 4.1 的真实距离差向量 $\boldsymbol{d}$ 用测量值 $\boldsymbol{r}$ 替代，因此可以看成测量向量 $\boldsymbol{r}$ 的函数。

当距离测量噪声满足 $|n_{m1}|/d_m \simeq 0(m=2,3,\cdots,M)$ 时，残差向量 $\boldsymbol{\epsilon}=\boldsymbol{f}(\boldsymbol{r})$ 在真实距离差向量 $\boldsymbol{d}$ 处进行泰勒展开，保留线性项，利用 $\boldsymbol{f}(\boldsymbol{d})=\boldsymbol{0}_{M-1}$，可以近似得到

$$\boldsymbol{\epsilon} \simeq \boldsymbol{f}(\boldsymbol{d}) + \left.\frac{\partial \boldsymbol{f}(\boldsymbol{r})}{\partial \boldsymbol{r}}\right|_{\boldsymbol{r}=\boldsymbol{d}} \cdot (\boldsymbol{r}-\boldsymbol{d}) = \left.\frac{\partial \boldsymbol{f}(\boldsymbol{r})}{\partial \boldsymbol{r}}\right|_{\boldsymbol{r}=\boldsymbol{d}} \cdot \boldsymbol{n} \tag{4.90}$$

对比式 (4.90) 和式 (4.75)，可以发现，式 (4.74) 中定义的矩阵 $\boldsymbol{G_d}$ 就是残差向量函数 $\boldsymbol{\epsilon}=\boldsymbol{f}(\boldsymbol{r})$ 在真实距离差向量 $\boldsymbol{d}$ 处的雅可比矩阵，即

$$\boldsymbol{G_d} = \left.\frac{\partial \boldsymbol{f}(\boldsymbol{r})}{\partial \boldsymbol{r}}\right|_{\boldsymbol{r}=\boldsymbol{d}} \tag{4.91}$$

依据 4.2 节的性质 4.1，距离差空间多维标度定位的雅可比矩阵满足：

$$\left.\frac{\partial \boldsymbol{f}(\boldsymbol{r})}{\partial \boldsymbol{r}}\right|_{\boldsymbol{r}=\boldsymbol{d}} \left(\frac{\partial \boldsymbol{d}}{\partial \boldsymbol{x}_0}\right) = -\boldsymbol{BA}\begin{bmatrix} \boldsymbol{0}_3^{\mathrm{T}} \\ \boldsymbol{I}_3 \\ -\boldsymbol{\rho}_1^{\mathrm{T}} \end{bmatrix} \tag{4.92}$$

将式 (4.91) 代入式 (4.92)，得到

$$\boldsymbol{G_d}\left(\frac{\partial \boldsymbol{d}}{\partial \boldsymbol{x}_0}\right) = -\boldsymbol{BA}\begin{bmatrix} \boldsymbol{0}_3^{\mathrm{T}} \\ \boldsymbol{I}_3 \\ -\boldsymbol{\rho}_1^{\mathrm{T}} \end{bmatrix} \tag{4.93}$$

将最优加权矩阵式 (4.81) 代入协方差式 (4.88) 中，并对两边求逆，得到

$$\mathrm{Cov}\{\hat{x}_0\}^{-1} = \left(\boldsymbol{BA}\begin{bmatrix} \boldsymbol{0}_3^{\mathrm{T}} \\ \boldsymbol{I}_3 \\ -\boldsymbol{\rho}_1^{\mathrm{T}} \end{bmatrix}\right)^{\mathrm{T}} \boldsymbol{G_d}^{\mathrm{T}\dagger}\boldsymbol{\Sigma}^{-1}\boldsymbol{G_d}^{\dagger}\left(\boldsymbol{BA}\begin{bmatrix} \boldsymbol{0}_3^{\mathrm{T}} \\ \boldsymbol{I}_3 \\ -\boldsymbol{\rho}_1^{\mathrm{T}} \end{bmatrix}\right) \tag{4.94}$$

再将式 (4.93) 代入式 (4.94)，利用 $\boldsymbol{G}_{\boldsymbol{d}}^{\dagger}\boldsymbol{G}_{\boldsymbol{d}}=\boldsymbol{I}_{M-1}$，得到

$$\begin{aligned}\operatorname{Cov}\{\hat{\boldsymbol{x}}_0\}^{-1}&=\left(-\boldsymbol{G}_{\boldsymbol{d}}\left(\frac{\partial \boldsymbol{d}}{\partial \boldsymbol{x}_0}\right)\right)^{\mathrm{T}}\boldsymbol{G}_{\boldsymbol{d}}^{\mathrm{T}\dagger}\boldsymbol{\Sigma}^{-1}\boldsymbol{G}_{\boldsymbol{d}}^{\dagger}\left(-\boldsymbol{G}_{\boldsymbol{d}}\left(\frac{\partial \boldsymbol{d}}{\partial \boldsymbol{x}_0}\right)\right)\\&=\left(\frac{\partial \boldsymbol{d}}{\partial \boldsymbol{x}_0}\right)^{\mathrm{T}}\boldsymbol{G}_{\boldsymbol{d}}^{\mathrm{T}}\boldsymbol{G}_{\boldsymbol{d}}^{\mathrm{T}\dagger}\boldsymbol{\Sigma}^{-1}\boldsymbol{G}_{\boldsymbol{d}}^{\dagger}\boldsymbol{G}_{\boldsymbol{d}}\left(\frac{\partial \boldsymbol{d}}{\partial \boldsymbol{x}_0}\right)\\&=\left(\frac{\partial \boldsymbol{d}}{\partial \boldsymbol{x}_0}\right)^{\mathrm{T}}\boldsymbol{\Sigma}^{-1}\left(\frac{\partial \boldsymbol{d}}{\partial \boldsymbol{x}_0}\right)\end{aligned}\tag{4.95}$$

对比式 (4.95) 和克拉默-拉奥下界 (CRLB) 式 (4.4)，得到

$$\operatorname{Cov}\{\hat{\boldsymbol{x}}_0\}^{-1}=\operatorname{CRLB}(\boldsymbol{x}_0)^{-1}\tag{4.96}$$

对式 (4.96) 两边求逆，得到式 (4.89)。命题得证。

4.4　观测站位置误差下距离差空间多维标度定位

4.4.1　观测站位置误差下定位模型与性能界

在距离差定位问题中，当观测站位置精确已知时，多维标度框架内加权最小二乘意义下的定位算法能够达到克拉默-拉奥下界 (CRLB)。但是在实际应用中，获得的观测站位置很可能有误差，或者观测站位置本身不准确，这时距离差定位的精度将受到很大的影响[201–203, 223–225]。

为了考察观测站位置不准确的情况对定位精度的影响，本节在 4.1 节定位模型的基础上，增加观测站位置误差模型，用以深入分析观测站位置误差的影响，提出相应的多维标度定位算法。

在 4.1 节中，为了确定目标位置坐标 $\boldsymbol{x}_0=[x_0,y_0,z_0]^{\mathrm{T}}$，使用的是 M 个观测站真实的位置坐标 $\boldsymbol{x}_m=[x_m,y_m,z_m]^{\mathrm{T}}$ $(m=1,2,\cdots,M)$。在实际中，往往无法获得观测站的真实坐标向量 $\boldsymbol{s}^o=\left[\boldsymbol{x}_1^{\mathrm{T}},\boldsymbol{x}_2^{\mathrm{T}},\cdots,\boldsymbol{x}_M^{\mathrm{T}}\right]^{\mathrm{T}}$，只能获得观测站位置坐标的测量值 $\boldsymbol{s}_m=[s_{m1},s_{m2},s_{m3}]^{\mathrm{T}}$ $(m=1,2,\cdots,M)$，它们组成了观测站测量坐标向量 $\boldsymbol{s}=\left[\boldsymbol{s}_1^{\mathrm{T}},\boldsymbol{s}_2^{\mathrm{T}},\cdots,\boldsymbol{s}_M^{\mathrm{T}}\right]$。观测站位置的测量坐标 $\boldsymbol{s}$ 可以建模为

$$\boldsymbol{s}=\left[\boldsymbol{s}_1^{\mathrm{T}},\boldsymbol{s}_2^{\mathrm{T}},\cdots,\boldsymbol{s}_M^{\mathrm{T}}\right]^{\mathrm{T}}=\boldsymbol{s}^o+\boldsymbol{n}_s\tag{4.97}$$

其中，$\boldsymbol{n}_s=\left[\boldsymbol{n}_{s_1}^{\mathrm{T}},\boldsymbol{n}_{s_2}^{\mathrm{T}},\cdots,\boldsymbol{n}_{s_M}^{\mathrm{T}}\right]^{\mathrm{T}}$ 是观测站的位置误差，通常假设位置误差服从零均值的高斯分布，记作 $\boldsymbol{n}_s\sim\mathcal{N}(\boldsymbol{0},\boldsymbol{\Sigma}_s)$。为了简化后续推导，这里假设观测站位置误差 $\boldsymbol{n}_s$ 和 4.1 节的距离差测量模型式 (4.3) 的测量噪声 $\boldsymbol{n}$ 是不相关的，即 $\mathbb{E}\left[\boldsymbol{n}_s\boldsymbol{n}^{\mathrm{T}}\right]=\boldsymbol{O}$。

对于观测站存在位置误差的距离差定位问题，可以描述为从含有观测误差向量 $\left[\boldsymbol{n}^{\mathrm{T}}, \boldsymbol{n}_s^{\mathrm{T}}\right]^{\mathrm{T}}$ 的观测量 $\left[\boldsymbol{r}^{\mathrm{T}}, \boldsymbol{s}^{\mathrm{T}}\right]^{\mathrm{T}}$ 中估计出未知参数 $\boldsymbol{x}_0 = [x_0, y_0, z_0]^{\mathrm{T}}$。因此，观测站位置存在误差的距离差定位问题也是典型的参数估计问题，目标位置坐标 $\boldsymbol{x}_0$ 的克拉默-拉奥下界 (CRLB)，可以从 2.4 节的通用形式式 (2.127) 具体化得到

$$\begin{aligned}\mathrm{CRLB}_{\boldsymbol{x}_0,\boldsymbol{s}}(\boldsymbol{x}_0) &= \left(\boldsymbol{X} - \boldsymbol{Y}\boldsymbol{Z}^{-1}\boldsymbol{Y}^{\mathrm{T}}\right)^{-1} \\ &= \boldsymbol{X}^{-1} + \boldsymbol{X}^{-1}\boldsymbol{Y}\left(\boldsymbol{Z} - \boldsymbol{Y}^{\mathrm{T}}\boldsymbol{X}^{-1}\boldsymbol{Y}\right)^{-1}\boldsymbol{Y}^{\mathrm{T}}\boldsymbol{X}^{-1}\end{aligned} \tag{4.98}$$

其中，矩阵 $\boldsymbol{X}$、$\boldsymbol{Y}$ 和 $\boldsymbol{Z}$ 由梯度函数 $\partial\boldsymbol{d}/\partial\boldsymbol{x}_0$ 和 $\partial\boldsymbol{d}/\partial\boldsymbol{s}^o$ 确定：

$$\boldsymbol{X} = \left(\frac{\partial\boldsymbol{d}}{\partial\boldsymbol{x}_0}\right)^{\mathrm{T}}\boldsymbol{\Sigma}^{-1}\left(\frac{\partial\boldsymbol{d}}{\partial\boldsymbol{x}_0}\right) \tag{4.99}$$

$$\boldsymbol{Y} = \left(\frac{\partial\boldsymbol{d}}{\partial\boldsymbol{x}_0}\right)^{\mathrm{T}}\boldsymbol{\Sigma}^{-1}\left(\frac{\partial\boldsymbol{d}}{\partial\boldsymbol{s}^o}\right) \tag{4.100}$$

$$\boldsymbol{Z} = \left(\frac{\partial\boldsymbol{d}}{\partial\boldsymbol{s}^o}\right)^{\mathrm{T}}\boldsymbol{\Sigma}^{-1}\left(\frac{\partial\boldsymbol{d}}{\partial\boldsymbol{s}^o}\right) + \boldsymbol{\Sigma}_s^{-1} \tag{4.101}$$

其中，梯度函数矩阵 $\partial\boldsymbol{d}/\partial\boldsymbol{x}_0$ 如式 (4.5) 所示；$\partial\boldsymbol{d}/\partial\boldsymbol{s}^o$ 如式 (4.30) 所示。

当观测站位置存在误差时，如果忽略误差并假设观测站位置是准确的，或者无法获取观测站位置误差统计先验信息，那么目标位置坐标 $\boldsymbol{x}_0$ 的最大似然估计就变成了条件最大似然估计。这里，条件最大似然估计的均方差，可以从 2.4 节的通用形式式 (2.134) 距离差定位中具体化为

$$\mathrm{MSE}_{\boldsymbol{x}_0|\boldsymbol{s}}(\boldsymbol{x}_0) \simeq \boldsymbol{X}^{-1} + \boldsymbol{X}^{-1}\boldsymbol{Y}\boldsymbol{\Sigma}_s\boldsymbol{Y}^{\mathrm{T}}\boldsymbol{X}^{-1} \tag{4.102}$$

当观测站存在位置误差时，比较性能界式 (4.98) 和式 (4.102)。如果忽略位置误差，意味着估计器没有使用观测站位置误差统计先验信息，此时的最优估计器的性能就对应着条件最大似然估计的均方差 $\mathrm{MSE}_{\boldsymbol{x}_0|\boldsymbol{s}}(\boldsymbol{x}_0)$ [式 (4.98)]。如果考虑位置误差，意味着估计器使用了观测站位置误差统计先验信息，此时的最优估计器的性能就对应着考虑位置误差的克拉默-拉奥下界 $\mathrm{CRLB}_{\boldsymbol{x}_0,\boldsymbol{s}}(\boldsymbol{x}_0)$ [式 (4.102)]。2.4 节的定理 2.3 中 $\mathrm{MSE}_{\boldsymbol{x}_0|\boldsymbol{s}}(\boldsymbol{x}_0)$ 和 $\mathrm{CRLB}_{\boldsymbol{x}_0,\boldsymbol{s}}(\boldsymbol{x}_0)$ 之间的不等式，在距离差定位中具体如推论 4.1 所示。

推论 4.1 在观测高斯噪声和观测站位置高斯误差条件下，忽略观测站位置误差的条件最大似然估计的均方差 $\mathrm{MSE}_{\boldsymbol{x}_0|\boldsymbol{s}}(x_0)$ 与考虑观测站位置误差的克拉默-拉奥下界 $\mathrm{CRLB}_{\boldsymbol{x}_0,\boldsymbol{s}}(x_0)$ 之间满足半正定性意义上的不等式：

$$\mathrm{MSE}_{\boldsymbol{x}_0|\boldsymbol{s}}(\boldsymbol{x}_0) \succeq \mathrm{CRLB}_{\boldsymbol{x}_0,\boldsymbol{s}}(\boldsymbol{x}_0) \tag{4.103}$$

其中，当且仅当满足如下条件时取等号：

$$\left(\frac{\partial \boldsymbol{g}}{\partial \boldsymbol{s}^o}\right)\boldsymbol{\Sigma}_s\left(\frac{\partial \boldsymbol{g}}{\partial \boldsymbol{s}^o}\right)^{\mathrm{T}}=k\boldsymbol{\Sigma} \tag{4.104}$$

其中，k 为一恒定常数。

证明　证明过程参考定理 2.3，此处从略。

在观测站位置存在误差的定位系统中，如果不考虑观测站位置误差的影响，即使直接使用 4.3 节的目标定位算法，对应的性能界已不再是式 (4.4)，而是对应着条件最大似然估计的均方差式 (4.102)。这是由于观测站位置误差是客观存在的，即使不考虑观测站位置误差，估计器的输入数据中也已经包含观测站位置误差的信息。推论 4.1 取等号的条件，揭示了当观测站的布局结构与位置误差统计方差满足一定条件时，即使不考虑观测站位置误差的影响，也仍然能够达到最优估计性能。但是，这一条件在实际中不具有应用价值，因为条件中涉及未知的目标位置坐标。

事实上，针对距离差定位问题，可以得到更加实用的取等号弱条件[231]。考察梯度函数矩阵 $\partial\boldsymbol{d}/\partial\boldsymbol{s}^o$ [式 (4.30)]，它可以表示为

$$\frac{\partial \boldsymbol{d}}{\partial \boldsymbol{s}^o}=\boldsymbol{\Pi}\mathrm{diag}\left\{\boldsymbol{\rho}_1^{\mathrm{T}},\boldsymbol{\rho}_2^{\mathrm{T}},\cdots,\boldsymbol{\rho}_M^{\mathrm{T}}\right\} \tag{4.105}$$

其中，矩阵 $\boldsymbol{\Pi}$ 定义为 $\boldsymbol{\Pi}=[\boldsymbol{1}_{M-1}\quad -\boldsymbol{I}_{M-1}]$；$\mathrm{diag}\left\{\boldsymbol{\rho}_1^{\mathrm{T}},\boldsymbol{\rho}_2^{\mathrm{T}},\cdots,\boldsymbol{\rho}_M^{\mathrm{T}}\right\}$ 表示块对角矩阵。

根据式 (4.105)，由于 $\|\boldsymbol{\rho}_1\|^2=\|\boldsymbol{\rho}_2\|^2=\cdots=\|\boldsymbol{\rho}_M\|^2=1$，所以有

$$\left(\frac{\partial \boldsymbol{d}}{\partial \boldsymbol{s}^o}\right)\left(\frac{\partial \boldsymbol{d}}{\partial \boldsymbol{s}^o}\right)^{\mathrm{T}}=\boldsymbol{\Pi}\boldsymbol{\Pi}^{\mathrm{T}} \tag{4.106}$$

对比式 (4.104) 和式 (4.106)，取等号条件式 (4.104) 可以变得不再依赖于未知的目标位置坐标：

$$\boldsymbol{\Sigma}=k\boldsymbol{\Pi}\boldsymbol{\Lambda}\boldsymbol{\Pi}^{\mathrm{T}},\quad \boldsymbol{\Sigma}_s=\boldsymbol{\Lambda}\otimes\boldsymbol{I}_3 \tag{4.107}$$

其中，$\boldsymbol{\Lambda}=\mathrm{diag}\{\sigma_1^2,\sigma_2^2,\cdots,\sigma_M^2\}$。

进一步来说，对角阵 $\boldsymbol{\Lambda}$ 变成单位阵 $\boldsymbol{\Lambda}=\sigma_s^2\boldsymbol{I}_M$，更弱的取等号条件，可以简化式 (4.107) 得到

$$\boldsymbol{\Sigma}=\sigma^2\boldsymbol{\Pi}\boldsymbol{\Pi}^{\mathrm{T}},\quad \boldsymbol{\Sigma}_s=\sigma_s^2\boldsymbol{I}_{3M} \tag{4.108}$$

在距离差定位系统中，当距离差测量噪声协方差正比于矩阵 $\boldsymbol{\Pi}\boldsymbol{\Pi}^{\mathrm{T}}$，观测站位置误差协方差也正比于单位阵时，对于任意的观测站几何布局结构，都不需要

考虑观测站位置误差的影响。即使观测站位置误差很大时，也不需要考虑观测站位置误差的影响。远场目标定位场景，基本都满足这样的观测噪声特性和观测站位置误差特性。

4.4.2 观测站位置误差下多维标度定位算法

在观测站位置存在误差的距离差定位系统中，当观测站位置误差特性不满足推论 4.1 的不等式取等号条件式 (4.104)，也不满足其弱化条件式 (4.107) 或式 (4.108) 时，如果仍然忽略观测站位置误差的影响，多维标度定位的性能将会大大降低[201,202]。因此，在距离差空间多维标度定位中，为了获得最优的定位性能，除了研究距离差的测量误差在多维标度定位中的传递过程，还需要研究观测站位置误差的传递过程。

以定理 4.1 为基础，当观测站位置坐标存在误差时，用距离差测量向量 $\boldsymbol{r}$ 和位置坐标向量 $\boldsymbol{s}$ 替代定理 4.1 的真实值，使用式 (4.12)，得到残差向量 $\boldsymbol{\epsilon}_{\mathrm{Err}}$。下面依次分析矩阵 $\hat{\boldsymbol{B}}$ 和 $\hat{\boldsymbol{A}}$ 的误差是如何传递到残差向量 $\boldsymbol{\epsilon}_{\mathrm{Err}}$ 中的。

先分析内积矩阵受到噪声和误差的影响。将内积矩阵 $\boldsymbol{B}$ 分解成两个矩阵之和，记为 $\boldsymbol{B}=\boldsymbol{B}_1+\boldsymbol{B}_2$，$\boldsymbol{B}_1$ 的元素如式 (4.31) 所示，$\boldsymbol{B}_2$ 的元素如式 (4.32) 所示。矩阵 $\boldsymbol{B}_1$ 仅受到观测噪声的影响而变成 $\hat{\boldsymbol{B}}_1$，当 $|n_{m1}|/d_m\simeq 0(m=2,3,\cdots,M)$ 时，它的元素可以如式 (4.61) 中近似得到。矩阵 $\boldsymbol{B}_2$ 仅受位置误差的影响而变成 $\hat{\boldsymbol{B}}_2$，它的元素由式 (4.32) 变成

$$\left[\hat{\boldsymbol{B}}_2\right]_{mn}=-\frac{1}{2}\left\|\boldsymbol{s}_m-\boldsymbol{s}_n\right\|^2 \tag{4.109}$$

观测项 $\left\|\boldsymbol{s}_m-\boldsymbol{s}_n\right\|^2$ 可以表示为

$$\left\|\boldsymbol{s}_m-\boldsymbol{s}_n\right\|^2=\left\|\boldsymbol{x}_m-\boldsymbol{x}_n\right\|^2\left[1+\boldsymbol{\rho}_{\boldsymbol{x}_m,\boldsymbol{x}_n}^{\mathrm{T}}\frac{\boldsymbol{n}_{s_m}}{d_{mn}}-\boldsymbol{\rho}_{\boldsymbol{x}_m,\boldsymbol{x}_n}^{\mathrm{T}}\frac{\boldsymbol{n}_{s_n}}{d_{mn}}+\left(\frac{\left\|\boldsymbol{n}_{s_m}-\boldsymbol{n}_{s_n}\right\|}{d_{mn}}\right)^2\right] \tag{4.110}$$

其中，$\boldsymbol{\rho}_{\boldsymbol{x}_m,\boldsymbol{x}_n}=(\boldsymbol{x}_m-\boldsymbol{x}_n)/\left\|\boldsymbol{x}_m-\boldsymbol{x}_n\right\|$ 是 $\boldsymbol{x}_m$ 到 $\boldsymbol{x}_n$ 位置之间的径向单位向量。

当 $\left\|\boldsymbol{n}_{s_m}\right\|/d_m\simeq 0(m=1,2,\cdots,M)$ 时，根据式 (3.129)，则可以忽略二次项 $(\left\|\boldsymbol{n}_{s_m}-\boldsymbol{n}_{s_n}\right\|/d_{mn})^2$ 的影响，则 $\left\|\boldsymbol{s}_m-\boldsymbol{s}_n\right\|^2$ 可以近似为

$$\begin{aligned}\left\|\boldsymbol{s}_m-\boldsymbol{s}_n\right\|^2&\simeq\left\|\boldsymbol{x}_m-\boldsymbol{x}_n\right\|^2\left(1+\boldsymbol{\rho}_{\boldsymbol{x}_m,\boldsymbol{x}_n}^{\mathrm{T}}\frac{\boldsymbol{n}_{s_m}}{d_{mn}}-\boldsymbol{\rho}_{\boldsymbol{x}_m,\boldsymbol{x}_n}^{\mathrm{T}}\frac{\boldsymbol{n}_{s_n}}{d_{mn}}\right)\\&=\left\|\boldsymbol{x}_m-\boldsymbol{x}_n\right\|^2+(\boldsymbol{x}_m-\boldsymbol{x}_n)^{\mathrm{T}}\boldsymbol{n}_{s_m}-(\boldsymbol{x}_m-\boldsymbol{x}_n)^{\mathrm{T}}\boldsymbol{n}_{s_n}\end{aligned} \tag{4.111}$$

则式 (4.109) 中矩阵 $\hat{\boldsymbol{B}}_2$ 的元素可以近似为

$$\left[\hat{\boldsymbol{B}}_2\right]_{mn} \simeq -\frac{1}{2}\left[\|\boldsymbol{x}_m-\boldsymbol{x}_n\|^2+(\boldsymbol{x}_m-\boldsymbol{x}_n)^{\mathrm{T}}\boldsymbol{n}_{s_m}-(\boldsymbol{x}_m-\boldsymbol{x}_n)^{\mathrm{T}}\boldsymbol{n}_{s_n}\right] \tag{4.112}$$

矩阵 $\hat{\boldsymbol{B}}_1$ 和 $\hat{\boldsymbol{B}}_2$ 形成 $\hat{\boldsymbol{B}}$，即 $\hat{\boldsymbol{B}}=\hat{\boldsymbol{B}}_1+\hat{\boldsymbol{B}}_2$。此时，矩阵 $\hat{\boldsymbol{B}}_1$ 和 $\hat{\boldsymbol{B}}_2$ 都可以表示成 $\hat{\boldsymbol{B}}_1=\boldsymbol{B}_1+\Delta\boldsymbol{B}_1$ 和 $\hat{\boldsymbol{B}}_2=\boldsymbol{B}_2+\Delta\boldsymbol{B}_2$。那么，存在观测噪声和位置误差的内积矩阵 $\hat{\boldsymbol{B}}$ 也可表示为

$$\hat{\boldsymbol{B}}=\boldsymbol{B}+\Delta\boldsymbol{B} \tag{4.113}$$

再分析矩阵 $\boldsymbol{R}$ 受到噪声和误差的影响。同样地，将 $\boldsymbol{R}$ 分解成两个矩阵之和，记为 $\boldsymbol{R}=\boldsymbol{R}_1+\boldsymbol{R}_2$，$\boldsymbol{R}_1$ 的元素如式 (4.33) 所示，$\boldsymbol{R}_2$ 的元素如式 (4.34) 所示。矩阵 $\boldsymbol{R}_1$ 仅受到观测噪声的影响而变成 $\hat{\boldsymbol{R}}_1$，矩阵 $\boldsymbol{R}_2$ 仅受位置误差的影响而变成 $\hat{\boldsymbol{R}}_2$，它们形成了 $\hat{\boldsymbol{R}}$，即 $\hat{\boldsymbol{R}}=\hat{\boldsymbol{R}}_1+\hat{\boldsymbol{R}}_2$。矩阵 $\hat{\boldsymbol{R}}_1$ 和 $\hat{\boldsymbol{R}}_2$ 都可以表示成 $\hat{\boldsymbol{R}}_1=\boldsymbol{R}_1+\Delta\boldsymbol{R}_1$ 和 $\hat{\boldsymbol{R}}_2=\boldsymbol{R}_2+\Delta\boldsymbol{R}_2$，$\Delta\boldsymbol{R}_1$ 如式 (4.63) 所示，$\Delta\boldsymbol{R}_2$ 表示为

$$\Delta\boldsymbol{R}_2=\begin{bmatrix}0 & 0 & \cdots & 0\\ \boldsymbol{n}_{s_1} & \boldsymbol{n}_{s_2} & \cdots & \boldsymbol{n}_{s_M}\\ 0 & 0 & \cdots & 0\end{bmatrix} \tag{4.114}$$

类似地，存在观测噪声和位置误差的矩阵 $\hat{\boldsymbol{A}}$ 也可以表示为

$$\hat{\boldsymbol{A}}=\boldsymbol{A}+\Delta\boldsymbol{A} \tag{4.115}$$

根据 $\boldsymbol{A}$ 的定义式 $\boldsymbol{A}=\boldsymbol{R}^{\dagger}=\boldsymbol{R}^{\mathrm{T}}\left(\boldsymbol{R}\boldsymbol{R}^{\mathrm{T}}\right)^{-1}$，保留线性项，忽略高次项，得到矩阵 $\hat{\boldsymbol{A}}$ 的误差项[267] $\Delta\boldsymbol{A}$:

$$\Delta\boldsymbol{A}\simeq-\boldsymbol{A}\Delta\boldsymbol{R}\boldsymbol{A}+(\boldsymbol{I}_M-\boldsymbol{A}\boldsymbol{R})\,\Delta\boldsymbol{R}^{\mathrm{T}}\left(\boldsymbol{R}\boldsymbol{R}^{\mathrm{T}}\right)^{-1} \tag{4.116}$$

注意，误差项 $\Delta\boldsymbol{A}$ 中包括与 $\Delta\boldsymbol{R}_1$ 和 $\Delta\boldsymbol{R}_2$ 相对应的两部分，记为 $\Delta\boldsymbol{A}_1$ 和 $\Delta\boldsymbol{A}_2$。

结合上述分析，考察观测噪声 $\boldsymbol{n}$ 与位置误差 $\boldsymbol{n}_s$ 传递给残差向量 $\boldsymbol{\epsilon}_{\mathrm{Err}}$ 的过程。将式 (4.113) 和式 (4.115) 代入式 (4.15)，同时采用定理 4.1 和式 (4.12)，残差向量 $\boldsymbol{\epsilon}_{\mathrm{Err}}$ 变成

$$\boldsymbol{\epsilon}_{\mathrm{Err}}\simeq(\Delta\boldsymbol{B}\boldsymbol{A}+\boldsymbol{B}\Delta\boldsymbol{A})\begin{bmatrix}1\\ \boldsymbol{y}_0\end{bmatrix}+\boldsymbol{B}\boldsymbol{A}\begin{bmatrix}1\\ \boldsymbol{x}_0\\ \boldsymbol{\rho}_1^{\mathrm{T}}\boldsymbol{n}_{s_1}\end{bmatrix} \tag{4.117}$$

在残差向量 $\boldsymbol{\epsilon}_{\mathrm{Err}}$ 中，矩阵 $\Delta\boldsymbol{B}$ 和 $\Delta\boldsymbol{A}$ 中受观测噪声 $\boldsymbol{n}$ 影响的部分，可以近似如式 (4.75) 所示，那么，继续考虑观测站位置误差 $\boldsymbol{n}_s$ 的影响部分，残差向量

$\boldsymbol{\epsilon}_{\mathrm{Err}}$ 变成

$$\begin{aligned}\boldsymbol{\epsilon}_{\mathrm{Err}} \simeq & \boldsymbol{G_d n} + \Delta \boldsymbol{B}_2 \boldsymbol{A}\begin{bmatrix} 1 \\ \boldsymbol{y}_0 \end{bmatrix} - \boldsymbol{B A} \Delta \boldsymbol{R}_2 \boldsymbol{A}\begin{bmatrix} 1 \\ \boldsymbol{y}_0 \end{bmatrix} \\ & + \boldsymbol{B}\left(\boldsymbol{I}-\boldsymbol{A R}\right) \Delta \boldsymbol{R}_2 \left(\boldsymbol{R R}^{\mathrm{T}}\right)^{-1}\begin{bmatrix} 1 \\ \boldsymbol{y}_0 \end{bmatrix} + \boldsymbol{B A}\begin{bmatrix} 1 \\ \boldsymbol{x}_0 \\ \boldsymbol{\rho}_1^{\mathrm{T}} \boldsymbol{n}_{s_1} \end{bmatrix}\end{aligned} \tag{4.118}$$

其中，$M \times (M-1)$ 的矩阵 $\boldsymbol{G_d}$ 如式 (4.74) 所示。

类似地，残差向量 $\boldsymbol{\epsilon}_{\mathrm{Err}}$ 可以进一步表示为

$$\boldsymbol{\epsilon}_{\mathrm{Err}} \simeq \boldsymbol{G_d n} + \boldsymbol{G_s n}_s \tag{4.119}$$

其中，$\boldsymbol{G_s}$ 是 $M \times 3M$ 的矩阵

$$\boldsymbol{G_s} = \boldsymbol{F}_1 + \boldsymbol{B F}_2 + \boldsymbol{B A F}_3 \tag{4.120}$$

其中，$\boldsymbol{F}_1$ 和 $\boldsymbol{F}_2$ 都是 $M \times 3M$ 的矩阵，

$$\boldsymbol{F}_1 = \begin{bmatrix} \sum_{m=1}^{M} \bar{a}_m \left(\boldsymbol{x}_m - \boldsymbol{x}_1\right)^{\mathrm{T}} & \cdots & \bar{a}_M \left(\boldsymbol{x}_1 - \boldsymbol{x}_M\right)^{\mathrm{T}} \\ \vdots & \ddots & \vdots \\ \bar{a}_M \left(\boldsymbol{x}_M - \boldsymbol{x}_1\right)^{\mathrm{T}} & \cdots & \sum_{m=1}^{M} \bar{a}_m \left(\boldsymbol{x}_m - \boldsymbol{x}_M\right)^{\mathrm{T}} \end{bmatrix} \tag{4.121}$$

$$\boldsymbol{F}_2 = \left(\boldsymbol{I} - \boldsymbol{A R}\right)\begin{bmatrix} \bar{\boldsymbol{b}}_{2:4}^{\mathrm{T}} & \cdots & 0 \\ \vdots & \ddots & \vdots \\ 0 & \cdots & \bar{\boldsymbol{b}}_{2:4}^{\mathrm{T}} \end{bmatrix} - \boldsymbol{A}\begin{bmatrix} \boldsymbol{0}_3^{\mathrm{T}} & \cdots & \boldsymbol{0}_3^{\mathrm{T}} \\ \bar{a}_1 \boldsymbol{I}_3 & \cdots & \bar{a}_M \boldsymbol{I}_3 \\ \boldsymbol{0}_3^{\mathrm{T}} & \cdots & \boldsymbol{0}_3^{\mathrm{T}} \end{bmatrix} \tag{4.122}$$

$$\boldsymbol{F}_3 = \begin{bmatrix} \boldsymbol{O}_{4\times 3} & \boldsymbol{O}_{4\times 3} & \cdots & \boldsymbol{O}_{4\times 3} \\ \boldsymbol{\rho}_1^{\mathrm{T}} & \boldsymbol{0}_3^{\mathrm{T}} & \cdots & \boldsymbol{0}_3^{\mathrm{T}} \end{bmatrix} \tag{4.123}$$

根据 $\mathbb{E}\{\boldsymbol{n}\} = \boldsymbol{0}_{M-1}$ 和 $\mathbb{E}\{\boldsymbol{n}_s\} = \boldsymbol{0}_{3M}$，均值 $\mathbb{E}\{\boldsymbol{\epsilon}_{\mathrm{Err}}\} \simeq \boldsymbol{0}_M$。再根据 $\mathbb{E}\left\{\boldsymbol{n n}^{\mathrm{T}}\right\} = \boldsymbol{\Sigma}$，$\mathbb{E}\left\{\boldsymbol{n}_s \boldsymbol{n}_s^{\mathrm{T}}\right\} = \boldsymbol{\Sigma_s}$ 和 $\mathbb{E}\left[\boldsymbol{n_s n}^{\mathrm{T}}\right] = \boldsymbol{O}$，残差向量 $\boldsymbol{\epsilon}_{\mathrm{Err}}$ 的协方差矩阵为

$$\mathbb{E}\left\{\boldsymbol{\epsilon}_{\mathrm{Err}} \boldsymbol{\epsilon}_{\mathrm{Err}}^{\mathrm{T}}\right\} \simeq \boldsymbol{G_d \Sigma G_d^{\mathrm{T}}} + \boldsymbol{G_s \Sigma_s G_s^{\mathrm{T}}} \tag{4.124}$$

在距离差空间多维标度框架内，残差向量 $\boldsymbol{\epsilon}_{\mathrm{Err}}$ [式 (4.119)]，体现了距离差测量噪声 $\boldsymbol{n}$ 和位置误差 $\boldsymbol{n}_s$ 在多维标度定位中的传递过程，它是消除多维标度残

差向量之间相关性的基础。从这一传递过程可以看出：残差向量 $\boldsymbol{\epsilon}_{\mathrm{Err}}$ 可以近似表示成距离差测量噪声 $\boldsymbol{n}$ 和观测站位置误差 $\boldsymbol{n}_s$ 的线性组合，如果观测站位置没有误差或误差很小可以忽略，则残差向量 $\boldsymbol{\epsilon}_{\mathrm{Err}}$ 就变成 $\boldsymbol{\epsilon}_{\mathrm{Err}} = \boldsymbol{G_d n}$，这与式 (4.75) 相同。此外，式 (4.124) 表明残差向量近似是零均值的高斯噪声，协方差矩阵为 $\boldsymbol{G_d \Sigma G_d^{\mathrm{T}}} + \boldsymbol{G_s \Sigma_s G_s^{\mathrm{T}}}$。那么，当观测站位置存在误差时，距离差空间多维标度框架内的优化问题式 (4.54) 就可以转化成如下优化问题：

$$\arg\min_{\boldsymbol{y}_0} \boldsymbol{\epsilon}_{\mathrm{Err}}^{\mathrm{T}} \boldsymbol{W}_{\mathrm{Err}} \boldsymbol{\epsilon}_{\mathrm{Err}} \tag{4.125}$$

其中，$\boldsymbol{W}_{\mathrm{Err}}$ 是加权矩阵，能够使残差向量 $\boldsymbol{\epsilon}_{\mathrm{Err}}$ 各元素变成独立同分布的高斯变量，即最优加权矩阵：

$$\boldsymbol{W}_{\mathrm{Err}} = \mathbb{E}\left\{\boldsymbol{\epsilon}_{\mathrm{Err}} \boldsymbol{\epsilon}_{\mathrm{Err}}^{\mathrm{T}}\right\}^{-1} \tag{4.126}$$

残差向量 $\boldsymbol{\epsilon}_{\mathrm{Err}}$ [式 (4.15)] 还可以表示成目标位置坐标线性形式：

$$\boldsymbol{\epsilon}_{\mathrm{Err}} = \hat{\boldsymbol{B}}\hat{\boldsymbol{A}} \begin{bmatrix} \boldsymbol{0}_4^{\mathrm{T}} \\ \boldsymbol{I}_4 \end{bmatrix} \boldsymbol{y}_0 + \hat{\boldsymbol{B}}\hat{\boldsymbol{A}} \begin{bmatrix} 1 \\ \boldsymbol{0}_4 \end{bmatrix} \tag{4.127}$$

在高斯噪声条件下，优化问题式 (4.125) 的最优解，对应着式 (4.127) 在加权最小二乘意义下的位置参数估计：

$$\begin{aligned} \hat{\boldsymbol{y}}_0 = &-\left(\left(\hat{\boldsymbol{B}}\hat{\boldsymbol{A}} \begin{bmatrix} \boldsymbol{0}_4^{\mathrm{T}} \\ \boldsymbol{I}_4 \end{bmatrix}\right)^{\mathrm{T}} \boldsymbol{W}_{\mathrm{Err}} \left(\hat{\boldsymbol{B}}\hat{\boldsymbol{A}} \begin{bmatrix} \boldsymbol{0}_4^{\mathrm{T}} \\ \boldsymbol{I}_4 \end{bmatrix}\right)\right)^{-1} \\ &\cdot \left(\hat{\boldsymbol{B}}\hat{\boldsymbol{A}} \begin{bmatrix} \boldsymbol{0}_4^{\mathrm{T}} \\ \boldsymbol{I}_4 \end{bmatrix}\right)^{\mathrm{T}} \boldsymbol{W}_{\mathrm{Err}} \hat{\boldsymbol{B}}\hat{\boldsymbol{A}} \begin{bmatrix} 1 \\ \boldsymbol{0}_4 \end{bmatrix} \end{aligned} \tag{4.128}$$

其中，最优加权矩阵 $\boldsymbol{W}_{\mathrm{Err}}$ 由式 (4.126) 和式 (4.119) 确定：

$$\boldsymbol{W}_{\mathrm{Err}} = \left(\boldsymbol{G_d \Sigma G_d^{\mathrm{T}}} + \boldsymbol{G_s \Sigma_s G_s^{\mathrm{T}}}\right)^{-1} \tag{4.129}$$

那么，目标未知坐标估计，就对应着式 (4.129) 中 $\hat{\boldsymbol{y}}_0$ 的前三个元素，即

$$\hat{\boldsymbol{x}}_0 = \hat{\boldsymbol{y}}_0(1:3) \tag{4.130}$$

当观测站位置存在误差时，在距离差空间多维标度框架内，使用定理 4.1，能够获得距离差测量噪声和位置误差的传递过程，从而得到加权最小二乘意义下的最优目标位置估计。值得指出的是：首先，使用观测站位置误差统计特性信息能形成最优加权矩阵，从而获得最优估计；其次，距离差空间多维标度定位中，虽然引入了额外变量 d_{01}，但是在估计值 $\hat{\boldsymbol{y}}_0$ 中，不再需要解算额外变量 d_{01} 中的目标坐标 $\hat{\boldsymbol{x}}_0$，这是因为该耦合信息已经应用到内积矩阵 $\boldsymbol{B}$ 中了。

4.4.3 观测站位置误差下定位算法最优性证明

当观测站位置存在误差时，本节在分析距离差空间多维标度定位估计器式 (4.130) 性能的基础上，将其性能与目标位置的克拉默-拉奥下界 (CRLB) 式 (4.98) 进行比较，从理论上给出多维标度定位最优性的严格解析证明。

采用微分扰动方法，分析距离差空间多维标度定位中目标位置估计式 (4.130) 的偏差与方差特性。假设目标位置估计 $\hat{\boldsymbol{x}}_0$ [式 (4.130)] 可以表示为

$$\hat{\boldsymbol{x}}_0 = \boldsymbol{x}_0 + \Delta\boldsymbol{x}_0 \tag{4.131}$$

其中，$\Delta\boldsymbol{x}_0$ 为估计偏差。

注意未知参数 $\boldsymbol{y}_0 = \left[\boldsymbol{x}_0^{\mathrm{T}}, d_{01}\right]^{\mathrm{T}}$ 的估计 $\hat{\boldsymbol{y}}_0$ [式 (4.128)] 中含有 d_{01} 的估计值 $\hat{d}_{01}$，它与目标位置估计 $\hat{\boldsymbol{x}}_0$ 具有如下耦合关系：$\hat{d}_{01} = -\left\|\boldsymbol{s}_1 - \hat{x}_0\right\|$。对 $\hat{d}_{01}$ 在真实值 $\boldsymbol{x}_0$ 和 $\boldsymbol{x}_1$ 处泰勒展开，当观测站误差 $\boldsymbol{n}_{s_1}$ 和偏差 $\Delta\boldsymbol{x}_0$ 较小时，可以忽略非线性项，保留线性项，近似得到

$$\hat{d}_{01} \simeq d_{01} - \boldsymbol{\rho}_1^{\mathrm{T}}\Delta\boldsymbol{x}_0 + \boldsymbol{\rho}_1^{\mathrm{T}}\boldsymbol{n}_{s_1} \tag{4.132}$$

与 4.3 节类似，通过微分扰动分析，可以得到多维标度定位估计器的偏差表示：

$$\begin{aligned}\Delta\boldsymbol{x}_0 \simeq &-\left(\left(\boldsymbol{B}\boldsymbol{A}\begin{bmatrix}\boldsymbol{0}_3^{\mathrm{T}}\\ \boldsymbol{I}_3\\ -\boldsymbol{\rho}_1^{\mathrm{T}}\end{bmatrix}\right)^{\mathrm{T}}\boldsymbol{W}_{\mathrm{Err}}\left(\boldsymbol{B}\boldsymbol{A}\begin{bmatrix}\boldsymbol{0}_3^{\mathrm{T}}\\ \boldsymbol{I}_3\\ -\boldsymbol{\rho}_1^{\mathrm{T}}\end{bmatrix}\right)\right)^{-1}\\ &\cdot\left(\boldsymbol{B}\boldsymbol{A}\begin{bmatrix}\boldsymbol{0}_3^{\mathrm{T}}\\ \boldsymbol{I}_3\\ -\boldsymbol{\rho}_1^{\mathrm{T}}\end{bmatrix}\right)^{\mathrm{T}}\boldsymbol{W}_{\mathrm{Err}}\left(\boldsymbol{G}_{\boldsymbol{d}}\boldsymbol{n} + \boldsymbol{G}_{\boldsymbol{s}}\boldsymbol{n}_s\right)\end{aligned} \tag{4.133}$$

对估计偏差两边取期望，并利用 $\mathbb{E}\{\boldsymbol{n}\} = \boldsymbol{0}_{M-1}$，得到 $\mathbb{E}\{\Delta\boldsymbol{x}_0\} = \boldsymbol{0}_3$，它表明 $\mathbb{E}\{\hat{x}_0\} = \boldsymbol{x}_0$，在较小的观测误差下，距离差空间多维标度定位估计是近似无偏的，属于无偏估计。

利用 $\mathbb{E}\left\{\boldsymbol{n}\boldsymbol{n}^{\mathrm{T}}\right\} = \boldsymbol{\Sigma}$、$\mathbb{E}\left\{\boldsymbol{n}_s\boldsymbol{n}_s^{\mathrm{T}}\right\} = \boldsymbol{\Sigma}_{\boldsymbol{s}}$ 和 $\mathbb{E}\left[\boldsymbol{n}_{\boldsymbol{s}}\boldsymbol{n}^{\mathrm{T}}\right] = \boldsymbol{O}$，估计偏差 $\Delta\boldsymbol{x}_0$ 的协方差 $\mathrm{Cov}_{\boldsymbol{x}_0,\boldsymbol{s}}\left\{\hat{\boldsymbol{x}}_0\right\} = \mathbb{E}\left\{\Delta\boldsymbol{x}_0\Delta\boldsymbol{x}_0^{\mathrm{T}}\right\}$ 为

$$\mathrm{Cov}_{\boldsymbol{x}_0,\boldsymbol{s}}\left\{\hat{\boldsymbol{x}}_0\right\} = \left(\left(\boldsymbol{B}\boldsymbol{A}\begin{bmatrix}\boldsymbol{0}_3^{\mathrm{T}}\\ \boldsymbol{I}_3\\ -\boldsymbol{\rho}_1^{\mathrm{T}}\end{bmatrix}\right)^{\mathrm{T}}\boldsymbol{W}_{\mathrm{Err}}\left(\boldsymbol{B}\boldsymbol{A}\begin{bmatrix}\boldsymbol{0}_3^{\mathrm{T}}\\ \boldsymbol{I}_3\\ -\boldsymbol{\rho}_1^{\mathrm{T}}\end{bmatrix}\right)\right)^{-1} \tag{4.134}$$

这里使用了最优加权矩阵式 (4.129)。

定理 4.3[202]　在观测站存在位置误差的距离差空间多维标度框架内，当距离差测量高斯噪声满足 $|n_{m1}|/d_m \simeq 0(m=2,3,\cdots,M)$，观测站位置高斯误差满足 $\|\boldsymbol{n}_{s_m}\|/d_m \simeq 0(m=1,2,\cdots,M)$ 时，加权最小二乘意义下的定位算法是最优的，这意味着目标位置估计的方差能够达到它的克拉默-拉奥下界 (CRLB)，即

$$\mathrm{Cov}_{\boldsymbol{x}_0,\boldsymbol{s}}\{\hat{\boldsymbol{x}}_0\} = \mathrm{CRLB}_{\boldsymbol{x}_0,\boldsymbol{s}}(\boldsymbol{x}_0) \tag{4.135}$$

证明　先考察依据观测噪声得到残差向量 $\boldsymbol{\epsilon}_{\mathrm{Err}} = \boldsymbol{f}(\boldsymbol{r},\boldsymbol{s})$ [式 (4.15)]，它是将定理 4.1 的真实距离向量 $\boldsymbol{d}$ 与位置坐标 $\boldsymbol{s}^o$ 用测量值 $\boldsymbol{r}$ 和 $\boldsymbol{s}$ 替代，因此它可以看成测量向量 $\boldsymbol{r}$ 和 $\boldsymbol{s}$ 的函数。

当距离差测量高斯噪声满足 $|n_{m1}|/d_m \simeq 0(m=2,3,\cdots,M)$，观测站位置高斯误差满足 $\|\boldsymbol{n}_{s_m}\|/d_m \simeq 0(m=1,2,\cdots,M)$ 时，残差向量 $\boldsymbol{\epsilon}_{\mathrm{Err}} = \boldsymbol{f}(\boldsymbol{r},\boldsymbol{s})$ 在真实值 $\boldsymbol{d}$ 和 $\boldsymbol{s}^o$ 处进行泰勒展开，保留线性项，利用 $\boldsymbol{f}(\boldsymbol{d},\boldsymbol{s}^o) = \boldsymbol{0}_{M-1}$，可以近似得到

$$\begin{aligned}
\boldsymbol{\epsilon}_{\mathrm{Err}} &\simeq \boldsymbol{f}(\boldsymbol{d},\boldsymbol{s}^o) + \left.\frac{\partial \boldsymbol{f}(\boldsymbol{r},\boldsymbol{s})}{\partial \boldsymbol{r}}\right|_{\boldsymbol{r}=\boldsymbol{d},\boldsymbol{s}=\boldsymbol{s}^o} \cdot (\boldsymbol{r}-\boldsymbol{d}) + \left.\frac{\partial \boldsymbol{f}(\boldsymbol{r},\boldsymbol{s})}{\partial \boldsymbol{s}}\right|_{\boldsymbol{r}=\boldsymbol{d},\boldsymbol{s}=\boldsymbol{s}^o} (s-\boldsymbol{s}^o) \\
&= \left.\frac{\partial \boldsymbol{f}(\boldsymbol{r},\boldsymbol{s})}{\partial \boldsymbol{r}}\right|_{\boldsymbol{r}=\boldsymbol{d},\boldsymbol{s}=\boldsymbol{s}^o} \cdot \boldsymbol{n} + \left.\frac{\partial \boldsymbol{f}(\boldsymbol{r},\boldsymbol{s})}{\partial \boldsymbol{s}}\right|_{\boldsymbol{r}=\boldsymbol{d},\boldsymbol{s}=\boldsymbol{s}^o} \cdot \boldsymbol{n}_s
\end{aligned} \tag{4.136}$$

注意，无论观测站是否存在位置误差，残差向量 $\boldsymbol{\epsilon} = \boldsymbol{f}(\boldsymbol{r})$ [式 (4.14)] 与 $\boldsymbol{\epsilon}_{\mathrm{Err}} = \boldsymbol{f}(\boldsymbol{r},\boldsymbol{s})$ [式 (4.15)] 在真实值 $\boldsymbol{d}$ 和 $\boldsymbol{s}^o$ 处关于距离测量向量 $\boldsymbol{r}$ 的雅可比矩阵是相等的，结合式 (4.91)，得到

$$\boldsymbol{G}_{\boldsymbol{d}} = \left.\frac{\partial \boldsymbol{f}(\boldsymbol{r})}{\partial \boldsymbol{r}}\right|_{\boldsymbol{r}=\boldsymbol{d}} = \left.\frac{\partial \boldsymbol{f}(\boldsymbol{r},\boldsymbol{s})}{\partial \boldsymbol{r}}\right|_{\boldsymbol{r}=\boldsymbol{d},\boldsymbol{s}=\boldsymbol{s}^o} \tag{4.137}$$

对比式 (4.119) 和式 (4.136)，可以发现，式 (4.119) 中定义的矩阵 $\boldsymbol{G}_{\boldsymbol{d}}$ 和 $\boldsymbol{G}_{\boldsymbol{s}}$ 就是残差向量函数 $\boldsymbol{\epsilon}_{\mathrm{Err}} = \boldsymbol{f}(\boldsymbol{r},\boldsymbol{s})$ 在真实值 $\boldsymbol{d}$ 和 $\boldsymbol{s}^o$ 处的雅可比矩阵。矩阵 $\boldsymbol{G}_{\boldsymbol{s}}$ 为

$$\boldsymbol{G}_{\boldsymbol{s}} = \left.\frac{\partial \boldsymbol{f}(\boldsymbol{r},\boldsymbol{s})}{\partial \boldsymbol{s}}\right|_{\boldsymbol{r}=\boldsymbol{d},\boldsymbol{s}=\boldsymbol{s}^o} \tag{4.138}$$

依据 4.2 节的性质 4.2，观测站存在位置误差时多维标度定位中的雅可比矩阵满足：

$$\left.\frac{\partial \boldsymbol{f}(\boldsymbol{r},\boldsymbol{s})}{\partial \boldsymbol{s}}\right|_{\boldsymbol{r}=\boldsymbol{d},\boldsymbol{s}=\boldsymbol{s}^o} = -\left.\frac{\partial \boldsymbol{f}(\boldsymbol{r},\boldsymbol{s})}{\partial \boldsymbol{r}}\right|_{\boldsymbol{r}=\boldsymbol{d},\boldsymbol{s}=\boldsymbol{s}^o} \left(\frac{\partial \boldsymbol{d}}{\partial \boldsymbol{s}^o}\right) \tag{4.139}$$

将式 (4.137) 和式 (4.138) 代入式 (4.139) 中，得到

$$\boldsymbol{G}_{\boldsymbol{s}} = -\boldsymbol{G}_{\boldsymbol{d}}\left(\frac{\partial \boldsymbol{d}}{\partial \boldsymbol{s}^{o}}\right) \tag{4.140}$$

在式 (4.140) 两边同时左乘 $\boldsymbol{G}_{\boldsymbol{d}}^{\dagger}$，并利用 $\boldsymbol{G}_{\boldsymbol{d}}^{\dagger}\boldsymbol{G}_{\boldsymbol{d}} = \boldsymbol{I}_{M-1}$，得到

$$\boldsymbol{G}_{\boldsymbol{d}}^{\dagger}\boldsymbol{G}_{\boldsymbol{s}} = -\frac{\partial \boldsymbol{d}}{\partial \boldsymbol{s}^{o}} \tag{4.141}$$

应用矩阵求逆引理[264,265]，最优加权矩阵式 (4.129) 变成

$$\begin{aligned}\boldsymbol{W}_{\mathrm{Err}} &= \left(\boldsymbol{G}_{\boldsymbol{d}}\boldsymbol{\Sigma}\boldsymbol{G}_{\boldsymbol{d}}^{\mathrm{T}} + \boldsymbol{G}_{\boldsymbol{s}}\boldsymbol{\Sigma}_{\boldsymbol{s}}\boldsymbol{G}_{\boldsymbol{s}}^{\mathrm{T}}\right)^{-1} = \left(\boldsymbol{G}_{\boldsymbol{d}}\boldsymbol{\Sigma}\boldsymbol{G}_{\boldsymbol{d}}^{\mathrm{T}}\right)^{\dagger} - \left(\boldsymbol{G}_{\boldsymbol{d}}\boldsymbol{\Sigma}\boldsymbol{G}_{\boldsymbol{d}}^{\mathrm{T}}\right)^{\dagger}\boldsymbol{G}_{\boldsymbol{s}} \\ &\cdot\left(\boldsymbol{\Sigma}_{\boldsymbol{s}}^{-1} + \boldsymbol{G}_{\boldsymbol{s}}^{\mathrm{T}}\left(\boldsymbol{G}_{\boldsymbol{d}}\boldsymbol{\Sigma}\boldsymbol{G}_{\boldsymbol{d}}^{\mathrm{T}}\right)^{\dagger}\boldsymbol{G}_{\boldsymbol{s}}\right)^{-1}\boldsymbol{G}_{\boldsymbol{s}}^{\mathrm{T}}\left(\boldsymbol{G}_{\boldsymbol{d}}\boldsymbol{\Sigma}\boldsymbol{G}_{\boldsymbol{d}}^{\mathrm{T}}\right)^{\dagger}\end{aligned} \tag{4.142}$$

将式 (4.93) 代入协方差矩阵式 (4.134) 中，并对两边求逆，得到

$$\mathrm{Cov}_{\boldsymbol{x}_0,\boldsymbol{s}}\{\hat{\boldsymbol{x}}_0\}^{-1} = \left(-\boldsymbol{G}_{\boldsymbol{d}}\frac{\partial \boldsymbol{d}}{\partial \boldsymbol{x}_0}\right)^{\mathrm{T}}\boldsymbol{W}_{\mathrm{Err}}\left(-\boldsymbol{G}_{\boldsymbol{d}}\frac{\partial \boldsymbol{d}}{\partial \boldsymbol{x}_0}\right) \tag{4.143}$$

将式 (4.142) 和式 (4.141) 代入式 (4.143) 中，结合 $\left(\boldsymbol{G}_{\boldsymbol{d}}\boldsymbol{\Sigma}\boldsymbol{G}_{\boldsymbol{d}}^{\mathrm{T}}\right)^{\dagger} = \boldsymbol{G}_{\boldsymbol{d}}^{\mathrm{T}\dagger}\boldsymbol{\Sigma}^{-1}\boldsymbol{G}_{\boldsymbol{d}}^{\dagger}$ 和 $\boldsymbol{G}_{\boldsymbol{d}}^{\dagger}\boldsymbol{G}_{\boldsymbol{d}} = \boldsymbol{I}_{M-1}$，得到

$$\begin{aligned}\mathrm{Cov}_{\boldsymbol{x}_0,\boldsymbol{s}}\{\hat{\boldsymbol{x}}_0\}^{-1} &= \left(-\boldsymbol{G}_{\boldsymbol{d}}\left(\frac{\partial \boldsymbol{d}}{\partial \boldsymbol{x}_0}\right)\right)^{\mathrm{T}}\boldsymbol{W}_{\mathrm{Err}}\left(-\boldsymbol{G}_{\boldsymbol{d}}\left(\frac{\partial \boldsymbol{d}}{\partial \boldsymbol{x}_0}\right)\right) \\ &= \left(-\frac{\partial \boldsymbol{d}}{\partial \boldsymbol{x}_0}\right)^{\mathrm{T}}\boldsymbol{\Sigma}^{-1}\left(-\frac{\partial \boldsymbol{d}}{\partial \boldsymbol{x}_0}\right) - \left(-\frac{\partial \boldsymbol{d}}{\partial \boldsymbol{x}_0}\right)^{\mathrm{T}}\boldsymbol{\Sigma}^{-1}\left(-\frac{\partial \boldsymbol{d}}{\partial \boldsymbol{s}^{o}}\right) \\ &\cdot\left(\boldsymbol{\Sigma}_{\boldsymbol{s}}^{-1} + \left(-\frac{\partial \boldsymbol{d}}{\partial \boldsymbol{s}^{o}}\right)^{\mathrm{T}}\boldsymbol{\Sigma}^{-1}\left(-\frac{\partial \boldsymbol{d}}{\partial \boldsymbol{s}^{o}}\right)\right)^{-1}\left(-\frac{\partial \boldsymbol{d}}{\partial \boldsymbol{s}^{o}}\right)^{\mathrm{T}}\boldsymbol{\Sigma}^{-1}\left(-\frac{\partial \boldsymbol{d}}{\partial \boldsymbol{x}_0}\right)\end{aligned} \tag{4.144}$$

对比式 (4.144) 和克拉默-拉奥下界 (CRLB) 式 (4.98)，得到

$$\mathrm{Cov}_{\boldsymbol{x}_0,\boldsymbol{s}}\{\hat{\boldsymbol{x}}_0\}^{-1} = \mathrm{CRLB}_{\boldsymbol{x}_0,\boldsymbol{s}}(\boldsymbol{x}_0)^{-1} \tag{4.145}$$

对式 (4.145) 两边求逆，就得到式 (4.135)。命题得证。

4.4.4　观测模型失配下多维标度定位算法

当观测站位置存在误差时，实际中距离差观测模型与定位算法并不是完全匹配的，往往存在着失配现象。距离差观测模型失配现象主要表现在两个方面：一方面是无法获得观测站位置误差的先验统计特性，即信息缺失导致距离差观测模型失配；另一方面是为了简化工程实现直接忽略了观测站位置误差，即简化算法流程导致距离差观测模型失配。

当距离差观测模型失配时，观测站位置误差统计特性的缺失导致多维标度定位算法中最优加权矩阵从式 (4.129) 变成式 (4.81)，位置参数估计从式 (4.128) 变成

$$\begin{aligned}\hat{\boldsymbol{y}}_0 = &-\left(\left(\hat{\boldsymbol{B}}\hat{\boldsymbol{A}}\begin{bmatrix}\mathbf{0}_4^{\mathrm{T}}\\ \boldsymbol{I}_4\end{bmatrix}\right)^{\mathrm{T}}\boldsymbol{W}\left(\hat{\boldsymbol{B}}\hat{\boldsymbol{A}}\begin{bmatrix}\mathbf{0}_4^{\mathrm{T}}\\ \boldsymbol{I}_4\end{bmatrix}\right)\right)^{-1}\\ &\cdot\left(\hat{\boldsymbol{B}}\hat{\boldsymbol{A}}\begin{bmatrix}\mathbf{0}_4^{\mathrm{T}}\\ \boldsymbol{I}_4\end{bmatrix}\right)^{\mathrm{T}}\boldsymbol{W}\hat{\boldsymbol{B}}\hat{\boldsymbol{A}}\begin{bmatrix}1\\ \mathbf{0}_4\end{bmatrix}\end{aligned}\tag{4.146}$$

值得注意的是，虽然最优加权矩阵中缺失了观测站位置误差的统计特性，但是矩阵 $\hat{\boldsymbol{B}}$ 和矩阵 $\hat{\boldsymbol{A}}$ 中包含观测站位置误差。

未知参数 $\boldsymbol{y}_0 = \left[\boldsymbol{x}_0^{\mathrm{T}}, d_{01}\right]^{\mathrm{T}}$ 的估计 $\hat{\boldsymbol{y}}_0$ [式 (4.146)] 中含有 d_{01} 的估计值 $\hat{d}_{01}$，它与目标位置估计 $\hat{\boldsymbol{x}}_0$ 的近似耦合关系如式 (4.132) 所示。通过微分扰动分析，失配条件下目标位置多维标度定位估计器的偏差表示为

$$\begin{aligned}\Delta\boldsymbol{x}_0 \simeq &-\left(\left(\boldsymbol{B}\boldsymbol{A}\begin{bmatrix}\mathbf{0}_3^{\mathrm{T}}\\ \boldsymbol{I}_3\\ -\boldsymbol{\rho}_1^{\mathrm{T}}\end{bmatrix}\right)^{\mathrm{T}}\boldsymbol{W}\left(\boldsymbol{B}\boldsymbol{A}\begin{bmatrix}\mathbf{0}_3^{\mathrm{T}}\\ \boldsymbol{I}_3\\ -\boldsymbol{\rho}_1^{\mathrm{T}}\end{bmatrix}\right)\right)^{-1}\\ &\cdot\left(\boldsymbol{B}\boldsymbol{A}\begin{bmatrix}\mathbf{0}_3^{\mathrm{T}}\\ \boldsymbol{I}_3\\ -\boldsymbol{\rho}_1^{\mathrm{T}}\end{bmatrix}\right)^{\mathrm{T}}\boldsymbol{W}\left(\boldsymbol{G}_{\boldsymbol{d}}\boldsymbol{n}+\boldsymbol{G}_{\boldsymbol{s}}\boldsymbol{n}_s\right)\end{aligned}\tag{4.147}$$

对偏差两边取期望，并利用 $\mathbb{E}\{\boldsymbol{n}\} = \mathbf{0}_{M-1}$ 和 $\mathbb{E}\{\boldsymbol{n}_s\} = \mathbf{0}_{3M}$，得到 $\mathbb{E}\{\Delta\boldsymbol{x}_0\} \simeq \mathbf{0}_3$，它表明 $\mathbb{E}\{\hat{\boldsymbol{x}}_0\} \simeq \boldsymbol{x}_0$，即距离差观测模型失配时多维标度定位仍然是近似无偏的，属于无偏估计。

距离差观测模型失配时，估计偏差 $\Delta\boldsymbol{x}_0$ 的协方差变成条件协方差矩阵

$$\begin{aligned}\mathrm{Cov}_{\boldsymbol{x}_0|\boldsymbol{s}}\{\hat{\boldsymbol{x}}_0\} \simeq &\left(\boldsymbol{H}_0^{\mathrm{T}}\boldsymbol{W}\boldsymbol{H}_0\right)^{-1}\\ &+\left(\boldsymbol{H}_0^{\mathrm{T}}\boldsymbol{W}\boldsymbol{H}_0\right)^{-1}\boldsymbol{H}_0^{\mathrm{T}}\boldsymbol{W}\boldsymbol{G}_{\boldsymbol{s}}\boldsymbol{\Sigma}_{\boldsymbol{s}}\boldsymbol{G}_{\boldsymbol{s}}^{\mathrm{T}}\boldsymbol{W}\boldsymbol{H}_0\left(\boldsymbol{H}_0^{\mathrm{T}}\boldsymbol{W}\boldsymbol{H}_0\right)^{-1}\end{aligned}\tag{4.148}$$

其中

$$\boldsymbol{H}_0 = \boldsymbol{B}\boldsymbol{A}\begin{bmatrix} \boldsymbol{0}_3^{\mathrm{T}} \\ \boldsymbol{I}_3 \\ -\boldsymbol{\rho}_1^{\mathrm{T}} \end{bmatrix} \tag{4.149}$$

定理 4.4[202] 在观测站位置存在误差的距离差空间多维标度框架内，当距离差测量高斯噪声 n_{m1} 满足 $|n_{m1}|/d_m \simeq 0\,(m=2,3,\cdots,M)$，观测站位置高斯误差满足 $\|\boldsymbol{n}_{s_m}\|/d_m \simeq 0\,(m=1,2,\cdots,M)$ 时，距离差观测模型失配下加权最小二乘意义下定位算法是最优的，即

$$\mathrm{Cov}_{\boldsymbol{x}_0|\boldsymbol{s}}\{\hat{\boldsymbol{x}}_0\} = \mathrm{MSE}_{\boldsymbol{x}_0|\boldsymbol{s}}(\boldsymbol{x}_0) \tag{4.150}$$

证明 根据式 (4.88)、式 (4.89) 和式 (4.99)，条件协方差矩阵式 (4.148) 变成

$$\mathrm{Cov}_{\boldsymbol{x}_0|\boldsymbol{s}}\{\hat{\boldsymbol{x}}_0\} \simeq \boldsymbol{X}^{-1} + \boldsymbol{X}^{-1}\boldsymbol{H}_0^{\mathrm{T}}\boldsymbol{W}\boldsymbol{G}_{\boldsymbol{s}}\boldsymbol{\Sigma}_{\boldsymbol{s}}\boldsymbol{G}_{\boldsymbol{s}}^{\mathrm{T}}\boldsymbol{W}\boldsymbol{H}_0\boldsymbol{X}^{-1} \tag{4.151}$$

根据式 (4.93) 和式 (4.141)，结合 $\boldsymbol{W} = \boldsymbol{G}_{\boldsymbol{d}}^{\mathrm{T}\dagger}\boldsymbol{\Sigma}^{-1}\boldsymbol{G}_{\boldsymbol{d}}^{\dagger}$ 和 $\boldsymbol{G}_{\boldsymbol{d}}^{\dagger}\boldsymbol{G}_{\boldsymbol{d}} = \boldsymbol{I}_{M-1}$，得到

$$\begin{aligned} \boldsymbol{H}_0^{\mathrm{T}}\boldsymbol{W}\boldsymbol{G}_{\boldsymbol{s}} &= -\left(\frac{\partial \boldsymbol{d}}{\partial \boldsymbol{x}_0}\right)^{\mathrm{T}}\left(\boldsymbol{G}_{\boldsymbol{d}}^{\mathrm{T}}\boldsymbol{G}_{\boldsymbol{d}}^{\mathrm{T}\dagger}\right)\boldsymbol{\Sigma}^{-1}\left(\boldsymbol{G}_{\boldsymbol{d}}^{\dagger}\boldsymbol{G}_{\boldsymbol{s}}\right) \\ &= \left(\frac{\partial \boldsymbol{d}}{\partial \boldsymbol{x}_0}\right)^{\mathrm{T}}\boldsymbol{\Sigma}^{-1}\left(\frac{\partial \boldsymbol{d}}{\partial \boldsymbol{s}^o}\right) \end{aligned} \tag{4.152}$$

将式 (4.152) 和式 (4.100) 代入式 (4.151)，得到

$$\mathrm{Cov}_{\boldsymbol{x}_0|\boldsymbol{s}}\{\hat{\boldsymbol{x}}_0\} \simeq \boldsymbol{X}^{-1} + \boldsymbol{X}^{-1}\boldsymbol{Y}\boldsymbol{\Sigma}_{\boldsymbol{s}}\boldsymbol{Y}^{\mathrm{T}}\boldsymbol{X}^{-1} \tag{4.153}$$

将式 (4.153) 和式 (4.102) 进行对比，得到式 (4.150)，命题得证。

距离差观测模型失配条件下，定理 4.4 揭示了观测站位置误差下的失配模型中加权最小二乘意义下的定位算法是最优估计。

4.5 数值仿真与验证

4.5.1 多维标度定位与其他定位算法比较

实验 1 比较验证多维标度定位与其他定位算法的性能。使用均方位置误差衡量每一种估计算法的性能，定义为 $\mathbb{E}[(\hat{\boldsymbol{x}}_0-\boldsymbol{x}_0)^{\mathrm{T}}(\hat{x}_0-\boldsymbol{x}_0)]$，对应着协方差矩阵式 (4.82) 的对角元素之和。位置的克拉默-拉奥下界 (CRLB) 使用矩阵式 (4.4) 的对角元素之和。现有其他距离定位有线性迭代定位算法、线性定位算法和线性校

正定位算法。其中，线性迭代定位算法需要初始值，这里不参与比较。线性定位算法的典型代表是球面插值 (spherical interpolation, SI) 算法[139–141]，线性校正定位算法的典型代表是 Chan 算法[150]。实验中考虑六个观测站的三维定位情况，它们的位置坐标分别是 [300, 100, 150]m、[400, 150, 100]m、[300, 500, 200]m、[350, 200, 100]m、[−100, 100, −100]m 和 [500, 400, 300]m。距离差观测噪声向量 $\boldsymbol{n}$ 服从零均值的高斯分布，即 $\boldsymbol{n} \sim \mathcal{N}(\boldsymbol{0}, \sigma^2\boldsymbol{\Theta})$，这里 σ^2 为距离差测量方差，$\boldsymbol{\Theta}$ 是对角线元素是 1、其他元素是 0.5 的矩阵[150]。所有结果都是仿真 10000 次的平均值。

在第一组数值仿真验证中，先考虑近场目标辐射源，位置设定为 [280,325, 275]m，图 4.1 给出了近场目标辐射源定位算法性能随着测量方差 σ^2 的变化曲线。再考虑远场目标辐射源，位置设定为 [2000, 2500, 3000]m，图 4.2 给出了远场目标辐射源定位算法性能随着测量方差 σ^2 的变化曲线。

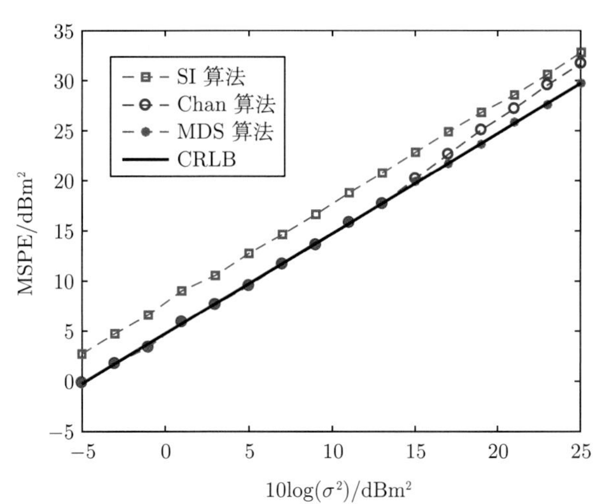

图 4.1　近场目标辐射源定位算法性能随测量方差 σ^2 的变化曲线
MDS 算法曲线与 CRLB 曲线重合

在图 4.1 中，SI 算法偏离克拉默-拉奥下界 (CRLB) 较远，是次优解，多维标度定位算法与 Chan 算法性能相当，都能达到位置估计的克拉默-拉奥下界 (CRLB)，属于最优解。不过，随着距离差测量方差的增加，Chan 算法的非线性门限效应比多维标度定位算法出现早 12dB 左右。这说明了多维标度定位算法能够有效地抑制测量误差，表现出了良好的稳健性和准确性。在图 4.2 中，当距离差测量方差较小时，多维标度定位算法、Chan 算法和 SI 算法性能基本相当，当距离差测量方差较大时，SI 算法开始偏离克拉默-拉奥下界 (CRLB)，多维标度定位算法略优于 Chan 算法。

在第二组数值仿真验证中，目标辐射源位置在中心为 [0, 0, 0]m、边长为 1000m 的正方体内随机均匀分布，其他条件重复第一组的数组仿真验证，结果如图 4.3

所示。注意，此时目标位置的克拉默-拉奥下界 (CRLB) 是所有随机位置的统计平均值。在图 4.3 中，SI 算法明显偏离克拉默-拉奥下界 (CRLB)，而多维标度定位算法与 Chan 算法在距离差测量方差较小时，都能达到克拉默-拉奥下界 (CRLB)。不过，随着距离差测量方差的增加，Chan 算法的非线性门限效应比多维标度定位算法出现早 5dB 左右。这也说明了多维标度定位算法能够有效地抑制测量误差，同样表现了良好的稳健性和准确性。

第一组和第二组的实验都表明，多维标度定位算法明显优于现有线性定位算法，并优于现有线性校正定位算法。多维标度定位算法能够有效地抑制测量参数中的误差，获得良好的稳健性和准确性。

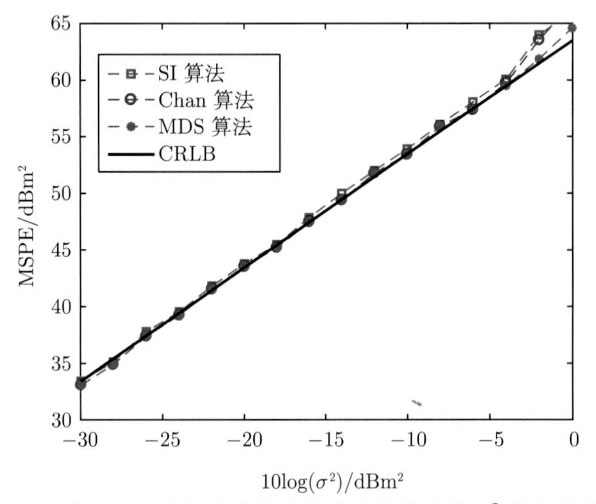

图 4.2　远场目标辐射源定位算法性能随测量方差 σ^2 的变化曲线

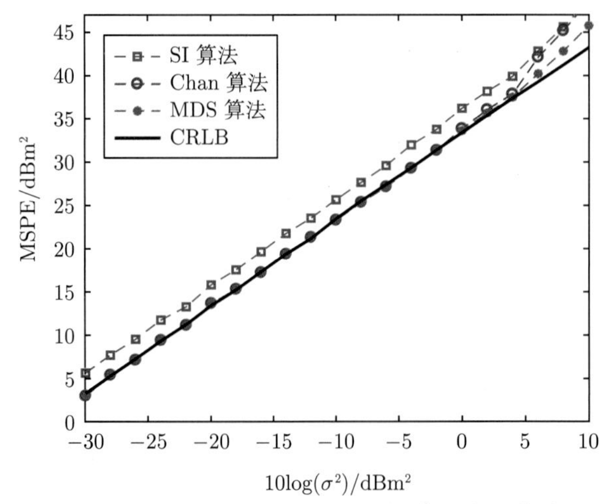

图 4.3　定位算法性能随测量方差 σ^2 的变化曲线

4.5.2　观测站位置误差下多维标度定位验证

实验 2　仿真验证观测站存在位置误差条件下的多维标度定位性能，这里还比较了不存在位置误差的克拉默-拉奥下界 $\mathrm{CRLB}(\boldsymbol{x}_0)$ [式 (4.4)]、忽略位置误差的均方差 $\mathrm{MSE}_{\boldsymbol{x}_0|\boldsymbol{s}}(\boldsymbol{x}_0)$ [式 (4.102)] 和考虑位置误差的克拉默-拉奥下界 $\mathrm{CRLB}_{\boldsymbol{x}_0,\boldsymbol{s}}(\boldsymbol{x}_0)$ [式 (4.98)]。忽略观测站位置误差时，使用多维标度估计式 (4.82)，考虑观测站位置误差时，使用多维标度估计式 (4.130)，它们之间的区别体现在是否使用观测站位置误差的统计特性 $\boldsymbol{\Sigma}_{\boldsymbol{s}}$。当观测站存在位置误差时，衡量多维标度定位算法性能的均方位置误差对应着协方差矩阵式 (4.134) 的对角元素之和，忽略观测站位置误差时均方位置误差对应着协方差矩阵式 (4.82) 的对角元素之和。

数值仿真验证与 4.5.1 节实验 1 类似，六个观测站 $\boldsymbol{s}_m$ 的位置误差 $\boldsymbol{n}_{\boldsymbol{s}_m}$ 服从独立零均值的高斯分布，即 $\boldsymbol{n}_{\boldsymbol{s}_m} \sim \mathcal{N}\left(\boldsymbol{0}, \sigma_{s_m}^2 \boldsymbol{I}_3\right)$，这里 $\sigma_{s_m}^2$ 是观测站 $\boldsymbol{s}_m$ 坐标的方差，观测站的协方差矩阵分别设置为 $10\sigma_s^2\boldsymbol{I}_3$、$4\sigma_s^2\boldsymbol{I}_3$、$2\sigma_s^2\boldsymbol{I}_3$、$40\sigma_s^2\boldsymbol{I}_3$、$5\sigma_s^2\boldsymbol{I}_3$ 和 $\sigma_s^2\boldsymbol{I}_3$。距离差测量 r_{m1} 的观测噪声 n_{m1} 如 4.5.1 节实验 1 所示，与观测站位置误差独立，观测噪声向量 $\boldsymbol{n}$ 服从零均值的高斯分布，即 $\boldsymbol{n} \sim N\left(\boldsymbol{0}, \sigma^2\boldsymbol{\Theta}\right)$，这里设定 $\sigma^2 = 0.001$。所有结果都是仿真 10000 次的平均值。

在第一组数值仿真验证中，先考虑近场目标辐射源，位置设定为 [280,325, 275]m，图 4.4 给出了近场辐射源定位算法性能随着 σ_s^2/σ^2 的变化曲线。

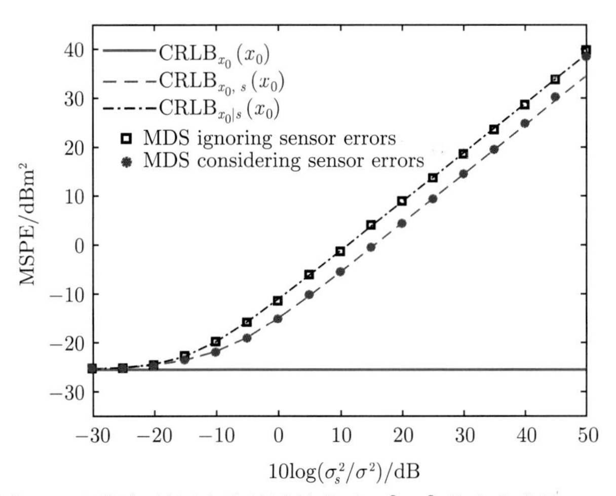

图 4.4　近场辐射源定位算法性能随 σ_s^2/σ^2 的变化曲线 (一)

MDS ignoring sensor errors 为忽略观测站位置误差的多维标度，MDS considering sensor errors 为考虑观测站位置误差的多维标度，后文余同

从图 4.4 可以看出，对于近场目标辐射源，忽略观测站位置误差的多维标度定位性能，达到了对应的均方差 $\mathrm{MSE}_{\boldsymbol{x}_0|\boldsymbol{s}}(\boldsymbol{x}_0)$ [式 (4.102)]；考虑观测站位置误差的多维标度定位性能，达到了对应的克拉默-拉奥下界 $\mathrm{CRLB}_{\boldsymbol{x}_0,\boldsymbol{s}}(\boldsymbol{x}_0)$ [式 (4.98)]；

而忽略观测站位置误差的克拉默-拉奥下界 CRLB $(\boldsymbol{x}_0)$ [式 (4.4)] 是最松的界，对最优算法并不具有指导意义。此外，考虑观测站位置误差的多维标度定位性能，明显超过了忽略观测站位置误差的定位算法定位性能，这也验证了推论 4.1 的理论结论式 (4.103)。

特别地，当观测站位置误差也服从相同的高斯分布时，即 $\boldsymbol{n}_{\boldsymbol{s}_m} \sim N(\mathbf{0}, \sigma_s^2 \boldsymbol{I}_3)$，图 4.5 给出了近场辐射源定位算法性能随着 σ_s^2/σ^2 的变化曲线。从图 4.5 可以看出，考虑位置误差的克拉默-拉奥下界 $\mathrm{CRLB}_{\boldsymbol{x}_0,\boldsymbol{s}}(\boldsymbol{x}_0)$ 和忽略位置误差的均方差 $\mathrm{MSE}_{\boldsymbol{x}_0|\boldsymbol{s}}(\boldsymbol{x}_0)$ 是一样的。与此同时，无论是否考虑观测站位置误差，对应的多维标度定位性能也是一样的。这些结论验证了推论 4.1 中取等号的条件式 (4.108)。

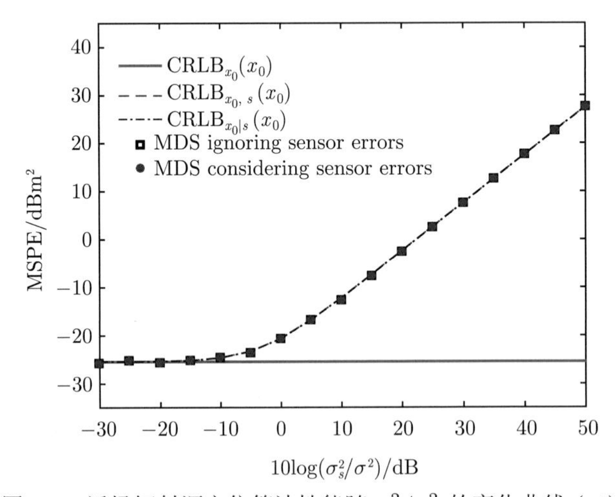

图 4.5　近场辐射源定位算法性能随 σ_s^2/σ^2 的变化曲线 (二)

再考虑远场目标辐射源，位置设定为 [2000, 2500, 3000]m，图 4.6 给出了远场辐射源定位算法性能随着 σ_s^2/σ^2 的变化曲线。

从图 4.6 可以看出，对于远场目标辐射源，忽略观测站位置误差的多维标度定位性能，达到了对应的均方差 $\mathrm{MSE}_{\boldsymbol{x}_0|\boldsymbol{s}}(\boldsymbol{x}_0)$ [式 (4.102)]；考虑观测站位置误差的多维标度定位性能，达到了对应的克拉默-拉奥下界 $\mathrm{CRLB}_{\boldsymbol{x}_0,\boldsymbol{s}}(\boldsymbol{x}_0)$ [式 (4.98)]；而忽略观测站位置误差的克拉默-拉奥下界 CRLB $(\boldsymbol{x}_0)$ [式 (4.4)] 是最松的界，对最优算法并不具有指导意义。这同样也验证了推论 4.1 的理论结论式 (4.103)。

特别地，当观测站位置误差也服从相同的高斯分布时，即 $\boldsymbol{n}_{\boldsymbol{s}_m} \sim \mathcal{N}(\mathbf{0}, \sigma_s^2 \boldsymbol{I}_3)$，图 4.7 给出了远场辐射源定位算法性能随着 σ_s^2/σ^2 的变化曲线。从图 4.7 可以看出，对于远场辐射源而言，考虑位置误差的克拉默-拉奥下界 $\mathrm{CRLB}_{\boldsymbol{x}_0,\boldsymbol{s}}(\boldsymbol{x}_0)$ 和忽略位置误差的均方差 $\mathrm{MSE}_{\boldsymbol{x}_0|\boldsymbol{s}}(\boldsymbol{x}_0)$ 是一样的。与此同时，无论是否考虑观测站位置误差，对应的多维标度定位性能也是一样的。这些结论同样验证了推论 4.1 中取等号的条件式 (4.108)。

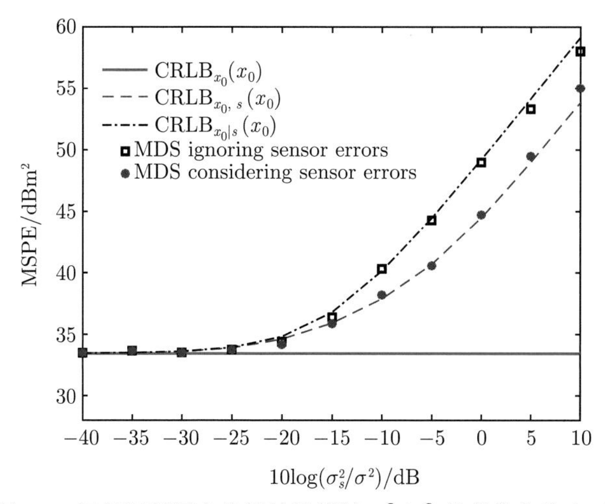

图 4.6　远场辐射源定位算法性能随 σ_s^2/σ^2 的变化曲线 (一)

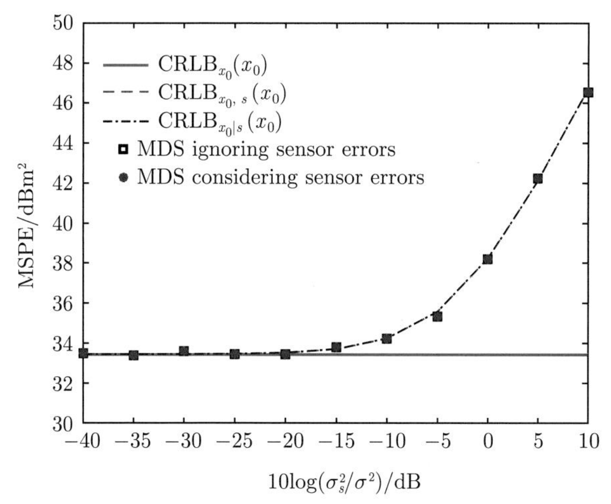

图 4.7　远场辐射源定位算法性能随 σ_s^2/σ^2 的变化曲线 (二)

在第二组数值仿真验证中，目标辐射源位置在中心为 [0, 0, 0]m，边长为 1000m 的正方体内随机均匀分布，其他条件重复第一组的数组仿真验证，结果如图 4.8 所示。注意，此时目标位置的克拉默-拉奥下界 (CRLB) 和均方差都是所有随机位置的统计平均值。

图 4.8 揭示如下结论：考虑观测站位置误差的多维标度定位性能，能够达到对应的克拉默-拉奥下界 $\mathrm{CRLB}_{\boldsymbol{x}_0,\boldsymbol{s}}(\boldsymbol{x}_0)$；忽略观测站位置误差的多维标度定位性能，能够达到对应的均方差 $\mathrm{MSE}_{\boldsymbol{x}_0|\boldsymbol{s}}(\boldsymbol{x}_0)$；观测站位置不存在误差的克拉默-拉奥下界 $\mathrm{CRLB}_{\boldsymbol{x}_0}(\boldsymbol{x}_0)$ 是最松的，它不具有实际指导意义。

特别地，当观测站位置误差也服从相同的高斯分布时，即 $\boldsymbol{n}_{\boldsymbol{s}_m} \sim \mathcal{N}(\boldsymbol{0}, \sigma_s^2\boldsymbol{I}_3)$，

图 4.9 给出了随机分布辐射源定位算法性能随着 σ_s^2/σ^2 的变化曲线。此时，考虑位置误差的克拉默-拉奥下界 $\mathrm{CRLB}_{\boldsymbol{x}_0,\boldsymbol{s}}(\boldsymbol{x}_0)$ 和忽略位置误差的均方差 $\mathrm{MSE}_{\boldsymbol{x}_0|\boldsymbol{s}}(\boldsymbol{x}_0)$ 是一样的。与此同时，无论是否考虑观测站的位置误差，对应的多维标度性能也是一样的。这些结论同样验证了推论 4.1 中取等号的条件式 (4.108)。

第一组和第二组的实验仿真验证了如下结论：当观测站位置存在误差时，如果这些位置误差不满足独立同分布的统计特性，则需要考虑位置误差对定位性能的影响；如果这些位置误差具有独立同分布的统计特性，则不再需要考虑位置误差的影响。

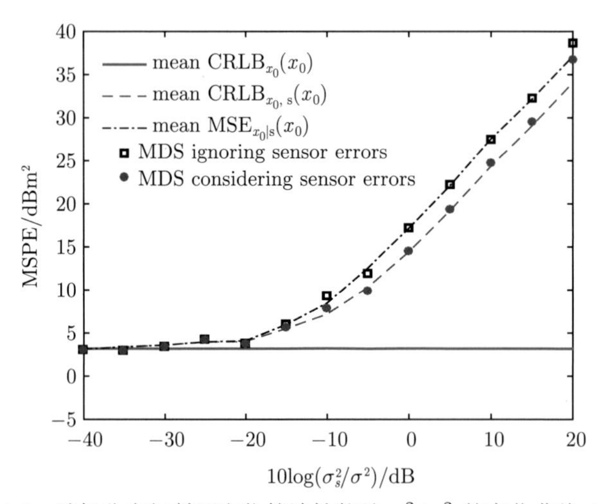

图 4.8　随机分布辐射源定位算法性能随 σ_s^2/σ^2 的变化曲线 (一)

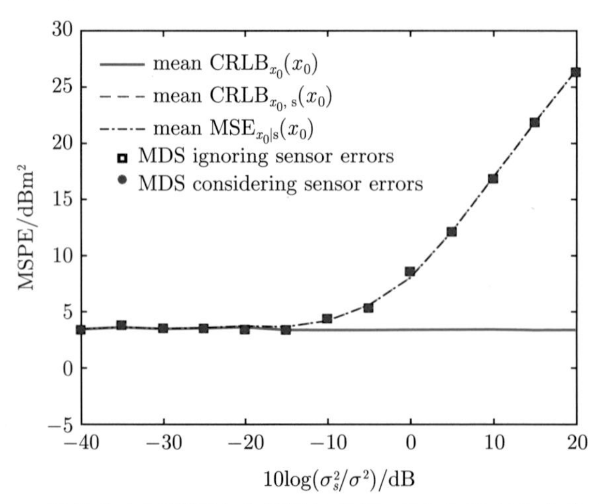

图 4.9　随机分布辐射源定位算法性能随 σ_s^2/σ^2 的变化曲线 (二)

第 5 章　多普勒空间多维标度定位

当观测站与目标之间存在相对运动时，会出现多普勒效应现象。对于目标辐射出的信号而言，多普勒效应表现在观测站接收信号的载波频率变化上，它们对应着观测站与目标之间相对距离的变化率。针对某一目标，以任一观测站为基准，多普勒观测就是在测量基准观测站与其他观测站接收信号之间的到达时间差的基础上，进一步测量接收信号的到达频率差 (frequency difference of arrival, FDOA)[119–122]，它们可以转化为基准观测站和其他观测站相对于目标之间的距离差 (range-difference) 以及距离差的变化率 (range-difference rate)。根据含有目标坐标的距离差及其变化率测量集合，可以实现目标位置和速度的估计。因此，采用距离差及其变化率的定位体制，也称为时差频差联合 (TDOA/FDOA) 定位[119,151,152]。

多普勒空间就是针对某一目标，以任一观测站为基准，其他所有观测站与基准观测站相对目标形成的多普勒观测集合所张成的空间。多普勒空间多维标度定位就是通过某种映射关系，将多普勒观测集合映射到新空间对象点之间的某种“距离”集合，获得新空间对象点之间的相似度 (相异度)，进而可以在新空间内重构出对象点的坐标。因此，多普勒空间多维标度定位的核心，在于构造距离差及其变化率集合到某种“距离”集合的映射关系。

本章从多普勒运动学机理与距离差及其变化率定位模型出发，给出定位性能理论下界，并以此作为标尺，衡量和检验后续多维标度定位的性能。本章主要内容包括多普勒空间定位模型与克拉默-拉奥下界 (CRLB)、多普勒空间多维标度及其性质、多普勒空间多维标度定位算法及最优证明[189,194]、观测站误差下多普勒空间多维标度定位等，最后给出各类多维标度定位方法的数值仿真与验证。

5.1　多普勒空间定位模型与克拉默-拉奥下界 (CRLB)

5.1.1　多普勒效应的运动学机理

目标辐射源和观测站之间出现相对运动时，将产生多普勒效应。下面从运动学机理来分析多普勒效应对观测站接收信号的影响。

设起始时刻目标辐射源和观测站之间的距离为 R_0，在 t 时刻它们的距离可以表示为 $R = R_0 + \dot{R}t$，其中 $\dot{R}$ 是距离对时间的导数，也就是相对速度。设信号在介质中的传播速度为 v，如声音信号在空气中的传播速度约为 340m/s，声音信号在海水中的传播速度约为 1500m/s，电磁波信号的传播速度约为 3×10^8m/s，则目标信号经过时间 $R/v = R_0/v + \dot{R}t/v$ 到达观测站。

将目标辐射源信号表示成 $s(t) = a(t)\mathrm{e}^{-\mathrm{j}(2\pi f_c t+\varphi_0)}$，其中 $a(t)$ 为基带复信号，f_c 为载波频率，φ_0 为初始相位。到达观测站的信号就是目标辐射源信号经过路径时间延迟后变成 $y(t)$，可以表示为

$$y(t) = ra\left(t - \frac{R_0}{v} - \frac{\dot{R}}{v}t\right)\mathrm{e}^{-\mathrm{j}2\pi f_c\left(t-\frac{R_0}{v}-\frac{\dot{R}}{v}t\right)-\mathrm{j}\varphi_0} \tag{5.1}$$

其中，r 是幅度衰减。

目标辐射源和观测站之间的多普勒效应，通常使用参数时延 τ 和时间尺度因子 σ 来描述

$$\tau = \frac{R_0}{v}\left(1 - \frac{\dot{R}}{v}\right) \simeq \frac{R_0}{v}, \quad \sigma = \frac{v}{v-\dot{R}} \tag{5.2}$$

其中，相对运动的速度远小于信号传播速度，即 $\dot{R} \ll v$。当目标辐射源和观测站相向运动时，时间尺度因子 $\sigma< 1$，接收信号的时间被拉伸；当两者背向运动时，时间尺度因子 $\sigma > 1$，接收信号的时间被压缩。时间尺度因子，也称为多普勒扩展因子，在窄带信号和宽带信号处理中应用广泛[272–274]。

观测站接收信号式 (5.1) 可以简化为

$$y(t) = ra\left(\frac{t-\tau}{\sigma}\right)\mathrm{e}^{-\mathrm{j}2\pi f_c\left(\frac{t-\tau}{\sigma}\right)-\mathrm{j}\varphi_0} \tag{5.3}$$

当目标辐射源信号 $s(t) = a(t)\mathrm{e}^{\mathrm{j}(2\pi f_c t+\varphi_0)}$ 的带宽远远小于信号的载波频率 f_c 时，信号可以认为是窄带的。此时，基带信号 $a(t)$ 是缓慢变化的，时间尺度因子 σ 在基带信号时间上的压缩或拉伸可以忽略[274]，即 $\sigma \simeq 1$。则观测站的接收信号变成

$$y(t) = s(t-\tau)\mathrm{e}^{-\mathrm{j}2\pi f_d t} \tag{5.4}$$

其中，f_d 是多普勒频移，即

$$f_d = \frac{\dot{R}}{v}f_c \tag{5.5}$$

总之，尽管多普勒效应在接收信号中体现为多普勒扩展[275]，但是对于绝大部分信号 (超宽带信号除外) 而言，多普勒效应可以近似为多普勒频移，即接收信号的频率在原始的载波频率上发生了微小的移动，该频率移动包含了相对运动信息，正比于相对距离的变化率。

5.1.2 距离差及其变化率定位模型与克拉默-拉奥下界 (CRLB)

假定目标辐射源位置坐标为 $\boldsymbol{x}_0=[x_0,y_0,z_0]^{\mathrm{T}}$，速度坐标为 $\boldsymbol{x}_0=[\dot{x}_0,\dot{y}_0,\dot{z}_0]^{\mathrm{T}}$，其中 $[\cdot]^{\mathrm{T}}$ 表示矩阵转置。M 个观测站的位置为 $\boldsymbol{x}_m=[x_m,y_m,z_m]^{\mathrm{T}}$，速度坐标为 $\dot{\boldsymbol{x}}_m=[\dot{x}_m,\dot{y}_m,\dot{z}_m]^{\mathrm{T}}\,(m=1,2,\cdots,M)$。这里考虑三维空间多普勒测量的定位问题，二维空间定位是三维的特殊情况。

不失一般性，选择第一个观测站作为参考，与其他观测站相对于目标位置形成的距离差及其变化率作为多普勒空间的观测量。距离差 $r_{m1}(m=2,3,\cdots,M)$ 通常用信号到达时间差 t_{m1} 来测量，即 $r_{m1}=vt_{m1}$。距离差变化率 $\dot{r}_{m1}(m=2,3,\cdots,M)$ 通常用信号到达频率差 f_{m1} 来测量[151,152]，根据式 (5.5)，可以表示为 $\dot{r}_{m1}=vf_{m1}/f_c$。

距离差测量 r_{m1} 及其变化率 $\dot{r}_{m1}(m=2,3,\cdots,M)$ 对应着受观测噪声影响的真实距离差 d_{m1} 及其变化率 $\dot{d}_{m1}$，则多普勒空间定位问题可建模为

$$\begin{cases} r_{m1}=d_{m1}+n_{m1} \\ \dot{r}_{m1}=\dot{d}_{m1}+\dot{n}_{m1} \end{cases} \tag{5.6}$$

其中，n_{m1} 和 $\dot{n}_{m1}(m=2,3,\cdots,M)$ 表示距离差及其变化率的测量噪声，一般是零均值高斯噪声，组成了向量 $\boldsymbol{n}=[n_{21},n_{31},\cdots,n_{M1},\dot{n}_{21},\dot{n}_{31},\cdots,\dot{n}_{M1}]^{\mathrm{T}}$，其协方差矩阵为 $\boldsymbol{\Sigma}=\mathbb{E}\{\boldsymbol{n}\boldsymbol{n}^{\mathrm{T}}\}$。

真实距离差 $d_{m1}(m=2,3,\cdots,M)$ 如式 (4.2) 所示：

$$d_{m1}=d_m-d_1=\|\boldsymbol{x}_0-\boldsymbol{x}_m\|-\|\boldsymbol{x}_0-\boldsymbol{x}_1\| \tag{5.7}$$

其中，$d_m=\|\boldsymbol{x}_0-\boldsymbol{x}_m\|(m=1,2,\cdots,M)$ 是目标 $\boldsymbol{x}_0$ 到观测站 $\boldsymbol{x}_m$ 的距离。

真实距离差变化率 $\dot{d}_{m1}(m=2,3,\cdots,M)$ 可以表示为

$$\dot{d}_{m1}=\dot{d}_m-\dot{d}_1=\boldsymbol{\rho}_m^{\mathrm{T}}\left(\dot{\boldsymbol{x}}_0-\dot{\boldsymbol{x}}_m\right)-\boldsymbol{\rho}_1^{\mathrm{T}}\left(\dot{\boldsymbol{x}}_0-\dot{\boldsymbol{x}}_1\right) \tag{5.8}$$

其中，$\dot{d}_m=\boldsymbol{\rho}_m^{\mathrm{T}}(\dot{\boldsymbol{x}}_0-\dot{\boldsymbol{x}}_m)$ 为目标 $\boldsymbol{x}_0$ 到观测站 $\boldsymbol{x}_m$ 之间的距离变化率；$\boldsymbol{\rho}_m$ 为目标位置 $\boldsymbol{x}_0$ 到观测站位置 $\boldsymbol{x}_m$ 的径向单位向量

$$\boldsymbol{\rho}_m=\frac{\boldsymbol{x}_0-\boldsymbol{x}_m}{\|\boldsymbol{x}_0-\boldsymbol{x}_m\|} \tag{5.9}$$

多普勒空间中，距离差及其变化率定位模型式 (5.6) 可以写成矩阵的形式：

$$\boldsymbol{m}=\boldsymbol{m}^o+\boldsymbol{n} \tag{5.10}$$

其中，$\boldsymbol{m} = [\boldsymbol{r}^{\mathrm{T}}, \dot{\boldsymbol{r}}^{\mathrm{T}}]^{\mathrm{T}} = [r_{21}, r_{31}, \cdots, r_{M1}, \dot{r}_{21}, \dot{r}_{31}, \cdots, \dot{r}_{M1}]^{\mathrm{T}}$ 为距离差及其变化率测量向量；$\boldsymbol{m}^o = [\boldsymbol{d}^{\mathrm{T}}, \dot{\boldsymbol{d}}^{\mathrm{T}}]^{\mathrm{T}} = [d_{21}, d_{31}, \cdots, d_{M1}, \dot{d}_{21}, \dot{d}_{31}, \cdots, \dot{d}_{M1}]^{\mathrm{T}}$ 为距离差及其变化率真实向量。

距离差及其变化率定位模型式 (5.10)，可以描述为从含有观测误差 $\boldsymbol{n}$ 的观测量 $\boldsymbol{m}$ 中估计出未知参数 $\boldsymbol{\theta} = [\boldsymbol{x}_0^{\mathrm{T}}, \dot{\boldsymbol{x}}_0^{\mathrm{T}}]^{\mathrm{T}}$。因此，多普勒定位问题也是典型的参数估计问题。克拉默-拉奥下界 (CRLB) 是描述参数估计性能的重要理论工具，它是任意无偏估计量方差的下界。目标辐射源位置和速度估计的克拉默-拉奥下界 (CRLB) 是

$$\mathrm{CRLB}(\boldsymbol{\theta}) = \left\{ \left(\frac{\partial \boldsymbol{m}^o}{\partial \boldsymbol{\theta}} \right)^{\mathrm{T}} \boldsymbol{\Sigma}^{-1} \left(\frac{\partial \boldsymbol{m}^o}{\partial \boldsymbol{\theta}} \right) \right\}^{-1} \tag{5.11}$$

其中，梯度矩阵 $\partial \boldsymbol{m}^o / \partial \boldsymbol{\theta}$ 为

$$\frac{\partial \boldsymbol{m}^o}{\partial \boldsymbol{\theta}} = \begin{bmatrix} \dfrac{\partial \boldsymbol{d}}{\partial \boldsymbol{x}_0} & \dfrac{\partial \boldsymbol{d}}{\partial \dot{\boldsymbol{x}}_0} \\ \dfrac{\partial \dot{\boldsymbol{d}}}{\partial \boldsymbol{x}_0} & \dfrac{\partial \dot{\boldsymbol{d}}}{\partial \dot{\boldsymbol{x}}_0} \end{bmatrix} \tag{5.12}$$

其中，$\partial \boldsymbol{d} / \partial \boldsymbol{x}_0$ 如式 (4.5) 所示，其他的梯度矩阵分别为

$$\partial \boldsymbol{d} / \partial \dot{\boldsymbol{x}}_0 = \boldsymbol{O}_{(M-1)\times 3} \tag{5.13}$$

$$\partial \dot{\boldsymbol{d}} / \partial \dot{\boldsymbol{x}}_0 = \partial \boldsymbol{d} / \partial \boldsymbol{x}_0 = \begin{bmatrix} \boldsymbol{\rho}_2^{\mathrm{T}} - \boldsymbol{\rho}_1^{\mathrm{T}} \\ \boldsymbol{\rho}_3^{\mathrm{T}} - \boldsymbol{\rho}_1^{\mathrm{T}} \\ \vdots \\ \boldsymbol{\rho}_M^{\mathrm{T}} - \boldsymbol{\rho}_1^{\mathrm{T}} \end{bmatrix} \tag{5.14}$$

$$\partial \dot{\boldsymbol{d}} / \partial \boldsymbol{x}_0 = \begin{bmatrix} \dot{\boldsymbol{\rho}}_2^{\mathrm{T}} - \dot{\boldsymbol{\rho}}_1^{\mathrm{T}} \\ \dot{\boldsymbol{\rho}}_3^{\mathrm{T}} - \dot{\boldsymbol{\rho}}_1^{\mathrm{T}} \\ \vdots \\ \dot{\boldsymbol{\rho}}_M^{\mathrm{T}} - \dot{\boldsymbol{\rho}}_1^{\mathrm{T}} \end{bmatrix} \tag{5.15}$$

$$\dot{\boldsymbol{\rho}}_m = \frac{\dot{\boldsymbol{x}}_0 - \dot{\boldsymbol{x}}_m}{\|\boldsymbol{x}_0 - \boldsymbol{x}_m\|} - \frac{\dot{d}_m}{d_m} \boldsymbol{\rho}_m \tag{5.16}$$

5.2 多普勒空间多维标度及其性质

5.2.1 多普勒空间多维标度分析

一般来说，多维标度采用距离来表现对象或点之间的相似性。在多普勒定位中，没有距离，仅有距离差及其变化率。如果采用多维标度来研究多普勒定位问

题，就需要将距离差及其变化率构造成某个空间内的距离表示。4.2 节距离差空间中，将距离差作为一个纯虚数维度引入三维位置空间[189,193]，构造了一种含有纯虚维度的特殊四维空间。在这个特殊空间内，对象点之间“距离”可以通过距离差表示出来，从而获得特殊空间内对象点之间的相似度 (相异度)。

在多普勒空间中，注意到距离差变化率是对距离差求时间的导数，那么，在多维标度框架内，对距离差空间内积矩阵求时间的导数，就得到了距离差变化率内积矩阵。因此，4.2 节构造的特殊四维复空间仍然适应于多普勒空间内距离差及其变化率定位的多维标度分析[194]。

在四维复空间内，目标位置坐标变成 $\boldsymbol{z}_0 = [x_0, y_0, z_0, \mathrm{i}d_{01}]^{\mathrm{T}}$，速度坐标变成 $\dot{z}_0 = [\dot{x}_0, \dot{y}_0, \dot{z}_0, \mathrm{i}\dot{d}_{01}]^{\mathrm{T}}$，其中 $d_{01} = -d_1$ 和 $\dot{d}_{01} = -\dot{d}_1$。观测站的位置坐标变成了 $\boldsymbol{z}_m = [x_m, y_m, z_m, \mathrm{i}d_{m1}]^{\mathrm{T}}$，速度坐标变成了 $\dot{z}_m = [\dot{x}_m, \dot{y}_m, \dot{z}_m, \mathrm{i}\dot{d}_{m1}]^{\mathrm{T}}$，其中 $m = 1, 2, \cdots, M$，$d_{11} = 0$，$\dot{d}_{11} = 0$。这里 i 为虚数单位，$\mathrm{i}^2 = -1$。

3.5 节已经证明了参考原点对多维标度定位性能的最优性没有影响[203]，为了简化后续推导，这里只考虑一种参考原点的选择方式，即选择待确定的目标位置坐标 $\boldsymbol{z}_0 = [x_0, y_0, z_0, \mathrm{i}d_{01}]^{\mathrm{T}}$ 作为距离差空间的参考原点，速度坐标 $\dot{z}_0 = [\dot{x}_0, \dot{y}_0, \dot{z}_0, \mathrm{i}\dot{d}_{01}]^{\mathrm{T}}$ 作为距离差变化率空间的参考原点。

首先，位置坐标中心化矩阵，记为 $\boldsymbol{Z}$，表示为

$$\boldsymbol{Z} = [\boldsymbol{z}_1 - \boldsymbol{z}_0, \boldsymbol{z}_2 - \boldsymbol{z}_0, \cdots, \boldsymbol{z}_M - \boldsymbol{z}_0]^{\mathrm{T}} \tag{5.17}$$

距离差空间内积矩阵 $\boldsymbol{B} = \boldsymbol{Z}\boldsymbol{Z}^{\mathrm{T}}$，有 $\mathrm{rank}\{\boldsymbol{B}\} = \mathrm{rank}\{\boldsymbol{Z}\} = 4$，其元素 $[\boldsymbol{B}]_{mn}$ 为

$$[\boldsymbol{B}]_{mn} = \frac{1}{2}\left[(d_{m1} - d_{n1})^2 - \|\boldsymbol{x}_m - \boldsymbol{x}_n\|^2\right] \tag{5.18}$$

其次，速度坐标中心化矩阵，记为 $\dot{\boldsymbol{Z}}$，表示为

$$\dot{\boldsymbol{Z}} = [\dot{z}_1 - \dot{z}_0, \dot{z}_2 - \dot{z}_0, \cdots, \dot{z}_M - \dot{z}_0]^{\mathrm{T}} \tag{5.19}$$

定义距离差变化率空间内积矩阵，记为 $\dot{\boldsymbol{B}}$，根据距离差变化率是距离差对时间的导数[267]，可以得到内积矩阵 $\dot{\boldsymbol{B}}$ 为

$$\dot{\boldsymbol{B}} = \dot{\boldsymbol{Z}}\boldsymbol{Z}^{\mathrm{T}} + \boldsymbol{Z}\dot{\boldsymbol{Z}}^{\mathrm{T}} \tag{5.20}$$

通过对矩阵 $\boldsymbol{B}$ 的元素 $[\boldsymbol{B}]_{mn}$ [式 (5.18)] 求时间的导数，就能获得内积矩阵 $\dot{\boldsymbol{B}}$ 的元素 $[\dot{\boldsymbol{B}}]_{mn}$，具体为

$$\left[\dot{\boldsymbol{B}}\right]_{mn} = (d_{m1} - d_{n1})\left(\dot{d}_{m1} - \dot{d}_{n1}\right) - (\boldsymbol{x}_m - \boldsymbol{x}_n)^{\mathrm{T}}(\dot{\boldsymbol{x}}_m - \dot{\boldsymbol{x}}_n) \tag{5.21}$$

其中，$m, n = 1, 2, \cdots, M$。

因此，4.2 节的定理 4.1 可以拓展到多普勒空间，得到定理 5.1。

定理 5.1[194] 在多普勒空间多维标度框架内，目标位置 $\boldsymbol{x}_0$ 和速度 $\dot{\boldsymbol{x}}_0$ 与内积矩阵 $\boldsymbol{B}$ 和 $\dot{\boldsymbol{B}}$、观测站坐标以及距离差及其变化率之间具有如下线性关系：

$$\boldsymbol{BA}\begin{bmatrix} 1 \\ \boldsymbol{x}_0 \\ d_{01} \end{bmatrix} = \boldsymbol{0}_M \tag{5.22}$$

$$\left(\dot{\boldsymbol{B}}\boldsymbol{A} + \boldsymbol{B}\dot{\boldsymbol{A}}\right)\begin{bmatrix} 1 \\ \boldsymbol{x}_0 \\ d_{01} \end{bmatrix} + \boldsymbol{BA}\begin{bmatrix} 0 \\ \dot{\boldsymbol{x}}_0 \\ \dot{d}_{01} \end{bmatrix} = \boldsymbol{0}_M \tag{5.23}$$

其中，矩阵 $\boldsymbol{A} = \boldsymbol{R}^{\mathrm{T}}(\boldsymbol{R}\boldsymbol{R}^{\mathrm{T}})^{-1}$；矩阵 $\dot{\boldsymbol{A}} = -\boldsymbol{A}\dot{\boldsymbol{R}}\boldsymbol{A} + (\boldsymbol{I}_M - \boldsymbol{A}\boldsymbol{R})\dot{\boldsymbol{R}}^{\mathrm{T}}\boldsymbol{A}^{\mathrm{T}}\boldsymbol{A}$，矩阵 $\boldsymbol{R}$ 和 $\dot{\boldsymbol{R}}$ 都是 $5 \times M$ 的矩阵：

$$\boldsymbol{R} = \begin{bmatrix} 1 & 1 & \cdots & 1 \\ \boldsymbol{x}_1 & \boldsymbol{x}_2 & \cdots & \boldsymbol{x}_M \\ 0 & d_{21} & \cdots & d_{M1} \end{bmatrix} \tag{5.24}$$

$$\dot{\boldsymbol{R}} = \begin{bmatrix} 0 & 0 & \cdots & 0 \\ \dot{\boldsymbol{x}}_1 & \dot{\boldsymbol{x}}_2 & \cdots & \dot{\boldsymbol{x}}_M \\ 0 & \dot{d}_{21} & \cdots & \dot{d}_{M1} \end{bmatrix} \tag{5.25}$$

证明 4.2 节的定理 4.1 式 (4.12) 就是对应着多普勒空间中的式 (5.22)；针对 4.2 节的定理 4.1 式 (4.12)，直接求标量时间的导数[267]，就得到式 (5.23)。命题得证。

在多普勒空间多维标度框架内，定理 5.1 揭示了目标位置速度坐标与多维标度内积矩阵的线性关系。定理 5.1 式 (5.22) 和式 (5.23) 重新写成矩阵形式

$$\underbrace{\begin{bmatrix} \boldsymbol{BA} & \boldsymbol{O} \\ \dot{\boldsymbol{B}}\boldsymbol{A} + \boldsymbol{B}\dot{\boldsymbol{A}} & \boldsymbol{BA} \end{bmatrix}}_{\boldsymbol{H}_0}\underbrace{\begin{bmatrix} 1 \\ \boldsymbol{x}_0 \\ d_{01} \\ 0 \\ \dot{\boldsymbol{x}}_0 \\ \dot{d}_{01} \end{bmatrix}}_{\boldsymbol{\phi}} = \boldsymbol{0}_{2M} \tag{5.26}$$

其中，$\boldsymbol{\phi}=[1,\boldsymbol{x}_0,d_{01},0,\dot{\boldsymbol{x}}_0,\dot{d}_{01}]^{\mathrm{T}}$，

$$\boldsymbol{H}_0=\begin{bmatrix}\boldsymbol{BA} & \boldsymbol{O}\\ \dot{\boldsymbol{B}}\boldsymbol{A}+\boldsymbol{B}\dot{\boldsymbol{A}} & \boldsymbol{BA}\end{bmatrix} \tag{5.27}$$

5.2.2 多普勒空间多维标度性质

定理 5.1 给出了多普勒空间多维标度分析，揭示了观测站与目标位置速度坐标在真实距离差及其变化率条件下的等量关系。实际应用中，需要使用观测量替代真实距离差进行多维标度定位。与 2.3.3 节的距离空间不同，这里需要研究多普勒空间多维标度的性质。

结合多普勒空间定位模型式 (5.10)，观测向量 $\boldsymbol{m}=[\boldsymbol{r}^{\mathrm{T}},\dot{\boldsymbol{r}}^{\mathrm{T}}]^{\mathrm{T}}$ 替代真实向量 $\boldsymbol{m}^o=[\boldsymbol{d}^{\mathrm{T}},\dot{\boldsymbol{d}}^{\mathrm{T}}]^{\mathrm{T}}$，对应定理 5.1 的方程变成残差向量 $\boldsymbol{\epsilon}=[\boldsymbol{\epsilon}_1^{\mathrm{T}},\boldsymbol{\epsilon}_2^{\mathrm{T}}]^{\mathrm{T}}$，它们都是观测向量 $\boldsymbol{m}$ 的函数，记作 $\boldsymbol{\epsilon}_1=\boldsymbol{f}_1(\boldsymbol{m})$ 和 $\boldsymbol{\epsilon}_2=\boldsymbol{f}_2(\boldsymbol{m})$:

$$\boldsymbol{\epsilon}_1=\boldsymbol{f}_1(\boldsymbol{m})=\hat{\boldsymbol{B}}\hat{\boldsymbol{A}}\begin{bmatrix}1\\ \boldsymbol{x}_0\\ d_{01}\end{bmatrix} \tag{5.28}$$

$$\boldsymbol{\epsilon}_2=\boldsymbol{f}_2(\boldsymbol{m})=\left(\hat{\dot{\boldsymbol{B}}}\hat{\boldsymbol{A}}+\hat{\boldsymbol{B}}\hat{\dot{\boldsymbol{A}}}\right)\begin{bmatrix}1\\ \boldsymbol{x}_0\\ d_{01}\end{bmatrix}+\hat{\boldsymbol{B}}\hat{\boldsymbol{A}}\begin{bmatrix}0\\ \dot{\boldsymbol{x}}_0\\ \dot{d}_{01}\end{bmatrix} \tag{5.29}$$

其中，符号 $\hat{\bullet}$ 表示使用测量向量 $\boldsymbol{m}=[\boldsymbol{r}^{\mathrm{T}},\dot{\boldsymbol{r}}^{\mathrm{T}}]^{\mathrm{T}}$ 替代真实向量 $\boldsymbol{m}^o=[\boldsymbol{d}^{\mathrm{T}},\dot{\boldsymbol{d}}^{\mathrm{T}}]^{\mathrm{T}}$ 形成的对应矩阵。

实际应用中，并不知道观测站真实的位置坐标 $\boldsymbol{x}_m=[x_m,y_m,z_m]^{\mathrm{T}}$ 和速度坐标 $\dot{\boldsymbol{x}}_m=[\dot{x}_m,\dot{y}_m,\dot{z}_m]^{\mathrm{T}}\,(m=1,2,\cdots,M)$，往往只能获得受误差影响的观测站位置坐标 $\boldsymbol{s}_m=[s_{m1},s_{m2},s_{m3}]^{\mathrm{T}}$ 和速度坐标 $\dot{\boldsymbol{s}}_m=[\dot{s}_{m1},\dot{s}_{m2},\dot{s}_{m3}]^{\mathrm{T}}$，它们组成观测站测量坐标向量 $\boldsymbol{\xi}=[\boldsymbol{s}^{\mathrm{T}},\dot{\boldsymbol{s}}^{\mathrm{T}}]^{\mathrm{T}}=[\boldsymbol{s}_1^{\mathrm{T}},\boldsymbol{s}_2^{\mathrm{T}},\cdots,\boldsymbol{s}_M^{\mathrm{T}},\dot{\boldsymbol{s}}_1^{\mathrm{T}},\dot{\boldsymbol{s}}_2^{\mathrm{T}},\cdots,\dot{\boldsymbol{s}}_M^{\mathrm{T}}]^{\mathrm{T}}$，它们对应着观测站真实的坐标向量 $\boldsymbol{\xi}^o=[\boldsymbol{s}^{o\mathrm{T}},\dot{\boldsymbol{s}}^{o\mathrm{T}}]^{\mathrm{T}}=[\boldsymbol{x}_1^{\mathrm{T}},\boldsymbol{x}_2^{\mathrm{T}},\cdots,\boldsymbol{x}_M^{\mathrm{T}},\dot{\boldsymbol{x}}_1^{\mathrm{T}},\dot{\boldsymbol{x}}_2^{\mathrm{T}},\cdots,\dot{\boldsymbol{x}}_M^{\mathrm{T}}]^{\mathrm{T}}$。

用观测向量 $\boldsymbol{m}=[\boldsymbol{r}^{\mathrm{T}},\dot{\boldsymbol{r}}^{\mathrm{T}}]^{\mathrm{T}}$ 和观测站坐标包含误差的向量 $\boldsymbol{\xi}=[\boldsymbol{s}^{\mathrm{T}},\dot{\boldsymbol{s}}^{\mathrm{T}}]^{\mathrm{T}}$ 替代真实向量 $\boldsymbol{m}^o=[\boldsymbol{d}^{\mathrm{T}},\dot{\boldsymbol{d}}^{\mathrm{T}}]^{\mathrm{T}}$ 和 $\boldsymbol{\xi}^o=[\boldsymbol{s}^{o\mathrm{T}},\dot{\boldsymbol{s}}^{o\mathrm{T}}]^{\mathrm{T}}$，对应定理 5.1 的方程变成了残差向量函数 $\boldsymbol{\epsilon}_{\mathrm{Err}}=[\boldsymbol{\epsilon}_{1\mathrm{Err}}^{\mathrm{T}},\boldsymbol{\epsilon}_{2\mathrm{Err}}^{\mathrm{T}}]^{\mathrm{T}}$，它们都是向量 $\boldsymbol{m}$ 和 $\boldsymbol{\xi}$ 的函数，记作 $\boldsymbol{\epsilon}_{1\mathrm{Err}}=\boldsymbol{f}_1(\boldsymbol{m},\boldsymbol{\xi})$ 和 $\boldsymbol{\epsilon}_{2\mathrm{Err}}=\boldsymbol{f}_2(\boldsymbol{m},\boldsymbol{\xi})$:

$$\boldsymbol{\epsilon}_{1\mathrm{Err}}=\boldsymbol{f}_1(\boldsymbol{m},\boldsymbol{\xi})=\hat{\boldsymbol{B}}\hat{\boldsymbol{A}}\begin{bmatrix}1\\ \boldsymbol{x}_0\\ \hat{d}_{01}\end{bmatrix} \tag{5.30}$$

$$\boldsymbol{\epsilon}_{2\mathrm{Err}} = \boldsymbol{f}_2(\boldsymbol{m},\boldsymbol{\xi}) = \hat{\dot{\boldsymbol{B}}}\hat{\boldsymbol{A}} + \hat{\boldsymbol{B}}\hat{\dot{\boldsymbol{A}}}\begin{bmatrix} 1 \\ \boldsymbol{x}_0 \\ \hat{d}_{01} \end{bmatrix} + \hat{\boldsymbol{B}}\hat{\boldsymbol{A}}\begin{bmatrix} 0 \\ \dot{x}_0 \\ \hat{\dot{d}}_{01} \end{bmatrix} \tag{5.31}$$

注意，这里符号 $\hat{\bullet}$ 形成的矩阵不同于式 (5.28) 和式 (5.29) 中的矩阵，它们受到观测向量 $\boldsymbol{m}=[\boldsymbol{r}^{\mathrm{T}},\dot{\boldsymbol{r}}^{\mathrm{T}}]^{\mathrm{T}}$ 和观测站向量 $\boldsymbol{\xi}=[\boldsymbol{s}^{\mathrm{T}},\dot{\boldsymbol{s}}^{\mathrm{T}}]$ 的影响。为了表述简洁，这里仅从残差向量上加以区分。

性质 5.1 多普勒空间多维标度定位的残差函数式 (5.28) 和式 (5.29) 的雅可比矩阵[204] 具有如下性质：

$$\left.\begin{bmatrix} \dfrac{\partial \boldsymbol{f}_1(\boldsymbol{m})}{\partial \boldsymbol{r}} & \dfrac{\partial \boldsymbol{f}_1(\boldsymbol{m})}{\partial \dot{\boldsymbol{r}}} \\ \dfrac{\partial \boldsymbol{f}_2(\boldsymbol{m})}{\partial \boldsymbol{r}} & \dfrac{\partial \boldsymbol{f}_2(\boldsymbol{m})}{\partial \dot{\boldsymbol{r}}} \end{bmatrix}\right|_{\boldsymbol{m}=\boldsymbol{m}^o} \begin{bmatrix} \dfrac{\partial \boldsymbol{d}}{\partial \boldsymbol{x}_0} & \dfrac{\partial \boldsymbol{d}}{\partial \dot{\boldsymbol{x}}_0} \\ \dfrac{\partial \dot{\boldsymbol{d}}}{\partial \boldsymbol{x}_0} & \dfrac{\partial \dot{\boldsymbol{d}}}{\partial \dot{\boldsymbol{x}}_0} \end{bmatrix} = -\begin{bmatrix} \boldsymbol{B}\boldsymbol{A} & \boldsymbol{O} \\ \dot{\boldsymbol{B}}\boldsymbol{A}+\boldsymbol{B}\dot{\boldsymbol{A}} & \boldsymbol{B}\boldsymbol{A} \end{bmatrix}\begin{bmatrix} \boldsymbol{\Gamma} & \boldsymbol{O} \\ \dot{\boldsymbol{\Gamma}} & \boldsymbol{\Gamma} \end{bmatrix} \tag{5.32}$$

其中，$\boldsymbol{\Gamma}=[\boldsymbol{0}_3,\boldsymbol{I}_3,-\boldsymbol{\rho}_1]^{\mathrm{T}}$，$\dot{\boldsymbol{\Gamma}}=[\boldsymbol{0}_3,\boldsymbol{O}_3,-\dot{\boldsymbol{\rho}}_1]^{\mathrm{T}}$。

证明 首先，考虑残差向量函数 $\boldsymbol{\epsilon}=[\boldsymbol{\epsilon}_1^{\mathrm{T}},\boldsymbol{\epsilon}_2^{\mathrm{T}}]^{\mathrm{T}}$、式 (5.28) 和式 (5.29)，记作 $\boldsymbol{\epsilon}=\boldsymbol{f}(\boldsymbol{m})$。根据矩阵求导法则，将残差函数 $\boldsymbol{f}_1(\boldsymbol{m})$ 和 $\boldsymbol{f}_2(\boldsymbol{m})$ 对观测向量 $\boldsymbol{m}=[\boldsymbol{r}^{\mathrm{T}},\dot{\boldsymbol{r}}^{\mathrm{T}}]^{\mathrm{T}}$ 中任意一个标量求导数，可以直接将矩阵中的每一个元素对该标量求导数，仍然能保持矩阵的维度不发生变化[267]。

残差向量函数 $\boldsymbol{\epsilon}=[\boldsymbol{\epsilon}_1^{\mathrm{T}},\boldsymbol{\epsilon}_2^{\mathrm{T}}]^{\mathrm{T}}$、式 (5.28) 和式 (5.29) 重新写成矩阵形式

$$\boldsymbol{\epsilon}=\boldsymbol{f}(\boldsymbol{m})=\underbrace{\begin{bmatrix} \hat{\boldsymbol{B}}\hat{\boldsymbol{A}} & \boldsymbol{O} \\ \hat{\dot{\boldsymbol{B}}}\hat{\boldsymbol{A}}+\hat{\boldsymbol{B}}\hat{\dot{\boldsymbol{A}}} & \hat{\boldsymbol{B}}\hat{\boldsymbol{A}} \end{bmatrix}}_{\hat{\boldsymbol{H}}_0}\underbrace{\begin{bmatrix} 1 \\ \boldsymbol{x}_0 \\ d_{01} \\ 0 \\ \dot{\boldsymbol{x}}_0 \\ \dot{d}_{01} \end{bmatrix}}_{\boldsymbol{\phi}} \tag{5.33}$$

函数 $\boldsymbol{\epsilon}=\boldsymbol{f}(\boldsymbol{m})$ [式 (5.33)] 在真实值 $\boldsymbol{m}^o$ 处对向量 $\boldsymbol{m}$ 中标量 $m_i[i=1,2,\cdots,2(M-1)]$ 求导，得到

$$\left.\frac{\partial \boldsymbol{f}(\boldsymbol{m})}{\partial m_i}\right|_{\boldsymbol{m}=\boldsymbol{m}^o} = \left.\frac{\partial \hat{\boldsymbol{H}}_0}{\partial m_i}\right|_{\boldsymbol{m}=\boldsymbol{m}^o}\boldsymbol{\phi} = \frac{\partial \boldsymbol{H}_0}{\partial m_i^o}\boldsymbol{\phi} \tag{5.34}$$

将真实向量 $\boldsymbol{m}^o=[\boldsymbol{d}^{\mathrm{T}},\dot{\boldsymbol{d}}^{\mathrm{T}}]^{\mathrm{T}}$ 中标量 $m_i^o[i=1,2,\cdots,2(M-1)]$ 对未知参数 $\boldsymbol{\theta}=[\boldsymbol{x}_0^{\mathrm{T}},\dot{\boldsymbol{x}}_0^{\mathrm{T}}]^{\mathrm{T}}$ 中标量 $\theta_j(j=1,2,\cdots,6)$ 求导，表示为 $\partial m_i^o/\partial\theta_j$。将其同时乘以式 (5.34) 两边，使用求导链式法则，得到

$$\left.\frac{\partial \boldsymbol{f}(\boldsymbol{r})}{\partial m_i}\right|_{\boldsymbol{m}=\boldsymbol{m}^o}\frac{\partial m_i^o}{\partial\theta_j}=\frac{\partial \boldsymbol{H}_0}{\partial m_i^o}\frac{\partial m_i^o}{\partial\theta_j}\boldsymbol{\phi}=\frac{\partial \boldsymbol{H}_0}{\partial\theta_j}\boldsymbol{\phi} \tag{5.35}$$

其次，再考察定理 5.1 的矩阵形式式 (5.26)。它可以看成残差函数 $\boldsymbol{f}(\boldsymbol{m})$ 在真实值 $\boldsymbol{m}=\boldsymbol{m}^o$ 处的具体形式 $\boldsymbol{f}(\boldsymbol{m}^o)=\boldsymbol{0}_{2M}$，也可以看成未知参数 $\boldsymbol{\theta}=[\boldsymbol{x}_0^{\mathrm{T}},\dot{\boldsymbol{x}}_0^{\mathrm{T}}]^{\mathrm{T}}$ 的函数 $\boldsymbol{f}(\boldsymbol{\theta})=\boldsymbol{0}_{2M}$，具体为

$$\boldsymbol{f}(\boldsymbol{\theta})=\underbrace{\begin{bmatrix}\boldsymbol{B}\boldsymbol{A} & \boldsymbol{O}\\ \dot{\boldsymbol{B}}\boldsymbol{A}+\boldsymbol{B}\dot{\boldsymbol{A}} & \boldsymbol{B}\boldsymbol{A}\end{bmatrix}}_{\boldsymbol{H}_0}\boldsymbol{\phi}=\boldsymbol{0}_{2M} \tag{5.36}$$

将函数 $\boldsymbol{f}(\boldsymbol{\theta})$ [式 (5.36)] 两边对未知参数 $\boldsymbol{\theta}=[\boldsymbol{x}_0^{\mathrm{T}},\dot{\boldsymbol{x}}_0^{\mathrm{T}}]^{\mathrm{T}}$ 中标量 $\theta_j(j=1,2,\cdots,6)$ 求导，化简得到

$$\frac{\partial \boldsymbol{H}_0}{\partial\theta_j}\boldsymbol{\phi}+\boldsymbol{H}_0\frac{\partial\boldsymbol{\phi}}{\partial\theta_j}=\boldsymbol{0}_{2M} \tag{5.37}$$

最后，对比式 (5.35) 和式 (5.37)，得到

$$\left.\frac{\partial \boldsymbol{f}(\boldsymbol{r})}{\partial m_i}\right|_{\boldsymbol{m}=\boldsymbol{m}^o}\frac{\partial m_i^o}{\partial\theta_j}=-\boldsymbol{H}_0\frac{\partial\boldsymbol{\phi}}{\partial\theta_j} \tag{5.38}$$

对于未知参数 $\boldsymbol{\theta}=[\boldsymbol{x}_0^{\mathrm{T}},\dot{\boldsymbol{x}}_0^{\mathrm{T}}]^{\mathrm{T}}$，有

$$\frac{\partial\boldsymbol{\phi}}{\partial\boldsymbol{\theta}}=\begin{bmatrix}\boldsymbol{\Gamma} & \boldsymbol{O}\\ \dot{\boldsymbol{\Gamma}} & \boldsymbol{\Gamma}\end{bmatrix} \tag{5.39}$$

结合式 (5.39)，将式 (5.38) 左右两边排列成矩阵的形式，即可以得到式 (5.32)，命题得证。

性质 5.2　观测站存在位置和速度误差时，多普勒空间多维标度定位的残差函数式 (5.30) 和式 (5.31) 的雅可比矩阵[204] 具有如下性质：

$$
\begin{aligned}
&\left[\begin{array}{cc}
\dfrac{\partial \boldsymbol{f}_1(\boldsymbol{m},\boldsymbol{\xi})}{\partial \boldsymbol{s}} & \dfrac{\partial \boldsymbol{f}_1(\boldsymbol{m},\boldsymbol{\xi})}{\partial \dot{\boldsymbol{s}}} \\
\dfrac{\partial \boldsymbol{f}_2(\boldsymbol{m},\boldsymbol{\xi})}{\partial \boldsymbol{s}} & \dfrac{\partial \boldsymbol{f}_2(\boldsymbol{m},\boldsymbol{\xi})}{\partial \dot{\boldsymbol{s}}}
\end{array}\right]\Bigg|_{\boldsymbol{m}=\boldsymbol{m}^o,\boldsymbol{\xi}=\boldsymbol{\xi}^o} \\
&= -\left[\begin{array}{cc}
\dfrac{\partial \boldsymbol{f}_1(\boldsymbol{m},\boldsymbol{\xi})}{\partial \boldsymbol{r}} & \dfrac{\partial \boldsymbol{f}_1(\boldsymbol{m},\boldsymbol{\xi})}{\partial \dot{\boldsymbol{r}}} \\
\dfrac{\partial \boldsymbol{f}_2(\boldsymbol{m},\boldsymbol{\xi})}{\partial \boldsymbol{r}} & \dfrac{\partial \boldsymbol{f}_2(\boldsymbol{m},\boldsymbol{\xi})}{\partial \dot{\boldsymbol{r}}}
\end{array}\right]\Bigg|_{\boldsymbol{m}=\boldsymbol{m}^o,\boldsymbol{\xi}=\boldsymbol{\xi}^o}
\left[\begin{array}{cc}
\dfrac{\partial \boldsymbol{d}}{\partial \boldsymbol{s}^o} & \dfrac{\partial \boldsymbol{d}}{\partial \dot{\boldsymbol{s}}^o} \\
\dfrac{\partial \dot{\boldsymbol{d}}}{\partial \boldsymbol{s}^o} & \dfrac{\partial \dot{\boldsymbol{d}}}{\partial \dot{\boldsymbol{s}}^o}
\end{array}\right]
\end{aligned} \tag{5.40}
$$

其中，梯度函数分别为 $\partial \boldsymbol{d}/\partial \boldsymbol{s}^o = \partial \dot{\boldsymbol{d}}/\partial \dot{\boldsymbol{s}}^o$、$\partial \boldsymbol{d}/\partial \dot{\boldsymbol{s}}^o = \boldsymbol{O}$ 和

$$
\frac{\partial \boldsymbol{d}}{\partial \boldsymbol{s}^o} = \left[\begin{array}{ccccc}
\boldsymbol{\rho}_1^{\mathrm{T}} & -\boldsymbol{\rho}_2^{\mathrm{T}} & \boldsymbol{0}_3^{\mathrm{T}} & \cdots & \boldsymbol{0}_3^{\mathrm{T}} \\
\boldsymbol{\rho}_1^{\mathrm{T}} & \boldsymbol{0}_3^{\mathrm{T}} & -\boldsymbol{\rho}_3^{\mathrm{T}} & \cdots & \boldsymbol{0}_3^{\mathrm{T}} \\
\vdots & \vdots & \vdots & & \vdots \\
\boldsymbol{\rho}_1^{\mathrm{T}} & \boldsymbol{0}_3^{\mathrm{T}} & \boldsymbol{0}_3^{\mathrm{T}} & \cdots & -\boldsymbol{\rho}_M^{\mathrm{T}}
\end{array}\right] \tag{5.41}
$$

$$
\frac{\partial \dot{\boldsymbol{d}}}{\partial \boldsymbol{s}^o} = \left[\begin{array}{ccccc}
\dot{\boldsymbol{\rho}}_1^{\mathrm{T}} & -\dot{\boldsymbol{\rho}}_2^{\mathrm{T}} & \boldsymbol{0}_3^{\mathrm{T}} & \cdots & \boldsymbol{0}_3^{\mathrm{T}} \\
\dot{\boldsymbol{\rho}}_1^{\mathrm{T}} & \boldsymbol{0}_3^{\mathrm{T}} & -\dot{\boldsymbol{\rho}}_3^{\mathrm{T}} & \cdots & \boldsymbol{0}_3^{\mathrm{T}} \\
\vdots & \vdots & \vdots & \ddots & \vdots \\
\dot{\boldsymbol{\rho}}_1^{\mathrm{T}} & \boldsymbol{0}_3^{\mathrm{T}} & \boldsymbol{0}_3^{\mathrm{T}} & \cdots & -\dot{\boldsymbol{\rho}}_M^{\mathrm{T}}
\end{array}\right]. \tag{5.42}
$$

证明　首先，考虑残差向量函数 $\boldsymbol{\epsilon}_{\mathrm{Err}} = [\boldsymbol{\epsilon}_{1\mathrm{Err}}^{\mathrm{T}}, \boldsymbol{\epsilon}_{2\mathrm{Err}}^{\mathrm{T}}]^{\mathrm{T}}$、式 (5.30) 和式 (5.31)，记作 $\boldsymbol{\epsilon}_{\mathrm{Err}}\boldsymbol{f} = (\boldsymbol{m},\boldsymbol{\xi})$。同样地，将残差函数 $\boldsymbol{f}(\boldsymbol{m},\boldsymbol{\xi})$ 对向量 $\boldsymbol{m}$ 和 $\boldsymbol{\xi}$ 中的任意一个标量求导数，可以直接将矩阵中的每一个元素对该标量求导数，同时还能保持矩阵的维度不发生变化[267]。

残差向量函数 $\boldsymbol{\epsilon}_{\mathrm{Err}} = [\boldsymbol{\epsilon}_{1\mathrm{Err}}^{\mathrm{T}}, \boldsymbol{\epsilon}_{2\mathrm{Err}}^{\mathrm{T}}]^{\mathrm{T}}$、式 (5.30) 和式 (5.31) 重新写成矩阵形式

$$
\boldsymbol{\epsilon}_{\mathrm{Err}} \triangleq \boldsymbol{f}(\boldsymbol{m},\boldsymbol{\xi}) = \underbrace{\left[\begin{array}{cc}
\hat{\boldsymbol{B}}\hat{\boldsymbol{A}} & \boldsymbol{O} \\
\hat{\dot{\boldsymbol{B}}}\hat{\boldsymbol{A}} + \hat{\boldsymbol{B}}\hat{\dot{\boldsymbol{A}}} & \hat{\boldsymbol{B}}\hat{\boldsymbol{A}}
\end{array}\right]}_{\hat{\boldsymbol{H}}_0}
\underbrace{\left[\begin{array}{c}
1 \\ \boldsymbol{x}_0 \\ d_{01} \\ 0 \\ \dot{\boldsymbol{x}}_0 \\ \dot{d}_{01}
\end{array}\right]}_{\hat{\boldsymbol{\phi}}} \tag{5.43}
$$

注意，此处矩阵 $\hat{\boldsymbol{A}}$、$\hat{\boldsymbol{B}}$、$\hat{\dot{\boldsymbol{A}}}$ 和 $\hat{\dot{\boldsymbol{B}}}$ 同时受到观测向量 $\boldsymbol{m} = [\boldsymbol{r}^{\mathrm{T}}, \dot{\boldsymbol{r}}^{\mathrm{T}}]^{\mathrm{T}}$ 和观测站向量 $\boldsymbol{\xi} = [\boldsymbol{s}^{\mathrm{T}}, \dot{\boldsymbol{s}}^{\mathrm{T}}]$ 的影响。因此，后面对函数 $\boldsymbol{f}(\boldsymbol{m},\boldsymbol{\xi})$ 求导时，具体差别将在

矩阵 $\hat{\boldsymbol{H}}_0$ 的下标体现出来。受观测向量 $\boldsymbol{m}$ 影响的分量记为 $\hat{\boldsymbol{H}}_{0\boldsymbol{m}}$，受观测向量 $\boldsymbol{\xi}$ 影响的分量记为 $\hat{\boldsymbol{H}}_{0\boldsymbol{\xi}}$，同样地，真实矩阵 $\boldsymbol{H}_0$ 也可以分解成对应的分量 $\boldsymbol{H}_{0\boldsymbol{m}}$ 和 $\boldsymbol{H}_{0\boldsymbol{\xi}}$。

函数 $\boldsymbol{\epsilon}_{\mathrm{Err}} \triangleq \boldsymbol{f}(\boldsymbol{m},\boldsymbol{\xi})$ [式 (5.43)] 在真实值 $\boldsymbol{m}^o$ 和 $\boldsymbol{\xi}^o$ 处对向量 $\boldsymbol{m}$ 中标量 $m_j[j=1,2,\cdots,2(M-1)]$ 求导，得到

$$\left.\frac{\partial \boldsymbol{f}(\boldsymbol{m},\boldsymbol{\xi})}{\partial m_j}\right|_{\boldsymbol{m}=\boldsymbol{m}^o,\boldsymbol{\xi}=\boldsymbol{\xi}^o} = \left.\frac{\partial \hat{\boldsymbol{H}}_0}{\partial m_j}\hat{\boldsymbol{\phi}}\right|_{\boldsymbol{m}=\boldsymbol{m}^o,\boldsymbol{\xi}=\boldsymbol{\xi}^o} = \frac{\partial \boldsymbol{H}_{0\boldsymbol{m}}}{\partial m_j^o}\boldsymbol{\phi} \tag{5.44}$$

将真实向量 $\boldsymbol{m}^o=[\boldsymbol{d}^{\mathrm{T}},\dot{\boldsymbol{d}}^{\mathrm{T}}]^{\mathrm{T}}$ 中标量 $m_j^o[j=1,2,\cdots,2(M-1)]$ 对观测站真实坐标向量 $\boldsymbol{\xi}^o=[\boldsymbol{s}^{o\mathrm{T}},\dot{\boldsymbol{s}}^{o\mathrm{T}}]$ 中标量 $\xi_i^o(i=1,2,\cdots,6M)$ 求导，表示为 $\partial m_j^o/\partial \xi_i^o$。将其同时乘以等式 (5.44) 两边，使用求导链式法则，得到

$$\left.\frac{\partial \boldsymbol{f}(\boldsymbol{m},\boldsymbol{\xi})}{\partial m_j}\right|_{\boldsymbol{m}=\boldsymbol{m}^o,\boldsymbol{\xi}=\boldsymbol{\xi}^o}\frac{\partial m_j^o}{\partial \xi_i^o} = \frac{\partial \boldsymbol{H}_{0\boldsymbol{m}}}{\partial m_j^o}\frac{\partial m_j^o}{\partial \xi_i^o}\boldsymbol{\phi} = \frac{\partial \boldsymbol{T}_{\boldsymbol{m}}}{\partial \xi_i^o}\boldsymbol{\phi} \tag{5.45}$$

函数 $\boldsymbol{\epsilon}_{\mathrm{Err}} \triangleq \boldsymbol{f}(\boldsymbol{m},\boldsymbol{\xi})$ [式 (5.43)] 在真实值 $\boldsymbol{m}^o$ 和 $\boldsymbol{\xi}^o$ 处对向量 $\boldsymbol{\xi}$ 中标量 $\xi_i(i=1,2,\cdots,6M)$ 求导，得到

$$\begin{aligned}\left.\frac{\partial \boldsymbol{f}(\boldsymbol{m},\xi)}{\partial \xi_i}\right|_{\boldsymbol{m}=\boldsymbol{m}^o,\boldsymbol{\xi}=\boldsymbol{\xi}^o} &= \left.\frac{\partial \hat{\boldsymbol{H}}_0}{\partial \xi_i}\hat{\boldsymbol{\phi}}\right|_{\boldsymbol{m}=\boldsymbol{m}^o,\boldsymbol{\xi}=\boldsymbol{\xi}^o} + \boldsymbol{H}_0\left.\frac{\partial \hat{\boldsymbol{\phi}}}{\partial \xi_i}\right|_{\boldsymbol{m}=\boldsymbol{m}^o,\boldsymbol{\xi}=\boldsymbol{\xi}^o} \\ &= \frac{\partial \boldsymbol{H}_{0\boldsymbol{\xi}}}{\partial \xi_i^o}\boldsymbol{\phi}+\boldsymbol{H}_0\frac{\partial \boldsymbol{\phi}}{\partial \xi_i^o}\end{aligned} \tag{5.46}$$

其次，再考察定理 5.1 矩阵形式式 (5.26)。它也可以看成残差函数 $\boldsymbol{f}(\boldsymbol{m},\boldsymbol{\xi})$ 在真实值 $\boldsymbol{m}=\boldsymbol{m}^o$ 和 $\boldsymbol{\xi}=\boldsymbol{\xi}^o$ 处的函数 $\boldsymbol{f}(\boldsymbol{m}^o,\boldsymbol{\xi}^o)=\boldsymbol{0}_{2M}$，具体形式为

$$\boldsymbol{f}(\boldsymbol{m}^o,\boldsymbol{\xi}^o) = \underbrace{\begin{bmatrix} \boldsymbol{BA} & \boldsymbol{O} \\ \dot{\boldsymbol{B}}\boldsymbol{A}+\boldsymbol{B}\dot{\boldsymbol{A}} & \boldsymbol{BA}\end{bmatrix}}_{\boldsymbol{H}_0}\boldsymbol{\phi} = \boldsymbol{0}_{2M} \tag{5.47}$$

将 $\boldsymbol{f}(\boldsymbol{m}^o,\boldsymbol{\xi}^o)$ 两边对观测站真实坐标向量 $\boldsymbol{\xi}^o=[\boldsymbol{s}^o,\dot{s}^o]^{\mathrm{T}}$ 中标量 $\xi_i^o(i=1,2,\cdots,6M)$ 求导，得到

$$\frac{\partial \boldsymbol{H}_{0\boldsymbol{m}}}{\partial \xi_i^o}\boldsymbol{\phi} + \frac{\partial \boldsymbol{H}_{0\boldsymbol{\xi}}}{\partial \xi_i^o}\boldsymbol{\phi} + \boldsymbol{H}_0\frac{\partial \boldsymbol{\phi}}{\partial \xi_i^o} = \boldsymbol{0}_{2M} \tag{5.48}$$

最后，将式 (5.45) 和式 (5.46) 代入式 (5.48)，化简得到

$$\left.\frac{\partial \boldsymbol{f}(\boldsymbol{m},\boldsymbol{\xi})}{\partial \xi_i}\right|_{\boldsymbol{m}=\boldsymbol{m}^o,\boldsymbol{\xi}=\boldsymbol{\xi}^o} = -\left.\frac{\partial \boldsymbol{f}(\boldsymbol{m},\boldsymbol{\xi})}{\partial m_j}\right|_{\boldsymbol{m}=\boldsymbol{m}^o,\boldsymbol{\xi}=\boldsymbol{\xi}^o}\left(\frac{\partial m_j^o}{\partial \xi_i^o}\right) \tag{5.49}$$

将式 (5.49) 依次排列成矩阵的形式，即可以得到式 (5.40)，命题得证。

5.3 多普勒空间多维标度定位算法及最优性证明

5.3.1 多普勒空间多维标度定位算法

在距离差及其变化率定位中，需要使用它们的测量值 r_{m1} 与 $\dot{r}_{m1}$ $(m=2,3,\cdots,M)$ 代替真实值 d_{m1} 和 $\dot{d}_{m1}$，得到的内积矩阵为 $\hat{\boldsymbol{B}}$ 和 $\hat{\dot{\boldsymbol{B}}}$。为了方便表示，将待确定的参数表示为 $\boldsymbol{y}_0=[\boldsymbol{x}_0^{\mathrm{T}},d_{01}]^{\mathrm{T}}$ 和 $\dot{\boldsymbol{y}}_0=[\dot{\boldsymbol{x}}_0^{\mathrm{T}},\dot{d}_{01}]^{\mathrm{T}}$。那么，在多普勒空间多维标度框架下，距离差及其变化率定位问题可以描述成关于未知参数 $\boldsymbol{y}_0$ 和 $\dot{\boldsymbol{y}}_0$ 的优化问题，表述为

$$\arg\min_{\boldsymbol{y}_0,\dot{\boldsymbol{y}}_0}\left(\left\|\hat{\boldsymbol{B}}-\boldsymbol{Z}\boldsymbol{Z}^{\mathrm{T}}\right\|^2+\left\|\hat{\dot{\boldsymbol{B}}}-\dot{\boldsymbol{Z}}\boldsymbol{Z}^{\mathrm{T}}-\boldsymbol{Z}\dot{\boldsymbol{Z}}^{\mathrm{T}}\right\|^2\right) \tag{5.50}$$

在多普勒空间多维标度框架内，定理 5.1[194] 给出了优化问题式 (5.50) 的解。使用距离差及其变化率测量值 r_{m1} 与 $\dot{r}_{m1}(m=2,3,\cdots,M)$ 代替真实值 d_{m1} 和 $\dot{d}_{m1}$，定理 5.1 的等式就有了残差 $\boldsymbol{\epsilon}$，如式 (5.33) 所示，记作 $\boldsymbol{\epsilon}=\boldsymbol{f}(\boldsymbol{m})$，它是观测向量 $\boldsymbol{m}$ 的函数。下面考察残差函数 $\boldsymbol{\epsilon}=f(\boldsymbol{m})$，分析距离差及其变化率测量噪声是如何扩散传递到残差向量 $\boldsymbol{\epsilon}$ 中的。

矩阵 $\hat{\boldsymbol{A}}$ 采用矩阵 $\boldsymbol{R}$ [式 (5.24)] 的测量矩阵，通过关系 $\boldsymbol{A}=\boldsymbol{R}^{\mathrm{T}}(\boldsymbol{R}\boldsymbol{R}^{\mathrm{T}})^{-1}$ 来计算，矩阵 $\hat{\dot{\boldsymbol{A}}}$ 采用矩阵 $\dot{\boldsymbol{R}}$ [式 (5.25)] 的测量矩阵，通过关系 $\dot{\boldsymbol{A}}=-\boldsymbol{A}\dot{\boldsymbol{R}}\boldsymbol{A}+(\boldsymbol{I}_M-\boldsymbol{A}\boldsymbol{R})\dot{\boldsymbol{R}}^{\mathrm{T}}\boldsymbol{A}^{\mathrm{T}}\boldsymbol{A}$ 来计算。先观察内积矩阵式 (5.18) 的测量值 $\hat{\boldsymbol{B}}$ 受距离差测量噪声影响项，当距离差测量噪声满足 $|n_{m1}|/d_m\simeq 0(m=2,3,\cdots,M)$ 时，测量值 $\hat{\boldsymbol{B}}$ 中受影响的元素如式 (4.59) 近似。再观察内积矩阵式 (5.21) 的测量值 $\hat{\dot{\boldsymbol{B}}}$ 受距离差及其变化率测量噪声影响项，它变成

$$\begin{aligned}(r_{m1}-r_{n1})(\dot{r}_{m1}-\dot{r}_{n1})=&(d_{m1}-d_{n1})\left(\dot{d}_{m1}-\dot{d}_{n1}\right)\\&\cdot\left(1+\frac{n_{m1}-n_{n1}}{d_{m1}-d_{n1}}+\frac{\dot{n}_{m1}-\dot{n}_{n1}}{\dot{d}_{m1}-\dot{d}_{n1}}+\frac{n_{m1}-n_{n1}}{d_{m1}-d_{n1}}\frac{\dot{n}_{m1}-\dot{n}_{n1}}{\dot{d}_{m1}-\dot{d}_{n1}}\right)\end{aligned} \tag{5.51}$$

由于 $\dot{d}_{m1}-\dot{d}_{n1}=\dot{d}_m-\dot{d}_n$，所以式 (5.51) 中的一次项变成

$$\frac{\dot{n}_{m1}-\dot{n}_{n1}}{\dot{d}_{m1}-\dot{d}_{n1}}=\frac{\dot{d}_m}{\dot{d}_m-\dot{d}_n}\frac{\dot{n}_{m1}}{\dot{d}_m}-\frac{\dot{d}_n}{\dot{d}_m-\dot{d}_n}\frac{\dot{n}_{n1}}{\dot{d}_n} \tag{5.52}$$

利用三角不等式，则有

$$\begin{aligned}\left|\frac{\dot{n}_{m1}-\dot{n}_{n1}}{\dot{d}_{m1}-\dot{d}_{n1}}\right| &\leqslant \left|\frac{\dot{d}_m}{\dot{d}_m-\dot{d}_n}\right|\left|\frac{\dot{n}_{m1}}{\dot{d}_m}\right|+\left|\frac{\dot{d}_n}{\dot{d}_m-\dot{d}_n}\right|\left|\frac{\dot{n}_{n1}}{\dot{d}_n}\right| \\ &\leqslant \frac{\left|\dot{d}_m\right|+\left|\dot{d}_n\right|}{\left|\dot{d}_m-\dot{d}_n\right|}\max\left\{\frac{|\dot{n}_{m1}|}{\dot{d}_m},\frac{|\dot{n}_{n1}|}{\dot{d}_n}\right\}\end{aligned} \tag{5.53}$$

当距离差变化率的测量噪声满足 $|\dot{n}_{m1}|/\dot{d}_m \simeq 0\,(m=2,3,\cdots,M)$ 时，有 $\max\{|\dot{n}_{m1}|/\dot{d}_m,|\dot{n}_{n1}|/\dot{d}_n\}\simeq 0$。利用夹逼准则，则有如下近似：

$$\left|\frac{\dot{n}_{m1}-\dot{n}_{n1}}{\dot{d}_{m1}-\dot{d}_{n1}}\right|\simeq 0 \tag{5.54}$$

那么，当距离差及其变化率测量噪声满足 $|n_{m1}|/d_m \simeq 0$ 和 $|\dot{n}_{m1}|/\dot{d}_m \simeq 0(m=2,3,\cdots,M)$ 时，式 (5.51) 可以近似成

$$(r_{m1}-r_{n1})(\dot{r}_{m1}-\dot{r}_{n1})\simeq(d_{m1}-d_{n1})\left(\dot{d}_{m1}-\dot{d}_{n1}\right)\left(1+\frac{n_{m1}-n_{n1}}{d_{m1}-d_{n1}}+\frac{\dot{n}_{m1}-\dot{n}_{n1}}{\dot{d}_{m1}-\dot{d}_{n1}}\right) \tag{5.55}$$

进而，残差函数 $\boldsymbol{\epsilon}=\boldsymbol{f}(\boldsymbol{m})$ 可以在真实值 $\boldsymbol{m}^o$ 处泰勒展开，保留线性项，忽略高次项，近似得到

$$\boldsymbol{\epsilon}\simeq\boldsymbol{f}(\boldsymbol{m}^o)+\left.\frac{\partial\boldsymbol{f}(\boldsymbol{m})}{\partial\boldsymbol{m}}\right|_{\boldsymbol{m}=\boldsymbol{m}^o}(\boldsymbol{m}-\boldsymbol{m}^o) \tag{5.56}$$

依据定理 5.1 矩阵形式式 (5.36)，有 $\boldsymbol{f}(\boldsymbol{m}^o)=\boldsymbol{0}_{2M}$，将观测模型式 (5.10) 代入式 (5.56)，得到残差向量 $\boldsymbol{\epsilon}$：

$$\boldsymbol{\epsilon}\simeq\boldsymbol{G}_{\boldsymbol{m}}\boldsymbol{n} \tag{5.57}$$

其中，$\boldsymbol{G}_{\boldsymbol{m}}$ 是 $2M\times2(M-1)$ 的雅可比矩阵，它的列向量可以通过残差函数 $\boldsymbol{f}(\boldsymbol{m})$ 对标量 $m_j[j=1,2,\cdots,2(M-1)]$ 求导[267] 计算得到

$$[\boldsymbol{G}_{\boldsymbol{m}}]_j=\left.\frac{\partial\boldsymbol{f}(\boldsymbol{m})}{\partial m_j}\right|_{\boldsymbol{m}=\boldsymbol{m}^o,\boldsymbol{\xi}=\boldsymbol{\xi}^o}=\frac{\partial\boldsymbol{H}_0}{\partial m_j^o}\boldsymbol{\phi} \tag{5.58}$$

根据 $\mathbb{E}\{\boldsymbol{n}\}=\boldsymbol{0}_{2(M-1)}$，均值 $\mathbb{E}\{\boldsymbol{\epsilon}\}=\boldsymbol{0}_{2M}$，再根据 $\boldsymbol{\Sigma}=\mathbb{E}\left\{\boldsymbol{n}\boldsymbol{n}^{\mathrm{T}}\right\}$，残差向量 $\boldsymbol{\epsilon}$ 的协方差矩阵为

$$\mathbb{E}\left\{\boldsymbol{\epsilon}\boldsymbol{\epsilon}^{\mathrm{T}}\right\}=\boldsymbol{G}_{\boldsymbol{m}}\mathbb{E}\left\{\boldsymbol{n}\boldsymbol{n}^{\mathrm{T}}\right\}\boldsymbol{G}_{\boldsymbol{m}}^{\mathrm{T}}=\boldsymbol{G}_{\boldsymbol{m}}\boldsymbol{\Sigma}\boldsymbol{G}_{\boldsymbol{m}}^{\mathrm{T}} \tag{5.59}$$

在多普勒空间多维标度框架内，残差向量式 (5.57) 体现了观测噪声向量的传递关系，它是消除多维标度残差向量之间相关性的基础。此外，式 (5.59) 表明残差向量近似是零均值的高斯噪声，协方差矩阵为 $\boldsymbol{G_m \Sigma G_m^{\mathrm{T}}}$。那么，在多普勒空间多维标度框架内，优化问题式 (5.50) 就可以转化成如下优化问题：

$$\arg\min_{\boldsymbol{y}_0 \dot{\boldsymbol{y}}_0} \boldsymbol{\epsilon}^{\mathrm{T}} \boldsymbol{W} \boldsymbol{\epsilon} \tag{5.60}$$

其中，$\boldsymbol{W}$ 是加权矩阵，能够使残差向量 $\boldsymbol{\epsilon}$ 各元素变成独立同分布的高斯变量，即最优加权矩阵：

$$\boldsymbol{W} = \mathbb{E}\left\{\boldsymbol{\epsilon}\boldsymbol{\epsilon}^{\mathrm{T}}\right\}^{-1} \tag{5.61}$$

残差向量式 (5.33)，还可以表示成未知向量 $\boldsymbol{\vartheta} = [\boldsymbol{y}_0^{\mathrm{T}}, \dot{\boldsymbol{y}}_0^{\mathrm{T}}]^{\mathrm{T}}$ 的线性形式：

$$\boldsymbol{\epsilon} = \underbrace{\begin{bmatrix} \hat{\boldsymbol{B}}\hat{\boldsymbol{A}} & \boldsymbol{O} \\ \hat{\dot{\boldsymbol{B}}}\hat{\boldsymbol{A}} + \hat{\boldsymbol{B}}\hat{\dot{\boldsymbol{A}}} & \hat{\boldsymbol{B}}\hat{\boldsymbol{A}} \end{bmatrix} \begin{bmatrix} \begin{matrix} \boldsymbol{0}_4^{\mathrm{T}} \\ \boldsymbol{I}_4 \end{matrix} & \boldsymbol{O} \\ \boldsymbol{O} & \begin{matrix} \boldsymbol{0}_4^{\mathrm{T}} \\ \boldsymbol{I}_4 \end{matrix} \end{bmatrix}}_{\hat{\boldsymbol{H}}} \begin{bmatrix} \boldsymbol{y}_0 \\ \dot{\boldsymbol{y}}_0 \end{bmatrix} + \underbrace{\begin{bmatrix} \hat{\boldsymbol{B}}\hat{\boldsymbol{A}} & \boldsymbol{O} \\ \hat{\dot{\boldsymbol{B}}}\hat{\boldsymbol{A}} + \hat{\boldsymbol{B}}\hat{\dot{\boldsymbol{A}}} & \hat{\boldsymbol{B}}\hat{\boldsymbol{A}} \end{bmatrix} \begin{bmatrix} 1 \\ \boldsymbol{0}_4 \\ 0 \\ \boldsymbol{0}_4 \end{bmatrix}}_{\hat{\boldsymbol{h}}} \tag{5.62}$$

在高斯噪声条件下，优化问题式 (5.60) 的最优解，对应着式 (5.62) 在加权最小二乘意义下未知坐标 $\boldsymbol{\vartheta} = [\boldsymbol{y}_0^{\mathrm{T}}, \dot{\boldsymbol{y}}_0^{\mathrm{T}}]^{\mathrm{T}}$ 的估计为

$$\hat{\boldsymbol{\vartheta}} = -\left(\hat{\boldsymbol{H}}^{\mathrm{T}} \boldsymbol{W} \hat{\boldsymbol{H}}\right)^{-1} \hat{\boldsymbol{H}}^{\mathrm{T}} \boldsymbol{W} \hat{\boldsymbol{h}} \tag{5.63}$$

其中

$$\hat{\boldsymbol{H}} = \begin{bmatrix} \hat{\boldsymbol{B}}\hat{\boldsymbol{A}} & \boldsymbol{O} \\ \hat{\dot{\boldsymbol{B}}}\hat{\boldsymbol{A}} + \hat{\boldsymbol{B}}\hat{\dot{\boldsymbol{A}}} & \hat{\boldsymbol{B}}\hat{\boldsymbol{A}} \end{bmatrix} \begin{bmatrix} \begin{matrix} \boldsymbol{0}_4^{\mathrm{T}} \\ \boldsymbol{I}_4 \end{matrix} & \boldsymbol{O} \\ \boldsymbol{O} & \begin{matrix} \boldsymbol{0}_4^{\mathrm{T}} \\ \boldsymbol{I}_4 \end{matrix} \end{bmatrix} \tag{5.64}$$

$$\hat{\boldsymbol{h}} = \begin{bmatrix} \hat{\boldsymbol{B}}\hat{\boldsymbol{A}} & \boldsymbol{O} \\ \hat{\dot{\boldsymbol{B}}}\hat{\boldsymbol{A}} + \hat{\boldsymbol{B}}\hat{\dot{\boldsymbol{A}}} & \hat{\boldsymbol{B}}\hat{\boldsymbol{A}} \end{bmatrix} \begin{bmatrix} 1 \\ \boldsymbol{0}_4 \\ 0 \\ \boldsymbol{0}_4 \end{bmatrix} \tag{5.65}$$

由于矩阵 $\boldsymbol{G_m}$ 是 $2M \times 2(M-1)$ 的，所以 $\mathrm{rank}\{\boldsymbol{G_m}\} < 2M$，此时矩阵 $\boldsymbol{G_m \Sigma G_m^{\mathrm{T}}}$ 是奇异的，这意味着最优加权矩阵式 (5.61) 不是唯一的，通常选择其

广义逆矩阵

$$\boldsymbol{W} = \left(\boldsymbol{G}_{\boldsymbol{m}}\boldsymbol{\Sigma}\boldsymbol{G}_{\boldsymbol{m}}^{\mathrm{T}}\right)^{\dagger} = \boldsymbol{G}_{\boldsymbol{m}}^{\mathrm{T}\dagger}\boldsymbol{\Sigma}^{-1}\boldsymbol{G}_{\boldsymbol{m}}^{\dagger} \tag{5.66}$$

那么目标位置坐标估计就对应着式 (5.63) 中 $\hat{\boldsymbol{\vartheta}}$ 的前三个元素，目标速度坐标估计就对应着式 (5.63) 中 $\hat{\boldsymbol{\vartheta}}$ 的第 5~7 个元素，即

$$\hat{\boldsymbol{x}}_0 = \hat{\boldsymbol{\vartheta}}(1:3), \quad \widehat{\dot{\boldsymbol{x}}}_0 = \hat{\boldsymbol{\vartheta}}(5:7) \tag{5.67}$$

因此，在多普勒空间多维标度定位中，使用定理 5.1 能够获得距离差及其变化率测量噪声在多维标度定位中的传递过程，从而得到加权最小二乘意义下的最优目标位置和速度估计。值得指出的是：首先，多普勒空间多维标度定位中，虽然引入了额外变量 d_{01} 和 $\dot{d}_{01}$，但是在估计值 $\hat{\boldsymbol{\vartheta}}$ 中，不再需要解算额外变量中的目标位置和速度坐标，这是因为该耦合信息已经应用到内积矩阵 $\boldsymbol{B}$ 和 $\dot{\boldsymbol{B}}$ 中了；其次，与传统距离差及其变化率定位中构造伪线性方程不同，在多普勒空间多维标度框架中，利用观测量的结构信息构造关于目标位置和速度坐标的新型线性关系，对应的估计带有多维标度固有的稳健性。

5.3.2　定位算法最优性证明

本节在分析距离差空间多维标度定位估计器式 (5.67) 性能的基础上，将其性能与目标位置和速度估计的克拉默-拉奥下界 (CRLB) 式 (5.11) 进行比较，从理论上给出多维标度定位最优性的严格解析证明。

采用微分扰动方法，分析多普勒空间多维标度定位中目标位置和速度估计式 (5.67) 的偏差与方差特性。假设目标位置和速度估计 $\hat{\boldsymbol{x}}_0$ 与 $\hat{\dot{\boldsymbol{x}}}_0$ 可以表示为

$$\begin{cases} \hat{\boldsymbol{x}}_0 = \boldsymbol{x}_0 + \Delta\boldsymbol{x}_0 \\ \hat{\dot{\boldsymbol{x}}}_0 = \dot{\boldsymbol{x}}_0 + \Delta\dot{\boldsymbol{x}}_0 \end{cases} \tag{5.68}$$

其中，$\Delta\boldsymbol{x}_0$ 和 $\dot{\boldsymbol{x}}_0$ 为估计偏差；$\boldsymbol{\theta} = [\boldsymbol{x}_0^{\mathrm{T}}, \dot{\boldsymbol{x}}_0^{\mathrm{T}}]^{\mathrm{T}}$ 形成的偏差向量表示为 $\Delta\boldsymbol{\theta} = [\Delta\boldsymbol{x}_0^{\mathrm{T}}, \Delta\dot{\boldsymbol{x}}_0^{\mathrm{T}}]^{\mathrm{T}}$。

注意未知参数 $\boldsymbol{\vartheta} = [\boldsymbol{x}_0^{\mathrm{T}}, d_{01}, \dot{\boldsymbol{x}}_0^{\mathrm{T}}, \dot{d}_{01}]^{\mathrm{T}}$ 的估计 $\hat{\boldsymbol{\vartheta}}$ [式 (5.63)] 中含估计值 $\hat{d}_{01}$ 和 $\hat{\dot{d}}_{01}$，它与目标位置速度估计 $\hat{\boldsymbol{x}}_0$ 和 $\hat{\dot{\boldsymbol{x}}}_0$ 具有如下耦合关系：

$$\hat{d}_{01} = -\left\|\boldsymbol{x}_1 - \hat{\boldsymbol{x}}_0\right\| \tag{5.69}$$

$$\hat{\dot{d}}_{01} = -\frac{(\boldsymbol{x}_1 - \hat{\boldsymbol{x}}_0)^{\mathrm{T}}(\dot{\boldsymbol{x}}_1 - \hat{\dot{\boldsymbol{x}}}_0)}{\left\|\boldsymbol{x}_1 - \hat{\boldsymbol{x}}_0\right\|} \tag{5.70}$$

对 $\hat{d}_{01}$ [式 (5.69)] 在真实值 $\boldsymbol{x}_0$ 处泰勒展开，当偏差 $\Delta\boldsymbol{x}_0$ 较小时，可以忽略非线性项，保留线性项，近似得到

$$\hat{d}_{01} \simeq d_{01} - \boldsymbol{\rho}_1^{\mathrm{T}}\Delta\boldsymbol{x}_0 \tag{5.71}$$

对 $\hat{\dot{d}}_{01}$ [式 (5.70)] 在真实值 $\dot{\boldsymbol{x}}_0$ 处泰勒展开，当偏差 $\Delta\dot{\boldsymbol{x}}_0$ 较小时，可以忽略非线性项，保留线性项，近似得到

$$\hat{\dot{d}}_{01} \simeq \dot{d}_{01} - \boldsymbol{\rho}_1^{\mathrm{T}}\Delta\dot{\boldsymbol{x}}_0 - \dot{\boldsymbol{\rho}}_1^{\mathrm{T}}\Delta\boldsymbol{x}_0 \tag{5.72}$$

将式 (5.68) ~ 式 (5.72) 代入式 (5.63)，利用 $\hat{\boldsymbol{H}} = \boldsymbol{H} + \Delta\boldsymbol{H}$ 和 $\hat{\boldsymbol{h}} = \boldsymbol{h} + \Delta\boldsymbol{h}$，两边左乘矩阵 $\hat{\boldsymbol{H}}^{\mathrm{T}}\boldsymbol{W}\hat{\boldsymbol{H}}$，得到

$$(\boldsymbol{H}+\Delta\boldsymbol{H})^{\mathrm{T}}\boldsymbol{W}(\boldsymbol{H}+\Delta\boldsymbol{H})\begin{bmatrix}\boldsymbol{x}_0+\Delta\boldsymbol{x}_0\\ d_{01}-\boldsymbol{\rho}_1^{\mathrm{T}}\Delta\boldsymbol{x}_0\\ \dot{\boldsymbol{x}}_0+\Delta\dot{\boldsymbol{x}}_0\\ \dot{d}_{01}-\boldsymbol{\rho}_1^{\mathrm{T}}\Delta\dot{\boldsymbol{x}}_0-\dot{\boldsymbol{\rho}}_1^{\mathrm{T}}\Delta\boldsymbol{x}_0\end{bmatrix} \simeq -(\boldsymbol{H}+\Delta\boldsymbol{H})^{\mathrm{T}}\boldsymbol{W}(\boldsymbol{h}+\Delta\boldsymbol{h}) \tag{5.73}$$

当测量噪声满足 $|n_{m1}|/d_m \simeq 0$ 和 $|\dot{n}_{m1}|/\dot{d}_m \simeq 0(m = 2, 3, \cdots, M)$ 时，可以忽略二阶误差项，保留线性项，近似得到偏差向量 $\Delta\boldsymbol{\theta} = [\Delta\boldsymbol{x}_0^{\mathrm{T}}, \Delta\dot{\boldsymbol{x}}_0^{\mathrm{T}}]^{\mathrm{T}}$

$$\Delta\boldsymbol{\theta} \simeq -\left(\boldsymbol{H}_d^{\mathrm{T}}\boldsymbol{W}\boldsymbol{H}_d\right)^{-1}\boldsymbol{H}_d^{\mathrm{T}}\boldsymbol{W}\boldsymbol{G}_{\boldsymbol{m}}\boldsymbol{n} \tag{5.74}$$

其中，$\boldsymbol{H}_d$ 是 $2M \times 6$ 的矩阵

$$\boldsymbol{H}_d = \begin{bmatrix}\boldsymbol{B}\boldsymbol{A} & \boldsymbol{O}\\ \dot{\boldsymbol{B}}\boldsymbol{A}+\boldsymbol{B}\dot{\boldsymbol{A}} & \boldsymbol{B}\boldsymbol{A}\end{bmatrix}\begin{bmatrix}\boldsymbol{\Gamma} & \boldsymbol{O}\\ \dot{\boldsymbol{\Gamma}} & \boldsymbol{\Gamma}\end{bmatrix} \tag{5.75}$$

对估计偏差 $\Delta\boldsymbol{\theta}$ 两边取期望，利用 $\mathbb{E}\{\boldsymbol{n}\} = \boldsymbol{0}_{2(M-1)}$，得到

$$\mathbb{E}\{\Delta\boldsymbol{\theta}\} = \boldsymbol{0}_6 \tag{5.76}$$

它表明 $\mathbb{E}\{\hat{\boldsymbol{\theta}}\} = \boldsymbol{\theta}$，在较小的观测误差下，多普勒空间多维标度定位估计是近似无偏的，属于无偏估计。

利用 $\boldsymbol{\Sigma} = \mathbb{E}\{\boldsymbol{n}\boldsymbol{n}^{\mathrm{T}}\}$，估计偏差 $\Delta\boldsymbol{\theta} = \mathbb{E}\left\{\Delta\boldsymbol{\theta}\Delta\boldsymbol{\theta}^{\mathrm{T}}\right\}$ 的协方差为

$$\mathrm{Cov}\left\{\hat{\boldsymbol{\theta}}\right\} \simeq \left(\boldsymbol{H}_d^{\mathrm{T}}\boldsymbol{W}\boldsymbol{H}_d\right)^{-1} \tag{5.77}$$

这里使用了最优加权矩阵式 (5.66)。

定理 5.2[204] 在多普勒空间多维标度框架内，当测量高斯噪声满足 $|n_{m1}|/d_m \simeq 0$ 和 $|\dot{n}_{m1}|/\dot{d}_m \simeq 0(m = 2, 3, \cdots, M)$ 时，加权最小二乘意义下的定位算法最优，这意味着目标位置和速度估计方差能够达到它的克拉默-拉奥下界 (CRLB)，即

$$\mathrm{Cov}\left\{\hat{\boldsymbol{\theta}}\right\} = \mathrm{CRLB}(\boldsymbol{\theta}) \tag{5.78}$$

证明　先考察残差向量函数 $\boldsymbol{\epsilon}=\boldsymbol{f}(\boldsymbol{m})$。依据 5.2 节的性质 5.1，多维标度定位中的雅可比矩阵满足：

$$\left.\begin{bmatrix}\dfrac{\partial \boldsymbol{f}_1(\boldsymbol{m})}{\partial \boldsymbol{r}} & \dfrac{\partial \boldsymbol{f}_1(\boldsymbol{m})}{\partial \dot{\boldsymbol{r}}}\\ \dfrac{\partial \boldsymbol{f}_2(\boldsymbol{m})}{\partial \boldsymbol{r}} & \dfrac{\partial \boldsymbol{f}_2(\boldsymbol{m})}{\partial \dot{\boldsymbol{r}}}\end{bmatrix}\right|_{\boldsymbol{m}=\boldsymbol{m}^o}\left(\frac{\partial \boldsymbol{m}^o}{\partial \boldsymbol{\theta}}\right)=-\begin{bmatrix}\boldsymbol{BA} & \boldsymbol{O}\\ \dot{\boldsymbol{B}}\boldsymbol{A}+\boldsymbol{B}\dot{\boldsymbol{A}} & \boldsymbol{BA}\end{bmatrix}\begin{bmatrix}\boldsymbol{\varGamma} & \boldsymbol{O}\\ \dot{\boldsymbol{\varGamma}} & \boldsymbol{\varGamma}\end{bmatrix} \tag{5.79}$$

将式 (5.58) 代入式 (5.79)，得到

$$\boldsymbol{G}_{\boldsymbol{m}}\left(\frac{\partial \boldsymbol{m}^o}{\partial \boldsymbol{\theta}}\right)=-\begin{bmatrix}\boldsymbol{BA} & \boldsymbol{O}\\ \dot{\boldsymbol{B}}\boldsymbol{A}+\boldsymbol{B}\dot{\boldsymbol{A}} & \boldsymbol{BA}\end{bmatrix}\begin{bmatrix}\boldsymbol{\varGamma} & \boldsymbol{O}\\ \dot{\boldsymbol{\varGamma}} & \boldsymbol{\varGamma}\end{bmatrix} \tag{5.80}$$

将式 (5.75) 代入式 (5.80)，得到

$$\boldsymbol{G}_{\boldsymbol{m}}\left(\frac{\partial \boldsymbol{m}^o}{\partial \boldsymbol{\theta}}\right)=-\boldsymbol{H}_d \tag{5.81}$$

将最优加权矩阵式 (5.66) 代入协方差式 (5.77) 中，并对两边求逆，得到

$$\mathrm{Cov}\left\{\hat{\boldsymbol{\theta}}\right\}^{-1}=\boldsymbol{H}_d^{\mathrm{T}}\boldsymbol{G}_{\boldsymbol{d}}^{\mathrm{T}\dagger}\boldsymbol{\varSigma}^{-1}\boldsymbol{G}_{\boldsymbol{d}}^{\dagger}\boldsymbol{H}_d \tag{5.82}$$

再将式 (5.81) 代入式 (5.82)，利用 $\boldsymbol{G}_{\boldsymbol{m}}^{\dagger}\boldsymbol{G}_{\boldsymbol{m}}=\boldsymbol{I}_{2(M-1)}$，得到

$$\begin{aligned}\mathrm{Cov}\left\{\hat{\boldsymbol{\theta}}\right\}^{-1}&=\left(-\boldsymbol{G}_{\boldsymbol{m}}\left(\frac{\partial \boldsymbol{m}^o}{\partial \boldsymbol{\theta}}\right)\right)^{\mathrm{T}}\boldsymbol{G}_{\boldsymbol{d}}^{\mathrm{T}\dagger}\boldsymbol{\varSigma}^{-1}\boldsymbol{G}_{\boldsymbol{d}}^{\dagger}\left(-\boldsymbol{G}_{\boldsymbol{m}}\left(\frac{\partial \boldsymbol{m}^o}{\partial \boldsymbol{\theta}}\right)\right)\\&=\left(\frac{\partial \boldsymbol{m}^o}{\partial \boldsymbol{\theta}}\right)^{\mathrm{T}}\boldsymbol{G}_{\boldsymbol{d}}^{\mathrm{T}}\boldsymbol{G}_{\boldsymbol{d}}^{\mathrm{T}\dagger}\boldsymbol{\varSigma}^{-1}\boldsymbol{G}_{\boldsymbol{d}}^{\dagger}\boldsymbol{G}_{\boldsymbol{d}}\left(\frac{\partial \boldsymbol{m}^o}{\partial \boldsymbol{\theta}}\right)\\&=\left(\frac{\partial \boldsymbol{m}^o}{\partial \boldsymbol{\theta}}\right)^{\mathrm{T}}\boldsymbol{\varSigma}^{-1}\left(\frac{\partial \boldsymbol{m}^o}{\partial \boldsymbol{\theta}}\right)\end{aligned} \tag{5.83}$$

对比式 (5.83) 和克拉默-拉奥下界 (CRLB) 式 (5.11)，得到

$$\mathrm{Cov}\left\{\hat{\boldsymbol{\theta}}\right\}^{-1}=\mathrm{CRLB}(\boldsymbol{\theta})^{-1} \tag{5.84}$$

对式 (5.84) 两边求逆，就得到式 (5.78)。命题得证。

5.4 观测站误差下多普勒空间多维标度定位

5.4.1 观测站误差下定位模型与性能界

针对距离差及其变化率定位问题，在多普勒空间多维标度框架内，当观测站位置精确已知时，加权最小二乘意义下的定位算法能够达到克拉默-拉奥下界(CRLB)。但是在实际应用中，获得的观测站位置很可能有误差，或者观测站位置本身不准确，这时距离差及其变化率定位的精度将受到很大的影响[202, 226–228]。

为了考察观测站位置和速度不准确的情况对定位精度的影响，本节在 5.1 节定位模型的基础上，增加观测站位置和速度误差模型，用以深入分析观测站误差的影响，提出相应的多维标度定位算法。

在 5.1 节中，为了确定目标的位置坐标 $\boldsymbol{x}_0 = [x_0, y_0, z_0]^{\mathrm{T}}$ 和速度坐标 $\dot{\boldsymbol{x}}_0 = [\dot{x}_0, \dot{y}_0, \dot{z}_0]^{\mathrm{T}}$，使用的是 M 个观测站真实的位置坐标 $\boldsymbol{x}_m = [x_m, y_m, z_m]^{\mathrm{T}}$ 和速度坐标为 $\dot{\boldsymbol{x}}_m = [\dot{x}_m, \dot{y}_m, \dot{z}_m]^{\mathrm{T}}$ $(m = 1, 2, \cdots, M)$。在实际应用中，往往无法获得观测站的真实坐标向量 $\boldsymbol{\xi}^o = [\boldsymbol{s}^{o\mathrm{T}}, \dot{\boldsymbol{s}}^{o\mathrm{T}}]^{\mathrm{T}} = [\boldsymbol{x}_1^{\mathrm{T}}, \boldsymbol{x}_2^{\mathrm{T}}, \cdots, \boldsymbol{x}_M^{\mathrm{T}}, \dot{\boldsymbol{x}}_1^{\mathrm{T}}, \dot{\boldsymbol{x}}_2^{\mathrm{T}}, \cdots, \dot{\boldsymbol{x}}_M^{\mathrm{T}}]^{\mathrm{T}}$，只能获得观测站位置和速度坐标测量值 $\boldsymbol{s}_m = [s_{m1}, s_{m2}, s_{m3}]^{\mathrm{T}}$ 和 $\dot{\boldsymbol{s}}_m = [\dot{s}_{m1}, \dot{s}_{m2}, \dot{s}_{m3}]^{\mathrm{T}}$ $(m = 1, 2, \cdots, M)$，它们组成了观测站测量坐标向量 $\boldsymbol{\xi}$，可以建模为

$$\boldsymbol{\xi} = \left[\boldsymbol{s}_1^{\mathrm{T}}, \boldsymbol{s}_2^{\mathrm{T}}, \cdots, \boldsymbol{s}_M^{\mathrm{T}}, \dot{\boldsymbol{s}}_1^{\mathrm{T}}, \dot{\boldsymbol{s}}_2^{\mathrm{T}}, \cdots, \dot{\boldsymbol{s}}_M^{\mathrm{T}}\right]^{\mathrm{T}} = \boldsymbol{\xi}^o + \boldsymbol{n}_{\boldsymbol{\xi}} \tag{5.85}$$

其中，$\boldsymbol{n}_{\boldsymbol{\xi}} = \left[\boldsymbol{n}_{s_1}^{\mathrm{T}}, \boldsymbol{n}_{s_2}^{\mathrm{T}}, \cdots, \boldsymbol{n}_{s_M}^{\mathrm{T}}, \dot{\boldsymbol{n}}_{s_1}^{\mathrm{T}}, \dot{\boldsymbol{n}}_{s_2}^{\mathrm{T}}, \cdots, \dot{\boldsymbol{n}}_{s_M}^{\mathrm{T}}\right]^{\mathrm{T}}$ 是观测站的位置和速度误差，通常假设位置误差服从零均值的高斯分布，记作 $\boldsymbol{n}_{\boldsymbol{\xi}} \sim \mathcal{N}(\boldsymbol{0}, \boldsymbol{\Sigma}_{\boldsymbol{\xi}})$。为了简化后续推导，这里假设观测站误差 $\boldsymbol{n}_{\boldsymbol{\xi}}$ 和 5.1 节的距离差及其变化率测量模型式 (5.10) 的测量噪声 $\boldsymbol{n}$ 是不相关的，即 $\mathbb{E}\left[\boldsymbol{n}_{\boldsymbol{\xi}}\boldsymbol{n}^{\mathrm{T}}\right] = \boldsymbol{O}$。

对于观测站存在误差的距离差及其变化率定位问题，可以描述为从含有观测误差 $\left[\boldsymbol{n}^{\mathrm{T}}, \boldsymbol{n}_{\boldsymbol{\xi}}^{\mathrm{T}}\right]^{\mathrm{T}}$ 的观测向量 $\left[\boldsymbol{m}^{\mathrm{T}}, \boldsymbol{\xi}^{\mathrm{T}}\right]^{\mathrm{T}}$ 中估计出未知参数 $\boldsymbol{\theta} = \left[\boldsymbol{x}_0^{\mathrm{T}}, \dot{\boldsymbol{x}}_0^{\mathrm{T}}\right]^{\mathrm{T}}$。因此，观测站存在位置和速度误差的定位问题也是典型的参数估计问题，目标位置和速度坐标向量 $\boldsymbol{\theta} = \left[\boldsymbol{x}_0^{\mathrm{T}}, \dot{\boldsymbol{x}}_0^{\mathrm{T}}\right]^{\mathrm{T}}$ 的克拉默-拉奥下界 (CRLB)，可以从 2.4 节的通用形式式 (2.127) 具体化得到：

$$\begin{aligned}\mathrm{CRLB}_{\boldsymbol{\theta},\boldsymbol{\xi}}(\boldsymbol{\theta}) &= \left(\boldsymbol{X} - \boldsymbol{Y}\boldsymbol{Z}^{-1}\boldsymbol{Y}^{\mathrm{T}}\right)^{-1} \\ &= \boldsymbol{X}^{-1} + \boldsymbol{X}^{-1}\boldsymbol{Y}\left(\boldsymbol{Z} - \boldsymbol{Y}^{\mathrm{T}}\boldsymbol{X}^{-1}\boldsymbol{Y}\right)^{-1}\boldsymbol{Y}^{\mathrm{T}}\boldsymbol{X}^{-1}\end{aligned} \tag{5.86}$$

其中，矩阵 $\boldsymbol{X}$、$\boldsymbol{Y}$ 和 $\boldsymbol{Z}$ 由梯度函数 $\partial\boldsymbol{m}^o/\partial\boldsymbol{\theta}$ 和 $\partial\boldsymbol{m}^o/\partial\boldsymbol{\xi}^o$ 确定：

$$\boldsymbol{X} = \left(\frac{\partial\boldsymbol{m}^o}{\partial\boldsymbol{\theta}}\right)^{\mathrm{T}}\boldsymbol{\Sigma}^{-1}\left(\frac{\partial\boldsymbol{m}^o}{\partial\boldsymbol{\theta}}\right) \tag{5.87}$$

$$\boldsymbol{Y} = \left(\frac{\partial \boldsymbol{m}^o}{\partial \boldsymbol{\theta}}\right)^{\mathrm{T}} \boldsymbol{\Sigma}^{-1} \left(\frac{\partial \boldsymbol{m}^o}{\partial \boldsymbol{\xi}^o}\right) \tag{5.88}$$

$$\boldsymbol{Z} = \left(\frac{\partial \boldsymbol{m}^o}{\partial \boldsymbol{\xi}^o}\right)^{\mathrm{T}} \boldsymbol{\Sigma}^{-1} \left(\frac{\partial \boldsymbol{m}^o}{\partial \boldsymbol{\xi}^o}\right) + \boldsymbol{\Sigma}_{\boldsymbol{\xi}}^{-1} \tag{5.89}$$

其中，梯度函数矩阵 $\partial \boldsymbol{m}^o/\partial \boldsymbol{\theta}$ 如式 (5.12) 所示，$\partial \boldsymbol{m}^o/\partial \boldsymbol{\xi}^o$ 为

$$\frac{\partial \boldsymbol{m}^o}{\partial \boldsymbol{\xi}^o} = \begin{bmatrix} \dfrac{\partial \boldsymbol{d}}{\partial \boldsymbol{s}^o} & \dfrac{\partial \boldsymbol{d}}{\partial \dot{\boldsymbol{s}}^o} \\ \dfrac{\partial \dot{\boldsymbol{d}}}{\partial \boldsymbol{s}^o} & \dfrac{\partial \dot{\boldsymbol{d}}}{\partial \dot{\boldsymbol{s}}^o} \end{bmatrix} \tag{5.90}$$

其中，$\partial \boldsymbol{m}^o/\partial \boldsymbol{\xi}^o$ 是 $\boldsymbol{m}^o$ 关于真实位置和速度的梯度函数，$\partial \boldsymbol{d}/\partial \boldsymbol{s}^o = \partial \dot{\boldsymbol{d}}/\partial \dot{\boldsymbol{s}}^o$ 如式 (5.41) 所示，$\partial \boldsymbol{d}/\partial \dot{\boldsymbol{s}}^o = \boldsymbol{O}$ 和 $\partial \dot{\boldsymbol{d}}/\partial \boldsymbol{s}^o$ 如式 (5.42) 所示。

当观测站存在误差时，如果忽略误差并假设观测站位置和速度是准确的，或者无法获取观测站位置和速度误差统计先验信息，那么目标位置和速度坐标 $\boldsymbol{\theta} = \left[\boldsymbol{x}_0^{\mathrm{T}}, \dot{\boldsymbol{x}}_0^{\mathrm{T}}\right]^{\mathrm{T}}$ 的最大似然估计就变成了条件最大似然估计。这里，条件最大似然估计的均方差可以从 2.4 节的通用形式式 (2.135) 在距离差及其变化率定位中具体化为

$$\mathrm{MSE}_{\boldsymbol{\theta}|\boldsymbol{\xi}}(\boldsymbol{\theta}) \simeq \boldsymbol{X}^{-1} + \boldsymbol{X}^{-1}\boldsymbol{Y}\boldsymbol{\Sigma}_{\boldsymbol{\xi}}\boldsymbol{Y}^{\mathrm{T}}\boldsymbol{X}^{-1} \tag{5.91}$$

当观测站存在误差时，比较性能界式 (5.86) 和式 (5.91)。如果忽略位置和速度误差，意味着估计器没有使用观测站误差统计先验信息，此时的最优估计器的性能就对应着条件最大似然估计的均方差 $\mathrm{MSE}_{\boldsymbol{\theta}|\boldsymbol{\xi}}(\boldsymbol{\theta})$ [式 (5.91)]。如果考虑位置和速度误差，意味着估计器使用了观测站误差统计先验信息，此时的最优估计器的性能就对应着考虑位置和速度误差的克拉默-拉奥下界 $\mathrm{CRLB}_{\boldsymbol{\theta},\boldsymbol{\xi}}(\boldsymbol{\theta})$ [式 (5.86)]。2.4 节的定理 2.3 中 $\mathrm{MSE}_{\boldsymbol{\theta}|\boldsymbol{\xi}}(\boldsymbol{\theta})$ 和 $\mathrm{CRLB}_{\boldsymbol{\theta},\boldsymbol{\xi}}(\boldsymbol{\theta})$ 之间的不等式在距离差定位中具体化如推论 5.1 所示。

推论 5.1　在观测高斯噪声和观测站高斯误差条件下，忽略观测站位置和速度误差的条件最大似然估计的均方差 $\mathrm{MSE}_{\boldsymbol{\theta}|\boldsymbol{\xi}}(\boldsymbol{\theta})$ 与考虑观测站误差的克拉默-拉奥下界 $\mathrm{CRLB}_{\boldsymbol{\theta},\boldsymbol{\xi}}(\boldsymbol{\theta})$ 之间满足半正定性意义上的不等式：

$$\mathrm{MSE}_{\boldsymbol{\theta}|\boldsymbol{\xi}}(\boldsymbol{\theta}) \succeq \mathrm{CRLB}_{\boldsymbol{\theta},\boldsymbol{\xi}}(\boldsymbol{\theta}) \tag{5.92}$$

其中，当且仅当满足如下条件时取等号：

$$\left(\frac{\partial \boldsymbol{m}^o}{\partial \boldsymbol{\xi}^o}\right) \boldsymbol{\Sigma}_{\boldsymbol{\xi}} \left(\frac{\partial \boldsymbol{m}^o}{\partial \boldsymbol{\xi}^o}\right)^{\mathrm{T}} = k\boldsymbol{\Sigma} \tag{5.93}$$

其中，k 为一恒定常数。

证明 证明过程参考定理 2.3，此处从略。

在观测站存在误差的定位系统中，如果不考虑观测站位置和速度误差的影响，即使直接使用 5.3 节的目标定位算法，对应的性能界已不再是式 (5.11)，而是对应着条件最大似然估计的均方差式 (5.91)。这是由于观测站误差是客观存在的，即使不考虑观测站误差，估计器的输入数据中也已经包含了观测站位置和速度误差的信息。推论 5.1 取等号的条件揭示了当观测站的布局结构与误差统计方差满足一定条件时，即使不考虑观测站位置和速度误差的影响，也仍然能够达到最优估计性能。但是，这一条件在实际中不具有应用价值，因为条件中涉及未知的目标位置和速度坐标。

事实上，针对距离差及其变化率定位问题，可以得到更加实用的取等号弱条件。考察梯度函数矩阵 $\partial \boldsymbol{m}^o/\partial \boldsymbol{\xi}^o$ [式 (5.90)]，其分块矩阵除了 $\partial \boldsymbol{d}/\partial \dot{\boldsymbol{s}}^o = \boldsymbol{O}$，其他分块矩阵 $\partial \boldsymbol{d}/\partial \boldsymbol{s}^o = \partial \dot{\boldsymbol{d}}/\partial \dot{\boldsymbol{s}}^o$ 和 $\partial \dot{\boldsymbol{d}}/\partial \boldsymbol{s}^o$ 可以表示为

$$\frac{\partial \boldsymbol{d}}{\partial \boldsymbol{s}^o} = \boldsymbol{\Pi}\text{diag}\left\{\boldsymbol{\rho}_1^{\mathrm{T}}, \boldsymbol{\rho}_2^{\mathrm{T}}, \cdots, \boldsymbol{\rho}_M^{\mathrm{T}}\right\} \tag{5.94}$$

$$\frac{\partial \dot{\boldsymbol{d}}}{\partial \boldsymbol{s}^o} = \boldsymbol{\Pi}\text{diag}\left\{\dot{\boldsymbol{\rho}}_1^{\mathrm{T}}, \dot{\boldsymbol{\rho}}_2^{\mathrm{T}}, \cdots, \dot{\boldsymbol{\rho}}_M^{\mathrm{T}}\right\} \tag{5.95}$$

其中，矩阵 $\boldsymbol{\Pi}$ 定义为 $\boldsymbol{\Pi} = \begin{bmatrix} \mathbf{1}_{M-1} & -\boldsymbol{I}_{M-1} \end{bmatrix}$。

根据 $\boldsymbol{\rho}_m\,(m=1,2,\cdots,M)$ 的定义式 (5.9)，有

$$\boldsymbol{\rho}_m^{\mathrm{T}}\boldsymbol{\rho}_m = \frac{(\boldsymbol{x}_0-\boldsymbol{x}_m)^{\mathrm{T}}(\boldsymbol{x}_0-\boldsymbol{x}_m)}{\|\boldsymbol{x}_0-\boldsymbol{x}_m\|^2} = 1 \tag{5.96}$$

根据 $\dot{\boldsymbol{\rho}}_m\,(m=1,2,\cdots,M)$ 的定义式 (5.16)，结合 $\boldsymbol{\rho}_m$ 与式 (5.96)，有

$$\boldsymbol{\rho}_m^{\mathrm{T}}\dot{\boldsymbol{\rho}}_m = \frac{\boldsymbol{\rho}_m^{\mathrm{T}}(\dot{\boldsymbol{x}}_0-\dot{\boldsymbol{x}}_m)}{\|\boldsymbol{x}_0-\boldsymbol{x}_m\|} - \frac{\dot{d}_m}{d_m}\boldsymbol{\rho}_m^{\mathrm{T}}\boldsymbol{\rho}_m = \frac{\dot{d}_m}{d_m}\left(1-\boldsymbol{\rho}_m^{\mathrm{T}}\boldsymbol{\rho}_m\right) = 0 \tag{5.97}$$

$$\dot{\boldsymbol{\rho}}_m^{\mathrm{T}}\dot{\boldsymbol{\rho}}_m = \frac{\|\dot{\boldsymbol{x}}_0-\dot{\boldsymbol{x}}_m\|^2}{\|\boldsymbol{x}_0-\boldsymbol{x}_m\|^2} + \frac{\dot{d}_m^2}{d_m^2}\left(\boldsymbol{\rho}_m^{\mathrm{T}}\boldsymbol{\rho}_m - 2\right) = \frac{\|\dot{\boldsymbol{x}}_0-\dot{\boldsymbol{x}}_m\|^2 - \dot{d}_m^2}{d_m^2} \tag{5.98}$$

根据式 (5.94) 和式 (5.96)，有

$$\left(\frac{\partial \boldsymbol{d}}{\partial \boldsymbol{s}^o}\right)\left(\frac{\partial \boldsymbol{d}}{\partial \boldsymbol{s}^o}\right)^{\mathrm{T}} = \boldsymbol{\Pi}\boldsymbol{\Pi}^{\mathrm{T}} \tag{5.99}$$

根据式 (5.95) 和式 (5.97)，有

$$\left(\frac{\partial \boldsymbol{d}}{\partial \boldsymbol{s}^o}\right)\left(\frac{\partial \dot{\boldsymbol{d}}}{\partial \boldsymbol{s}^o}\right)^{\mathrm{T}}=\boldsymbol{O} \tag{5.100}$$

根据式 (5.94) 和式 (5.95)，有

$$\left(\frac{\partial \dot{\boldsymbol{d}}}{\partial \boldsymbol{s}^o}\right)\left(\frac{\partial \dot{\boldsymbol{d}}}{\partial \boldsymbol{s}^o}\right)^{\mathrm{T}}=\boldsymbol{\Pi}\operatorname{diag}\left\{\dot{\boldsymbol{\rho}}_1^{\mathrm{T}}\dot{\boldsymbol{\rho}}_1,\dot{\boldsymbol{\rho}}_2^{\mathrm{T}}\dot{\boldsymbol{\rho}}_2,\cdots,\dot{\boldsymbol{\rho}}_M^{\mathrm{T}}\dot{\boldsymbol{\rho}}_M\right\}\boldsymbol{\Pi}^{\mathrm{T}} \tag{5.101}$$

所以

$$\left(\frac{\partial \boldsymbol{m}^o}{\partial \boldsymbol{\xi}^o}\right)\left(\frac{\partial \boldsymbol{m}^o}{\partial \boldsymbol{\xi}^o}\right)^{\mathrm{T}}=\begin{bmatrix}\boldsymbol{\Pi}\boldsymbol{\Pi}^{\mathrm{T}} & \boldsymbol{O}\\ \boldsymbol{O} & \boldsymbol{\Pi}\boldsymbol{\Lambda}_{\mathbf{0}}\boldsymbol{\Pi}^{\mathrm{T}}\end{bmatrix} \tag{5.102}$$

其中，$\boldsymbol{\Lambda}_{\mathbf{0}}$ 是对角阵，表示为 $\boldsymbol{\Lambda}_{\mathbf{0}}=\operatorname{diag}\{\varrho_1^2,\varrho_2^2,\cdots,\varrho_M^2\}$，它的元素 ϱ_m^2 满足：

$$\varrho_m^2=\dot{\boldsymbol{\rho}}_m^{\mathrm{T}}\dot{\boldsymbol{\rho}}_m+1=\frac{\|\dot{\boldsymbol{x}}_0-\dot{\boldsymbol{x}}_m\|^2-\dot{d}_m^2}{d_m^2}+1 \tag{5.103}$$

由于通常 $\dot{d}_m \ll d_m$ 和 $\|\dot{\boldsymbol{x}}_0-\dot{\boldsymbol{x}}_m\| \ll d_m$，所以有

$$\frac{\|\dot{\boldsymbol{x}}_0-\dot{\boldsymbol{x}}_m\|^2-\dot{d}_m^2}{d_m^2}\simeq 0 \tag{5.104}$$

进而，可以获得式 (5.103) 的近似表示 $\varrho_m^2\simeq 1$，则矩阵 $\boldsymbol{\Lambda}_{\mathbf{0}}$ 变成单位阵，则有

$$\left(\frac{\partial \boldsymbol{m}^o}{\partial \boldsymbol{\xi}^o}\right)\left(\frac{\partial \boldsymbol{m}^o}{\partial \boldsymbol{\xi}^o}\right)^{\mathrm{T}}=\begin{bmatrix}\boldsymbol{\Pi}\boldsymbol{\Pi}^{\mathrm{T}} & \boldsymbol{O}\\ \boldsymbol{O} & \boldsymbol{\Pi}\boldsymbol{\Pi}^{\mathrm{T}}\end{bmatrix} \tag{5.105}$$

对比式 (5.93) 和式 (5.105)，取等号条件式 (5.93) 可以弱化成不再依赖于未知的目标位置和速度坐标

$$\boldsymbol{\Sigma}=\begin{bmatrix}k\boldsymbol{\Pi}\boldsymbol{\Lambda}_{\boldsymbol{r}}\boldsymbol{\Pi}^{\mathrm{T}} & \boldsymbol{O}\\ \boldsymbol{O} & k\boldsymbol{\Pi}\boldsymbol{\Lambda}_{\dot{\boldsymbol{r}}}\boldsymbol{\Pi}^{\mathrm{T}}\end{bmatrix} \tag{5.106}$$

$$\boldsymbol{\Sigma}_{\boldsymbol{\xi}}=\begin{bmatrix}\boldsymbol{\Lambda}_{\boldsymbol{r}}\otimes\boldsymbol{I}_3 & \boldsymbol{O}\\ \boldsymbol{O} & \boldsymbol{\Lambda}_{\dot{\boldsymbol{r}}}\otimes\boldsymbol{I}_3\end{bmatrix} \tag{5.107}$$

其中，对角阵 $\boldsymbol{\Lambda}_{\boldsymbol{r}}=\operatorname{diag}\{\sigma_1^2,\sigma_2^2,\cdots,\sigma_M^2\}$ 和 $\boldsymbol{\Lambda}_{\dot{\boldsymbol{r}}}=\operatorname{diag}\{\dot{\sigma}_1^2,\dot{\sigma}_2^2,\cdots,\dot{\sigma}_M^2\}$。

进一步，对角阵 $\boldsymbol{\Lambda}_{\boldsymbol{r}}$ 和 $\boldsymbol{\Lambda}_{\dot{\boldsymbol{r}}}$ 变成单位阵 $\boldsymbol{\Lambda}_{\boldsymbol{r}}=\sigma_s^2\boldsymbol{I}_M$ 和 $\boldsymbol{\Lambda}_{\dot{\boldsymbol{r}}}=\dot{\sigma}_s^2\boldsymbol{I}_M$，$\sigma_1^2=\sigma_2^2=\cdots=\sigma_M^2=\sigma_s^2$，$\dot{\sigma}_1^2=\dot{\sigma}_2^2=\cdots=\dot{\sigma}_M^2=\dot{\sigma}_s^2$，式 (5.106) 和式 (5.107) 变成了更弱的取等号条件，可以简化为

$$\boldsymbol{\Sigma}=\begin{bmatrix}\sigma_r^2\boldsymbol{\Pi}\boldsymbol{\Pi}^{\mathrm{T}} & \boldsymbol{O}\\ \boldsymbol{O} & \dot{\sigma}_r^2\boldsymbol{\Pi}\boldsymbol{\Pi}^{\mathrm{T}}\end{bmatrix} \tag{5.108}$$

$$\boldsymbol{\Sigma}_{\boldsymbol{\xi}}=\begin{bmatrix}\sigma_s^2\boldsymbol{I}_{3M} & \boldsymbol{O}\\ \boldsymbol{O} & \dot{\sigma}_s^2\boldsymbol{I}_{3M}\end{bmatrix} \tag{5.109}$$

在距离差及其变化率定位系统中，当测量噪声和观测站误差协方差满足一定条件时，对于任意的观测站几何布局结构或者目标是远场辐射源的，都不需要考虑观测站位置和速度误差的影响。即使观测站误差很大时，也仍然不需要考虑观测站位置和速度误差的影响。远场目标定位场景基本都满足这样的观测噪声特性和观测站位置误差特性。

5.4.2 观测站误差下多维标度定位算法

在观测站存在误差的距离差及其变化率定位系统中，当观测站误差特性不满足推论 5.1 中不等式取等号条件式 (5.93)，也不满足其弱化条件式 (5.106) 与式 (5.107) 或式 (5.108) 与式 (5.109) 时，如果仍然忽略观测站误差的影响，多维标度定位的性能将会大大降低[202]。因此，在多普勒空间多维标度定位中，为了获得最优的定位性能，除了需要研究距离差及其变化率的测量误差在多维标度定位中的传递过程，还需要研究观测站位置和速度误差的传递过程。

以定理 5.1 为基础，当观测站位置和速度坐标存在误差时，用距离差及其变化率测量向量 $\boldsymbol{m}=[\boldsymbol{r}^{\mathrm{T}},\dot{\boldsymbol{r}}^{\mathrm{T}}]^{\mathrm{T}}$ 替代真实向量 $\boldsymbol{m}^o=[\boldsymbol{d}^{\mathrm{T}},\dot{\boldsymbol{d}}^{\mathrm{T}}]^{\mathrm{T}}$，得到残差向量 $\boldsymbol{\epsilon}_{\mathrm{Err}}$ 如式 (5.30) 和式 (5.31) 所示，它是观测向量 $\boldsymbol{m}$ 和观测站向量 $\boldsymbol{\xi}$ 的函数，记作 $\boldsymbol{\epsilon}_{\mathrm{Err}}=\boldsymbol{f}(\boldsymbol{m},\boldsymbol{\xi})$。下面考虑残差向量函数 $\boldsymbol{\epsilon}_{\mathrm{Err}}=\boldsymbol{f}(\boldsymbol{m},\boldsymbol{\xi})$，分析测量噪声和观测站误差是如何扩散传递到残差向量 $\boldsymbol{\epsilon}_{\mathrm{Err}}$ 中的。

在观测站位置和速度坐标存在误差的情况下，内积矩阵的测量值 $\hat{\boldsymbol{B}}$ 和 $\hat{\dot{\boldsymbol{B}}}$ 同时受到测量噪声和观测站误差的影响。先观察内积矩阵测量值 $\hat{\boldsymbol{B}}$ 和 $\hat{\dot{\boldsymbol{B}}}$ 受距离差及其变化率测量噪声影响的项，当 $|n_{m1}|/d_m\simeq 0$ 和 $|\dot{n}_{m1}|/\dot{d}_m\simeq 0(m=2,3,\cdots,M)$ 时，受测量噪声影响的项分别可从式 (4.59) 和式 (5.55) 中近似得到。再观察内积矩阵测量值 $\hat{\boldsymbol{B}}$ 和 $\hat{\dot{\boldsymbol{B}}}$ 受观测站误差的影响项。当 $\|\boldsymbol{n}_{s_m}\|/d_m\simeq 0(m=1,2,\cdots,M)$ 时，矩阵 $\hat{\boldsymbol{B}}$ 受观测站位置误差的影响项可从式 (4.111) 近似得到。

矩阵 $\hat{\dot{\boldsymbol{B}}}$ 受观测站位置和速度误差的影响项 $(\boldsymbol{s}_m-\boldsymbol{s}_n)^{\mathrm{T}}(\dot{\boldsymbol{s}}_m-\dot{\boldsymbol{s}}_n)$ 可以表示为

$$(\boldsymbol{s}_m-\boldsymbol{s}_n)^{\mathrm{T}}(\dot{\boldsymbol{s}}_m-\dot{\boldsymbol{s}}_n)=(\boldsymbol{x}_m-\boldsymbol{x}_n)^{\mathrm{T}}(\dot{\boldsymbol{x}}_m-\dot{\boldsymbol{x}}_n)$$

$$\cdot\left[1+\frac{(\boldsymbol{x}_m-\boldsymbol{x}_n)^{\mathrm{T}}(\dot{\boldsymbol{n}}_{s_m}-\dot{\boldsymbol{n}}_{s_n})}{(\boldsymbol{x}_m-\boldsymbol{x}_n)^{\mathrm{T}}(\dot{\boldsymbol{x}}_m-\dot{\boldsymbol{x}}_n)}+\right.$$
$$\left.\frac{(\dot{\boldsymbol{x}}_m-\dot{\boldsymbol{x}}_n)^{\mathrm{T}}(\boldsymbol{n}_{s_m}-\boldsymbol{n}_{s_n})}{(\boldsymbol{x}_m-\boldsymbol{x}_n)^{\mathrm{T}}(\dot{\boldsymbol{x}}_m-\dot{\boldsymbol{x}}_n)}+\frac{(\boldsymbol{n}_{s_m}-\boldsymbol{n}_{s_n})^{\mathrm{T}}(\dot{\boldsymbol{n}}_{s_m}-\dot{\boldsymbol{n}}_{s_n})}{(\boldsymbol{x}_m-\boldsymbol{x}_n)^{\mathrm{T}}(\dot{\boldsymbol{x}}_m-\dot{\boldsymbol{x}}_n)}\right] \tag{5.110}$$

为了得到忽略二次项的近似条件，需要分别分析其一次项：

$$\begin{aligned}&\frac{\|\dot{\boldsymbol{n}}_{s_m}-\dot{\boldsymbol{n}}_{s_n}\|}{\sqrt{\left|(\boldsymbol{x}_m-\boldsymbol{x}_n)^{\mathrm{T}}(\dot{\boldsymbol{x}}_m-\dot{\boldsymbol{x}}_n)\right|}}\\&\leqslant\frac{\|\dot{\boldsymbol{n}}_{s_m}\|+\|\dot{\boldsymbol{n}}_{s_n}\|}{\sqrt{\left|(\boldsymbol{x}_m-\boldsymbol{x}_n)^{\mathrm{T}}(\dot{\boldsymbol{x}}_m-\dot{\boldsymbol{x}}_n)\right|}}\\&\leqslant\frac{\dot{d}_m+\dot{d}_n}{\sqrt{\left|(\boldsymbol{x}_m-\boldsymbol{x}_n)^{\mathrm{T}}(\dot{\boldsymbol{x}}_m-\dot{\boldsymbol{x}}_n)\right|}}\max\left\{\frac{\|\dot{\boldsymbol{n}}_{s_m}\|}{\dot{d}_m},\frac{\|\dot{\boldsymbol{n}}_{s_n}\|}{\dot{d}_n}\right\}\end{aligned} \tag{5.111}$$

当 $\|\dot{\boldsymbol{n}}_{s_m}\|/\dot{d}_m\simeq 0(m=1,2,\cdots,M)$ 时，有 $\max\{\|\dot{\boldsymbol{n}}_{s_m}\|/\dot{d}_m,\|\dot{\boldsymbol{n}}_{s_n}\|/\dot{d}_n\}$。利用夹逼准则，式 (5.111) 中一次项有如下近似：

$$\frac{\|\dot{\boldsymbol{n}}_{s_m}-\dot{\boldsymbol{n}}_{s_n}\|}{\sqrt{\left|(\boldsymbol{x}_m-\boldsymbol{x}_n)^{\mathrm{T}}(\dot{\boldsymbol{x}}_m-\dot{\boldsymbol{x}}_n)\right|}}\simeq 0 \tag{5.112}$$

类似地，当 $\|\boldsymbol{n}_{s_m}\|/d_m\simeq 0(m=1,2,\cdots,M)$ 时，有如下近似：

$$\frac{\|\boldsymbol{n}_{s_m}-\boldsymbol{n}_{s_n}\|}{\sqrt{\left|(\boldsymbol{x}_m-\boldsymbol{x}_n)^{\mathrm{T}}(\dot{\boldsymbol{x}}_m-\dot{\boldsymbol{x}}_n)\right|}}\simeq 0 \tag{5.113}$$

那么，当 $\|\boldsymbol{n}_{s_m}\|/d_m\simeq 0$ 和 $\|\dot{\boldsymbol{n}}_{s_m}\|/\dot{d}_m\simeq 0(m=1,2,\cdots,M)$ 时，可以忽略二次项的影响，$\|\boldsymbol{s}_m-\boldsymbol{s}_n\|^2$ 可以近似为

$$\begin{aligned}\|\boldsymbol{s}_m-\boldsymbol{s}_n\|^2\simeq&(\boldsymbol{x}_m-\boldsymbol{x}_n)^{\mathrm{T}}(\dot{\boldsymbol{x}}_m-\dot{\boldsymbol{x}}_n)\\&+(\boldsymbol{x}_m-\boldsymbol{x}_n)^{\mathrm{T}}(\dot{\boldsymbol{n}}_{s_m}-\dot{\boldsymbol{n}}_{s_n})+(\dot{\boldsymbol{x}}_m-\dot{\boldsymbol{x}}_n)^{\mathrm{T}}(\boldsymbol{n}_{s_m}-\boldsymbol{n}_{s_n})\end{aligned} \tag{5.114}$$

因此，当测量噪声满足 $|n_{m1}|/d_m\simeq 0$ 和 $|\dot{n}_{m1}|/\dot{d}_m\simeq 0(m=2,3,\cdots,M)$ 时，观测站位置误差满足 $\|\boldsymbol{n}_{s_m}\|/d_m\simeq 0$，观测站速度误差满足 $\|\dot{\boldsymbol{n}}_{s_m}\|/\dot{d}_m\simeq 0(m=$

$1,2,\cdots,M$) 时，残差向量函数 $\boldsymbol{\epsilon}_{\rm Err}=\boldsymbol{f}(\boldsymbol{m},\boldsymbol{\xi})$ 可以在真实值 $\boldsymbol{m}^o$ 和 $\boldsymbol{\xi}^o$ 处泰勒展开，保留线性项，忽略高次项，近似得到

$$\begin{aligned}\boldsymbol{\epsilon}_{\rm Err} \simeq\ & \boldsymbol{f}\left(\boldsymbol{m}^o,\boldsymbol{\xi}^o\right)+\left.\frac{\partial \boldsymbol{f}\left(\boldsymbol{m},\boldsymbol{\xi}\right)}{\partial \boldsymbol{m}}\right|_{\boldsymbol{m}=\boldsymbol{m}^o,\boldsymbol{\xi}=\boldsymbol{\xi}^o}\left(\boldsymbol{m}-\boldsymbol{m}^o\right)\\ &+\left.\frac{\partial \boldsymbol{f}\left(\boldsymbol{m},\boldsymbol{\xi}\right)}{\partial \boldsymbol{\xi}}\right|_{\boldsymbol{m}=\boldsymbol{m}^o,\boldsymbol{\xi}=\boldsymbol{\xi}^o}\left(\boldsymbol{\xi}-\boldsymbol{\xi}^o\right)\end{aligned}\tag{5.115}$$

当使用真实向量 $\boldsymbol{m}^o$ 和观测站向量 $\boldsymbol{s}^o$ 时，结合雅可比矩阵式 (5.58)，在式 (5.34) 和式 (5.44) 中关于向量 $\boldsymbol{m}$ 的雅可比梯度矩阵满足：

$$\boldsymbol{G}_{\boldsymbol{m}}=\left.\frac{\partial \boldsymbol{f}\left(\boldsymbol{m}\right)}{\partial \boldsymbol{m}}\right|_{\boldsymbol{m}=\boldsymbol{m}^o}=\left.\frac{\partial \boldsymbol{f}\left(\boldsymbol{m},\boldsymbol{\xi}\right)}{\partial \boldsymbol{m}}\right|_{\boldsymbol{m}=\boldsymbol{m}^o,\boldsymbol{\xi}=\boldsymbol{\xi}^o}\tag{5.116}$$

结合定理 5.1 矩阵形式式 (5.36)，有 $\boldsymbol{f}(\boldsymbol{m}^o,\boldsymbol{\xi}^o)=\boldsymbol{0}_{2M}$，将观测模型式 (5.10) 和式 (5.85) 代入式 (5.115)，残差向量 $\boldsymbol{\epsilon}_{\rm Err}$ 近似成测量噪声 $\boldsymbol{n}$ 和观测站误差 $\boldsymbol{n}_{\boldsymbol{\xi}}$ 的线性表示为

$$\boldsymbol{\epsilon}_{\rm Err}\simeq \boldsymbol{G}_{\boldsymbol{m}}\boldsymbol{n}+\boldsymbol{G}_{\boldsymbol{\xi}}\boldsymbol{n}_{\boldsymbol{\xi}}\tag{5.117}$$

其中，$\boldsymbol{G}_{\boldsymbol{\xi}}$ 为 $2M\times 6M$ 的雅可比矩阵，它的列向量可以通过残差函数 $\boldsymbol{f}\left(\boldsymbol{m},\boldsymbol{\xi}\right)$ 对标量求导[267] 计算：

$$\left[\boldsymbol{G}_{\boldsymbol{\xi}}\right]_j=\left.\frac{\partial \boldsymbol{f}\left(\boldsymbol{m},\boldsymbol{\xi}\right)}{\partial \xi_j}\right|_{\boldsymbol{m}=\boldsymbol{m}^o,\boldsymbol{\xi}=\boldsymbol{\xi}^o}=\frac{\partial \boldsymbol{H}_0}{\partial \xi_j^o}\boldsymbol{\phi}+\boldsymbol{H}_0\frac{\partial \boldsymbol{\phi}}{\partial \xi_j^o}\tag{5.118}$$

根据 $\mathbb{E}\{\boldsymbol{n}\}=\boldsymbol{0}_{2(M-1)}$ 和 $\mathbb{E}\{\boldsymbol{n}_{\boldsymbol{\xi}}\}=\boldsymbol{0}_{6M}$，均值 $\mathbb{E}\{\boldsymbol{\epsilon}_{\rm Err}\}=\boldsymbol{0}_{2M}$，根据 $\boldsymbol{\Sigma}=\mathbb{E}\{\boldsymbol{n}\boldsymbol{n}^{\rm T}\}$、$\mathbb{E}[\boldsymbol{n}_{\boldsymbol{\xi}}\boldsymbol{n}^{\rm T}]=\boldsymbol{O}$ 和 $\boldsymbol{\Sigma}_{\boldsymbol{\xi}}=\mathbb{E}\{\boldsymbol{n}_{\boldsymbol{\xi}}\boldsymbol{n}_{\boldsymbol{\xi}}^{\rm T}\}$，残差向量 $\boldsymbol{\epsilon}_{\rm Err}$ 的协方差矩阵为

$$\mathbb{E}\left\{\boldsymbol{\epsilon}_{\rm Err}\boldsymbol{\epsilon}_{\rm Err}^{\rm T}\right\}=\boldsymbol{G}_{\boldsymbol{m}}\boldsymbol{\Sigma}\boldsymbol{G}_{\boldsymbol{m}}^{\rm T}+\boldsymbol{G}_{\boldsymbol{\xi}}\boldsymbol{\Sigma}_{\boldsymbol{\xi}}\boldsymbol{G}_{\boldsymbol{\xi}}^{\rm T}\tag{5.119}$$

在多普勒空间多维标度定位中，残差向量式 (5.117) 体现了测量噪声和观测站误差的传递关系，它是消除残差向量之间相关性的基础。此外，式 (5.119) 表明残差向量近似是零均值的高斯噪声，协方差矩阵为 $\boldsymbol{G}_{\boldsymbol{m}}\boldsymbol{\Sigma}\boldsymbol{G}_{\boldsymbol{m}}^{\rm T}+\boldsymbol{G}_{\boldsymbol{\xi}}\boldsymbol{\Sigma}_{\boldsymbol{\xi}}\boldsymbol{G}_{\boldsymbol{\xi}}^{\rm T}$。那么，在多普勒空间多维标度框架内，当观测站位置和速度存在误差时，优化问题式 (5.50) 就可以转化成如下优化问题：

$$\arg\min_{\boldsymbol{y}_0,\dot{\boldsymbol{y}}_0}\boldsymbol{\epsilon}_{\rm Err}^{\rm T}\boldsymbol{W}_{\rm Err}\boldsymbol{\epsilon}_{\rm Err}\tag{5.120}$$

其中，$\boldsymbol{W}_{\mathrm{Err}}$ 是加权矩阵，能够使残差向量 $\boldsymbol{\epsilon}_{\mathrm{Err}}$ 各元素变成独立同分布的高斯变量，即最优加权矩阵：

$$\boldsymbol{W}_{\mathrm{Err}}=\mathbb{E}\left\{\boldsymbol{\epsilon}_{\mathrm{Err}}\boldsymbol{\epsilon}_{\mathrm{Err}}^{\mathrm{T}}\right\}^{-1} \tag{5.121}$$

残差向量式 (5.43) 还可以表示成未知向量 $\boldsymbol{\vartheta}=[\boldsymbol{y}_0^{\mathrm{T}},\dot{\boldsymbol{y}}_0^{\mathrm{T}}]^{\mathrm{T}}$ 的线性形式：

$$\boldsymbol{\epsilon}_{\mathrm{Err}}=\underbrace{\begin{bmatrix}\hat{\boldsymbol{B}}\hat{\boldsymbol{A}} & \boldsymbol{O}\\ \widehat{\dot{\boldsymbol{B}}}\hat{\boldsymbol{A}}+\hat{\boldsymbol{B}}\widehat{\dot{\boldsymbol{A}}} & \hat{\boldsymbol{B}}\hat{\boldsymbol{A}}\end{bmatrix}\begin{bmatrix}\begin{matrix}\boldsymbol{0}_4^{\mathrm{T}}\\ \boldsymbol{I}_4\end{matrix} & \boldsymbol{O}\\ \boldsymbol{O} & \begin{matrix}\boldsymbol{0}_4^{\mathrm{T}}\\ \boldsymbol{I}_4\end{matrix}\end{bmatrix}}_{\hat{\boldsymbol{H}}}\begin{bmatrix}\boldsymbol{y}_0\\ \dot{\boldsymbol{y}}_0\end{bmatrix}+\underbrace{\begin{bmatrix}\hat{\boldsymbol{B}}\hat{\boldsymbol{A}} & \boldsymbol{O}\\ \widehat{\dot{\boldsymbol{B}}}\hat{\boldsymbol{A}}+\hat{\boldsymbol{B}}\widehat{\dot{\boldsymbol{A}}} & \hat{\boldsymbol{B}}\hat{\boldsymbol{A}}\end{bmatrix}\begin{bmatrix}1\\ \boldsymbol{0}_4\\ 0\\ \boldsymbol{0}_4\end{bmatrix}}_{\hat{\boldsymbol{h}}} \tag{5.122}$$

当观测站位置和速度存在误差时，在高斯噪声和误差条件下，优化问题式 (5.120) 的最优解，对应着式 (5.122) 在加权最小二乘意义下未知坐标 $\boldsymbol{\vartheta}=[\boldsymbol{y}_0^{\mathrm{T}},\dot{\boldsymbol{y}}_0^{\mathrm{T}}]^{\mathrm{T}}$ 的估计：

$$\hat{\boldsymbol{\vartheta}}=-\left(\hat{\boldsymbol{H}}^{\mathrm{T}}\boldsymbol{W}_{\mathrm{Err}}\hat{\boldsymbol{H}}\right)^{-1}\hat{\boldsymbol{H}}^{\mathrm{T}}\boldsymbol{W}_{\mathrm{Err}}\hat{\boldsymbol{h}} \tag{5.123}$$

其中

$$\hat{\boldsymbol{H}}=\begin{bmatrix}\hat{\boldsymbol{B}}\hat{\boldsymbol{A}} & \boldsymbol{O}\\ \hat{\dot{\boldsymbol{B}}}\hat{\boldsymbol{A}}+\hat{\boldsymbol{B}}\hat{\dot{\boldsymbol{A}}} & \hat{\boldsymbol{B}}\hat{\boldsymbol{A}}\end{bmatrix}\begin{bmatrix}\begin{matrix}\boldsymbol{0}_4^{\mathrm{T}}\\ \boldsymbol{I}_4\end{matrix} & \boldsymbol{O}\\ \boldsymbol{O} & \begin{matrix}\boldsymbol{0}_4^{\mathrm{T}}\\ \boldsymbol{I}_4\end{matrix}\end{bmatrix} \tag{5.124}$$

$$\hat{\boldsymbol{h}}=\begin{bmatrix}\hat{\boldsymbol{B}}\hat{\boldsymbol{A}} & \boldsymbol{O}\\ \hat{\dot{\boldsymbol{B}}}\hat{\boldsymbol{A}}+\hat{\boldsymbol{B}}\hat{\dot{\boldsymbol{A}}} & \hat{\boldsymbol{B}}\hat{\boldsymbol{A}}\end{bmatrix}\begin{bmatrix}1\\ \boldsymbol{0}_4\\ 0\\ \boldsymbol{0}_4\end{bmatrix} \tag{5.125}$$

最优加权矩阵 $\boldsymbol{W}_{\mathrm{Err}}$ 由式 (5.119) 和式 (5.121) 确定：

$$\boldsymbol{W}_{\mathrm{Err}}=\left(\boldsymbol{G}_m\boldsymbol{\Sigma}\boldsymbol{G}_m^{\mathrm{T}}+\boldsymbol{G}_{\boldsymbol{\xi}}\boldsymbol{\Sigma}_{\boldsymbol{\xi}}\boldsymbol{G}_{\boldsymbol{\xi}}^{\mathrm{T}}\right)^{-1} \tag{5.126}$$

那么，目标位置坐标估计就对应着式 (5.123) 中 $\hat{\boldsymbol{\vartheta}}$ 的前三个元素，目标速度坐标估计就对应着 $\hat{\boldsymbol{\vartheta}}$ 的第 5~7 个元素，即

$$\hat{\boldsymbol{x}}_0=\hat{\boldsymbol{\vartheta}}(1:3),\quad \hat{\dot{\boldsymbol{x}}}_0=\hat{\boldsymbol{\vartheta}}(5:7) \tag{5.127}$$

因此，在多普勒空间多维标度框架内，当观测站位置和速度存在误差时，使用定理 5.1 能够获得测量噪声和观测站误差在多维标度定位中的传递过程，从而得到加权最小二乘意义下的最优目标位置和速度估计。

5.4.3 观测站误差下定位算法最优性证明

当观测站存在位置和速度误差时，本节在分析多普勒空间多维标度定位估计器式 (5.127) 性能的基础上，将其性能与克拉默-拉奥下界 (CRLB) 式 (5.86) 进行比较，从理论上给出多维标度定位最优性的严格解析证明。

采用微分扰动方法，分析多普勒空间多维标度定位中目标估计式 (5.127) 的偏差与方差特性。假设目标位置和速度估计 $\hat{\boldsymbol{x}}_0$ 与 $\hat{\dot{\boldsymbol{x}}}_0$ 可以表示为

$$\begin{cases} \hat{\boldsymbol{x}}_0 = \boldsymbol{x}_0 + \Delta\boldsymbol{x}_0 \\ \hat{\dot{\boldsymbol{x}}}_0 = \dot{\boldsymbol{x}}_0 + \Delta\dot{\boldsymbol{x}}_0 \end{cases} \tag{5.128}$$

其中，$\Delta\boldsymbol{x}_0$ 和 $\Delta\dot{\boldsymbol{x}}_0$ 表示估计偏差，$\boldsymbol{\theta} = [\boldsymbol{x}_0^{\mathrm{T}}, \dot{\boldsymbol{x}}_0^{\mathrm{T}}]^{\mathrm{T}}$ 形成的偏差向量 $\Delta\boldsymbol{\theta} = [\Delta\boldsymbol{x}_0^{\mathrm{T}}, \Delta\dot{\boldsymbol{x}}_0^{\mathrm{T}}]^{\mathrm{T}}$。

注意未知参数 $\boldsymbol{\vartheta} = [\boldsymbol{x}_0^{\mathrm{T}}, d_{01}, \dot{\boldsymbol{x}}_0^{\mathrm{T}}, \dot{d}_{01}]^{\mathrm{T}}$ 的估计 $\hat{\boldsymbol{\vartheta}}$ [式 (5.63)] 中含估计值 $\hat{d}_{01}$ 和 $\hat{\dot{d}}_{01}$，它与目标位置速度估计 $\hat{\boldsymbol{x}}_0$ 和 $\hat{\dot{\boldsymbol{x}}}_0$ 具有如下耦合关系：

$$\hat{d}_{01} = -\|\boldsymbol{s}_1 - \hat{\boldsymbol{x}}_0\| \tag{5.129}$$

$$\hat{\dot{d}}_{01} = -\frac{(\boldsymbol{s}_1 - \hat{\boldsymbol{x}}_0)^{\mathrm{T}}(\dot{\boldsymbol{s}}_1 - \hat{\dot{\boldsymbol{x}}}_0)}{\|\boldsymbol{s}_1 - \hat{\boldsymbol{x}}_0\|} \tag{5.130}$$

对式 (5.129) 中 $\hat{d}_{01}$ 在真实值 $\boldsymbol{x}_0$ 和 $\boldsymbol{x}_1$ 处泰勒展开，当观测站误差 $\boldsymbol{n}_{s_1}$ 和偏差 $\Delta\boldsymbol{x}_0$ 较小时，可以忽略非线性项，保留线性项，近似得到

$$\hat{d}_{01} \simeq d_{01} - \boldsymbol{\rho}_1^{\mathrm{T}}\Delta\boldsymbol{x}_0 + \boldsymbol{\rho}_1^{\mathrm{T}}\boldsymbol{n}_{s_1} \tag{5.131}$$

对式 (5.130) 中 $\hat{\dot{\boldsymbol{d}}}_{01}$ 在真实值 $\boldsymbol{x}_0$、$\dot{\boldsymbol{x}}_0$、$\boldsymbol{x}_1$ 和 $\dot{\boldsymbol{x}}_1$ 处泰勒展开，当观测站误差 $\boldsymbol{n}_{s_1}$ 和 $\dot{\boldsymbol{n}}_{s_1}$ 以及偏差 $\Delta\boldsymbol{x}_0$ 和 $\Delta\dot{\boldsymbol{x}}_0$ 较小时，可以忽略非线性项，保留线性项，近似得到

$$\hat{\dot{d}}_{01} \simeq \dot{d}_{01} - \dot{\boldsymbol{\rho}}_1^{\mathrm{T}}\Delta\boldsymbol{x}_0 - \boldsymbol{\rho}_1^{\mathrm{T}}\Delta\dot{\boldsymbol{x}}_0 + \dot{\boldsymbol{\rho}}_1^{\mathrm{T}}\boldsymbol{n}_{s_1} + \boldsymbol{\rho}_1^{\mathrm{T}}\dot{\boldsymbol{n}}_{s_1} \tag{5.132}$$

与 5.3 节类似，通过微分扰动分析方法，可以得到多维标度定位估计器的偏差表示：

$$\Delta\boldsymbol{\theta} \simeq -\left(\boldsymbol{H}_d^{\mathrm{T}}\boldsymbol{W}_{\mathrm{Err}}\boldsymbol{H}_d\right)^{-1}\boldsymbol{H}_d^{\mathrm{T}}\boldsymbol{W}_{\mathrm{Err}}\left(\boldsymbol{G}_m\boldsymbol{n} + \boldsymbol{G}_\xi\boldsymbol{n}_\xi\right) \tag{5.133}$$

其中，$\boldsymbol{H}_d$ 是 $2M \times 6$ 的矩阵，如式 (5.75) 所示。

对估计偏差 $\Delta\boldsymbol{\theta}$ 两边取期望，根据 $\mathbb{E}\{\boldsymbol{n}\}=\mathbf{0}_{2(M-1)}$ 和 $\mathbb{E}\{\boldsymbol{n}_{\boldsymbol{\xi}}\}=\mathbf{0}_{6M}$，得到

$$\mathbb{E}\left\{\Delta\boldsymbol{\theta}\right\}=\mathbf{0}_6 \tag{5.134}$$

它表明 $\mathbb{E}\{\hat{\boldsymbol{\theta}}\}=\boldsymbol{\theta}$，在较小的观测误差下，多普勒空间多维标度定位估计是近似无偏的，属于无偏估计。

利用 $\boldsymbol{\Sigma}=\mathbb{E}\{\boldsymbol{n}\boldsymbol{n}^{\mathrm{T}}\}$、$\mathbb{E}[\boldsymbol{n}_{\boldsymbol{\xi}}\boldsymbol{n}^{\mathrm{T}}]=\boldsymbol{O}$ 和 $\boldsymbol{\Sigma}_{\boldsymbol{\xi}}=\mathbb{E}\{\boldsymbol{n}_{\boldsymbol{\xi}}\boldsymbol{n}_{\boldsymbol{\xi}}^{\mathrm{T}}\}$，估计偏差 $\Delta\boldsymbol{\theta}$ 的协方差为

$$\mathrm{Cov}_{\boldsymbol{\theta},\boldsymbol{\xi}}\left\{\hat{\boldsymbol{\theta}}\right\}=\mathbb{E}\left\{\Delta\boldsymbol{\theta}\Delta\boldsymbol{\theta}^{\mathrm{T}}\right\}\simeq\left(\boldsymbol{H}_d^{\mathrm{T}}\boldsymbol{W}_{\mathrm{Err}}\boldsymbol{H}_d\right)^{-1} \tag{5.135}$$

这里使用了最优加权矩阵式 (5.66)。

定理 5.3[204]　在观测站存在位置和速度误差的多普勒空间多维标度框架内，当测量高斯噪声 $|n_{m1}|/d_m\simeq 0$ 和 $|\dot{n}_{m1}|/\dot{d}_m\simeq(m=2,3,\cdots,M)$ 时，观测站位置高斯误差满足 $\|\boldsymbol{n}_{s_m}\|/d_m\simeq 0$，观测站速度高斯误差满足 $\|\dot{\boldsymbol{n}}_{s_m}\|/\dot{d}_m\simeq 0(m=1,2,\cdots,M)$ 时，加权最小二乘意义下的定位算法是最优的，这意味着目标位置和速度估计的方差能够达到它的克拉默-拉奥下界 (CRLB)，即

$$\mathrm{Cov}_{\boldsymbol{\theta},\boldsymbol{\xi}}\left\{\hat{\boldsymbol{\theta}}\right\}=\mathrm{CRLB}_{\boldsymbol{\theta},\boldsymbol{\xi}}\left(\boldsymbol{\theta}\right) \tag{5.136}$$

证明　依据 5.2 节的性质 5.2，观测站存在位置和速度误差，使多维标度定位中的雅可比矩阵满足：

$$\left.\begin{bmatrix}\dfrac{\partial\boldsymbol{f}_1(\boldsymbol{m},\boldsymbol{\xi})}{\partial\boldsymbol{s}} & \dfrac{\partial\boldsymbol{f}_1(\boldsymbol{m},\boldsymbol{\xi})}{\partial\dot{\boldsymbol{s}}}\\ \dfrac{\partial\boldsymbol{f}_2(\boldsymbol{m},\boldsymbol{\xi})}{\partial\boldsymbol{s}} & \dfrac{\partial\boldsymbol{f}_2(\boldsymbol{m},\boldsymbol{\xi})}{\partial\dot{\boldsymbol{s}}}\end{bmatrix}\right|_{\boldsymbol{m}=\boldsymbol{m}^o,\boldsymbol{\xi}=\boldsymbol{\xi}^o}$$

$$=-\left.\begin{bmatrix}\dfrac{\partial\boldsymbol{f}_1(\boldsymbol{m},\boldsymbol{\xi})}{\partial\boldsymbol{r}} & \dfrac{\partial\boldsymbol{f}_1(\boldsymbol{m},\boldsymbol{\xi})}{\partial\dot{\boldsymbol{r}}}\\ \dfrac{\partial\boldsymbol{f}_2(\boldsymbol{m},\boldsymbol{\xi})}{\partial\boldsymbol{r}} & \dfrac{\partial\boldsymbol{f}_2(\boldsymbol{m},\boldsymbol{\xi})}{\partial\dot{\boldsymbol{r}}}\end{bmatrix}\right|_{\boldsymbol{m}=\boldsymbol{m}^o,\boldsymbol{\xi}=\boldsymbol{\xi}^o}\left(\frac{\partial\boldsymbol{m}^o}{\partial\boldsymbol{\xi}^o}\right) \tag{5.137}$$

将式 (5.116) 和式 (5.118) 代入式 (5.137) 中，得到

$$\boldsymbol{G}_{\boldsymbol{\xi}}=-\boldsymbol{G}_{\boldsymbol{m}}\left(\frac{\partial\boldsymbol{m}^o}{\partial\boldsymbol{\xi}^o}\right) \tag{5.138}$$

在式 (5.138) 两边同时左乘 $\boldsymbol{G}_{\boldsymbol{m}}^{\dagger}$，并利用 $\boldsymbol{G}_{\boldsymbol{m}}^{\dagger}\boldsymbol{G}_{\boldsymbol{m}}=\boldsymbol{I}_{2M-1}$，得到

$$\boldsymbol{G}_{\boldsymbol{m}}^{\dagger}\boldsymbol{G}_{\boldsymbol{\xi}}=-\frac{\partial\boldsymbol{m}}{\partial\boldsymbol{\xi}^o} \tag{5.139}$$

应用矩阵求逆引理[264, 265]，最优加权矩阵式 (5.126) 变成

$$\begin{aligned}\boldsymbol{W}_{\text{Err}} &= \left(\boldsymbol{G}_m\boldsymbol{\Sigma}\boldsymbol{G}_m^{\text{T}}+\boldsymbol{G}_{\boldsymbol{\xi}}\boldsymbol{\Sigma}_{\boldsymbol{\xi}}\boldsymbol{G}_{\boldsymbol{\xi}}^{\text{T}}\right)^{-1}\\ &= \left(\boldsymbol{G}_m\boldsymbol{\Sigma}\boldsymbol{G}_m^{\text{T}}\right)^{\dagger}-\left(\boldsymbol{G}_m\boldsymbol{\Sigma}\boldsymbol{G}_m^{\text{T}}\right)^{\dagger}\\ &\quad\cdot\boldsymbol{G}_{\boldsymbol{\xi}}\left(\boldsymbol{\Sigma}_{\boldsymbol{\xi}}^{-1}+\left(\boldsymbol{G}_{\boldsymbol{\xi}}^{\text{T}}\boldsymbol{G}_m\boldsymbol{\Sigma}\boldsymbol{G}_m^{\text{T}}\right)^{\dagger}\boldsymbol{G}_{\boldsymbol{\xi}}\right)^{-1}\boldsymbol{G}_{\boldsymbol{\xi}}^{\text{T}}\left(\boldsymbol{G}_m\boldsymbol{\Sigma}\boldsymbol{G}_m^{\text{T}}\right)^{\dagger}\end{aligned}\tag{5.140}$$

将式 (5.81) 代入协方差矩阵式 (5.135) 中，并对两边求逆，得到

$$\text{Cov}_{\boldsymbol{\theta},\boldsymbol{\xi}}\left\{\hat{\boldsymbol{\theta}}\right\}^{-1}=\left(-\boldsymbol{G}_{\boldsymbol{m}}\frac{\partial\boldsymbol{m}^o}{\partial\boldsymbol{\theta}}\right)^{\text{T}}\boldsymbol{W}_{\text{Err}}\left(-\boldsymbol{G}_{\boldsymbol{m}}\frac{\partial\boldsymbol{m}^o}{\partial\boldsymbol{\theta}}\right)\tag{5.141}$$

将式 (5.139) 和式 (5.140) 代入式 (5.141) 中，结合 $\left(\boldsymbol{G}_{\boldsymbol{m}}\boldsymbol{\Sigma}\boldsymbol{G}_{\boldsymbol{m}}^{\text{T}}\right)^{\dagger}=\boldsymbol{G}_{\boldsymbol{m}}^{\text{T}\dagger}\boldsymbol{\Sigma}^{-1}\boldsymbol{G}_{\boldsymbol{m}}^{\dagger}$ 和 $\boldsymbol{G}_{\boldsymbol{m}}^{\dagger}\boldsymbol{G}_{\boldsymbol{m}}=\boldsymbol{I}_{2M-1}$，得到

$$\begin{aligned}&\text{Cov}_{\boldsymbol{\theta},\boldsymbol{\xi}}\left\{\hat{\boldsymbol{\theta}}\right\}^{-1}=\left(-\boldsymbol{G}_{\boldsymbol{m}}\frac{\partial\boldsymbol{m}^o}{\partial\boldsymbol{\theta}}\right)^{\text{T}}\boldsymbol{W}_{\text{Err}}\left(-\boldsymbol{G}_{\boldsymbol{m}}\frac{\partial\boldsymbol{m}^o}{\partial\boldsymbol{\theta}}\right)\\ &=\left(-\frac{\partial\boldsymbol{m}^o}{\partial\boldsymbol{\theta}}\right)^{\text{T}}\boldsymbol{\Sigma}^{-1}\left(-\frac{\partial\boldsymbol{m}^o}{\partial\boldsymbol{\theta}}\right)-\left(-\frac{\partial\boldsymbol{m}^o}{\partial\boldsymbol{\theta}}\right)^{\text{T}}\boldsymbol{\Sigma}^{-1}\left(-\frac{\partial\boldsymbol{m}^o}{\partial\boldsymbol{\xi}^o}\right)\\ &\quad\cdot\left(\boldsymbol{\Sigma}_{\boldsymbol{\xi}}^{-1}+\left(-\frac{\partial\boldsymbol{m}^o}{\partial\boldsymbol{\xi}^o}\right)^{\text{T}}\boldsymbol{\Sigma}^{-1}\left(-\frac{\partial\boldsymbol{m}^o}{\partial\boldsymbol{\xi}^o}\right)\right)^{-1}\left(-\frac{\partial\boldsymbol{m}^o}{\partial\boldsymbol{\xi}^o}\right)^{\text{T}}\boldsymbol{\Sigma}^{-1}\left(-\frac{\partial\boldsymbol{m}^o}{\partial\boldsymbol{\theta}}\right)\end{aligned}\tag{5.142}$$

对比式 (5.142) 和克拉默-拉奥下界 (CRLB) 式 (5.86) 得到

$$\text{Cov}_{\boldsymbol{\theta},\boldsymbol{\xi}}\left\{\boldsymbol{\theta}\right\}^{-1}=\text{CRLB}_{\boldsymbol{\theta},\boldsymbol{\xi}}\left(\boldsymbol{\theta}\right)^{-1}\tag{5.143}$$

对式 (5.143) 两边求逆，就得到式 (5.136)。命题得证。

5.4.4 观测模型失配下多维标度定位算法

当观测站位置和速度存在误差时，多普勒空间中实际观测模型与定位算法并不是完全匹配的，往往存在失配现象。多普勒空间观测模型失配现象主要表现在两个方面：一方面是无法获得观测站位置和速度误差的先验统计特性，即信息缺失导致观测模型失配；另一方面是为了简化工程以直接忽略观测站位置和速度误差，即简化算法流程导致观测模型失配。

当多普勒空间观测模型失配时，观测站位置和速度误差统计特性的缺失导致多维标度定位算法中最优加权矩阵从式 (5.126) 变成式 (5.66)，位置参数估计从

式 (5.123) 变成

$$\hat{\boldsymbol{\vartheta}} = -\left(\hat{\boldsymbol{H}}^{\mathrm{T}}\boldsymbol{W}\hat{\boldsymbol{H}}\right)^{-1}\hat{\boldsymbol{H}}^{\mathrm{T}}\boldsymbol{W}\hat{\boldsymbol{h}} \tag{5.144}$$

值得注意的是，虽然最优加权矩阵中缺失观测站位置和速度误差的统计特性，但是观测站位置和速度误差存在于矩阵 $\hat{\boldsymbol{H}}$ 和 $\hat{\boldsymbol{h}}$ 中。

未知参数 $\boldsymbol{\vartheta} = [\boldsymbol{x}_0^{\mathrm{T}}, d_{01}, \dot{\boldsymbol{x}}_0^{\mathrm{T}}, \dot{d}_{01}]^{\mathrm{T}}$ 的估计 $\hat{\boldsymbol{y}}_0$ [式 (4.146)] 中含有 d_{01} 的估计值 $\hat{d}_{01}$ 和 $\hat{\dot{d}}_{01}$，与目标位置速度估计 $\hat{\boldsymbol{x}}_0$ 和 $\hat{\dot{\boldsymbol{x}}}_0$ 如式 (5.129) 和式 (5.130) 所示。通过微分扰动分析，失配条件下目标位置多维标度定位估计器的偏差表示为

$$\Delta\boldsymbol{\theta} \simeq -\left(\boldsymbol{H}_d^{\mathrm{T}}\boldsymbol{W}\boldsymbol{H}_d\right)^{-1}\boldsymbol{H}_d^{\mathrm{T}}\boldsymbol{W}\left(\boldsymbol{G}_m\boldsymbol{n} + \boldsymbol{G}_\xi\boldsymbol{n}_\xi\right) \tag{5.145}$$

其中，$\boldsymbol{H}_d$ 是 $2M \times 6$ 的矩阵，如式 (5.75) 所示。

对估计偏差 $\Delta\boldsymbol{\theta}$ 两边取期望，根据 $\mathbb{E}\{\boldsymbol{n}\} = \boldsymbol{0}_{2(M-1)}$ 和 $\mathbb{E}\{\boldsymbol{n}_{\boldsymbol{\xi}}\} = \boldsymbol{0}_{6M}$，得到

$$\mathbb{E}\left\{\Delta\boldsymbol{\theta}\right\} = \boldsymbol{0}_6 \tag{5.146}$$

它表明 $\mathbb{E}\{\hat{\boldsymbol{\theta}}\} = \boldsymbol{\theta}$，即多普勒空间中失配模型下多维标度定位估计是近似无偏的，属于无偏估计。

利用 $\boldsymbol{\Sigma} = \mathbb{E}\{\boldsymbol{n}\boldsymbol{n}^{\mathrm{T}}\}$、$\mathbb{E}[\boldsymbol{n}_{\boldsymbol{\xi}}\boldsymbol{n}^{\mathrm{T}}] = \boldsymbol{O}$ 和 $\boldsymbol{\Sigma}_{\boldsymbol{\xi}} = \mathbb{E}\{\boldsymbol{n}_{\boldsymbol{\xi}}\boldsymbol{n}_{\boldsymbol{\xi}}^{\mathrm{T}}\}$，失配模型的估计偏差 $\Delta\boldsymbol{\theta}$ 的协方差就变成了条件协方差为

$$\begin{aligned}\mathrm{Cov}_{\boldsymbol{\theta}|\boldsymbol{\xi}}\left\{\hat{\boldsymbol{\theta}}\right\} \simeq{}& \left(\boldsymbol{H}_d^{\mathrm{T}}\boldsymbol{W}\boldsymbol{H}_d\right)^{-1} \\ &+ \left(\boldsymbol{H}_d^{\mathrm{T}}\boldsymbol{W}\boldsymbol{H}_d\right)^{-1}\boldsymbol{H}_d^{\mathrm{T}}\boldsymbol{W}\boldsymbol{G}_{\boldsymbol{\xi}}\boldsymbol{\Sigma}_{\boldsymbol{\xi}}\boldsymbol{G}_{\boldsymbol{\xi}}^{\mathrm{T}}\boldsymbol{W}\boldsymbol{H}_d\left(\boldsymbol{H}_d^{\mathrm{T}}\boldsymbol{W}\boldsymbol{H}_d\right)^{-1}\end{aligned} \tag{5.147}$$

定理 5.4[204]　在观测站存在位置和速度误差的多普勒空间多维标度框架内，当测量高斯噪声 $|n_{m1}|/d_m \simeq 0$ 和 $|\dot{n}_{m1}|/\dot{d}_m \simeq (m = 2, 3, \cdots, M)$ 时，观测站位置高斯误差满足 $\|\boldsymbol{n}_{s_m}\|/d_m \simeq 0$，观测站速度高斯误差满足 $\|\dot{\boldsymbol{n}}_{s_m}\|/\dot{d}_m \simeq 0(m = 1, 2, \cdots, M)$ 时，多普勒空间中观测模型失配下加权最小二乘意义下定位算法是最优的，即

$$\mathrm{Cov}_{\boldsymbol{\theta}|\boldsymbol{\xi}}\left\{\hat{\boldsymbol{\theta}}\right\} = \mathrm{MSE}_{\boldsymbol{\theta}|\boldsymbol{\xi}}\left(\boldsymbol{\theta}\right) \tag{5.148}$$

证明　根据式 (5.77)、式 (5.78) 和式 (5.86)，条件协方差矩阵式 (5.147) 变成

$$\mathrm{Cov}_{\boldsymbol{\theta}|\boldsymbol{\xi}}\left\{\hat{\boldsymbol{\theta}}\right\} \simeq \boldsymbol{X}^{-1} + \boldsymbol{X}^{-1}\boldsymbol{H}_d^{\mathrm{T}}\boldsymbol{W}\boldsymbol{G}_{\boldsymbol{\xi}}\boldsymbol{\Sigma}_{\boldsymbol{\xi}}\boldsymbol{G}_{\boldsymbol{\xi}}^{\mathrm{T}}\boldsymbol{W}\boldsymbol{H}_d\boldsymbol{X}^{-1} \tag{5.149}$$

根据式 (5.81) 和式 (5.139)，结合 $\boldsymbol{W}=\boldsymbol{G}_m^{\mathrm{T}\dagger}\boldsymbol{\Sigma}^{-1}\boldsymbol{G}_m^{\dagger}$ 和 $\boldsymbol{G}_m^{\dagger}\boldsymbol{G}_m=\boldsymbol{I}_{2(M-1)}$，得到

$$\begin{aligned}\boldsymbol{H}_d^{\mathrm{T}}\boldsymbol{W}\boldsymbol{G}_{\boldsymbol{\xi}}&=-\left(\frac{\partial \boldsymbol{m}^o}{\partial \boldsymbol{\theta}}\right)^{\mathrm{T}}\left(\boldsymbol{G}_m^{\mathrm{T}}\boldsymbol{G}_m^{\mathrm{T}\dagger}\right)\boldsymbol{\Sigma}^{-1}\left(\boldsymbol{G}_m^{\dagger}\boldsymbol{G}_{\boldsymbol{\xi}}\right)\\&=\left(\frac{\partial \boldsymbol{m}^o}{\partial \boldsymbol{\theta}}\right)^{\mathrm{T}}\boldsymbol{\Sigma}^{-1}\left(\frac{\partial \boldsymbol{m}^o}{\partial \boldsymbol{\xi}^o}\right)\end{aligned}\tag{5.150}$$

将式 (5.150) 和式 (5.90) 代入式 (5.149)，得到

$$\mathrm{Cov}_{\boldsymbol{\theta}|\boldsymbol{\xi}}\left\{\hat{\boldsymbol{\theta}}\right\}\simeq \boldsymbol{X}^{-1}+\boldsymbol{X}^{-1}\boldsymbol{Y}\boldsymbol{\Sigma}_{\boldsymbol{\xi}}\boldsymbol{Y}^{\mathrm{T}}\boldsymbol{X}^{-1}\tag{5.151}$$

将式 (5.151) 和式 (5.91) 对比，得到式 (5.148)，命题得证。

多普勒空间中观测模型失配条件下，定理 5.4 揭示了观测站位置和速度误差下的失配模型中加权最小二乘意义下的定位算法是最优估计。

5.5 数值仿真与验证

5.5.1 多维标度定位与其他定位算法比较

实验 1 比较验证多维标度定位与其他定位算法的性能。使用均方根误差衡量位置估计的性能，位置和速度估计的均方根误差分别定义为 $\sqrt{\mathbb{E}[(\hat{\boldsymbol{x}}_0-\boldsymbol{x}_0)^{\mathrm{T}}(\hat{\boldsymbol{x}}_0-\boldsymbol{x}_0)]}$ 和 $\sqrt{\mathbb{E}[(\hat{\dot{\boldsymbol{x}}}_0-\dot{\boldsymbol{x}}_0)^{\mathrm{T}}(\hat{\dot{\boldsymbol{x}}}_0-\dot{\boldsymbol{x}}_0)]}$，分别对应着协方差矩阵式 (5.77) 的前三个对角元素和后三个对角元素的均方根。位置和速度的克拉默-拉奥下界 (CRLB) 使用矩阵式 (5.11) 的对角元素之和。现有其他距离定位有线性迭代定位算法、线性定位算法和线性校正定位算法。其中，线性迭代定位算法需要初始值，这里不参与比较。线性定位算法的典型代表是球面插值算法[139–141]。线性校正定位算法的典型代表是 Chan 算法[151]。实验中考虑五个观测站的三维定位情况，它们的位置和速度如表 5.1 所示。距离差观测噪声向量 $\boldsymbol{n}$ 服从零均值的高斯分布，即 $\boldsymbol{n}\sim\mathcal{N}(\boldsymbol{0},\sigma^2\boldsymbol{\Theta})$，距离差变化率观测噪声向量 $\dot{\boldsymbol{n}}$ 服从零均值的高斯分布，即 $\dot{\boldsymbol{n}}\sim\mathcal{N}(\boldsymbol{0},\dot{\sigma}^2\boldsymbol{\Theta})$，这里 σ^2 和 $\dot{\sigma}^2$ 分别为距离差及其变化率测量方差，距离差及其变化率之间的相互耦合因子较小，在数值验证中忽略它的影响。方差取 $\dot{\sigma}^2=0.1\sigma^2$，$\boldsymbol{\Theta}$ 是对角线元素是 1、其他元素是 0.5 的矩阵[150,151,194]。所有结果都是仿真 10000 次的平均值。

在第一组数值仿真验证中，考虑近场目标辐射源，位置设定为 [300, 325, 275]m，速度设定为 [−20, 15, 40]m/s，图 5.1 给出了近场辐射源位置和速度估计性能随着测量方差 σ^2 的变化曲线。

表 5.1　观测站的位置和速度坐标列表

传感器编号 i	x_i/m	y_i/m	z_i/m	$\dot{x}_i$/(m/s)	$\dot{y}_i$/(m/s)	$\dot{z}_i$/(m/s)
1	300	100	150	30	−20	20
2	400	150	100	−30	10	20
3	300	500	200	10	−20	10
4	350	200	100	10	20	30
5	−100	−100	−100	−20	10	10

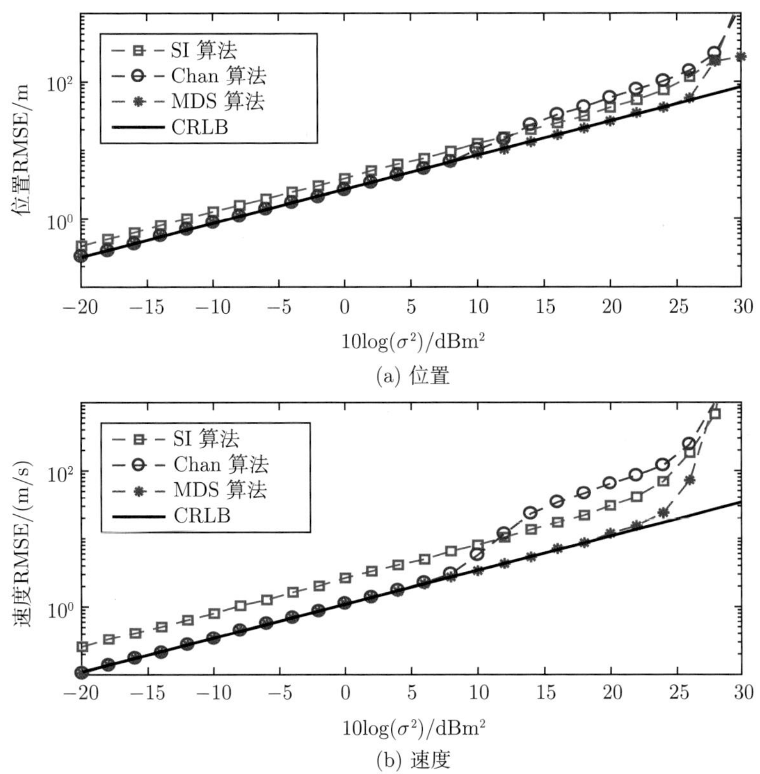

(a) 位置

(b) 速度

图 5.1　近场辐射源位置和速度估计性能随测量方差 σ^2 的变化曲线

在图 5.1 中，SI 算法偏离克拉默-拉奥下界 (CRLB) 较远，是次优解，多维标度定位算法与 Chan 算法性能相当，都能达到位置估计的克拉默-拉奥下界 (CRLB)，属于最优解。不过，随着测量方差的增加，多维标度定位算法的非线性门限效应比 Chan 算法出现要晚很多，对位置估计而言晚 16dB 左右，对速度估计而言晚 14dB 左右。这说明多维标度定位算法能够有效地抑制测量误差，表现出良好的稳健性和准确性。

在第二组数值仿真验证中，考虑远场目标辐射源，位置设定为 [3000,3250, 2750]m，速度设定为 [−20, 15, 40]m/s，图 5.2 给出了远场辐射源位置和速度估计性能随着测量方差 σ^2 的变化曲线。

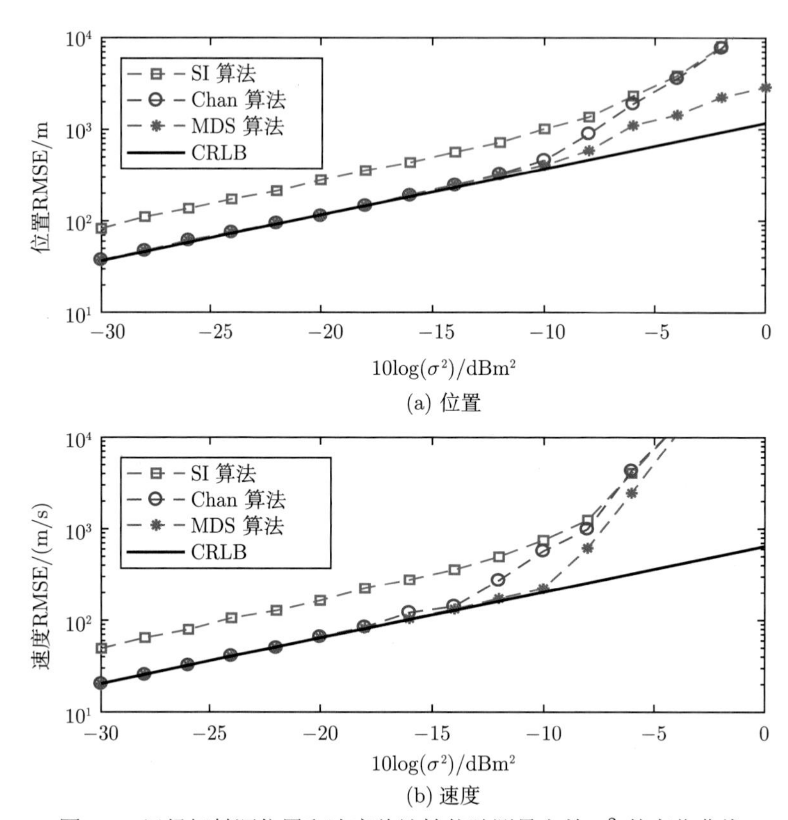

(a) 位置

(b) 速度

图 5.2 远场辐射源位置和速度估计性能随测量方差 σ^2 的变化曲线

在图 5.2 中，SI 算法依然偏离克拉默-拉奥下界 (CRLB) 较远，是次优解，多维标度定位算法与 Chan 算法性能相当，都能达到位置估计的克拉默-拉奥下界 (CRLB)，属于最优解。不过，随着测量方差的增加，多维标度定位算法的非线性门限效应比 Chan 算法出现要晚，对位置估计而言晚 3dB 左右，对速度估计而言晚 5dB 左右。这说明多维标度定位算法能够有效地抑制测量误差，表现出良好的稳健性和准确性。

第一组和第二组的实验都表明，多维标度定位算法明显优于现有线性定位算法和现有线性校正定位算法。多维标度定位算法能够有效地抑制测量参数中的误差，获得良好的稳健性和准确性。

5.5.2 观测站误差下多维标度定位验证

实验 2 仿真验证观测站存在位置和速度误差条件下的多维标度定位性能，这里还比较了不存在观测站误差的克拉默-拉奥下界 $\mathrm{CRLB}(\boldsymbol{\theta})$ [式 (5.11)]、忽略位置误差的均方差 $\mathrm{MSE}_{\boldsymbol{\theta}|\boldsymbol{\xi}}(\boldsymbol{\theta})$ [式 (5.92)] 和考虑位置误差的克拉默-拉奥下界 $\mathrm{CRLB}_{\boldsymbol{\theta},\boldsymbol{\xi}}(\boldsymbol{\theta})$

[式 (5.86)]。忽略观测站误差时，使用多维标度估计式 (5.67)，考虑观测站误差时，使用多维标度估计式 (5.127)，它们之间的区别体现在是否使用观测站位置和速度误差的统计特性 $\boldsymbol{\Sigma}_{\boldsymbol{\xi}}$。

数值仿真验证与 5.5.1 节实验 1 类似，五个观测站 $\boldsymbol{s}_m$ 的位置误差 $\boldsymbol{n}_{\boldsymbol{s}_m}$ 服从独立零均值的高斯分布，即 $\boldsymbol{n}_{\boldsymbol{s}_m} \sim \mathcal{N}(\mathbf{0}, \sigma_{s_m}^2 \boldsymbol{I}_3)$，速度误差 $\dot{\boldsymbol{n}}_{\boldsymbol{s}_m}$ 服从独立零均值的高斯分布，即 $\dot{\boldsymbol{n}}_{\boldsymbol{s}_m} \sim \mathcal{N}(\mathbf{0}, \dot{\sigma}_{s_m}^2 \boldsymbol{I}_3)$，这里 $\sigma_{s_m}^2$ 与 $\dot{\sigma}_{s_m}^2$ 是观测站 $\boldsymbol{s}_m$ 的位置和速度误差的方差，取 $\dot{\sigma}_{s_m}^2 = 0.1\sigma_{s_m}^2$。观测站的位置误差通常与速度误差相互独立，同时忽略它们与距离差及其变化率观测量的相关性。观测站位置误差的协方差矩阵分别设置为 $\sigma_s^2 \boldsymbol{I}_3$、$2\sigma_s^2 \boldsymbol{I}_3$、$10\sigma_s^2 \boldsymbol{I}_3$、$40\sigma_s^2 \boldsymbol{I}_3$ 和 $5\sigma_s^2 \boldsymbol{I}_3$，距离差测量方差取 $\sigma^2 = 0.01$。所有结果都是仿真 10000 次的平均值。

在第一组数值仿真验证中，考虑近场目标辐射源，位置设定为 [280, 325, 275]m，图 5.3 给出了近场辐射源定位性能随着 σ_s^2/σ^2 的变化曲线。

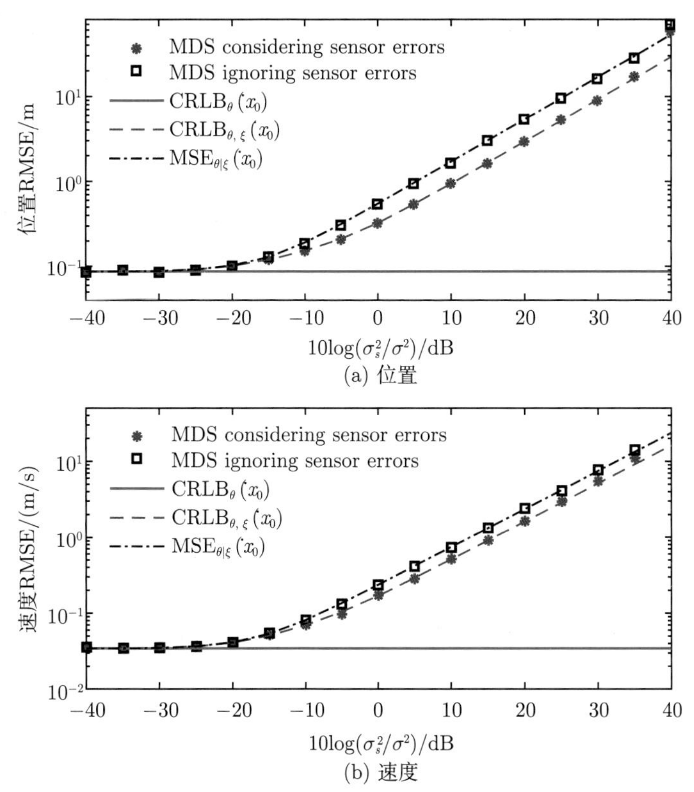

图 5.3　近场辐射源定位性能随 σ_s^2/σ^2 的变化曲线 (一)

从图 5.3 可以看出，对于近场目标辐射源，忽略观测站误差的多维标度定位性能，达到了对应的均方差 $\text{MSE}_{\boldsymbol{\theta}|\boldsymbol{\xi}}(\boldsymbol{\theta})$ [式 (5.92)]；考虑观测站误差的多维标度

定位性能，达到了对应的克拉默-拉奥下界 $\mathrm{CRLB}_{\boldsymbol{\theta},\boldsymbol{\xi}}(\boldsymbol{\theta})$ 式 (5.86)；而忽略观测站误差的克拉默-拉奥下界 $\mathrm{CRLB}(\boldsymbol{\theta})$ [式 (5.11)] 是最松的界，对最优算法并不具有指导意义。此外，考虑观测站误差的多维标度定位性能，明显超过了忽略观测站误差的定位算法性能，这也验证了推论 5.1 的理论结论式 (5.92)。

特别地，当观测站位置误差服从相同的高斯分布，即 $\boldsymbol{n}_{\boldsymbol{s}_m} \sim \mathcal{N}(\mathbf{0}, \sigma_s^2\boldsymbol{I}_3)$ 时，速度误差也服从相同的高斯分布，即 $\dot{\boldsymbol{n}}_{\boldsymbol{s}_m} \sim \mathcal{N}(\mathbf{0}, \dot{\sigma}_s^2\boldsymbol{I}_3)$，图 5.4 给出了近场辐射源定位性能随着 σ_s^2/σ^2 的变化曲线。从图 5.4 可以看出，考虑观测站误差的克拉默-拉奥下界 $\mathrm{CRLB}_{\boldsymbol{\theta},\boldsymbol{\xi}}(\boldsymbol{\theta})$ 和忽略误差的均方差 $\mathrm{MSE}_{\boldsymbol{\theta}|\boldsymbol{\xi}}(\boldsymbol{\theta})$ 是一样的。与此同时，无论是否考虑观测站的误差，对应的多维标度定位性能也是一样的。这些结论验证了推论 5.1 中取等号的条件式 (5.108) 和式 (5.109)。

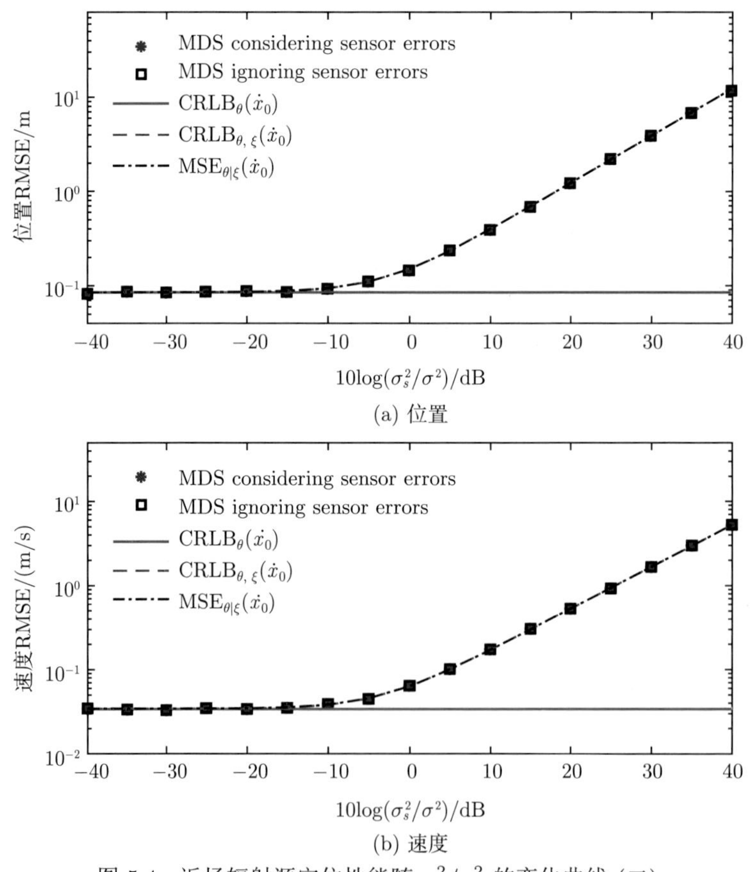

(a) 位置

(b) 速度

图 5.4　近场辐射源定位性能随 σ_s^2/σ^2 的变化曲线 (二)

在第二组数值仿真验证中，考虑远场目标辐射源，位置设定为 [2800,3250,2750]m，图 5.5 给出了远场辐射源定位性能随着 σ_s^2/σ^2 的变化曲线。

从图 5.5 可以看出，对于远场目标辐射源，忽略观测站误差的多维标度定位性能，达到了对应的均方差 $\mathrm{MSE}_{\boldsymbol{\theta}|\boldsymbol{\xi}}(\boldsymbol{\theta})$ [式 (5.92)]；考虑观测站误差时的多维标度定位性能，达到了对应的克拉默-拉奥下界 $\mathrm{CRLB}_{\boldsymbol{\theta},\boldsymbol{\xi}}(\boldsymbol{\theta})$ [式 (5.86)]；而忽略观测站误差的克拉默-拉奥下界 $\mathrm{CRLB}(\boldsymbol{\theta})$ [式 (5.11)] 是最松的界，对最优算法并不具有指导意义。这也同样验证了推论 5.1 的理论结论式 (5.92)。

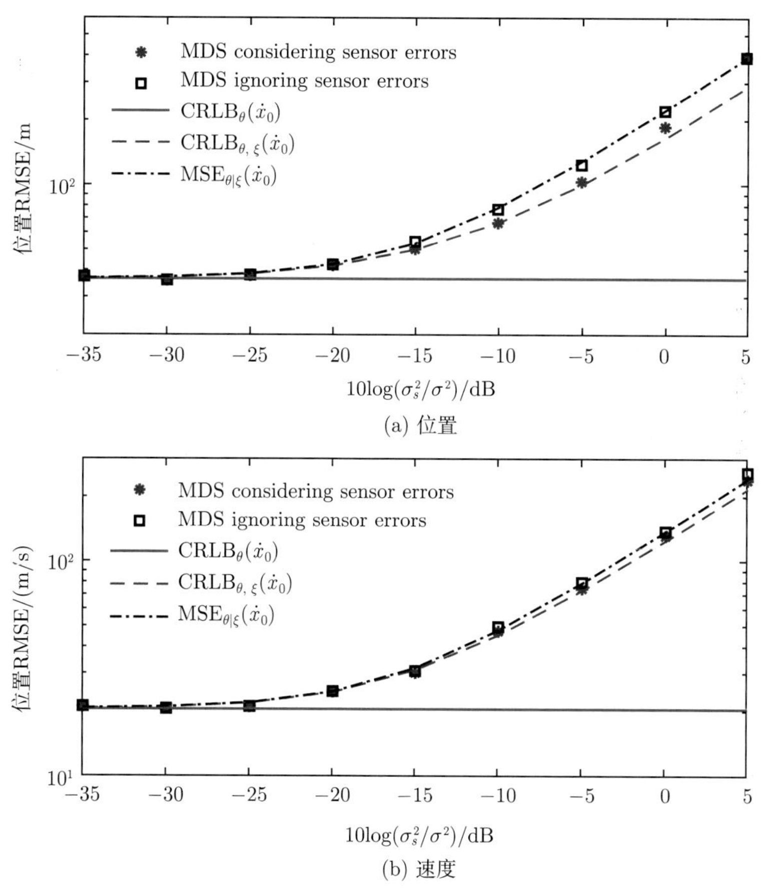

图 5.5　远场辐射源定位性能随 σ_s^2/σ^2 的变化曲线 (一)

特别地，当观测站位置误差服从相同的高斯分布，即 $\boldsymbol{n}_{\boldsymbol{s}_m} \sim \mathcal{N}(\boldsymbol{0}, \sigma_s^2\boldsymbol{I}_3)$ 时，速度误差也服从相同的高斯分布，即 $\dot{\boldsymbol{n}}_{\boldsymbol{s}_m} \sim \mathcal{N}(\boldsymbol{0}, \dot{\sigma}_s^2\boldsymbol{I}_3)$，图 5.6 给出了远场辐射源定位性能随着 σ_s^2/σ^2 的变化曲线。从图 5.6 可以看出，对于远场辐射源而言，考虑观测站误差的克拉默-拉奥下界 $\mathrm{CRLB}_{\boldsymbol{\theta},\boldsymbol{\xi}}(\boldsymbol{\theta})$ 和忽略误差的均方差 $\mathrm{MSE}_{\boldsymbol{\theta}|\boldsymbol{\xi}}(\boldsymbol{\theta})$ 是一样的。与此同时，无论是否考虑观测站的位置和速度误差，对应的多维标度性能也是一样的。这些结论同样验证了推论 5.1 中取等号的条件式 (5.92)。

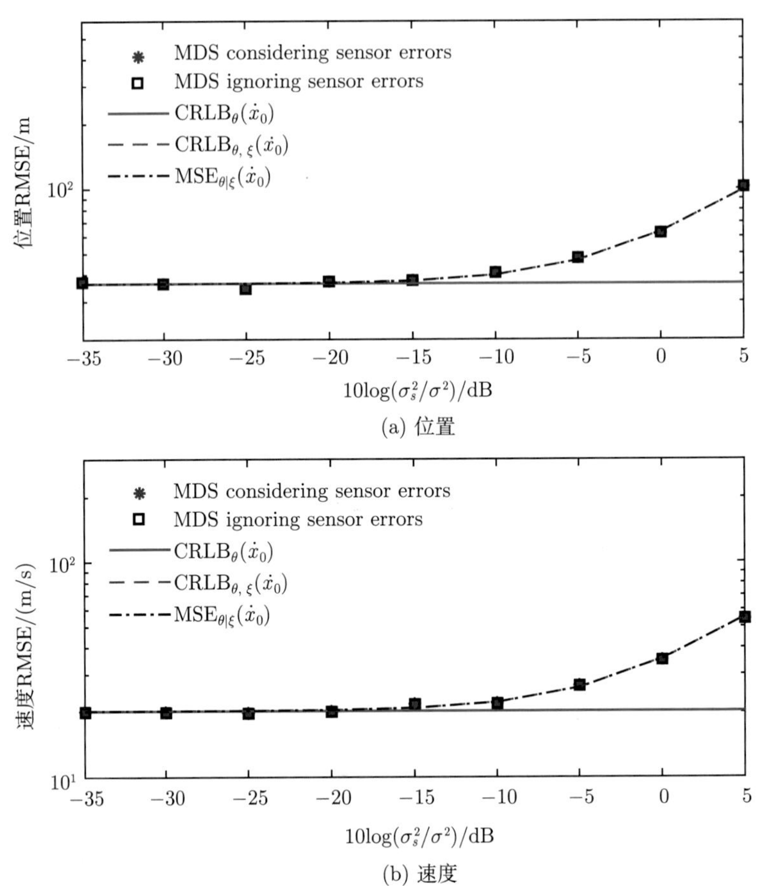

(a) 位置

(b) 速度

图 5.6 远场辐射源定位性能随 σ_s^2/σ^2 的变化曲线 (二)

第 6 章　距离空间网络节点多维标度定位

无线传感器网络是当前国际上备受关注的多学科交叉的新兴前沿研究热点领域[58,59]。传感器网络节点自身定位是无线传感器网络的支撑技术，对传感器网络应用的有效性起着关键作用[9]。距离空间传感器网络节点定位就是从距离测量出发，利用已知位置的锚节点来确定其他所有未知位置节点的坐标。它与距离空间多目标定位问题类似，但是有着本质的区别。在多目标距离定位中，使用的测量值是观测站 (锚节点) 与目标 (其他节点) 之间的距离，而传感器网络节点定位的观测量，除了锚节点与未知节点之间的距离，还包括未知节点之间的距离。

距离空间传感器网络节点多维标度定位就是用传感器网络节点之间的距离测量值描述对象点之间的接近度，进而在多维标度框架内重构出所有的未知网络节点坐标。传感器网络节点间的距离常常是这样测量的：在传感器网络中，每一个节点能够感知它邻近的节点，可以测量与邻近节点间的距离，接着采用图论中的 Floyd 最短路径[59,64,84] 的改进算法[195] 近似计算它与非邻近节点间的距离，从而获得传感器网络节点之间的所有距离。根据含有未知网络节点的距离测量集合，可以实现网络节点位置坐标的估计。

本章从距离空间传感器网络节点多维标度定位理论出发，给出距离空间网络节点多维标度定位原理和统一框架，并以此作为基础，推导后续网络节点多维标度定位的性能。本章主要内容包括传感器网络节点距离定位问题描述、距离空间网络节点多维标度定位理论、距离空间网络节点经典多维标度定位[59,187]、距离空间网络节点子空间多维标度定位[185]、距离空间网络节点加权多维标度定位[189,195]、锚节点误差下距离空间多维标度定位，最后给出各类多维标度定位方法的数值仿真与验证。

6.1　传感器网络节点距离定位问题描述

考虑无线传感器网络节点的距离定位问题：设无线传感器网络中的 n 个锚节点的已知位置坐标为 $\boldsymbol{x}_i=[x_{i1},x_{i2},\cdots,x_{ip}]^{\mathrm{T}}$, $i=1,2,\cdots,n$，需要确定网络中的 k 个网络节点未知位置坐标 $\boldsymbol{x}_j=[x_{j1},x_{j2},\cdots,x_{jp}]^{\mathrm{T}}, j=n+1,n+2,\cdots,n+k$。通常未知节点数量远大于锚节点数量 $k\gg n$，p 一般取 2 维或 3 维。通过测量传感器网络节点之间的距离，如何计算未知网络节点的坐标？

传感器网络节点距离及方位定位问题中，距离观测量包括两部分：一是未知节点之间的距离，有 $k\times(k-1)/2$ 个距离值，未知节点之间配对集合表示为 $I_1=\{(i,j):i,j=n+1,n+2,\cdots,n+k\}$；二是未知节点与锚节点之间的距离，有 nk 个距离值，未知节点与锚节点配对集合表示为 $I_2=\{(i,j):i=1,2,\cdots,n,j=n+1,n+2,\cdots,n+k\}$。这些不重复的距离测量 r_{ij} 可以如下排列：

$$\begin{array}{cccccccc} r_{1,n+1} & r_{2,n+1} & \cdots & r_{n,n+1} & & & & \\ r_{1,n+2} & r_{2,n+2} & \cdots & r_{n,n+2} & r_{n+1,n+2} & & & \\ r_{1,n+3} & r_{2,n+3} & \cdots & r_{n,n+3} & r_{n+1,n+3} & r_{n+2,n+3} & & \\ \vdots & \vdots & \ddots & \vdots & \vdots & \vdots & & \\ r_{1,n+k} & r_{2,n+k} & \cdots & r_{n,n+k} & r_{n+1,n+k} & r_{n+2,n+k} & \cdots & r_{n+k-1,n+k} \end{array} \tag{6.1}$$

距离观测量的总数量 N 合计为

$$N=\frac{(2n+k-1)\times k}{2} \tag{6.2}$$

实际应用中，传感器网络并不是总能直接获得节点 $\boldsymbol{x}_i$ 和 $\boldsymbol{x}_j$ 之间的距离，这些距离往往是残缺的。定义节点 $\boldsymbol{x}_i$ 和 $\boldsymbol{x}_j$ 之间的连通性函数为 $c_{ij}(i,j=1,2,\cdots,n+k)$，当 $c_{ij}=1$ 时，表示节点 $\boldsymbol{x}_i$ 和 $\boldsymbol{x}_j$ 之间距离 r_{ij} 是能直接测量的；当 $c_{ij}=0$ 时，表示节点 $\boldsymbol{x}_i$ 和 $\boldsymbol{x}_j$ 之间距离 r_{ij} 是残缺的。

传感器网络中节点间的连通性，往往是由网络通信能力确定的。设传感器网络通信能力最大范围对应的距离为 $\mathcal{R}_{\max}$，一方面，如果 $c_{ij}=0$，则节点 $\boldsymbol{x}_i$ 和 $\boldsymbol{x}_j$ 之间真实距离 $d_{ij}=\|\boldsymbol{x}_i-\boldsymbol{x}_j\|$ 满足：

$$d_{ij}>\mathcal{R}_{\max} \tag{6.3}$$

另一方面，如果节点 $\boldsymbol{x}_i$ 和 $\boldsymbol{x}_j$ 都与另外一个节点 $\boldsymbol{x}_l$ 是连通的，那么有

$$d_{ij}\leqslant d_{il}+d_{lj} \tag{6.4}$$

其中，$d_{il}=\|\boldsymbol{x}_i-\boldsymbol{x}_l\|$ 和 $d_{lj}=\|\boldsymbol{x}_j-\boldsymbol{x}_j\|$。

对比式 (6.3) 和式 (6.4)，得到

$$\mathcal{R}_{\min}^{(i,j)}\geqslant d_{ij}>\mathcal{R}_{\max} \tag{6.5}$$

其中，$\mathcal{R}_{\min}^{(i,j)}=\min\{d_{il}+d_{lj}\},l=1,2,\cdots,n+k$，$c_{il}=c_{jl}=1$。

如果传感器网络最大通信距离 ($\mathcal{R}_{\max}$) 是未知的，则可以选择距离直接测量值的最大值作为 $\mathcal{R}_{\max}$。距离 $\mathcal{R}_{\min}^{(i,j)}$ 可以通过 $\min\{r_{il}+r_{lj}\}$ 近似表示，那么节点

$\boldsymbol{x}_i$ 和 $\boldsymbol{x}_j$ 之间的距离测量可以估计为

$$r_{ij} = \frac{1}{2}\left(\mathcal{R}_{\min}^{(i,j)} + \mathcal{R}_{\max}\right), \quad c_{ij} = 0 \tag{6.6}$$

在传感器网络中，通过式 (6.6) 可以估计出节点间残缺连通性的距离，它是对 Floyd 最短路径法[59,64,84] 的完善，也称为修正 Floyd 最短路径法[195]。

距离观测量通常可以建模为

$$r_{ij} = r_{ji} = d_{ij} + n_{ij} \tag{6.7}$$

其中，$d_{ij} = \|\boldsymbol{x}_i - \boldsymbol{x}_j\|$，$(i,j) \in I_1 \cup I_2$；$n_{ij}$ 是距离测量噪声，通常是独立的零均值高斯噪声，即 $n_{ij} \sim \mathcal{N}(0, \sigma_{ij}^2)$；$\sigma_{ij}^2$ 是噪声方差，一般体现在传感器网络节点定位的先验信息中。

距离测量组成列向量形式：

$$\boldsymbol{r} = \boldsymbol{d} + \boldsymbol{n} \tag{6.8}$$

其中，$\boldsymbol{r}$ 是距离测量向量；$\boldsymbol{d}$ 是真实距离向量；$\boldsymbol{n}$ 是噪声向量且服从 $\boldsymbol{n} \sim \mathcal{N}(\boldsymbol{0}, \boldsymbol{\Sigma})$，它们都是长度为 N 的列向量，具体如下：

$$\boldsymbol{r} = \left[r_{1,n+1}, r_{2,n+1}, \cdots, r_{n+k-1,n+k}\right]^{\mathrm{T}} \tag{6.9}$$

$$\boldsymbol{d} = \left[d_{1,n+1}, d_{2,n+1}, \cdots, d_{n+k-1,n+k}\right]^{\mathrm{T}} \tag{6.10}$$

$$\boldsymbol{n} = \left[n_{1,n+1}, n_{2,n+1}, \cdots, n_{n+k-1,n+k}\right]^{\mathrm{T}} \tag{6.11}$$

$$\boldsymbol{\Sigma} = \mathrm{diag}\left\{\sigma_{1,n+1}^2, \sigma_{2,n+1}^2, \cdots, \sigma_{n+k-1,n+k}^2\right\} \tag{6.12}$$

对于传感器网络节点距离定位模型 (6.8)，可以描述为从含有测量距离噪声 $\boldsymbol{n}$ 的观测量 $\boldsymbol{r}$ 中估计出未知参数 $\boldsymbol{\theta} = [\boldsymbol{x}_{n+1}^{\mathrm{T}}, \boldsymbol{x}_{n+2}^{\mathrm{T}}, \cdots, \boldsymbol{x}_{n+k}^{\mathrm{T}}]^{\mathrm{T}}$。网络节点位置估计的克拉默-拉奥下界 (CRLB)[183] 可以表示为

$$\mathrm{CRLB}(\boldsymbol{\theta}) = \left\{\left(\frac{\partial \boldsymbol{d}}{\partial \boldsymbol{\theta}}\right)^{\mathrm{T}} \boldsymbol{\Sigma}^{-1} \left(\frac{\partial \boldsymbol{d}}{\partial \boldsymbol{\theta}}\right)\right\}^{-1} \tag{6.13}$$

其中，$\partial \boldsymbol{d}/\partial \boldsymbol{\theta}$ 是 $N \times kp$ 的矩阵，表示真实距离关于未知参数 $\boldsymbol{\theta}$ 的梯度，

$$\frac{\partial \boldsymbol{d}}{\partial \boldsymbol{\theta}} = \begin{bmatrix} \boldsymbol{\rho}_{n+1,1}^{\mathrm{T}} & \boldsymbol{0}_p^{\mathrm{T}} & \cdots & \boldsymbol{0}_p^{\mathrm{T}} \\ \boldsymbol{\rho}_{n+1,2}^{\mathrm{T}} & \boldsymbol{0}_p^{\mathrm{T}} & \cdots & \boldsymbol{0}_p^{\mathrm{T}} \\ \vdots & \vdots & \ddots & \vdots \\ \boldsymbol{0}_p^{\mathrm{T}} & \boldsymbol{0}_p^{\mathrm{T}} & \cdots & \boldsymbol{\rho}_{n+k,1}^{\mathrm{T}} \\ \vdots & \vdots & \ddots & \vdots \\ \boldsymbol{0}_p^{\mathrm{T}} & \boldsymbol{0}_p^{\mathrm{T}} & \cdots & \boldsymbol{\rho}_{n+k,n+k-1}^{\mathrm{T}} \end{bmatrix}^{\mathrm{T}} \tag{6.14}$$

其中，$\boldsymbol{\rho}_{i,j}$ 是节点 $\boldsymbol{x}_i$ 到 $\boldsymbol{x}_j$ 的径向单位向量，即

$$\boldsymbol{\rho}_{i,j}=\frac{\boldsymbol{x}_i-\boldsymbol{x}_j}{\|\boldsymbol{x}_i-\boldsymbol{x}_j\|} \tag{6.15}$$

6.2 距离空间网络节点多维标度定位理论

6.2.1 网络节点多维标度定位原理

在多维标度框架中，传感器网络节点定位问题属于典型的地图重构问题[10–12]，它可以描述为：对于欧氏空间内的 $n+k$ 个点 (n 个锚节点和 k 个未知节点)，已知它们之间的距离测量值 (相异度) p_{ij} 构成距离平方矩阵 $\boldsymbol{D}$，如何重建出这 $n+k$ 个点在 p 维空间的坐标 $\boldsymbol{x}_1,\boldsymbol{x}_2,\cdots,\boldsymbol{x}_{n+k}$，使它们之间的距离尽可能地逼近原来的真实距离 d_{ij}。值得注意的是，传感器网络节点定位中仅需要重建未知节点坐标 $\boldsymbol{x}_{n+1},\boldsymbol{x}_{n+2},\cdots,\boldsymbol{x}_{n+k}$ 即可。

为了揭示传感器网络节点多维标度的定位原理，先忽略观测误差，对应的距离平方矩阵 $\boldsymbol{D}$ 是一个 $(n+k)\times(n+k)$ 的矩阵

$$\boldsymbol{D}=\begin{bmatrix} 0 & d_{12}^2 & d_{13}^2 & \cdots & d_{1,n+k}^2 \\ d_{21}^2 & 0 & d_{23}^2 & \cdots & d_{2,n+k}^2 \\ d_{31}^2 & d_{32}^2 & 0 & \cdots & d_{3,n+k}^2 \\ \vdots & \vdots & \vdots & \ddots & \vdots \\ d_{n+k,1}^2 & d_{n+k,2}^2 & d_{n+k,3}^2 & \cdots & 0 \end{bmatrix} \tag{6.16}$$

其中，$d_{ij}=\|\boldsymbol{x}_i-\boldsymbol{x}_j\|(i,j=1,2,\cdots,n+k)$。注意，当 $i,j=1,2,\cdots,n$ 时，距离平方矩阵的元素 $[\boldsymbol{D}]_{ij}=\|\boldsymbol{x}_i-\boldsymbol{x}_j\|^2$ 仅由锚节点确定，与未知位置的节点无关。除此之外，距离平方矩阵 $\boldsymbol{D}$ 的其他元素均受到未知位置节点的影响。

经典多维标度需要将对象点的坐标中心化变换，Procrustes 分析需要坐标旋转和平移，这些都涉及参考原点问题。经典多维标度选择所有对象点的质心 (centroid) $\boldsymbol{x}_o=1/(n+k)\sum_{i=1}^{n+k}\boldsymbol{x}_i$ 作为参考原点，对应 $(n+k)\times p$ 的中心化坐标矩阵为

$$\boldsymbol{X}=[\boldsymbol{x}_1-\boldsymbol{x}_o,\boldsymbol{x}_2-\boldsymbol{x}_o,\cdots,\boldsymbol{x}_{n+k}-\boldsymbol{x}_o]^{\mathrm{T}} \tag{6.17}$$

定义内积矩阵 $\boldsymbol{B}=\boldsymbol{X}\boldsymbol{X}^{\mathrm{T}}$，它的元素 $[\boldsymbol{B}]_{ij}$ 定义为

$$[\boldsymbol{B}]_{ij}=(\boldsymbol{x}_i-\boldsymbol{x}_o)^{\mathrm{T}}(\boldsymbol{x}_j-\boldsymbol{x}_o) \tag{6.18}$$

距离平方矩阵 $\boldsymbol{D}$ 双中心化变换[1]，就可以得到内积矩阵 $\boldsymbol{B}$：

$$\boldsymbol{B}=-\frac{1}{2}\boldsymbol{J}_{n+k}\boldsymbol{D}\boldsymbol{J}_{n+k}^{\mathrm{T}} \tag{6.19}$$

其中

$$\boldsymbol{J}_{n+k}=\boldsymbol{I}_{n+k}-\frac{1}{n+k}\mathbf{1}_{n+k}\mathbf{1}_{n+k}^{\mathrm{T}} \tag{6.20}$$

为中心化矩阵，这里 $\boldsymbol{I}_{n+k}$ 为 $(n+k)\times(n+k)$ 的单位矩阵；$\mathbf{1}_{n+k}$ 为 $(n+k)\times 1$ 的元素全为 1 的列向量。

引理 6.1　在距离空间经典多维标度框架内，传感器网络未知位置的节点坐标 $\boldsymbol{x}_{n+1},\boldsymbol{x}_{n+2},\cdots,\boldsymbol{x}_{n+k}$ 与内积矩阵 $\boldsymbol{B}$ 的噪声子空间 $\boldsymbol{U}_n$ 和锚节点坐标 $\boldsymbol{x}_1,\boldsymbol{x}_2,\cdots,\boldsymbol{x}_n$ 之间具有如下线性关系：

$$\boldsymbol{P}^{\mathrm{T}}\boldsymbol{U}_n=\boldsymbol{X}_0\boldsymbol{Q}^{\mathrm{T}}\boldsymbol{U}_n \tag{6.21}$$

其中，$\boldsymbol{X}_0=[\boldsymbol{x}_{n+1},\boldsymbol{x}_{n+2},\cdots,\boldsymbol{x}_{n+k}]$ 为 $k\times p$ 的未知节点的坐标矩阵；$\boldsymbol{P}$ 为关于锚节点坐标的 $(n+k)\times p$ 的矩阵：

$$\begin{aligned}\boldsymbol{P}=\Bigg[&\boldsymbol{x}_1-\frac{1}{n+1}\sum_{i=1}^{n}\boldsymbol{x}_i,\cdots,\boldsymbol{x}_n-\frac{1}{n+1}\sum_{i=1}^{n}\boldsymbol{x}_i,\\&-\frac{1}{n+1}\sum_{i=1}^{n}\boldsymbol{x}_i,\cdots,-\frac{1}{n+1}\sum_{i=1}^{n}\boldsymbol{x}_i\Bigg]^{\mathrm{T}}\end{aligned} \tag{6.22}$$

且 $\boldsymbol{Q}$ 是 $(n+k)\times k$ 的系数矩阵

$$\boldsymbol{Q}=\begin{bmatrix}\frac{1}{n+k} & \frac{1}{n+k} & \cdots & \frac{1}{n+k}\\ \vdots & \vdots & \ddots & \vdots\\ \frac{1}{n+k} & \frac{1}{n+k} & \cdots & \frac{1}{n+k}\\ \frac{1}{n+k}-1 & \frac{1}{n+k} & \cdots & \frac{1}{n+k}\\ \frac{1}{n+k} & \frac{1}{n+k}-1 & \cdots & \frac{1}{n+k}\\ \vdots & \vdots & \ddots & \vdots\\ \frac{1}{n+k} & \frac{1}{n+k} & \cdots & \frac{1}{n+k}-1\end{bmatrix} \tag{6.23}$$

证明　在多维标度中，根据内积矩阵定义 $\boldsymbol{B}=\boldsymbol{X}\boldsymbol{X}^{\mathrm{T}}$ 知道，它是一个对称的正定矩阵，它的秩为

$$\operatorname{rank}(\boldsymbol{B})=\operatorname{rank}\left(\boldsymbol{X}\boldsymbol{X}^{\mathrm{T}}\right)=\operatorname{rank}(\boldsymbol{X})=p \tag{6.24}$$

对内积矩阵 $\boldsymbol{B}$ 特征分解：

$$\boldsymbol{B} = \boldsymbol{U}\boldsymbol{\Lambda}\boldsymbol{U}^{\mathrm{T}} \tag{6.25}$$

其中，矩阵 $\boldsymbol{\Lambda} = \mathrm{diag}\{\lambda_1,\lambda_2,\cdots,\lambda_{n+k}\}$ 为 $n+k$ 维的对角特征值矩阵，并且矩阵 $\boldsymbol{B}$ 的 $n+k$ 个特征值满足 $\lambda_1 \geqslant \lambda_2 \geqslant \cdots \geqslant \lambda_{n+k} \geqslant 0$，$\boldsymbol{U} = [\boldsymbol{u}_1,\boldsymbol{u}_2,\cdots,\boldsymbol{u}_{n+k}]^{\mathrm{T}}$ 为特征值对应的正交特征向量。

因为矩阵 $\boldsymbol{B}$ 的秩 $\mathrm{rank}(\boldsymbol{B}) = p$，那么有 $\lambda_{p+1}=\lambda_{p+2}=\cdots=\lambda_{n+k}=0$，这样矩阵 $\boldsymbol{B}$ 就可以表示为

$$\boldsymbol{B} = \boldsymbol{U}_s\boldsymbol{\Lambda}_s\boldsymbol{U}_s^{\mathrm{T}} \tag{6.26}$$

其中，$\boldsymbol{\Lambda}_s = \mathrm{diag}\{\lambda_1,\lambda_2,\cdots,\lambda_p\}$ 为前面 p 个非零特征值构成的对角特征矩阵，$\boldsymbol{U}_s = [\boldsymbol{u}_1,\boldsymbol{u}_2,\cdots,\boldsymbol{u}_p]^{\mathrm{T}}$ 为信号子空间矩阵，$\boldsymbol{U}_n = [\boldsymbol{u}_{p+1},\boldsymbol{u}_{p+2},\cdots,\boldsymbol{u}_{n+k}]^{\mathrm{T}}$ 是对应的噪声子空间矩阵。注意，这里使用了位置坐标是 p 维空间的维度信息。

内积矩阵 $\boldsymbol{B} = \boldsymbol{X}\boldsymbol{X}^{\mathrm{T}}$ 的噪声子空间 $\boldsymbol{U}_n$ 与信号子空间 $\boldsymbol{U}_s$ 是正交的，又根据式 (6.26)，则噪声子空间与中心化矩阵 $\boldsymbol{X}$ 是正交的，即

$$\boldsymbol{U}_n^{\mathrm{T}}\boldsymbol{X} = \boldsymbol{O}_{(n+k-p)\times p} \tag{6.27}$$

中心化矩阵 $\boldsymbol{X} = [\boldsymbol{x}_1-\boldsymbol{x}_o,\boldsymbol{x}_2-\boldsymbol{x}_o,\cdots,\boldsymbol{x}_{n+k}-\boldsymbol{x}_o]^{\mathrm{T}}$ 可以表示为

$$\boldsymbol{X} = \boldsymbol{P} - \boldsymbol{Q}\boldsymbol{X}_0^{\mathrm{T}} \tag{6.28}$$

将式 (6.28) 代入式 (6.27) 中，两边转置，得到

$$\boldsymbol{P}^{\mathrm{T}}\boldsymbol{U}_n - \boldsymbol{X}_0\boldsymbol{Q}^{\mathrm{T}}\boldsymbol{U}_n = \boldsymbol{O}_{p\times(n+k-p)} \tag{6.29}$$

式 (6.29) 就意味着式 (6.21) 成立，命题得证。

在经典多维标度框架内，引理 6.1 揭示了传感器网络中未知位置节点坐标 $\boldsymbol{x}_{n+1},\boldsymbol{x}_{n+2},\cdots,\boldsymbol{x}_{n+k}$ 和多维标度内积矩阵的噪声子空间 $\boldsymbol{U}_n$ 与锚节点坐标之间的线性关系。利用该定理，通过内积矩阵的噪声子空间矩阵，可以实现传感器网络节点位置的解析估计。

更进一步，可以推导传感器网络中未知节点坐标 $\boldsymbol{x}_{n+1},\boldsymbol{x}_{n+2},\cdots,\boldsymbol{x}_{n+k}$ 与多维标度内积矩阵 $\boldsymbol{B}$ 的关系，如定理 6.1 所示。

定理 6.1[190, 195] 在距离空间经典多维标度框架内，传感器网络中未知位置的节点坐标 $\boldsymbol{x}_{n+1},\boldsymbol{x}_{n+2},\cdots,\boldsymbol{x}_{n+k}$ 与多维标度内积矩阵 $\boldsymbol{B}$ 和锚节点坐标 $\boldsymbol{x}_1,\boldsymbol{x}_2,\cdots,\boldsymbol{x}_n$ 之间具有如下线性关系：

$$\boldsymbol{B}\begin{bmatrix}\boldsymbol{Q}^{\mathrm{T}}\\ \boldsymbol{P}^{\mathrm{T}}\end{bmatrix}^{\dagger}\begin{bmatrix}\boldsymbol{I}_k\\ \boldsymbol{X}_0\end{bmatrix} = \boldsymbol{O}_{(n+k)\times k} \tag{6.30}$$

其中，$\boldsymbol{I}_k$ 为 $k\times k$ 的单位矩阵；$\boldsymbol{X}_0=[\boldsymbol{x}_{n+1},\boldsymbol{x}_{n+2},\cdots,\boldsymbol{x}_{n+k}]$ 为 $k\times p$ 的未知节点坐标矩阵。

证明　引理 6.1 的未知节点坐标 $\boldsymbol{x}_{n+1},\boldsymbol{x}_{n+2},\cdots,\boldsymbol{x}_{n+k}$ 与多维标度内积矩阵 $\boldsymbol{B}$ 的噪声子空间 $\boldsymbol{U}_n$ 和观测站坐标之间的线性关系，可以这样表示：

$$\begin{bmatrix}\boldsymbol{Q}^{\mathrm{T}}\\ \boldsymbol{P}^{\mathrm{T}}\end{bmatrix}\boldsymbol{U}_n=\begin{bmatrix}\boldsymbol{I}_k\\ \boldsymbol{X}_0\end{bmatrix}\boldsymbol{Q}^{\mathrm{T}}\boldsymbol{U}_n \tag{6.31}$$

由于 $\boldsymbol{Q}^{\mathrm{T}}\boldsymbol{U}_n$ 为 $k\times(n+k-p)$ 的矩阵，所以 $\boldsymbol{Q}^{\mathrm{T}}\boldsymbol{U}_n\boldsymbol{U}_n^{\mathrm{T}}\boldsymbol{Q}$ 为满秩矩阵。那么，式 (6.31) 两边同时右乘向量 $\boldsymbol{U}_n^{\mathrm{T}}\boldsymbol{Q}$，再在两边同时右乘 $\boldsymbol{Q}^{\mathrm{T}}\boldsymbol{U}_n\boldsymbol{U}_n^{\mathrm{T}}\boldsymbol{Q}$ 的逆矩阵，变成

$$\begin{bmatrix}\boldsymbol{Q}^{\mathrm{T}}\\ \boldsymbol{P}^{\mathrm{T}}\end{bmatrix}\boldsymbol{U}_n\boldsymbol{U}_n^{\mathrm{T}}\boldsymbol{Q}\left(\boldsymbol{Q}^{\mathrm{T}}\boldsymbol{U}_n\boldsymbol{U}_n^{\mathrm{T}}\boldsymbol{Q}\right)^{-1}=\begin{bmatrix}\boldsymbol{I}_k\\ \boldsymbol{X}_0\end{bmatrix} \tag{6.32}$$

定义矩阵：

$$\boldsymbol{R}=\begin{bmatrix}\boldsymbol{Q}^{\mathrm{T}}\\ \boldsymbol{P}^{\mathrm{T}}\end{bmatrix},\quad \boldsymbol{V}=\boldsymbol{U}_n\boldsymbol{U}_n^{\mathrm{T}}\boldsymbol{Q}\left(\boldsymbol{Q}^{\mathrm{T}}\boldsymbol{U}_n\boldsymbol{U}_n^{\mathrm{T}}\boldsymbol{Q}\right)^{-1} \tag{6.33}$$

式 (6.32) 变成

$$\boldsymbol{R}\boldsymbol{V}=\begin{bmatrix}\boldsymbol{I}_k\\ \boldsymbol{X}_0\end{bmatrix} \tag{6.34}$$

由于矩阵 $\boldsymbol{R}$ 是 $(k+p)\times(n+k)$ 的矩阵，那么将有无穷多个矩阵 $\boldsymbol{V}$ 满足式 (6.34)，而根据谱分解定理，构成矩阵 $\boldsymbol{V}$ 中的噪声子空间矩阵 $\boldsymbol{U}_n$ 也是无穷多个。在最小范数意义上，存在这样的噪声子空间矩阵 $\boldsymbol{U}_n$ 使得矩阵 $\boldsymbol{V}$ 满足：

$$\boldsymbol{V}=\boldsymbol{R}^{\dagger}\begin{bmatrix}\boldsymbol{I}_k\\ \boldsymbol{X}_0\end{bmatrix} \tag{6.35}$$

其中，$\boldsymbol{R}^{\dagger}=\boldsymbol{R}^{\mathrm{T}}(\boldsymbol{R}\boldsymbol{R}^{\mathrm{T}})^{-1}$。

将式 (6.35) 代入式 (6.32)，根据定义式 (6.33)，存在矩阵 $\boldsymbol{U}_n$ 满足：

$$\boldsymbol{U}_n\boldsymbol{U}_n^{\mathrm{T}}\boldsymbol{Q}_c^{\mathrm{T}}\left(\boldsymbol{Q}^{\mathrm{T}}\boldsymbol{U}_n\boldsymbol{U}_n^{\mathrm{T}}\boldsymbol{Q}\right)^{-1}=\begin{bmatrix}\boldsymbol{Q}^{\mathrm{T}}\\ \boldsymbol{P}^{\mathrm{T}}\end{bmatrix}^{\dagger}\begin{bmatrix}\boldsymbol{I}_k\\ \boldsymbol{X}_0\end{bmatrix} \tag{6.36}$$

根据谱分解定理，任何噪声子空间矩阵和信号子空间矩阵都是正交的，即

$$\boldsymbol{U}_s^{\mathrm{T}}\boldsymbol{U}_n=\boldsymbol{O}_{p\times(n+k-p)} \tag{6.37}$$

式 (6.36) 两边左乘矩阵 $\boldsymbol{U}_s^{\mathrm{T}}$，并利用正交性关系式 (6.37)，得到

$$\boldsymbol{U}_s^{\mathrm{T}}\begin{bmatrix}\boldsymbol{Q}^{\mathrm{T}}\\\boldsymbol{P}^{\mathrm{T}}\end{bmatrix}^{\dagger}\begin{bmatrix}\boldsymbol{I}_k\\\boldsymbol{X}_0\end{bmatrix}=\boldsymbol{U}_s^{\mathrm{T}}\boldsymbol{U}_n\boldsymbol{U}_n^{\mathrm{T}}\boldsymbol{Q}_c^{\mathrm{T}}\left(\boldsymbol{Q}^{\mathrm{T}}\boldsymbol{U}_n\boldsymbol{U}_n^{\mathrm{T}}\boldsymbol{Q}\right)^{-1}=\boldsymbol{O}_{p\times k} \tag{6.38}$$

再在式 (6.38) 两边左乘矩阵 $\boldsymbol{U}_s\boldsymbol{\Lambda}_s$，式 (6.38) 变为

$$\boldsymbol{U}_s\boldsymbol{\Lambda}_s\boldsymbol{U}_s^{\mathrm{T}}\begin{bmatrix}\boldsymbol{Q}^{\mathrm{T}}\\\boldsymbol{P}^{\mathrm{T}}\end{bmatrix}^{\dagger}\begin{bmatrix}\boldsymbol{I}_k\\\boldsymbol{X}_0\end{bmatrix}=\boldsymbol{O}_{(n+k)\times k} \tag{6.39}$$

将谱分解 $\boldsymbol{B}=\boldsymbol{U}_s\boldsymbol{\Lambda}_s\boldsymbol{U}_s$，代入式 (6.39)，得到式 (6.30)，命题得证。

在距离空间经典多维标度框架内，定理 6.1 揭示了传感器网络中未知位置的节点坐标 $\boldsymbol{x}_{n+1},\boldsymbol{x}_{n+2},\cdots,\boldsymbol{x}_{n+k}$ 与多维标度内积矩阵 $\boldsymbol{B}$ 和锚节点坐标之间的线性关系。特别需要指出的是，该定理不再需要对内积矩阵进行特征分解，可以直接实现传感器网络中未知节点坐标的解析估计。该定理是保证后续最优多维标度定位方法的基础。

6.2.2 网络节点多维标度统一框架

在多维标度统一框架下，对应的广义质心，定义为传感器网络中包括锚节点和网络节点在内所有对象点的线性组合：

$$\boldsymbol{x}_c=\omega_1\boldsymbol{x}_1+\omega_2\boldsymbol{x}_2+\cdots+\omega_{n+k}\boldsymbol{x}_{n+k}=\sum_{i=1}^{n+k}\omega_i\boldsymbol{x}_i \tag{6.40}$$

其中，$\boldsymbol{\omega}=[\omega_1,\omega_2,\cdots,\omega_{n+k}]^{\mathrm{T}}$ 为线性组合系数向量，这些系数都是非负的，且满足 $\sum\limits_{i=1}^{n+k}\omega_i=1$。

基于广义质心 $\boldsymbol{x}_c$ 的所有点坐标的中心化矩阵 $\boldsymbol{X}_c$ 为

$$\boldsymbol{X}_c=[\boldsymbol{x}_0-\boldsymbol{x}_c,\boldsymbol{x}_1-\boldsymbol{x}_c,\cdots,\boldsymbol{x}_{n+k}-\boldsymbol{x}_c]^{\mathrm{T}} \tag{6.41}$$

类似地，定义多维标度中广义内积矩阵 $\boldsymbol{B}_c=\boldsymbol{X}_c\boldsymbol{X}_c^{\mathrm{T}}$。广义内积矩阵 $\boldsymbol{B}_c$ 为

$$\boldsymbol{B}_c=-\frac{1}{2}\boldsymbol{J}_{n+k}\boldsymbol{D}\boldsymbol{J}_{n+k}^{\mathrm{T}} \tag{6.42}$$

其中，$\boldsymbol{J}_{n+k}$ 为广义中心化矩阵

$$\boldsymbol{J}_{n+k}=\boldsymbol{I}_{n+k}-\boldsymbol{1}_{n+k}\boldsymbol{\omega}^{\mathrm{T}} \tag{6.43}$$

其中，$\boldsymbol{J}_{n+k}$ 为 $(n+k)\times(n+k)$ 的矩阵；$\boldsymbol{I}_{n+k}$ 为 $n+k$ 维的单位矩阵；$\mathbf{1}_{n+k}$ 为 $n+k$ 维的全 1 列向量。

引理 6.2[189]　在距离空间多维标度统一框架下，传感器网络中未知位置的节点坐标 $\boldsymbol{x}_{n+1},\boldsymbol{x}_{n+2},\cdots,\boldsymbol{x}_{n+k}$ 与多维标度内积矩阵 $\boldsymbol{B}$ 的噪声子空间 $\boldsymbol{U}_n$、锚节点坐标 $\boldsymbol{x}_1,\boldsymbol{x}_2,\cdots,\boldsymbol{x}_n$ 和广义质心系数 $\boldsymbol{\omega}=[\omega_1,\omega_2,\cdots,\omega_{n+k}]^{\mathrm{T}}$ 之间具有如下线性关系：

$$\boldsymbol{P}_c^{\mathrm{T}}\boldsymbol{U}_n=\boldsymbol{X}_0\boldsymbol{Q}_c^{\mathrm{T}}\boldsymbol{U}_n \tag{6.44}$$

其中，$\boldsymbol{X}_0=[\boldsymbol{x}_{n+1},\boldsymbol{x}_{n+2},\cdots,\boldsymbol{x}_{n+k}]$；$\boldsymbol{P}_c$ 为关于锚节点坐标的 $(n+k)\times p$ 的矩阵，

$$\boldsymbol{P}_c=\left[\boldsymbol{x}_1-\sum_{i=1}^{n}\omega_i\boldsymbol{x}_i,\cdots,\boldsymbol{x}_n-\sum_{i=1}^{n}\omega_i\boldsymbol{x}_i,-\sum_{i=1}^{n}\omega_i\boldsymbol{x}_i,\cdots,\sum_{i=1}^{n}\omega_i\boldsymbol{x}_i\right]^{\mathrm{T}} \tag{6.45}$$

且 $\boldsymbol{Q}_c$ 为 $(n+k)\times k$ 的系数矩阵，

$$\boldsymbol{Q}=\begin{bmatrix}\omega_{n+1} & \omega_{n+2} & \cdots & \omega_{n+k}\\ \vdots & \vdots & \ddots & \vdots\\ \omega_{n+1} & \omega_{n+2} & \cdots & \omega_{n+k}\\ \omega_{n+1}-1 & \omega_{n+2} & \cdots & \omega_{n+k}\\ \omega_{n+1} & \omega_{n+2}-1 & \cdots & \omega_{n+k}\\ \vdots & \vdots & \ddots & \vdots\\ \omega_{n+1} & \omega_{n+2} & \cdots & \omega_{n+k}-1\end{bmatrix} \tag{6.46}$$

证明　证明过程参考引理 6.1，此处从略。

更进一步地，可以推导传感器网络中未知节点坐标 $\boldsymbol{x}_{n+1},\boldsymbol{x}_{n+2},\cdots,\boldsymbol{x}_{n+k}$ 与统一框架下的多维标度内积矩阵 $\boldsymbol{B}_c$ 的关系，如定理 6.2 所示。

定理 6.2[190]　在距离空间多维标度统一框架下，传感器网络中未知位置的节点坐标 $\boldsymbol{x}_{n+1},\boldsymbol{x}_{n+2},\cdots,\boldsymbol{x}_{n+k}$ 与多维标度内积矩阵 $\boldsymbol{B}_c$、锚节点坐标 $\boldsymbol{x}_1,\boldsymbol{x}_2,\cdots,\boldsymbol{x}_n$ 和广义质心系数 $\boldsymbol{\omega}=[\omega_1,\omega_2,\cdots,\omega_{n+k}]^{\mathrm{T}}$ 之间具有如下线性关系：

$$\boldsymbol{B}_c\begin{bmatrix}\boldsymbol{Q}_c^{\mathrm{T}}\\ \boldsymbol{P}_c^{\mathrm{T}}\end{bmatrix}^{\dagger}\begin{bmatrix}\boldsymbol{I}_k\\ \boldsymbol{X}_0\end{bmatrix}=\boldsymbol{O}_{(n+k)\times k} \tag{6.47}$$

其中，$\boldsymbol{I}_k$ 为 k 阶单位阵。

证明　证明过程参考定理 6.1，此处从略。

针对引理 6.2 和定理 6.2，需要特别指出的是，它们本质上都是线性关系簇，即给定一组广义质心系数，就对应着具体的线性方程式 (6.44) 和式 (6.47)。因此，

统一框架下的传感器网络节点多维标度定位中有无穷种方式。无论选择哪一种广义质心系数，对应的多维标度定位都是可行有效的。

当 $\omega_1=\omega_2=\cdots=\omega_{n+k}=1/(n+k)$ 时，意味着选择包括锚节点与传感器网络节点在内的所有对象点的质心作为多维标度的参考原点，引理 6.2 就自然退化成引理 6.1[189]，定理 6.2 就退化成定理 6.1[189,195]。

当选择传感器网络中未知节点作为参考原点时，即 $\omega_l=1(l=n+1,n+2,\cdots,n+k)$ 和 $\omega_i=0(i=1,2,\cdots,n+k,i\neq l)$ 时，引理 6.2 有推论 6.1。

推论 6.1[185]　在传感器网络中，当选择未知节点 $\boldsymbol{x}_{n+l}(l=1,2,\cdots,k)$ 作为参考点时，即 $\omega_{n+l}=1$，未知节点坐标 $\boldsymbol{x}_{n+1},\boldsymbol{x}_{n+2},\cdots,\boldsymbol{x}_{n+k}$ 与距离空间多维标度内积矩阵 $\boldsymbol{B}_l$ 的噪声子空间 $\boldsymbol{U}_l$ 和锚节点坐标 $\boldsymbol{x}_1,\boldsymbol{x}_2,\cdots,\boldsymbol{x}_n$ 之间具有如下线性关系：

$$\boldsymbol{P}^{\mathrm{T}}\boldsymbol{U}_l=\boldsymbol{X}_0\boldsymbol{Q}_l^{\mathrm{T}}\boldsymbol{U}_l \tag{6.48}$$

其中，$\boldsymbol{X}_0$ 为未知节点坐标矩阵，$\boldsymbol{X}_0=[\boldsymbol{x}_{n+1},\boldsymbol{x}_{n+2},\cdots,\boldsymbol{x}_{n+k}]$；$\boldsymbol{P}$ 为 $(n+k)\times p$ 的锚节点矩阵，$\boldsymbol{P}=[\boldsymbol{x}_1,\boldsymbol{x}_2,\cdots,\boldsymbol{x}_n,\boldsymbol{0}_p,\boldsymbol{0}_p,\cdots,\boldsymbol{0}_p]^{\mathrm{T}}$；$\boldsymbol{Q}_l$ 为 $\omega_{n+l}=1$ 条件下如式 (6.46) 所示的 $(n+k)\times k$ 的系数矩阵。

证明　证明过程参考引理 6.1，此处从略。

当选择传感器网络中未知节点作为参考原点时，即 $\omega_l=1(l=n+1,n+2,\cdots,n+k)$ 和 $\omega_i=0(i=1,2,\cdots,n+k,i\neq l)$ 时，定理 6.2 有推论 6.2。

推论 6.2[185]　在传感器网络中，当选择未知节点 $\boldsymbol{x}_{n+l}\,(l=1,2,\cdots,k)$ 作为参考点时，即 $\omega_{n+l}=1$，未知节点坐标 $\boldsymbol{x}_{n+1},\boldsymbol{x}_{n+2},\cdots,\boldsymbol{x}_{n+k}$ 与距离空间多维标度内积矩阵 $\boldsymbol{B}_l$ 和锚节点坐标 $\boldsymbol{x}_1,\boldsymbol{x}_2,\cdots,\boldsymbol{x}_n$ 之间具有如下线性关系：

$$\boldsymbol{B}_l\begin{bmatrix}\boldsymbol{Q}_l^{\mathrm{T}}\\ \boldsymbol{P}^{\mathrm{T}}\end{bmatrix}^{\dagger}\begin{bmatrix}\boldsymbol{I}_k\\ \boldsymbol{X}_0\end{bmatrix}=\boldsymbol{O}_{(n+k)\times k} \tag{6.49}$$

证明　证明过程参考定理 6.1，此处从略。

值得指出的是，无论引理 6.1 和定理 6.1 选择任意点作为参考点，还是推论 6.1 和推论 6.2 选择未知节点 $\boldsymbol{x}_{n+l}(l=1,2,\cdots,k)$ 作为参考点，它们形成的每一个内积矩阵，都可以通过式 (6.16) 距离平方矩阵计算，这意味着任何一种参考点下的内积矩阵都包含了所有的距离测量信息。

6.2.3　网络节点多维标度性质

定理 6.2 给出了距离空间传感器网络节点多维标度定位分析，揭示了锚节点与未知节点在真实距离条件下的等量关系。实际应用中，需要使用观测量替代真实距离，进行多维标度定位。这里需要研究传感器网络节点多维标度的性质。

为了后续简化推导，这里定义矩阵

$$\boldsymbol{A}_c=\boldsymbol{R}_c^{\dagger}=\begin{bmatrix}\boldsymbol{Q}_c^{\mathrm{T}}\\ \boldsymbol{P}_c^{\mathrm{T}}\end{bmatrix}^{\dagger}=\boldsymbol{R}_c^{\mathrm{T}}\left(\boldsymbol{R}_c\boldsymbol{R}_c^{\mathrm{T}}\right)^{-1} \tag{6.50}$$

结合传感器网络节点定位模型式 (6.8)，观测向量 $\boldsymbol{r}$ 替代真实向量 $\boldsymbol{d}$，对应定理 6.2 的式 (6.47) 变成残差矩阵 $\boldsymbol{E}$：

$$\boldsymbol{E}=\hat{\boldsymbol{B}}_c\boldsymbol{A}_c\begin{bmatrix}\boldsymbol{I}_k\\ \boldsymbol{X}_0\end{bmatrix} \tag{6.51}$$

其中，矩阵 $\hat{\boldsymbol{B}}_c$ 表示使用距离测量值代替真实值得到对应内积矩阵。

将残差矩阵 $\boldsymbol{E}$ [式 (6.51)] 向量化，形成残差向量 $\boldsymbol{\epsilon}=\mathrm{vec}(\boldsymbol{E})$，它是观测向量 $\boldsymbol{r}$ 的函数，记为

$$\boldsymbol{\epsilon}=\boldsymbol{f}\left(\boldsymbol{r}\right)=\mathrm{vec}\left(\hat{\boldsymbol{B}}_c\boldsymbol{A}_c\begin{bmatrix}\boldsymbol{I}_k\\ \boldsymbol{X}_0\end{bmatrix}\right) \tag{6.52}$$

实际中，并不知道锚节点真实的坐标 $\boldsymbol{x}_i=[x_{i1},x_{i2},\cdots,x_{ip}]^{\mathrm{T}}(i=1,2,\cdots,n)$，往往只能获得受误差影响的坐标 $\boldsymbol{s}_i=[s_{i1},s_{i2},\cdots,s_{ip}]^{\mathrm{T}}$，它们组成锚节点测量向量 $\boldsymbol{s}=[\boldsymbol{s}_1^{\mathrm{T}},\boldsymbol{s}_2^{\mathrm{T}},\cdots,\boldsymbol{s}_n^{\mathrm{T}}]^{\mathrm{T}}$，对应着锚节点真实的向量 $s^o=[\boldsymbol{x}_1^{\mathrm{T}},\boldsymbol{x}_2^{\mathrm{T}},\cdots,\boldsymbol{x}_n^{\mathrm{T}}]^{\mathrm{T}}$。

用观测向量 $\boldsymbol{r}$ 与锚节点坐标包含误差的向量 $\boldsymbol{s}$ 替代真实向量 $\boldsymbol{d}$ 和 $\boldsymbol{s}^o$，对应定理 6.2 的式 (6.47) 变成残差矩阵 $\boldsymbol{E}_{\mathrm{Err}}$：

$$\boldsymbol{E}_{\mathrm{Err}}=\hat{\boldsymbol{B}}_c\hat{\boldsymbol{A}}_c\begin{bmatrix}\boldsymbol{I}_k\\ \boldsymbol{X}_0\end{bmatrix} \tag{6.53}$$

其中，矩阵 $\hat{\boldsymbol{B}}_c$ 与 $\hat{\boldsymbol{A}}_c$ 表示使用测量值 $\boldsymbol{r}$ 和锚节点 $\boldsymbol{s}$ 代替真实值得到的对应矩阵。注意，矩阵 $\hat{\boldsymbol{B}}_c$ 不同于式 (6.51) 中的矩阵，它们受到测量值 $\boldsymbol{r}$ 和锚节点 $\boldsymbol{s}$ 的影响。为了表述简洁，这里仅从残差向量上加以区分。

将残差矩阵 $\boldsymbol{E}_{\mathrm{Err}}$ [式 (6.53)] 向量化，形成残差向量 $\boldsymbol{\epsilon}_{\mathrm{Err}}=\mathrm{vec}(\boldsymbol{E}_{\mathrm{Err}})$，它是观测向量 $\boldsymbol{r}$ 和锚节点 $\boldsymbol{s}$ 的函数，记为

$$\boldsymbol{\epsilon}_{\mathrm{Err}}=\boldsymbol{f}\left(\boldsymbol{r},\boldsymbol{s}\right)=\mathrm{vec}\left(\hat{\boldsymbol{B}}_c\hat{\boldsymbol{A}}_c\begin{bmatrix}\boldsymbol{I}_k\\ \boldsymbol{X}_0\end{bmatrix}\right) \tag{6.54}$$

性质 6.1[202–204]　在传感器网络节点定位中，距离空间内未知节点多维标度的残差函数 $\boldsymbol{\epsilon}=\boldsymbol{f}(\boldsymbol{r})$ [式 (6.52)] 的雅可比矩阵[264~267] 具有如下性质：

$$\left.\frac{\partial\boldsymbol{f}\left(\boldsymbol{r}\right)}{\partial\boldsymbol{r}}\right|_{\boldsymbol{r}=\boldsymbol{d}}\frac{\partial\boldsymbol{d}}{\partial\boldsymbol{\theta}}=-\left(\boldsymbol{I}_k\otimes\left(\boldsymbol{B}_c\boldsymbol{A}_c\right)\right)\left(\begin{bmatrix}\boldsymbol{O}_{k\times p}\\ \boldsymbol{I}_p\end{bmatrix}\otimes\boldsymbol{I}_k\right) \tag{6.55}$$

证明　首先，考虑残差向量函数 $\boldsymbol{\epsilon} = \boldsymbol{f}(\boldsymbol{r})$ [式 (6.52)]。根据矩阵求导法则，将残差函数 $\boldsymbol{f}(\boldsymbol{r})$ 对观测向量 $\boldsymbol{r}$ 中任意一个标量求导数，可以直接将矩阵中的每一个元素对该标量求导数，仍然能保持矩阵的维度不发生变化[267]。

函数 $\boldsymbol{\epsilon} = \boldsymbol{f}(\boldsymbol{r})$ [式 (6.52)] 表述成向量形式：

$$\boldsymbol{f}(\boldsymbol{r}) = \left(\boldsymbol{I}_k \otimes \left(\hat{\boldsymbol{B}}_c \boldsymbol{A}_c\right)\right) \operatorname{vec}\left(\begin{bmatrix} \boldsymbol{I}_k \\ \boldsymbol{X}_0 \end{bmatrix}\right) \tag{6.56}$$

为了便于推导，这里将 N 维的列向量 $\boldsymbol{r}$ 和 $\boldsymbol{d}$ 重新表示为 $\boldsymbol{r} = [r_1, r_2, \cdots, r_N]^{\mathrm{T}}$ 和 $\boldsymbol{d} = [d_1, d_2, \cdots, d_N]^{\mathrm{T}}$，它们依次对应着式 (6.9) 和式 (6.10) 中的每一个元素。

函数 $\boldsymbol{f}(\boldsymbol{r})$ [式 (6.56)] 在真实值 $\boldsymbol{d}$ 处对向量 $\boldsymbol{r}$ 中标量 $r_j(j = 1, 2, \cdots, N)$ 求导，得到

$$\begin{aligned} \left.\frac{\partial \boldsymbol{f}(\boldsymbol{r})}{\partial r_j}\right|_{\boldsymbol{r}=\boldsymbol{d}} &= \left(\boldsymbol{I}_k \otimes \left(\left.\frac{\partial \hat{\boldsymbol{B}}_c}{\partial r_j}\right|_{\boldsymbol{r}=\boldsymbol{d}} \boldsymbol{A}_c\right)\right) \operatorname{vec}\left(\begin{bmatrix} \boldsymbol{I}_k \\ \boldsymbol{X}_0 \end{bmatrix}\right) \\ &= \left(\boldsymbol{I}_k \otimes \left(\frac{\partial \boldsymbol{B}_c}{\partial d_j} \boldsymbol{A}_c\right)\right) \operatorname{vec}\left(\begin{bmatrix} \boldsymbol{I}_k \\ \boldsymbol{X}_0 \end{bmatrix}\right) \end{aligned} \tag{6.57}$$

将向量 $\boldsymbol{d}$ 中标量 $d_j(j = 1, 2, \cdots, N)$ 对未知节点向量 $\boldsymbol{\theta} = \operatorname{vec}(\boldsymbol{X}_0)$ 中标量 $\theta_i(i = 1, 2, \cdots, kp)$ 求导，表示为 $\partial d_j / \partial \theta_i$。将式 (6.57) 两边同时乘以 $\partial d_j / \partial \theta_i$，使用求导链式法则，得到

$$\begin{aligned} \left.\frac{\partial \boldsymbol{f}(\boldsymbol{r})}{\partial r_j}\right|_{\boldsymbol{r}=\boldsymbol{d}} \frac{\partial d_j}{\partial \theta_i} &= \left(\boldsymbol{I}_k \otimes \left(\frac{\partial \boldsymbol{B}_c}{\partial d_j} \frac{\partial d_j}{\partial \theta_i} \boldsymbol{A}_c\right)\right) \operatorname{vec}\left(\begin{bmatrix} \boldsymbol{I}_k \\ \boldsymbol{X}_0 \end{bmatrix}\right) \\ &= \left(\boldsymbol{I}_k \otimes \left(\frac{\partial \boldsymbol{B}_c}{\partial \theta_i} \boldsymbol{A}_c\right)\right) \operatorname{vec}\left(\begin{bmatrix} \boldsymbol{I}_k \\ \boldsymbol{X}_0 \end{bmatrix}\right) \end{aligned} \tag{6.58}$$

其次，再考察定理 6.2 的式 (6.47)。该方程既可以看成残差向量函数在真实值 $\boldsymbol{d}$ 处的具体形式 $\boldsymbol{f}(\boldsymbol{d}) = \boldsymbol{0}_M$，也可以看成未知节点向量 $\boldsymbol{\theta} = \operatorname{vec}(\boldsymbol{X}_0)$ 的函数 $\boldsymbol{f}(\boldsymbol{\theta}) = \boldsymbol{0}_M$，具体而言

$$\boldsymbol{f}(\boldsymbol{\theta}) = (\boldsymbol{I}_k \otimes (\boldsymbol{B}_c \boldsymbol{A}_c)) \operatorname{vec}\left(\begin{bmatrix} \boldsymbol{I}_k \\ \boldsymbol{X}_0 \end{bmatrix}\right) = \boldsymbol{0}_M \tag{6.59}$$

其中，$M = (n + k)k$。

将函数 $\boldsymbol{f}(\boldsymbol{\theta})$ [式 (6.59)] 两边对未知节点 $\boldsymbol{\theta} = \mathrm{vec}(\boldsymbol{X}_0) = [\boldsymbol{x}_{n+1}^{\mathrm{T}}, \boldsymbol{x}_{n+2}^{\mathrm{T}}, \cdots, \boldsymbol{x}_{n+k}^{\mathrm{T}}]^{\mathrm{T}}$ 中标量 $\theta_j (j = 1, 2, \cdots, kp)$ 求导，化简得到

$$\left(\boldsymbol{I}_k \otimes \left(\frac{\partial \boldsymbol{B}_c}{\partial \theta_i} \boldsymbol{A}_c\right)\right) \mathrm{vec}\left(\left[\begin{array}{c} \boldsymbol{I}_k \\ \boldsymbol{X}_0 \end{array}\right]\right) + (\boldsymbol{I}_k \otimes (\boldsymbol{B}_c \boldsymbol{A}_c))\, \mathrm{vec}\left(\left[\begin{array}{c} \boldsymbol{I}_k \\ \dfrac{\partial \boldsymbol{X}_0}{\partial \theta_i} \end{array}\right]\right) = \boldsymbol{0}_M \tag{6.60}$$

最后，对比式 (6.58) 和式 (6.60)，得到

$$\left.\frac{\partial \boldsymbol{f}(\boldsymbol{r})}{\partial r_j}\right|_{\boldsymbol{r}=\boldsymbol{d}} \left(\frac{\partial d_j}{\partial \theta_i}\right) = -(\boldsymbol{I}_k \otimes (\boldsymbol{B}_c \boldsymbol{A}_c))\, \mathrm{vec}\left(\left[\begin{array}{c} \boldsymbol{I}_k \\ \dfrac{\partial \boldsymbol{X}_0}{\partial \theta_i} \end{array}\right]\right) \tag{6.61}$$

结合式 (6.14)，将式 (6.61) 两边排列成矩阵运算的形式，即可以得到式 (6.55)，命题得证。

性质 6.2[202–204]　在传感器网络节点定位中，当锚节点位置存在误差时，距离空间多维标度网络节点定位的残差向量函数 $\boldsymbol{\epsilon}_{\mathrm{Err}} = \boldsymbol{f}(\boldsymbol{r}, \boldsymbol{s})$ [式 (6.54)] 的雅可比矩阵[264~267] 具有如下性质：

$$\left.\frac{\partial \boldsymbol{f}(\boldsymbol{r}, \boldsymbol{s})}{\partial \boldsymbol{s}}\right|_{\boldsymbol{r}=\boldsymbol{d}, \boldsymbol{s}=\boldsymbol{s}^o} = -\left.\frac{\partial \boldsymbol{f}(\boldsymbol{r}, \boldsymbol{s})}{\partial \boldsymbol{r}}\right|_{\boldsymbol{r}=\boldsymbol{d}, \boldsymbol{s}=\boldsymbol{s}^o} \left(\frac{\partial \boldsymbol{d}}{\partial \boldsymbol{s}^o}\right) \tag{6.62}$$

其中，梯度函数 $\partial \boldsymbol{d}/\partial \boldsymbol{s}^o$ 是关于锚节点真实坐标的 $N \times np$ 的矩阵，表示为

$$\frac{\partial \boldsymbol{d}}{\partial \boldsymbol{s}^o} = \left[\begin{array}{cccc} \boldsymbol{\rho}_{1,n+1}^{\mathrm{T}} & \boldsymbol{0}_p^{\mathrm{T}} & \cdots & \boldsymbol{0}_p^{\mathrm{T}} \\ \boldsymbol{0}_p^{\mathrm{T}} & \boldsymbol{\rho}_{2,n+1}^{\mathrm{T}} & \cdots & \boldsymbol{0}_p^{\mathrm{T}} \\ \vdots & \vdots & \ddots & \vdots \\ \boldsymbol{0}_p^{\mathrm{T}} & \boldsymbol{0}_p^{\mathrm{T}} & \cdots & \boldsymbol{\rho}_{n,n+k}^{\mathrm{T}} \\ \vdots & \vdots & \ddots & \vdots \\ \boldsymbol{0}_p^{\mathrm{T}} & \boldsymbol{0}_p^{\mathrm{T}} & \cdots & \boldsymbol{0}_p^{\mathrm{T}} \end{array}\right]^{\mathrm{T}} \tag{6.63}$$

证明　首先，考虑残差向量函数 $\boldsymbol{\epsilon}_{\mathrm{Err}} = \boldsymbol{f}(\boldsymbol{r}, \boldsymbol{s})$ [式 (6.54)]。根据矩阵求导法则，将残差函数 $\boldsymbol{f}(\boldsymbol{r}, \boldsymbol{s})$ 对向量 $\boldsymbol{r}$ 和 $\boldsymbol{s}$ 中任意一个标量求导数，可以直接将矩阵中的每一个元素对该标量求导数，仍然能保持矩阵的维度不发生变化[267]。

函数 $\boldsymbol{\epsilon}_{\mathrm{Err}} = \boldsymbol{f}(\boldsymbol{r}, \boldsymbol{s})$ [式 (6.54)] 表述成向量形式：

$$\boldsymbol{f}(\boldsymbol{r}, \boldsymbol{s}) = \left(\boldsymbol{I}_k \otimes \left(\hat{\boldsymbol{B}}_c \hat{\boldsymbol{A}}_c\right)\right) \mathrm{vec}\left(\left[\begin{array}{c} \boldsymbol{I}_k \\ \boldsymbol{X}_0 \end{array}\right]\right) \tag{6.64}$$

注意，此处矩阵 $\hat{\boldsymbol{B}}_c$ 同时受到观测向量 $\boldsymbol{r}$ 和锚节点向量 $\boldsymbol{s}$ 的影响，矩阵 $\hat{\boldsymbol{A}}_c$ 仅受到锚节点向量 $\boldsymbol{s}$ 的影响。

矩阵 $\hat{\boldsymbol{B}}_c$ 是距离平方矩阵 $\hat{\boldsymbol{D}}$ 经双中心化得到的。从观测量角度出发，矩阵 $\hat{\boldsymbol{D}}$ 可以分成两个矩阵之和，其中一个矩阵的元素仅与锚节点测量向量 $\boldsymbol{s}$ 有关，另一个矩阵的元素仅与距离测量向量 $\boldsymbol{r}$ 有关。因此，根据双中心化式 (6.19)，矩阵 $\hat{\boldsymbol{B}}_c$ 也可以与矩阵 $\hat{\boldsymbol{D}}$ 一样，分解成 $\hat{\boldsymbol{B}}_c = \hat{\boldsymbol{B}}_{\boldsymbol{s}} + \hat{\boldsymbol{B}}_{\boldsymbol{r}}$，$\hat{\boldsymbol{B}}_{\boldsymbol{s}}$ 是受锚节点测量向量 $\boldsymbol{s}$ 影响的分量，$\boldsymbol{B}_{\boldsymbol{r}}$ 是受观测向量 $\boldsymbol{r}$ 影响的分量，与之对应的真实矩阵 $\boldsymbol{B}_c$ 可以表示为 $\boldsymbol{B}_c = \boldsymbol{B}_{\boldsymbol{s}} + \boldsymbol{B}_{\boldsymbol{r}}$。

函数 $\boldsymbol{\epsilon}_{\text{Err}} = \boldsymbol{f}(\boldsymbol{r}, \boldsymbol{s})$ [式 (6.54)] 在真实值 $\boldsymbol{d}$ 和 $\boldsymbol{s}^o$ 处对向量 $\boldsymbol{r}$ 中的标量 $r_j(j = 1, 2, \cdots, N)$ 求导，得到

$$\left.\frac{\partial \boldsymbol{f}(\boldsymbol{r}, \boldsymbol{s})}{\partial r_j}\right|_{\boldsymbol{r}=\boldsymbol{d}, \boldsymbol{s}=\boldsymbol{s}^o} = \left(\boldsymbol{I}_k \otimes \left(\left.\frac{\partial \hat{\boldsymbol{B}}_c}{\partial r_j}\right|_{\boldsymbol{r}=\boldsymbol{d}, \boldsymbol{s}=\boldsymbol{s}^o} \hat{\boldsymbol{A}}_c\right)\right) \operatorname{vec}\left(\begin{bmatrix} \boldsymbol{I}_k \\ \boldsymbol{X}_0 \end{bmatrix}\right) \tag{6.65}$$

矩阵 $\hat{\boldsymbol{B}}_c = \hat{\boldsymbol{B}}_{\boldsymbol{s}} + \hat{\boldsymbol{B}}_{\boldsymbol{r}}$ 在真实值 $\boldsymbol{d}$ 和 $\boldsymbol{s}^o$ 处对向量 $\boldsymbol{r}$ 中标量 $r_j(j = 1, 2, \cdots, N)$ 求导，满足：

$$\left.\frac{\partial \hat{\boldsymbol{B}}_c}{\partial r_j}\right|_{\boldsymbol{r}=\boldsymbol{d}, \boldsymbol{s}=\boldsymbol{s}^o} = \left.\frac{\partial \hat{\boldsymbol{B}}_{\boldsymbol{r}}}{\partial r_j}\right|_{\boldsymbol{r}=\boldsymbol{d}, \boldsymbol{s}=\boldsymbol{s}^o} = \frac{\partial \boldsymbol{B}_{\boldsymbol{r}}}{\partial d_j} \tag{6.66}$$

将式 (6.66) 代入式 (6.65)，得到

$$\left.\frac{\partial \boldsymbol{f}(\boldsymbol{r}, \boldsymbol{s})}{\partial r_j}\right|_{\boldsymbol{r}=\boldsymbol{d}, \boldsymbol{s}=\boldsymbol{s}^o} = \left(\boldsymbol{I}_k \otimes \left(\frac{\partial \boldsymbol{B}_{\boldsymbol{r}}}{\partial d_j} \boldsymbol{A}_c\right)\right) \operatorname{vec}\left(\begin{bmatrix} \boldsymbol{I}_k \\ \boldsymbol{X}_0 \end{bmatrix}\right) \tag{6.67}$$

将真实向量 $\boldsymbol{d}$ 中标量 $d_j(j = 1, 2, \cdots, N)$ 对锚节点真实向量 $\boldsymbol{s}^o$ 中标量 $s_i^o(i = 1, 2, \cdots, np)$ 求导，表示为 $\partial d_j/\partial s_i^o$。将式 (6.67) 两边同时乘以标量 $\partial d_j/s_i^o$，使用求导链式法则，得到

$$\begin{aligned} \left.\frac{\partial \boldsymbol{f}(\boldsymbol{r}, \boldsymbol{s})}{\partial r_j}\right|_{\boldsymbol{r}=\boldsymbol{d}, \boldsymbol{s}=\boldsymbol{s}^o} \left(\frac{\partial d_j}{\partial s_i^o}\right) &= \left(\boldsymbol{I}_k \otimes \left(\frac{\partial \boldsymbol{B}_{\boldsymbol{r}}}{\partial d_j} \frac{\partial d_j}{\partial s_i^o} \boldsymbol{A}_c\right)\right) \operatorname{vec}\left(\begin{bmatrix} \boldsymbol{I}_k \\ \boldsymbol{X}_0 \end{bmatrix}\right) \\ &= \left(\boldsymbol{I}_k \otimes \left(\frac{\partial \boldsymbol{B}_{\boldsymbol{r}}}{\partial s_i^o} \boldsymbol{A}_c\right)\right) \operatorname{vec}\left(\begin{bmatrix} \boldsymbol{I}_k \\ \boldsymbol{X}_0 \end{bmatrix}\right) \end{aligned} \tag{6.68}$$

函数 $\boldsymbol{\epsilon}_{\text{Err}} = \boldsymbol{f}(\boldsymbol{r}, \boldsymbol{s})$ [式 (6.54)] 在真实值 $\boldsymbol{s}^o$ 处对向量 $\boldsymbol{s}$ 中标量 $s_i^o(i = 1, 2, \cdots,$

np) 求导，得到

$$\left.\frac{\partial \boldsymbol{f}(\boldsymbol{r},\boldsymbol{s})}{\partial s_i}\right|_{\boldsymbol{r}=\boldsymbol{d},\boldsymbol{s}=\boldsymbol{s}^o} = \left(\boldsymbol{I}_k \otimes \left(\left.\frac{\partial \hat{\boldsymbol{B}}_c}{\partial s_i}\right|_{\boldsymbol{r}=\boldsymbol{d},\boldsymbol{s}=\boldsymbol{s}^o} \hat{\boldsymbol{A}}_c\right)\right) \mathrm{vec}\left(\begin{bmatrix} \boldsymbol{I}_k \\ \boldsymbol{X}_0 \end{bmatrix}\right) + \left(\boldsymbol{I}_k \otimes \left(\hat{\boldsymbol{B}}_c \left.\frac{\partial \hat{\boldsymbol{A}}_c}{\partial s_i}\right|_{\boldsymbol{r}=\boldsymbol{d},\boldsymbol{s}=\boldsymbol{s}^o}\right)\right) \mathrm{vec}\left(\begin{bmatrix} \boldsymbol{I}_k \\ \boldsymbol{X}_0 \end{bmatrix}\right) \tag{6.69}$$

矩阵 $\hat{\boldsymbol{B}}_c = \hat{\boldsymbol{B}}_{\boldsymbol{s}} + \hat{\boldsymbol{B}}_{\boldsymbol{r}}$ 在真实值 $\boldsymbol{s}^o$ 处对向量 $\boldsymbol{s}$ 中标量 $s_i(i=1,2,\cdots,np)$ 求导，满足：

$$\left.\frac{\partial \hat{\boldsymbol{B}}_c}{\partial s_i}\right|_{\boldsymbol{r}=\boldsymbol{d},\boldsymbol{s}=\boldsymbol{s}^o} = \left.\frac{\partial \hat{\boldsymbol{B}}_s}{\partial s_i}\right|_{\boldsymbol{r}=\boldsymbol{d},\boldsymbol{s}=\boldsymbol{s}^o} = \frac{\partial \boldsymbol{B}_{\boldsymbol{s}}}{\partial s_i^o} \tag{6.70}$$

将式 (6.70) 代入式 (6.69)，得到

$$\left.\frac{\partial \boldsymbol{f}(\boldsymbol{r},\boldsymbol{s})}{\partial s_i^o}\right|_{\boldsymbol{r}=\boldsymbol{d},\boldsymbol{s}=\boldsymbol{s}^o} = \left(\boldsymbol{I}_k \otimes \left(\frac{\partial \boldsymbol{B}_{\boldsymbol{s}}}{\partial s_i^o}\boldsymbol{A}_c\right)\right) \mathrm{vec}\left(\begin{bmatrix} \boldsymbol{I}_k \\ \boldsymbol{X}_0 \end{bmatrix}\right) + \left(\boldsymbol{I}_k \otimes \left(\boldsymbol{B}_c\frac{\partial \boldsymbol{A}_c}{\partial s_i^o}\right)\right) \mathrm{vec}\left(\begin{bmatrix} \boldsymbol{I}_k \\ \boldsymbol{X}_0 \end{bmatrix}\right) \tag{6.71}$$

其次，再考察定理 6.2 的式 (6.47)。该方程可以看成残差向量函数在真实值 $\boldsymbol{d}$ 和 $\boldsymbol{s}^o$ 处函数 $\boldsymbol{f}(\boldsymbol{d},\boldsymbol{s}^o)=\boldsymbol{0}_M$，具体而言

$$\boldsymbol{f}(\boldsymbol{d},\boldsymbol{s}^o) = (\boldsymbol{I}_k \otimes (\boldsymbol{B}_c\boldsymbol{A}_c))\,\mathrm{vec}\left(\begin{bmatrix} \boldsymbol{I}_k \\ \boldsymbol{X}_0 \end{bmatrix}\right) = \boldsymbol{0}_M \tag{6.72}$$

将函数 $\boldsymbol{f}(\boldsymbol{d},\boldsymbol{s}^o)$ [式 (6.72)] 两边对锚节点真实向量 $\boldsymbol{s}^o$ 中标量 $s_i^o(i=1,2,\cdots,np)$ 求导，化简得到

$$\left(\boldsymbol{I}_k \otimes \left(\frac{\partial \boldsymbol{B}_c}{\partial s_i^o}\boldsymbol{A}_c\right)\right) \mathrm{vec}\left(\begin{bmatrix} \boldsymbol{I}_k \\ \boldsymbol{X}_0 \end{bmatrix}\right) + \left(\boldsymbol{I}_k \otimes \left(\boldsymbol{B}_c\frac{\partial \boldsymbol{A}_c}{\partial s_i^o}\right)\right) \mathrm{vec}\left(\begin{bmatrix} \boldsymbol{I}_k \\ \boldsymbol{X}_0 \end{bmatrix}\right) = \boldsymbol{0}_M \tag{6.73}$$

矩阵 $\boldsymbol{B}_c = \boldsymbol{B}_{\boldsymbol{s}} + \boldsymbol{B}_{\boldsymbol{r}}$ 对向量 $\boldsymbol{s}^o$ 中标量 $s_i^o(i=1,2,\cdots,np)$ 的导数具有线性关系

$$\frac{\partial \boldsymbol{B}_c}{\partial s_i^o} = \frac{\partial \boldsymbol{B}_{\boldsymbol{s}}}{\partial s_i^o} + \frac{\partial \boldsymbol{B}_{\boldsymbol{r}}}{\partial s_i^o} \tag{6.74}$$

将导数线性关系式 (6.74) 代入式 (6.73)，化简得到

$$\left(\boldsymbol{I}_k \otimes \left(\frac{\partial \boldsymbol{B_s}}{\partial s_i^o}\boldsymbol{A}_c\right)\right)\operatorname{vec}\left(\begin{bmatrix}\boldsymbol{I}_k\\ \boldsymbol{X}_0\end{bmatrix}\right) + \left(\boldsymbol{I}_k \otimes \left(\boldsymbol{B}_c\frac{\partial \boldsymbol{A}_c}{\partial s_i^o}\right)\right)\operatorname{vec}\left(\begin{bmatrix}\boldsymbol{I}_k\\ \boldsymbol{X}_0\end{bmatrix}\right)$$
$$= -\left(\boldsymbol{I}_k \otimes \left(\frac{\partial \boldsymbol{B_r}}{\partial s_i^o}\boldsymbol{A}_c\right)\right)\operatorname{vec}\left(\begin{bmatrix}\boldsymbol{I}_k\\ \boldsymbol{X}_0\end{bmatrix}\right) \tag{6.75}$$

最后，利用关系式 (6.75)，对比式 (6.69) 和式 (6.71)，得到

$$\left.\frac{\partial \boldsymbol{f}(\boldsymbol{r},\boldsymbol{s})}{\partial s_i}\right|_{\boldsymbol{r}=\boldsymbol{d},\boldsymbol{s}=\boldsymbol{s}^o} = -\left.\frac{\partial \boldsymbol{f}(\boldsymbol{r},\boldsymbol{s})}{\partial r_j}\right|_{\boldsymbol{r}=\boldsymbol{d},\boldsymbol{s}=\boldsymbol{s}^o}\left(\frac{\partial d_j}{\partial s_i^o}\right) \tag{6.76}$$

将式 (6.76) 依次按照序号 j 和 i 对应的列向量排列成矩阵形式，可以得到式 (6.62)，命题得证。

6.3 距离空间网络节点经典多维标度定位

6.3.1 经典多维标度定位

在经典多维标度中，传感器网络节点之间的距离 $\{d_{ij}\}_{i,j=1}^{n+k}$ 用来度量对象点的相异度 $\{\delta_{ij}\}_{i,j=1}^{n+k}$。事实上，传感器网络中，仅仅锚节点之间的距离 $\{d_{ij}\}_{i,j=1}^{n}$ 是准确的，不受观测噪声的影响。锚节点与未知节点之间的距离、未知节点与未知节点之间的距离，都不再是准确的，均受到传感器网络距离测量噪声的影响，此时得到的距离平方矩阵与内积矩阵分别表示为 $\hat{\boldsymbol{D}}$ 和 $\hat{\boldsymbol{B}}$。

传感器网络节点经典多维标度定位问题，可以描述成关于未知节点坐标 $\boldsymbol{X}_0$ 的优化问题，表述为

$$\arg\min_{\boldsymbol{X}_0}\left\|\hat{\boldsymbol{B}} - \boldsymbol{X}\boldsymbol{X}^{\mathrm{T}}\right\|^2 \tag{6.77}$$

2.2.1 节给出了经典多维标度解决优化问题式 (6.77) 的详细步骤。在传感器网络节点定位中，该步骤如下所示。

(1) 计算距离平方矩阵 $\hat{\boldsymbol{D}} = [\delta_{ij}^2]$，相异度 $\{\delta_{ij}\}_{i,j=1}^{n+k}$ 为所有节点间的距离测量。

(2) 双中心化距离平方矩阵 $\hat{\boldsymbol{D}}$，计算式 (6.19)，得到 $\hat{\boldsymbol{B}} = \hat{\boldsymbol{U}}\hat{\boldsymbol{\Lambda}}\hat{\boldsymbol{U}}^{\mathrm{T}}$。

(3) 特征值分解 $\hat{\boldsymbol{B}} = \hat{\boldsymbol{U}}\hat{\boldsymbol{\Lambda}}\hat{\boldsymbol{U}}^{\mathrm{T}}$，其中特征向量 $\hat{\boldsymbol{U}} = [\boldsymbol{u}_1, \boldsymbol{u}_2, \cdots, \boldsymbol{u}_{n+k}]$，特征值矩阵 $\hat{\boldsymbol{\Lambda}} = [\lambda_1, \lambda_2, \cdots, \lambda_{n+k}]$，提取前 p 个特征向量 $\hat{\boldsymbol{U}}_s = [\boldsymbol{u}_1, \boldsymbol{u}_2, \cdots, \boldsymbol{u}_p]$ 以及对应的特征值 $\hat{\boldsymbol{\Lambda}}_s = [\lambda_1, \lambda_2, \cdots, \lambda_p]$。

(4) 恢复相对坐标，计算 $n+k$ 个点在 p 维空间内的相对坐标 $\hat{\boldsymbol{X}}_r = \hat{\boldsymbol{U}}_s\hat{\boldsymbol{\Lambda}}_s^{-1/2}$。

(5) 计算绝对坐标，对锚节点 Procrustes 分析计算旋转矩阵 $\boldsymbol{\Omega}$，得到未知节点绝对坐标的估计 $\hat{\boldsymbol{X}}_0 = \hat{\boldsymbol{X}}_r \boldsymbol{\Omega}$。

事实上，对于优化问题式 (6.77)，综合分析经典多维标度上述步骤，引理 6.1 给出了该过程的解析闭式解。当使用测量距离替代真实值时，引理 6.1 的等式就有了残差，则残差矩阵 $\boldsymbol{E}$ 表示为

$$\boldsymbol{E} = \boldsymbol{X}_0 \boldsymbol{Q}^{\mathrm{T}} \hat{\boldsymbol{U}}_n - \boldsymbol{P}^{\mathrm{T}} \hat{\boldsymbol{U}}_n \tag{6.78}$$

其中，$\hat{\boldsymbol{U}}_n$ 为内积矩阵 $\hat{\boldsymbol{B}}$ 的噪声子空间矩阵。

经典多维标度优化问题式 (6.77) 就可以转化成优化问题：$\arg\min_{\boldsymbol{X}_0} \boldsymbol{\epsilon}^{\mathrm{T}} \boldsymbol{\epsilon}$，其中 $\boldsymbol{\epsilon} = \mathrm{vec}(\boldsymbol{E})$，即对应式 (6.78) 在最小二乘意义下的未知节点位置估计为

$$\hat{\boldsymbol{X}}_0 = \boldsymbol{P}^{\mathrm{T}} \hat{\boldsymbol{U}}_n \hat{\boldsymbol{U}}_n^{\mathrm{T}} \boldsymbol{Q} \left(\boldsymbol{Q}^{\mathrm{T}} \hat{\boldsymbol{U}}_n \hat{\boldsymbol{U}}_n^{\mathrm{T}} \boldsymbol{Q} \right)^{-1} \tag{6.79}$$

在传感器网络节点定位中，式 (6.79) 给出了网络节点的多维标度定位闭式解析解。不过，需要指出的是，在经典多维标度定位中，传感器网络节点位置的估计不能保证是最优的。高斯-马尔可夫定理指出，只有独立同分布的高斯白噪声条件下，最小二乘估计才是最优的。在实际中，距离测量值中的观测噪声，即使可以假设为独立同分布的零均值高斯白噪声，通过经典多维标度引理 6.1 得到的式 (6.78) 中的残差矩阵 $\boldsymbol{E}$，它的各个分量也不再是独立同分布的零均值高斯白噪声，因而，它给出的解式 (6.79) 不是最优的。具体而言，距离值中的测量噪声，经过双中心变换后，测量噪声传播到内积矩阵的每一个元素，然后再对内积矩阵进行特征分解，残差矩阵就丧失了原观测量固有的独立同分布的高斯白噪声统计特性。因此，传感器网络节点定位中，经典多维标度定位是稳定有效估计，但不是最优估计。

6.3.2 赋权多维标度定位

赋权多维标度定位是经典多维标度在相似度量上的拓展。赋权多维标度引入了一个赋权变量，便于更好地拟合对象点之间的接近度和对应相异度[187]。对接近度或相异度赋权，导致它不再具备经典多维标度的旋转不变性，但是却带来如下好处：首先，它能够通过调整赋权的大小，体现某一距离观测量的可靠性，当某一距离观测量误差较大时，可以赋予一个较小的权值；其次，它能够适应部分距离观测量残缺情况下的网络节点定位问题，当某一距离观测量残缺时，可以认为赋权值是零。

Costa 等[187] 定义了赋权损失函数

$$S = 2 \sum_{i=n+1}^{n+k} \sum_{j=1}^{n+k} w_{ij} \left(\delta_{ij} - d_{ij}(\boldsymbol{X}) \right)^2 + \sum_{i=n+1}^{n+k} A_i \left\| \boldsymbol{x}_i - \bar{\boldsymbol{x}}_i \right\|^2 \tag{6.80}$$

其中，w_{ij} 为接近度 δ_{ij} 的权值；$d_{ij}(\boldsymbol{X})$ 为对象 $\boldsymbol{X}$ 中 $\boldsymbol{x}_i$ 和 $\boldsymbol{x}_j$ 的真实距离，$d_{ij}(\boldsymbol{X})$ 为未知节点 $\boldsymbol{X}_0=[\boldsymbol{x}_{n+1},\boldsymbol{x}_{n+2},\cdots,\boldsymbol{x}_{n+k}]$ 的函数。给定一个接近度 δ_{ij} 观测噪声模型，如 $\delta_{ij}\sim\mathcal{N}(d_{ij},\sigma_{ij}^2)$，则赋权通常为观测噪声标准差的倒数[187]，即 $w_{ij}=\sigma_{ij}^{-1}$。当 $w_{ij}=0$ 时，既可以表示无法测量对象中 $\boldsymbol{x}_i$ 和 $\boldsymbol{x}_j$ 之间的接近度，属于数据残缺情况，又可以表示对象之间的接近度测量不可靠，属于很大误差情况。

需要强调的是，赋权损失函数式 (6.80) 不同于 2.2.3 节中赋权多维标度标准损失函数式 (2.20)，它增加了针对未知节点 $\boldsymbol{x}_i(i=n+1,n+2,\cdots,n+k)$ 的惩罚项 $A_i\|\boldsymbol{x}_i-\bar{\boldsymbol{x}}_i\|$。惩罚项包含了传感器网络中未知节点的先验信息，如具有高斯先验统计特性 $\boldsymbol{x}_i\sim\mathcal{N}\left(\bar{\boldsymbol{x}}_i,\sigma_{A_i}^2\boldsymbol{I}_p\right)$，则惩罚项的系数 A_i 通常取未知节点先验标准差的导数[187]，即 $A_i=\sigma_{A_i}^{-1}$。当 $A_i=0$ 时，表示不具备未知节点的先验信息。

在传感器网络节点定位中，式 (6.80) 是全局优化的损失函数，针对每一个未知节点 $\boldsymbol{x}_i(i=n+1,n+2,\cdots,n+k)$，表示成 k 个局部损失函数之和，即

$$S=\sum_{i=n+1}^{n+k}S_i+c \tag{6.81}$$

其中，c 为与未知节点无关的常数；S_i 为关于未知节点的布局损失函数，

$$S_i=2\sum_{j=1}^{n}w_{ij}\left(\delta_{ij}-d_{ij}(\boldsymbol{X})\right)^2+\sum_{j=n+1}^{n+k}w_{ij}\left(\delta_{ij}-d_{ij}(\boldsymbol{X})\right)^2+A_i\left\|\boldsymbol{x}_i-\bar{\boldsymbol{x}}_i\right\|^2 \tag{6.82}$$

对比式 (6.81) 和式 (6.82) 发现，针对未知节点 $\boldsymbol{x}_i(i=n+1,n+2,\cdots,n+k)$ 而言，有 $\partial S/\boldsymbol{x}_i=2\partial S_i/\boldsymbol{x}_i$，这就意味着，局部损失函数 S_i 的最优解，与全局损失函数 S 的最优解是一致的。换言之，可以通过优化每一个局部损失函数 S_i 来逐步逼近全局损失函数的优化问题。

与经典多维标度不同，赋权多维标度没有闭式解析解，这里可以使用 SMACOF 算法[186]，通过迭代方式寻找局部损失函数 S_i 的最优解，以期获得传感器网络节点定位的全局最优解。定义损失函数 $S_i(\boldsymbol{x})$ 的最大化函数 $T_i(\boldsymbol{x},\boldsymbol{y})$，对于任意向量 $\boldsymbol{y}$，它都满足 $S_i(\boldsymbol{x})\leqslant T_i(\boldsymbol{x},\boldsymbol{y})$ 和 $S_i(\boldsymbol{x})=T_i(\boldsymbol{x},\boldsymbol{x})$。最大化函数可以用来实现损失函数的迭代求解。具体而言，给定初始向量 $\boldsymbol{x}^0$，直接优化求解 $T_i(\boldsymbol{x},\boldsymbol{x}^0)$ 得到 $\boldsymbol{x}^{(1)}$，接着优化求解 $T_i(\boldsymbol{x},\boldsymbol{x}^{(1)})$，如此继续，直到达到收敛条件位置[186]。

使用 SMACOF 算法，局部损失函数 S_i 可以写成

$$S_i\left(\boldsymbol{x}_i\right)=\eta_\delta^2+\eta^2\left(\boldsymbol{X}\right)-2\varsigma\left(\boldsymbol{X}\right) \tag{6.83}$$

其中

$$\eta_{\delta}^{2}=\sum_{j=1}^{n}2w_{ij}\delta_{ij}^{2}+\sum_{j=n+1}^{n+k}w_{ij}\delta_{ij}^{2} \tag{6.84}$$

$$\eta^{2}\left(\boldsymbol{X}\right)=\sum_{j=1}^{n}2w_{ij}d_{ij}^{2}(\boldsymbol{X})+\sum_{j=n+1}^{n+k}w_{ij}d_{ij}^{2}(\boldsymbol{X})+A_{i}\left\|\boldsymbol{x}_{i}-\bar{\boldsymbol{x}}_{i}\right\|^{2} \tag{6.85}$$

$$\varsigma\left(\boldsymbol{X}\right)=\sum_{j=1}^{n}2w_{ij}\delta_{ij}d_{ij}(\boldsymbol{X})+\sum_{j=n+1}^{n+k}w_{ij}\delta_{ij}d_{ij}(\boldsymbol{X}) \tag{6.86}$$

注意，式 (6.84) 与未知节点 $\boldsymbol{x}_i$ 无关，式 (6.85) 是未知节点 $\boldsymbol{x}_i$ 的二次函数，是优化问题中的简单函数，式 (6.86) 是关于未知节点 $\boldsymbol{x}_i$ 的均方和，属于优化问题中的复杂函数。

定义最大化函数 $T_i(\boldsymbol{x}_i,\boldsymbol{y}_i)$：

$$T_{i}\left(\boldsymbol{x}_{i},\boldsymbol{y}_{i}\right)=\eta_{\delta}^{2}+\eta^{2}\left(\boldsymbol{X}\right)-2\varsigma\left(\boldsymbol{X},\boldsymbol{Y}\right) \tag{6.87}$$

其中

$$\begin{aligned}\varsigma\left(\boldsymbol{X},\boldsymbol{Y}\right)=&\sum_{j=1}^{n}2w_{ij}\frac{\delta_{ij}}{d_{ij}(\boldsymbol{Y})}\left(\boldsymbol{x}_{i}-\boldsymbol{y}_{i}\right)^{\mathrm{T}}\left(\boldsymbol{x}_{i}-\boldsymbol{y}_{i}\right)\\&+\sum_{j=n+1}^{n+k}w_{ij}\frac{\delta_{ij}}{d_{ij}(\boldsymbol{Y})}\left(\boldsymbol{x}_{i}-\boldsymbol{y}_{i}\right)^{\mathrm{T}}\left(\boldsymbol{x}_{i}-\boldsymbol{y}_{i}\right)\end{aligned} \tag{6.88}$$

利用柯西不等式

$$d_{ij}(\boldsymbol{X})=\frac{d_{ij}(\boldsymbol{X})d_{ij}(\boldsymbol{Y})}{d_{ij}(\boldsymbol{Y})}\geqslant\frac{\left(\boldsymbol{x}_{i}-\boldsymbol{y}_{i}\right)^{\mathrm{T}}\left(\boldsymbol{x}_{i}-\boldsymbol{y}_{i}\right)}{d_{ij}(\boldsymbol{Y})} \tag{6.89}$$

直接优化最大化函数 $T_i(\boldsymbol{x}_i,\boldsymbol{y}_i)$，可以得到损失函数 $S_i(\boldsymbol{x}_i)$ 的最优解。因此，当最大化函数 $T_i(\boldsymbol{x}_i,\boldsymbol{y}_i)$ 对变量 $\boldsymbol{x}_i$ 的偏导数为零时，就对应着 $\boldsymbol{x}_i$ 的最优解。令 $\boldsymbol{X}^{(l)}$ 为第 l 次迭代得到的节点坐标估计，根据 $\partial T_i(\boldsymbol{x}_i,\boldsymbol{y}_i)/\partial\boldsymbol{x}_i=\mathbf{0}_p$，可以推导出未知节点 $\boldsymbol{x}_i$ 的迭代方程：

$$\boldsymbol{x}_{i}^{(l+1)}=a_{i}\left(A_{i}\bar{\boldsymbol{x}}_{i}+\boldsymbol{X}^{(l)}\boldsymbol{b}_{i}^{(l)}\right) \tag{6.90}$$

其中

$$a_{i}^{-1}=\sum_{j=1}^{n}2w_{ij}+\sum_{j=n+1}^{n+k}w_{ij}+A_{i} \tag{6.91}$$

和 $\boldsymbol{b}_i^{(l)}=[b_1,b_2,\cdots,b_{n+k}]^{\mathrm{T}}$ 是向量，它的元素为

$$b_j=\begin{cases}2w_{ij}\left(1-\dfrac{\delta_{ij}}{d_{ij}(\boldsymbol{X})^{(l)}}\right), & j\leqslant n\\ w_{ij}\left(1-\dfrac{\delta_{ij}}{d_{ij}(\boldsymbol{X})^{(l)}}\right), & j>n,j\neq i\\ \sum\limits_{j=1}^{n}2w_{ij}\dfrac{\delta_{ij}}{d_{ij}(\boldsymbol{X})^{(l)}}+\sum\limits_{j=n+1}^{n+k}w_{ij}\dfrac{\delta_{ij}}{d_{ij}(\boldsymbol{X})^{(l)}}, & j>n,j=i\end{cases}\tag{6.92}$$

针对赋权多维标度定位过程，值得指出：首先，它与 SMACOF 算法[186] 不同，体现在迭代式 (6.90) 中，它不需要求解矩阵广义逆，降低了计算复杂度，它还可以并行计算，实现分布式网络节点定位；其次，这里使用的损失函数迭代优化算法，可以看成期望最大 (expectation maximizaiton, EM) 算法[276] 的特例；最后，它是迭代优化算法，存在选择迭代初始值、迭代收敛性和迭代速度等迭代算法的共性问题。

6.4 距离空间网络节点子空间多维标度定位

6.4.1 子空间定位统一框架

在传感器网络节点定位中，在 6.2.2 节多维标度定位统一框架内，引理 6.2 给出的式 (6.44) 表明，任意选择一种参考点，就可以获得一种子空间定位算法。因此，使用引理 6.2，可以获得子空间定位算法的通解。在多维标度统一框架内，使用距离测量值代替真实值，得到对应的内积矩阵，记为 $\hat{\boldsymbol{B}}_c$。那么，多维标度统一框架下的定位问题，可以描述成关于未知节点 $\boldsymbol{X}_0$ 的优化问题，表述为

$$\arg\min_{\boldsymbol{X}_0}\left\|\hat{\boldsymbol{B}}_c-\boldsymbol{X}_c\boldsymbol{X}_c^{\mathrm{T}}\right\|^2\tag{6.93}$$

在多维标度定位统一框架内，引理 6.2 给出了优化问题式 (6.93) 的解。使用距离测量值代替真实值，引理 6.2 的等式就有了残差，残差矩阵 $\boldsymbol{E}_c$ 表示为

$$\boldsymbol{E}_c=\boldsymbol{X}_0\boldsymbol{Q}_c^{\mathrm{T}}\hat{\boldsymbol{U}}_n-\boldsymbol{P}_c^{\mathrm{T}}\hat{\boldsymbol{U}}_n\tag{6.94}$$

其中，$\hat{\boldsymbol{U}}_n$ 是内积矩阵 $\hat{\boldsymbol{B}}_c$ 的噪声子空间矩阵。

多维标度优化问题式 (6.93) 就可以转化成优化问题：

$$\arg\min_{\boldsymbol{X}_0}\boldsymbol{\epsilon}_c^{\mathrm{T}}\boldsymbol{\epsilon}_c\tag{6.95}$$

其中，$\boldsymbol{\epsilon}_c = \mathrm{vec}(\boldsymbol{E}_c)$，即对应式 (6.94) 在最小二乘意义下的未知节点位置估计为

$$\hat{\boldsymbol{X}}_0 = \boldsymbol{P}_c^{\mathrm{T}}\hat{\boldsymbol{U}}_n\hat{\boldsymbol{U}}_n^{\mathrm{T}}\boldsymbol{Q}_c\left(\boldsymbol{Q}_c^{\mathrm{T}}\hat{\boldsymbol{U}}_n\hat{\boldsymbol{U}}_n^{\mathrm{T}}\boldsymbol{Q}_c\right)^{-1} \tag{6.96}$$

传感器网络未知节点位置估计式 (6.96) 是多维标度统一框架下的通解，对应着传感器网络节点多维标度定位的算法簇。在算法簇中，给定一种参考原点选择方式，即广义质心系数 $\boldsymbol{\omega} = [\omega_0, \omega_1, \cdots, \omega_{n+k}]^{\mathrm{T}}$，就会产生对应的多维标度定位算法，广义质心系数体现在矩阵 $\boldsymbol{P}_c$、$\boldsymbol{Q}_c$ 和 $\boldsymbol{B}_c$ 中。经典多维标度定位和子空间多维标度定位都是它的特例，具体如下。

当广义质心系数为

$$\omega_0 = \omega_1 = \cdots = \omega_{n+k} = \frac{1}{n+k} \tag{6.97}$$

时，意味着选择了所有网络节点的质心作为多维标度的参考原点，传感器网络未知节点位置估计式 (6.96)，就变成了经典多维标度定位估计式 (6.79)。

当广义质心系数为

$$\omega_0 = \omega_1 = \cdots = \omega_{n+k-1} = 0, \quad \omega_{n+k} = 1 \tag{6.98}$$

时，意味着选择了最后一个未知节点作为多维标度的参考原点，对应的多维标度定位就变成了最小集子空间多维标度定位[185]。

在传感器网络节点定位中，对于多维标度统一框架下的定位算法簇，需要指出以下三点。

其一，多维标度统一框架下的定位算法簇中，有无穷多种多维标度定位算法。无论选择哪一种广义质心系数，形成的多维标度定位算法都是稳定可行的。

其二，多维标度定位统一框架下的算法簇中所有的定位算法都不能保证是最优的，无法达到网络节点估计的克拉默-拉奥下界 (CRLB)。高斯-马尔可夫定理指出，只有在独立同分布的高斯白噪声条件下，最小二乘估计才是最优的。在实际中，距离测量值的观测噪声，通常可以假设为独立同分布的零均值高斯白噪声，但是，通过引理 6.2 得到的残差矩阵 $\boldsymbol{E}_c$，它的各个分量不再是独立同分布的零均值高斯白噪声，因而，它给出的解不是最优的。

其三，多维标度定位统一框架下的算法簇无法直接对残差误差 $\boldsymbol{E}_c$ 加权“白化”来优化性能，提高精度。这是由于“白化”过程需要获得误差 $\boldsymbol{E}_c$ 的统计特性，但引理 6.2 使用了噪声子空间矩阵，特征值分解过程中的误差传递到目前为止仍没有定论。

6.4.2 完备集子空间定位

与经典多维标度定位和子空间定位统一框架不同，Chan 等[185] 从 3.4 节的相似度矩阵出发，选择每一个未知节点作为参考点，依次构造如下坐标矩阵：

$$\begin{cases} \boldsymbol{X}_1 = & [\boldsymbol{x}_1 - \boldsymbol{x}_{n+1} & \cdots & \boldsymbol{x}_n - \boldsymbol{x}_{n+1} & \boldsymbol{x}_{n+1} - \boldsymbol{x}_{n+1} & \cdots & \boldsymbol{x}_{n+k} - \boldsymbol{x}_{n+1}]^{\mathrm{T}} \\ \boldsymbol{X}_2 = & [\boldsymbol{x}_1 - \boldsymbol{x}_{n+2} & \cdots & \boldsymbol{x}_n - \boldsymbol{x}_{n+2} & \boldsymbol{x}_{n+1} - \boldsymbol{x}_{n+2} & \cdots & \boldsymbol{x}_{n+k} - \boldsymbol{x}_{n+2}]^{\mathrm{T}} \\ \vdots & \vdots & & \vdots & \vdots & & \vdots \\ \boldsymbol{X}_k = & [\boldsymbol{x}_1 - \boldsymbol{x}_{n+k} & \cdots & \boldsymbol{x}_n - \boldsymbol{x}_{n+k} & \boldsymbol{x}_{n+1} - \boldsymbol{x}_{n+k} & \cdots & \boldsymbol{x}_{n+k} - \boldsymbol{x}_{n+k}]^{\mathrm{T}} \end{cases} \tag{6.99}$$

关于未知节点的坐标矩阵 $\boldsymbol{X}_l(l=1,2,\cdots,k)$，组成新的坐标矩阵 $\boldsymbol{X}$：

$$\boldsymbol{X} = \left[\boldsymbol{X}_1^{\mathrm{T}}, \boldsymbol{X}_2^{\mathrm{T}}, \cdots, \boldsymbol{X}_k^{\mathrm{T}}\right]^{\mathrm{T}} \tag{6.100}$$

其中，矩阵 $\boldsymbol{X}_l(l=1,2,\cdots,k)$ 为 $(n+k)\times p$ 的矩阵；矩阵 $\boldsymbol{X}$ 为 $(n+k)k\times p$ 的矩阵。

传感器网络定位中，该坐标矩阵 $\boldsymbol{X}$ 包括所有未知节点的信息，因此也被称为坐标矩阵的完备集。使用完备集坐标矩阵形成的子空间定位算法称为完备集子空间定位算法。

基于 Chan 等[185] 构建的完备集坐标矩阵，形成了 $M\times M$ 的内积矩阵 $\boldsymbol{B}$：

$$\boldsymbol{B} = \boldsymbol{X}\boldsymbol{X}^{\mathrm{T}} \tag{6.101}$$

其中，$M=(n+k)k$，$\boldsymbol{B}$ 为对称的正定矩阵，秩满足 $\mathrm{rank}\{\boldsymbol{B}\}=\mathrm{rank}\{\boldsymbol{X}\}=p$。

不过，考虑到矩阵 $\boldsymbol{B}$ 带来的维度爆炸问题，为了降低计算量，依次考虑每一种参考点的情况。具体而言，当 $\omega_{n+l}=1$ 时，其他质心系数均为零，即选择未知节点 $\boldsymbol{x}_{n+l}$ 作为参考点构建中心化坐标矩阵，推论 6.1 对应的方程变成

$$\boldsymbol{P}^{\mathrm{T}}\boldsymbol{U}_l = \boldsymbol{X}_0\boldsymbol{Q}_l^{\mathrm{T}}\boldsymbol{U}_l \tag{6.102}$$

其中，矩阵 $\boldsymbol{P}$ 和 $\boldsymbol{Q}_l$ 分别为式 (6.45) 和式 (6.46) 在 $\omega_{n+l}=1$ 条件下的对应矩阵。矩阵 $\boldsymbol{U}_l$ 为内积矩阵 $\boldsymbol{B}_l$ 的噪声子空间矩阵，$\boldsymbol{B}_l$ 对应着使用 $\omega_{n+l}=1$ 形成的中心化矩阵式 (6.43) 和内积矩阵式 (6.42)。

在传感器网络节点定位中，使用带有观测噪声的距离替代真实距离，将得到对应的距离平方矩阵 $\hat{\boldsymbol{D}}$，再使用中心化矩阵式 (6.43)，进而得到受观测噪声影响的内积矩阵 $\hat{\boldsymbol{B}}_l(l=1,2,\cdots,k)$。传感器网络节点多维标度定位问题，就可以描述成关于未知节点坐标 $\boldsymbol{X}_0$ 的优化问题，表述为

$$\arg\min_{\boldsymbol{X}_0} \sum_{i=1}^{k} \left\| \hat{\boldsymbol{B}}_l - \boldsymbol{X}_l\boldsymbol{X}_l^{\mathrm{T}} \right\|^2 \tag{6.103}$$

事实上，对于优化问题式 (6.103)，引理 6.2 推导的式 (6.102) 给出了该优化问题的解析闭式解。当使用测量距离替代真实值时，式 (6.102) 就有了残差，则残差矩阵 $\boldsymbol{E}_l$ 表示为

$$\boldsymbol{E}_l=\boldsymbol{X}_0\boldsymbol{Q}_l^{\mathrm{T}}\hat{\boldsymbol{U}}_l-\boldsymbol{P}^{\mathrm{T}}\hat{\boldsymbol{U}}_l \tag{6.104}$$

其中，$\hat{\boldsymbol{U}}_l$ 为内积矩阵 $\hat{\boldsymbol{B}}_l$ 的噪声子空间矩阵。

将残差矩阵 $\boldsymbol{E}_l$ [式 (6.104)] 排列起来，表示成

$$\begin{bmatrix}\boldsymbol{E}_1^{\mathrm{T}}\\ \boldsymbol{E}_2^{\mathrm{T}}\\ \vdots\\ \boldsymbol{E}_k^{\mathrm{T}}\end{bmatrix}=\begin{bmatrix}\hat{\boldsymbol{U}}_1^{\mathrm{T}}\boldsymbol{Q}_1\\ \hat{\boldsymbol{U}}_2^{\mathrm{T}}\boldsymbol{Q}_2\\ \vdots\\ \hat{\boldsymbol{U}}_k^{\mathrm{T}}\boldsymbol{Q}_k\end{bmatrix}\boldsymbol{X}_0^{\mathrm{T}}-\begin{bmatrix}\hat{\boldsymbol{U}}_1^{\mathrm{T}}\boldsymbol{P}\\ \hat{\boldsymbol{U}}_2^{\mathrm{T}}\boldsymbol{P}\\ \vdots\\ \hat{\boldsymbol{U}}_k^{\mathrm{T}}\boldsymbol{P}\end{bmatrix} \tag{6.105}$$

将残差矩阵向量化，定义残差向量，记为 $\boldsymbol{\epsilon}$

$$\boldsymbol{\epsilon}\triangleq\mathrm{vec}\begin{pmatrix}\boldsymbol{E}_1^{\mathrm{T}}\\ \boldsymbol{E}_2^{\mathrm{T}}\\ \vdots\\ \boldsymbol{E}_k^{\mathrm{T}}\end{pmatrix} \tag{6.106}$$

则残差矩阵式 (6.105) 变成

$$\boldsymbol{\epsilon}=\left(\boldsymbol{I}_p\otimes\begin{bmatrix}\hat{\boldsymbol{U}}_1^{\mathrm{T}}\boldsymbol{Q}_1\\ \hat{\boldsymbol{U}}_2^{\mathrm{T}}\boldsymbol{Q}_2\\ \vdots\\ \hat{\boldsymbol{U}}_k^{\mathrm{T}}\boldsymbol{Q}_k\end{bmatrix}\right)\mathrm{vec}\left(\boldsymbol{X}_0^{\mathrm{T}}\right)-\mathrm{vec}\begin{pmatrix}\hat{\boldsymbol{U}}_1^{\mathrm{T}}\boldsymbol{P}\\ \hat{\boldsymbol{U}}_2^{\mathrm{T}}\boldsymbol{P}\\ \vdots\\ \hat{\boldsymbol{U}}_k^{\mathrm{T}}\boldsymbol{P}\end{pmatrix} \tag{6.107}$$

多维标度优化问题式 (6.103) 就可以转化成优化问题：

$$\arg\min_{\boldsymbol{X}_0}\boldsymbol{\epsilon}^{\mathrm{T}}\boldsymbol{\epsilon}=\arg\min_{\boldsymbol{X}_0}\sum_{l=1}^{k}\boldsymbol{\epsilon}_l^{\mathrm{T}}\boldsymbol{\epsilon}_l \tag{6.108}$$

其中，$\boldsymbol{\epsilon}_l = \mathrm{vec}\,(\boldsymbol{E}_l)$。则对应式 (6.107) 在最小二乘意义下的未知节点位置估计为

$$\mathrm{vec}\left(\hat{\boldsymbol{X}}_0^{\mathrm{T}}\right) = \left(\boldsymbol{I}_p \otimes \begin{bmatrix} \hat{\boldsymbol{U}}_1^{\mathrm{T}}\boldsymbol{Q}_1 \\ \hat{\boldsymbol{U}}_2^{\mathrm{T}}\boldsymbol{Q}_2 \\ \vdots \\ \hat{\boldsymbol{U}}_k^{\mathrm{T}}\boldsymbol{Q}_k \end{bmatrix}\right)^{\dagger} \mathrm{vec}\begin{pmatrix} \hat{\boldsymbol{U}}_1^{\mathrm{T}}\boldsymbol{P} \\ \hat{\boldsymbol{U}}_2^{\mathrm{T}}\boldsymbol{P} \\ \vdots \\ \hat{\boldsymbol{U}}_k^{\mathrm{T}}\boldsymbol{P} \end{pmatrix} \tag{6.109}$$

整理成坐标矩阵形式为

$$\hat{\boldsymbol{X}}_0 = \sum_{l=1}^{k} \boldsymbol{P}^{\mathrm{T}}\hat{\boldsymbol{U}}_l\hat{\boldsymbol{U}}_l^{\mathrm{T}}\boldsymbol{Q}_l \left(\sum_{j=1}^{k} \boldsymbol{Q}_j^{\mathrm{T}}\hat{\boldsymbol{U}}_j\hat{\boldsymbol{U}}_j^{\mathrm{T}}\boldsymbol{Q}_j\right)^{-1} \tag{6.110}$$

在传感器网络节点定位中，式 (6.110) 给出了距离空间内完全集子空间多维标度定位算法。与 Chan 等[185] 提出的完备集子空间定位算法相比，它不需要进行高维度的内积矩阵谱分解，避免了谱分解维度爆炸问题。

值得指出的是，在传感器网络节点定位中，完备集子空间多维标度定位式 (6.110)，使用了所有未知节点作为参考点的内积矩阵，在本质上它可以看成对某一种参考点下内积矩阵的平滑处理，并不会带来性能的彻底改善，这是因为：首先，任何一种参考点下的内积矩阵，都已经包含了所有的距离测量信息，而增加新的参考点下的内积矩阵并没有增加新的测量信息；其次，无论完全集子空间定位，还是最小集子空间定位，都不能保证是最优的，内积矩阵进行特征分解后形成的残差矩阵就丧失了原观测量固有的独立同分布的高斯白噪声统计特性。因此，传感器网络节点定位中，任何子空间多维标度定位是稳定有效估计，但不是最优估计。

6.5 距离空间网络节点加权多维标度定位

6.5.1 距离空间网络节点加权多维标度定位算法

在传感器网络节点定位中，为了获得最优的多维标度定位性能，需要研究距离测量噪声在多维标度中的传递过程，以期寻求最优的处理方法。定理 6.2 给出了内积矩阵与未知网络节点之间的直接线性关系，使用定理 6.2 求解优化问题式 (6.93)，能够克服引理 6.2 特征值分解带来的影响。

在传感器网络节点定位中，任意一种参考点选择情况，在距离空间形成的内积矩阵都可以通过距离平方矩阵按式 (6.16) 计算得到，这意味着任意一个内积矩

阵都包含了节点间所有距离测量信息。具体而言，当使用距离测量值代替真实值时，得到的距离平方矩阵与广义内积矩阵分别表示为 $\hat{\boldsymbol{D}}$ 和 $\hat{\boldsymbol{B}}_c$，使用简化表示 $\boldsymbol{A}_c$ 式 (6.50)，根据定理 6.2 得到残差矩阵 $\boldsymbol{E}_c$，如式 (6.51) 所示。残差矩阵 $\boldsymbol{E}_c$ 向量化 $\boldsymbol{\epsilon}$ 如式 (6.51) 所示，残差向量 $\boldsymbol{\epsilon}$ 可以看成测量向量 $\boldsymbol{r}$ 的函数，记为 $\boldsymbol{\epsilon}=\boldsymbol{f}(\boldsymbol{r})$。下面考察残差函数 $\boldsymbol{\epsilon}=\boldsymbol{f}(\boldsymbol{r})$，分析距离测量噪声 $\boldsymbol{n}$ 是如何扩散传递到残差向量 $\boldsymbol{\epsilon}$ 中的。

当使用距离测量值代替真实值时，距离平方矩阵 $\boldsymbol{D}$ [式 (6.16)] 中有两部分元素受到测量噪声的影响：一是与未知节点之间的距离平方；二是未知节点与锚节点之间的距离平方。根据观测模型式 (6.7)，受影响的距离平方 d_{ij}^2 变成

$$r_{ij}^2=d_{ij}^2\left[1+2\frac{n_{ij}}{d_{ij}}+\left(\frac{n_{ij}}{d_{ij}}\right)^2\right] \tag{6.111}$$

当 $n_{ij}/d_{ij}\simeq 0,(i,j)\in I_1\cup I_2$ 时，可以忽略它的二次项 $(n_{ij}/d_{ij})^2$ 的影响，对应矩阵 $\hat{\boldsymbol{D}}$ 中的元素 r_{ij}^2 可以近似为

$$r_{ij}^2\simeq d_{ij}^2\left(1+2\frac{n_{ij}}{d_{ij}}\right)=d_{ij}^2+2d_{ij}n_{ij} \tag{6.112}$$

因此，当 $n_{ij}/d_{ij}\simeq 0,(i,j)\in I_1\cup I_2$ 时，残差向量函数 $\boldsymbol{\epsilon}=\boldsymbol{f}(\boldsymbol{r})$ 可以在真实距离向量 $\boldsymbol{d}$ 处泰勒展开，结合模型 (6.8)，保留线性项，忽略高次项，近似得到

$$\boldsymbol{\epsilon}\simeq\boldsymbol{f}(\boldsymbol{d})+\left.\frac{\partial\boldsymbol{f}(\boldsymbol{r})}{\partial\boldsymbol{r}}\right|_{\boldsymbol{r}=\boldsymbol{d}}(\boldsymbol{r}-\boldsymbol{d})=\left.\frac{\partial\boldsymbol{f}(\boldsymbol{r})}{\partial\boldsymbol{r}}\right|_{\boldsymbol{r}=\boldsymbol{d}}\boldsymbol{n} \tag{6.113}$$

定义矩阵 $\boldsymbol{G_d}$ 表示 $M\times N$ 的雅可比矩阵，

$$\boldsymbol{G_d}=\left.\frac{\partial\boldsymbol{f}(\boldsymbol{r})}{\partial\boldsymbol{r}}\right|_{\boldsymbol{r}=\boldsymbol{d}} \tag{6.114}$$

将 N 维的列向量 $\boldsymbol{r}$ 和 $\boldsymbol{d}$ 重新表示为 $\boldsymbol{r}=[r_1,r_2,\cdots,r_N]^{\mathrm{T}}$ 和 $\boldsymbol{d}=[d_1,d_2,\cdots,d_N]^{\mathrm{T}}$，它们依次对应着式 (6.9) 和式 (6.10) 中的每一个元素。结合式 (6.42)，雅可比矩阵 $\boldsymbol{G_d}$ 的列向量可以计算为

$$\begin{aligned}[\boldsymbol{G_d}]_j&=\left.\frac{\partial\boldsymbol{f}(\boldsymbol{r})}{\partial r_j}\right|_{\boldsymbol{r}=\boldsymbol{d}}=\mathrm{vec}\left(\frac{\partial\boldsymbol{B}_c}{\partial d_j}\boldsymbol{A}_c\begin{bmatrix}\boldsymbol{I}_k\\\boldsymbol{X}_0\end{bmatrix}\right)\\&=-\frac{1}{2}\left(\left(\boldsymbol{J}_{n+k}^{\mathrm{T}}\boldsymbol{A}_c\begin{bmatrix}\boldsymbol{I}_k\\\boldsymbol{X}_0\end{bmatrix}\right)^{\mathrm{T}}\otimes\boldsymbol{J}_{n+k}\right)\mathrm{vec}\left(\frac{\partial\boldsymbol{D}}{\partial d_j}\right)\end{aligned} \tag{6.115}$$

其中，梯度函数 $\partial \boldsymbol{D}/\partial d_j$ 可以通过矩阵 $\boldsymbol{D}$ [式 (6.16)] 对距离求导计算，$j=1,2,\cdots,N$。

残差向量 $\boldsymbol{\epsilon}$ 可以简化为

$$\boldsymbol{\epsilon} \simeq \boldsymbol{G_d n} \tag{6.116}$$

根据 $\mathbb{E}\{\boldsymbol{n}\}=\boldsymbol{0}_N$，均值 $\mathbb{E}\{\boldsymbol{\epsilon}\}=\boldsymbol{0}_{n+k}$，再根据 $\boldsymbol{\Sigma}=\mathbb{E}\{\boldsymbol{n}\boldsymbol{n}^{\mathrm{T}}\}$，残差向量 $\boldsymbol{\epsilon}$ 的协方差矩阵为

$$\mathbb{E}\left\{\boldsymbol{\epsilon}\boldsymbol{\epsilon}^{\mathrm{T}}\right\} \simeq \boldsymbol{G_d}\mathbb{E}\left\{\boldsymbol{n}\boldsymbol{n}^{\mathrm{T}}\right\}\boldsymbol{G_d}^{\mathrm{T}} = \boldsymbol{G_d}\boldsymbol{\Sigma}\boldsymbol{G_d}^{\mathrm{T}} \tag{6.117}$$

残差向量式 (6.116) 体现了观测噪声在多维标度定位中的传递关系，它为后续处理消除多维标度残差向量之间的相关性奠定了基础。此外，式 (6.117) 表明残差向量近似是零均值的高斯噪声，协方差矩阵为 $\boldsymbol{G_d}\boldsymbol{\Sigma}\boldsymbol{G_d}^{\mathrm{T}}$。那么，在多维标度统一框架内，优化问题式 (6.93) 就可以转化成如下优化问题：

$$\arg\min_{\boldsymbol{X}_0} \boldsymbol{\epsilon}^{\mathrm{T}}\boldsymbol{W}_c\boldsymbol{\epsilon} \tag{6.118}$$

其中，$\boldsymbol{W}_c$ 为加权矩阵，能够使残差向量 $\boldsymbol{\epsilon}$ 各元素变成独立同分布的高斯变量，即最优加权矩阵：

$$\boldsymbol{W}_c = \mathbb{E}\left\{\boldsymbol{\epsilon}\boldsymbol{\epsilon}^{\mathrm{T}}\right\}^{-1} \tag{6.119}$$

残差向量式 (6.52) 还可以表示成未知节点坐标线性形式：

$$\begin{aligned}\boldsymbol{\epsilon} = &\left(\left(\boldsymbol{I}_k \otimes \hat{\boldsymbol{B}}_c\boldsymbol{A}_c\right)\left(\boldsymbol{I}_k \otimes \begin{bmatrix}\boldsymbol{O}_{k\times p}\\ \boldsymbol{I}_p\end{bmatrix}\right)\right)\mathrm{vec}\left(\boldsymbol{X}_0\right)\\ &+\left(\boldsymbol{I}_k \otimes \left(\hat{\boldsymbol{B}}_c\boldsymbol{A}_c\right)\right)\mathrm{vec}\left(\begin{bmatrix}\boldsymbol{I}_k\\ \boldsymbol{O}_{p\times k}\end{bmatrix}\right)\end{aligned} \tag{6.120}$$

定义矩阵

$$\hat{\boldsymbol{H}} = \left(\boldsymbol{I}_k \otimes \hat{\boldsymbol{B}}_c\boldsymbol{A}_c\right)\left(\boldsymbol{I}_k \otimes \begin{bmatrix}\boldsymbol{O}_{k\times p}\\ \boldsymbol{I}_p\end{bmatrix}\right) \tag{6.121}$$

$$\hat{\boldsymbol{h}} = \left(\boldsymbol{I}_k \otimes \left(\hat{\boldsymbol{B}}_c\boldsymbol{A}_c\right)\right)\mathrm{vec}\left(\begin{bmatrix}\boldsymbol{I}_k\\ \boldsymbol{O}_{p\times k}\end{bmatrix}\right) \tag{6.122}$$

在高斯噪声条件下，优化问题式 (6.118) 的最优解，对应着式 (6.120) 在加权最小二乘意义下的未知节点 $\boldsymbol{\theta}=\mathrm{vec}(\boldsymbol{X}_0)=[\boldsymbol{x}_{n+1}^{\mathrm{T}},\boldsymbol{x}_{n+2}^{\mathrm{T}},\cdots,\boldsymbol{x}_{n+k}^{\mathrm{T}}]^{\mathrm{T}}$ 估计：

$$\hat{\boldsymbol{\theta}} = -\left(\hat{\boldsymbol{H}}^{\mathrm{T}}\boldsymbol{W}_c\hat{\boldsymbol{H}}\right)^{-1}\hat{\boldsymbol{H}}^{\mathrm{T}}\boldsymbol{W}_c\hat{\boldsymbol{h}} \tag{6.123}$$

由于矩阵 $\boldsymbol{G_d}$ 为 $M\times N$ 的，所以 $\mathrm{rank}(\boldsymbol{G_d})<M$，此时矩阵 $\boldsymbol{G_d\Sigma G_d^{\mathrm{T}}}$ 是奇异的，这意味着最优加权矩阵式 (6.119) 不是唯一的，通常选择其广义逆矩阵为

$$\boldsymbol{W}_c=\left(\boldsymbol{G_d\Sigma G_d^{\mathrm{T}}}\right)^{\dagger}=\boldsymbol{G_d^{\mathrm{T}\dagger}\Sigma^{-1}G_d^{\dagger}} \tag{6.124}$$

在传感器网络节点定位中，使用定理 6.2 能够获得距离测量噪声在多维标度定位中的传递过程，从而得到加权最小二乘意义下的最优未知节点估计。

6.5.2　定位算法最优性证明

在传感器网络节点定位中，本节在分析多维标度定位估计式 (6.123) 性能的基础上，将其性能与网络节点定位的克拉默-拉奥下界 (CRLB) 式 (6.13) 进行比较，从理论上给出多维标度定位最优性的严格解析证明。

采用微分扰动方法，分析多维标度定位估计式 (6.123) 的偏差与方差特性。假设网络未知节点估计 $\hat{\boldsymbol{\theta}}$ 可以表示为

$$\hat{\boldsymbol{\theta}}=\boldsymbol{\theta}+\Delta\boldsymbol{\theta} \tag{6.125}$$

其中，$\Delta\boldsymbol{\theta}$ 为估计偏差。

将式 (6.125) 代入式 (6.123)，化简得到

$$\hat{\boldsymbol{H}}^{\mathrm{T}}\boldsymbol{W}_c\hat{\boldsymbol{H}}\left(\boldsymbol{\theta}+\Delta\boldsymbol{\theta}\right)=-\hat{\boldsymbol{H}}^{\mathrm{T}}\boldsymbol{W}_c\hat{\boldsymbol{h}} \tag{6.126}$$

当 $n_{ij}/d_{ij}\simeq 0,(i,j)\in I_1\cup I_2$ 时，可以忽略二阶误差项，保留线性项，利用式 (6.47)，近似得到

$$\Delta\boldsymbol{\theta}\simeq-\left(\boldsymbol{H}^{\mathrm{T}}\boldsymbol{W}_c\boldsymbol{H}\right)^{-1}\boldsymbol{H}^{\mathrm{T}}\boldsymbol{W}_c\boldsymbol{G}_d\boldsymbol{n} \tag{6.127}$$

其中

$$\boldsymbol{H}=(\boldsymbol{I}_k\otimes\boldsymbol{B}_c\boldsymbol{A}_c)\left(\boldsymbol{I}_k\otimes\begin{bmatrix}\boldsymbol{O}_{k\times p}\\ \boldsymbol{I}_p\end{bmatrix}\right) \tag{6.128}$$

对估计偏差两边取期望，并利用 $\mathbb{E}\{\boldsymbol{n}\}=\boldsymbol{0}_N$，得到 $\mathbb{E}\{\Delta\boldsymbol{\theta}\}=\boldsymbol{0}_{kp}$，它表明 $\mathbb{E}\{\hat{\theta}\}=\boldsymbol{\theta}$，即在较小的观测误差下，传感器网络节点多维标度定位估计是近似无偏的，属于无偏估计。

利用 $\boldsymbol{\Sigma}=\mathbb{E}\{\boldsymbol{n}\boldsymbol{n}^{\mathrm{T}}\}$，估计偏差 $\Delta\boldsymbol{\theta}$ 的协方差 $\mathrm{Cov}\{\hat{\boldsymbol{\theta}}\}=\mathbb{E}\{\Delta\boldsymbol{\theta}\Delta\boldsymbol{\theta}^{\mathrm{T}}\}$ 为

$$\begin{aligned}\mathrm{Cov}\left\{\hat{\boldsymbol{\theta}}\right\}=&\left(\left((\boldsymbol{I}_k\otimes\boldsymbol{B}_c\boldsymbol{A}_c)\left(\boldsymbol{I}_k\otimes\begin{bmatrix}\boldsymbol{O}_{k\times p}\\ \boldsymbol{I}_p\end{bmatrix}\right)\right)^{\mathrm{T}}\boldsymbol{W}_c\right.\\ &\left.\cdot\left((\boldsymbol{I}_k\otimes\boldsymbol{B}_c\boldsymbol{A}_c)\left(\boldsymbol{I}_k\otimes\begin{bmatrix}\boldsymbol{O}_{k\times p}\\ \boldsymbol{I}_p\end{bmatrix}\right)\right)\right)^{-1}\end{aligned} \tag{6.129}$$

这里使用了最优加权矩阵式 (6.124)。

定理 6.3[202–204] 在传感器网络节点定位中，当距离测量高斯噪声 $n_{i,j}$ 满足 $n_{i,j}/\, d_{i,j} \simeq 0, (i,j) \in I_1 \cup I_2$ 时，距离空间多维标度统一框架内加权最小二乘意义下的定位算法簇都是最优的，这意味着传感器网络中未知节点估计的方差能够达到它的克拉默-拉奥下界 (CRLB)，即

$$\mathrm{Cov}\left\{\hat{\boldsymbol{\theta}}\right\} = \mathrm{CRLB}\left(\boldsymbol{\theta}\right) \tag{6.130}$$

证明 依据性质 6.1，在传感器网络中，距离空间多维标度节点定位中的雅可比矩阵满足：

$$\left.\frac{\partial \boldsymbol{f}\left(\boldsymbol{r}\right)}{\partial \boldsymbol{r}}\right|_{\boldsymbol{r}=\boldsymbol{d}} \left(\frac{\partial \boldsymbol{d}}{\partial \boldsymbol{\theta}}\right) = -\left(\boldsymbol{I}_k \otimes \left(\boldsymbol{B}_c \boldsymbol{A}_c\right)\right) \left(\boldsymbol{I}_k \otimes \begin{bmatrix} \boldsymbol{O}_{k\times p} \\ \boldsymbol{I}_p \end{bmatrix}\right) \tag{6.131}$$

将式 (6.114) 代入式 (6.131)，得到

$$\boldsymbol{G}_{\boldsymbol{d}} \left(\frac{\partial \boldsymbol{d}}{\partial \boldsymbol{\theta}}\right) = -\left(\boldsymbol{I}_k \otimes \left(\boldsymbol{B}_c \boldsymbol{A}_c\right)\right) \left(\boldsymbol{I}_k \otimes \begin{bmatrix} \boldsymbol{O}_{k\times p} \\ \boldsymbol{I}_p \end{bmatrix}\right) \tag{6.132}$$

将式 (6.132) 代入协方差矩阵式 (6.129) 中，并对两边求逆，得到

$$\mathrm{Cov}\left\{\hat{\boldsymbol{\theta}}\right\}^{-1} = \left(-\boldsymbol{G}_{\boldsymbol{d}} \left(\frac{\partial \boldsymbol{d}}{\partial \boldsymbol{\theta}}\right)\right)^{\mathrm{T}} \boldsymbol{W}_c \left(-\boldsymbol{G}_{\boldsymbol{d}} \left(\frac{\partial \boldsymbol{d}}{\partial \boldsymbol{\theta}}\right)\right) \tag{6.133}$$

将最优加权矩阵式 (6.124) 代入式 (6.133) 中，得到

$$\mathrm{Cov}\left\{\hat{\boldsymbol{\theta}}\right\}^{-1} = \left(-\boldsymbol{G}_{\boldsymbol{d}} \left(\frac{\partial \boldsymbol{d}}{\partial \boldsymbol{\theta}}\right)\right)^{\mathrm{T}} \boldsymbol{G}_{\boldsymbol{d}}^{T\dagger} \boldsymbol{\Sigma}^{-1} \boldsymbol{G}_{\boldsymbol{d}}^{\dagger} \left(-\boldsymbol{G}_{\boldsymbol{d}} \left(\frac{\partial \boldsymbol{d}}{\partial \boldsymbol{\theta}}\right)\right) \tag{6.134}$$

利用 $\boldsymbol{G}_{\boldsymbol{d}}^{\dagger}\boldsymbol{G}_{\boldsymbol{d}} = \boldsymbol{I}_N$，得到

$$\begin{aligned} \mathrm{Cov}\left\{\hat{\boldsymbol{\theta}}\right\}^{-1} &= \left(-\frac{\partial \boldsymbol{d}}{\partial \boldsymbol{\theta}}\right)^{\mathrm{T}} \boldsymbol{G}_{\boldsymbol{d}}^{\mathrm{T}} \boldsymbol{G}_{\boldsymbol{d}}^{\mathrm{T}\dagger} \boldsymbol{\Sigma}^{-1} \boldsymbol{G}_{\boldsymbol{d}}^{\dagger} \boldsymbol{G}_{\boldsymbol{d}} \left(-\frac{\partial \boldsymbol{d}}{\partial \boldsymbol{\theta}}\right) \\ &= \left(\frac{\partial \boldsymbol{d}}{\partial \boldsymbol{\theta}}\right)^{\mathrm{T}} \boldsymbol{\Sigma}^{-1} \left(\frac{\partial \boldsymbol{d}}{\partial \boldsymbol{\theta}}\right) \end{aligned} \tag{6.135}$$

对比式 (6.135) 和克拉默-拉奥下界 (CRLB) 式 (6.13)，得到

$$\mathrm{Cov}\left\{\hat{\boldsymbol{\theta}}\right\}^{-1} = \mathrm{CRLB}\left(\boldsymbol{\theta}\right)^{-1} \tag{6.136}$$

对式 (6.136) 两边求逆，就得到式 (6.130)。命题得证。

还需要指出的是，在传感器网络节点定位中，多维标度统一框架内加权最小二乘意义下的定位算法簇的最优性与参考原点的选择没有关系，因为这里没有对广义质心系数提出任何约束要求。

6.6　锚节点误差下距离空间多维标度定位

6.6.1　锚节点误差下定位模型与性能界

在传感器网络节点定位中，当锚节点位置精确已知时，多维标度统一框架内加权最小二乘意义下的定位算法能够达到克拉默-拉奥下界 (CRLB)。但是在实际应用中，获得的锚节点位置很可能有误差，或者锚节点位置本身不准确，这时网络节点定位的精度将受到很大的影响[219, 277–280]。

为了考察锚节点位置不准确的情况对定位精度的影响，本节在 6.1 节传感器网络节点定位问题描述的基础上，增加锚节点位置误差模型，用以深入分析锚节点位置误差的影响，提出相应的多维标度定位算法。

6.1 节使用传感器网络 n 个锚节点 $\boldsymbol{x}_i=[x_{i1},x_{i2},\cdots,x_{ip}]^{\mathrm{T}}$, $i=1,2,\cdots,n$, 确定 k 个未知节点 $\boldsymbol{x}_j=[x_{j1},x_{j2},\cdots,x_{jp}]^{\mathrm{T}}$, $j=n+1,n+2,\cdots,n+k$。实际中，并不知道锚节点真实的坐标向量 $\boldsymbol{s}^o=[\boldsymbol{x}_1^{\mathrm{T}},\boldsymbol{x}_2^{\mathrm{T}},\cdots,\boldsymbol{x}_n^{\mathrm{T}}]^{\mathrm{T}}$，往往只能获得受误差影响的锚节点坐标 $\boldsymbol{s}_i=[s_{i1},s_{i2},\cdots,s_{ip}]^{\mathrm{T}},i=1,2,\cdots,n$，它们组成锚节点测量向量 $\boldsymbol{s}=[\boldsymbol{s}_1^{\mathrm{T}},\boldsymbol{s}_2^{\mathrm{T}},\cdots,\boldsymbol{s}_n^{\mathrm{T}}]^{\mathrm{T}}$。锚节点测量坐标 $\boldsymbol{s}$ 可以建模为

$$\boldsymbol{s}=\left[\boldsymbol{s}_1^{\mathrm{T}},\boldsymbol{s}_2^{\mathrm{T}},\cdots,\boldsymbol{s}_n^{\mathrm{T}}\right]^{\mathrm{T}}=\boldsymbol{s}^o+\boldsymbol{n}_s \tag{6.137}$$

其中，$\boldsymbol{n}_s=[\boldsymbol{n}_{s_1}^{\mathrm{T}},\boldsymbol{n}_{s_2}^{\mathrm{T}},\cdots,\boldsymbol{n}_{s_n}^{\mathrm{T}}]^{\mathrm{T}}$ 是锚节点的位置误差，通常假设服从零均值的高斯分布，记作 $\boldsymbol{n}_s\sim\mathcal{N}(\boldsymbol{0},\boldsymbol{\Sigma}_s)$。为了简化后续推导，这里假设锚节点位置误差 $\boldsymbol{n}_s$ 和 6.1 节距离测量模型式 (6.8) 的测量噪声 $\boldsymbol{n}$ 是不相关的，即 $\mathbb{E}[\boldsymbol{n_s}\boldsymbol{n}^{\mathrm{T}}]=\boldsymbol{O}$。

锚节点存在位置误差的传感器网络节点定位问题，可以描述为从含有观测误差 $[\boldsymbol{n}^{\mathrm{T}},\boldsymbol{n}_s^{\mathrm{T}}]^{\mathrm{T}}$ 的观测量 $[\boldsymbol{r}^{\mathrm{T}},\boldsymbol{s}^{\mathrm{T}}]^{\mathrm{T}}$ 中估计出未知参数 $\boldsymbol{\theta}=[\boldsymbol{x}_{n+1}^{\mathrm{T}},\boldsymbol{x}_{n+2}^{\mathrm{T}},\cdots,\boldsymbol{x}_{n+k}^{\mathrm{T}}]^{\mathrm{T}}$。它的克拉默-拉奥下界 (CRLB) 可以从 2.4 节通用形式式 (2.127) 具体化为

$$\begin{aligned}\mathrm{CRLB}_{\boldsymbol{\theta},\boldsymbol{s}}(\boldsymbol{\theta})&=\left(\boldsymbol{X}-\boldsymbol{Y}\boldsymbol{Z}^{-1}\boldsymbol{Y}^{\mathrm{T}}\right)^{-1}\\&=\boldsymbol{X}^{-1}+\boldsymbol{X}^{-1}\boldsymbol{Y}\left(\boldsymbol{Z}-\boldsymbol{Y}^{\mathrm{T}}\boldsymbol{X}^{-1}\boldsymbol{Y}\right)^{-1}\boldsymbol{Y}^{\mathrm{T}}\boldsymbol{X}^{-1}\end{aligned} \tag{6.138}$$

其中，矩阵 $\boldsymbol{X}$、$\boldsymbol{Y}$ 和 $\boldsymbol{Z}$ 由梯度函数 $\partial\boldsymbol{d}/\partial\boldsymbol{\theta}$ 和 $\partial\boldsymbol{d}/\partial\boldsymbol{s}^o$ 确定：

$$\boldsymbol{X}=\left(\frac{\partial\boldsymbol{d}}{\partial\boldsymbol{\theta}}\right)^{\mathrm{T}}\boldsymbol{\Sigma}^{-1}\left(\frac{\partial\boldsymbol{d}}{\partial\boldsymbol{\theta}}\right) \tag{6.139}$$

$$\boldsymbol{Y}=\left(\frac{\partial \boldsymbol{d}}{\partial \boldsymbol{\theta}}\right)^{\mathrm{T}} \boldsymbol{\Sigma}^{-1}\left(\frac{\partial \boldsymbol{d}}{\partial \boldsymbol{s}^{o}}\right) \tag{6.140}$$

$$\boldsymbol{Z}=\left(\frac{\partial \boldsymbol{d}}{\partial \boldsymbol{s}^{o}}\right)^{\mathrm{T}} \boldsymbol{\Sigma}^{-1}\left(\frac{\partial \boldsymbol{d}}{\partial \boldsymbol{s}^{o}}\right)+\boldsymbol{\Sigma}_{s}^{-1} \tag{6.141}$$

其中，梯度函数 $\partial \boldsymbol{d}/\partial \boldsymbol{\theta}$ 如式 (6.14) 所示，梯度函数 $\partial \boldsymbol{d}/\partial \boldsymbol{s}^{o}$ 如式 (6.63) 所示。

当锚节点位置存在误差时，如果忽略误差并假设锚节点位置是准确的，或者无法获取锚节点位置误差统计先验信息，那么未知节点坐标 $\boldsymbol{\theta}$ 的最大似然估计就变成了条件最大似然估计。这里，条件最大似然估计的均方差可以从 2.4 节的通用形式式 (2.135) 具体化得到

$$\mathrm{MSE}_{\boldsymbol{\theta}|\boldsymbol{s}}(\boldsymbol{\theta}) \simeq \boldsymbol{X}^{-1}+\boldsymbol{X}^{-1} \boldsymbol{Y} \boldsymbol{\Sigma}_{s} \boldsymbol{Y}^{\mathrm{T}} \boldsymbol{X}^{-1} \tag{6.142}$$

在传感器网络节点定位中，当锚节点存在位置误差时，如果忽略位置误差，意味着估计器没有使用锚节点位置误差统计先验信息，此时的最优估计器的性能就对应着条件最大似然估计的均方差 $\mathrm{MSE}_{\boldsymbol{\theta}|\boldsymbol{s}}(\boldsymbol{\theta})$ [式 (6.142)]；如果考虑位置误差，意味着估计器使用了锚节点位置误差统计先验信息，此时的最优估计器的性能就对应着考虑位置误差的克拉默-拉奥下界 $\mathrm{CRLB}_{\boldsymbol{\theta},\boldsymbol{s}}(\boldsymbol{\theta})$ [式 (6.138)]。2.4 节的定理 2.3 中 $\mathrm{MSE}_{\boldsymbol{\theta}|\boldsymbol{s}}(\boldsymbol{\theta})$ 和 $\mathrm{CRLB}_{\boldsymbol{\theta},\boldsymbol{s}}(\boldsymbol{\theta})$ 之间的不等式在这里具体化如推论 6.3 所示。

推论 6.3[202–204] 在传感器网络节点定位中，在距离观测高斯噪声和锚节点位置高斯误差条件下，忽略锚节点位置误差的条件最大似然估计的均方差 $\mathrm{MSE}_{\boldsymbol{\theta}|\boldsymbol{s}}(\boldsymbol{\theta})$ 与考虑锚节点位置误差的克拉默-拉奥下界 $\mathrm{CRLB}_{\boldsymbol{\theta},\boldsymbol{s}}(\boldsymbol{\theta})$ 之间满足半正定性意义上的不等式：

$$\mathrm{MSE}_{\boldsymbol{\theta}|\boldsymbol{s}}(\boldsymbol{\theta}) \succeq \mathrm{CRLB}_{\boldsymbol{\theta},\boldsymbol{s}}(\boldsymbol{\theta}) \tag{6.143}$$

其中，当且仅当满足如下条件时取等号：

$$\left(\frac{\partial \boldsymbol{d}}{\partial \boldsymbol{s}^{o}}\right) \boldsymbol{\Sigma}_{s}\left(\frac{\partial \boldsymbol{d}}{\partial \boldsymbol{s}^{o}}\right)^{\mathrm{T}}=k \boldsymbol{\Sigma} \tag{6.144}$$

其中，k 为一恒定常数。

证明 证明过程参考定理 2.3，此处从略。

在传感器网络节点定位中，当锚节点位置存在误差时，如果不考虑锚节点位置误差的影响，即使直接使用 6.5 节的定位算法，对应的性能界已不再是式 (6.13)，而是条件最大似然估计的均方差式 (6.142)。这是由于锚节点位置误差是客观存在的，即使不考虑锚节点位置误差，但是估计器的输入数据中已经包含了锚节点位置误差的信息。推论 6.3 取等号的条件揭示了当锚节点的布局结构与位置误差统计方差满足一定条件时，即使不考虑锚节点位置误差的影响，也仍然能够达到最优估计性能。

6.6.2　锚节点误差下多维标度定位算法

在传感器网络节点定位中，当锚节点位置存在误差时，推论 6.3 取等号的条件通常很难满足，这是由于该条件涉及未知网络节点的坐标。如果此时仍然忽略锚节点位置误差的影响，多维标度定位的性能将会大大降低。因此，在网络节点多维标度定位中，为了获得最优的定位性能，除了需要研究距离测量误差在多维标度定位中的传递过程，还需要研究锚节点位置误差的传递过程。

依然以定理 6.2 为基础，当锚节点位置坐标存在误差时，用观测向量 $\boldsymbol{r}$ 与锚节点向量 $\boldsymbol{s}$ 替代真实向量 $\boldsymbol{d}$ 和 $\boldsymbol{s}^o$，对应的定理 6.2 变成残差矩阵式 (6.53)。将残差矩阵向量化形成残差向量 $\boldsymbol{\epsilon}_{\text{Err}}$ 如式 (6.54) 所示，它是观测向量 $\boldsymbol{r}$ 和锚节点向量 $\boldsymbol{s}$ 的函数，记为 $\boldsymbol{\epsilon}_{\text{Err}}=\boldsymbol{f}(\boldsymbol{r},\boldsymbol{s})$。

当观测噪声满足 $n_{i,j}/d_{i,j}\simeq 0,(i,j)\in I_1\cup I_2$，锚节点位置误差满足 $\|\boldsymbol{n}_{s_i}\|/d_{i,j}\simeq 0,(i,j)\in\{i,j=1,2,\cdots,n\}$ 时，残差向量函数 $\boldsymbol{\epsilon}_{\text{Err}}=\boldsymbol{f}(\boldsymbol{r},\boldsymbol{s})$ [式 (6.54)] 可以在真实距离向量 $\boldsymbol{d}$ 和 $\boldsymbol{s}^o$ 处泰勒展开，保留线性项，忽略高次项，近似得到

$$\boldsymbol{\epsilon}_{\text{Err}}\simeq\boldsymbol{f}\left(\boldsymbol{d},\boldsymbol{s}^o\right)+\left.\frac{\partial\boldsymbol{f}\left(\boldsymbol{r},\boldsymbol{s}\right)}{\partial\boldsymbol{r}}\right|_{\boldsymbol{r}=\boldsymbol{d},\boldsymbol{s}=\boldsymbol{s}^o}(\boldsymbol{r}-\boldsymbol{d})+\left.\frac{\partial\boldsymbol{f}\left(\boldsymbol{r},\boldsymbol{s}\right)}{\partial\boldsymbol{s}}\right|_{\boldsymbol{r}=\boldsymbol{d},\boldsymbol{s}=\boldsymbol{s}}^{o}(\boldsymbol{s}-\boldsymbol{s}^o)\tag{6.145}$$

当使用真实距离向量 $\boldsymbol{d}$ 和锚节点位置 $\boldsymbol{s}^o$ 时，结合雅可比矩阵式 (6.114)，式 (6.57) 和式 (6.67) 关于距离向量 $\boldsymbol{r}$ 的梯度矩阵满足：

$$\boldsymbol{G}_{\boldsymbol{d}}=\left.\frac{\partial\boldsymbol{f}\left(\boldsymbol{r}\right)}{\partial\boldsymbol{r}}\right|_{\boldsymbol{r}=\boldsymbol{d}}=\left.\frac{\partial\boldsymbol{f}\left(\boldsymbol{r},\boldsymbol{s}\right)}{\partial\boldsymbol{r}}\right|_{\boldsymbol{r}=\boldsymbol{d},\boldsymbol{s}=\boldsymbol{s}^o}\tag{6.146}$$

结合定理 6.2，将观测模型式 (6.8) 和式 (6.137) 代入式 (6.145)，残差向量 $\boldsymbol{\epsilon}_{\text{Err}}$ 近似成测量噪声 $\boldsymbol{n}$ 和锚节点误差 $\boldsymbol{n}_{\boldsymbol{s}}$ 的线性表示：

$$\boldsymbol{\epsilon}_{\text{Err}}\simeq\boldsymbol{G}_{\boldsymbol{d}}\boldsymbol{n}+\boldsymbol{G}_{\boldsymbol{s}}\boldsymbol{n}_{\boldsymbol{s}}\tag{6.147}$$

其中，$\boldsymbol{G}_{\boldsymbol{d}}$ 与 $\boldsymbol{G}_{\boldsymbol{s}}$ 分别是 $M\times N$ 与 $M\times np$ 的雅可比矩阵，矩阵 $\boldsymbol{G}_{\boldsymbol{d}}$ 的列向量如式 (6.115) 所示，矩阵 $\boldsymbol{G}_{\boldsymbol{s}}$ 的列向量都可以通过残差函数 $\boldsymbol{f}(\boldsymbol{r},\boldsymbol{s})$ 对锚节点真实向量 $\boldsymbol{s}^o$ 中标量 $s_i^o(i=1,2,\cdots,np)$ 求导[267] 计算：

$$\begin{aligned}[\boldsymbol{G}_{\boldsymbol{s}}]_i=\left.\frac{\partial\boldsymbol{f}\left(\boldsymbol{m},\boldsymbol{s}\right)}{\partial s_i}\right|_{\boldsymbol{r}=\boldsymbol{d},\boldsymbol{s}=\boldsymbol{s}^o}&=\left(\begin{bmatrix}\boldsymbol{I}_k\\\boldsymbol{X}_0\end{bmatrix}^{\mathrm{T}}\otimes\boldsymbol{B}_c\right)\operatorname{vec}\left(\frac{\partial\boldsymbol{A}_c}{\partial s_i^o}\right)\\&\quad-\frac{1}{2}\left(\left(\boldsymbol{J}_{n+k}^{\mathrm{T}}\boldsymbol{A}_c\begin{bmatrix}\boldsymbol{I}_k\\\boldsymbol{X}_0\end{bmatrix}\right)^{\mathrm{T}}\otimes\boldsymbol{J}_{n+k}\right)\operatorname{vec}\left(\frac{\partial\boldsymbol{D}}{\partial s_i^o}\right)\end{aligned}\tag{6.148}$$

其中，$\partial \boldsymbol{D}/\partial s_i^o$ 通过矩阵 $\boldsymbol{D}$ [式 (6.16)] 对 s_i^o 求导计算，$\partial \boldsymbol{A}_c/\partial s_i^o$ 通过式 (6.50) 计算[267] 为

$$\frac{\partial \boldsymbol{A}_c}{\partial s_i^o} = -\boldsymbol{A}_c \frac{\partial \boldsymbol{R}_c}{\partial s_i^o} \boldsymbol{A}_c + (\boldsymbol{I} - \boldsymbol{A}_c \boldsymbol{R}_c) \frac{\partial \boldsymbol{R}_c}{\partial s_i^o} \left(\boldsymbol{R}_c \boldsymbol{R}_c^{\mathrm{T}} \right)^{-1} \tag{6.149}$$

根据 $\mathbb{E}\{\boldsymbol{n}\} = \boldsymbol{0}_N$ 和 $\mathbb{E}\{\boldsymbol{n_s}\} = \boldsymbol{0}_{kp}$，均值 $\mathbb{E}\{\boldsymbol{\epsilon}_{\mathrm{Err}}\} = \boldsymbol{0}_M$，再根据 $\mathbb{E}\{\boldsymbol{n}\boldsymbol{n}^{\mathrm{T}}\} = \boldsymbol{\Sigma}$，$\mathbb{E}\{\boldsymbol{n}_s \boldsymbol{n}_s^{\mathrm{T}}\} = \boldsymbol{\Sigma_s}$ 和 $\mathbb{E}[\boldsymbol{n_s} \boldsymbol{n}^{\mathrm{T}}] = \boldsymbol{O}$，残差向量 $\boldsymbol{\epsilon}_{\mathrm{Err}}$ 的协方差矩阵为

$$\mathbb{E}\left\{ \boldsymbol{\epsilon}_{\mathrm{Err}} \boldsymbol{\epsilon}_{\mathrm{Err}}^{\mathrm{T}} \right\} \simeq \boldsymbol{G_d} \boldsymbol{\Sigma} \boldsymbol{G_d}^{\mathrm{T}} + \boldsymbol{G_s} \boldsymbol{\Sigma_s} \boldsymbol{G_s}^{\mathrm{T}} \tag{6.150}$$

残差向量式 (6.147) 体现了观测噪声在多维标度定位中的传递关系，它为后续处理消除多维标度残差向量之间的相关性奠定了基础。此外，式 (6.150) 表明残差向量近似是零均值的高斯噪声，协方差矩阵为 $\boldsymbol{G_d} \boldsymbol{\Sigma} \boldsymbol{G_d}^{\mathrm{T}} + \boldsymbol{G_s} \boldsymbol{\Sigma_s} \boldsymbol{G_s}^{\mathrm{T}}$。那么，在多维标度统一框架内，优化问题式 (6.93) 就可以转化成如下优化问题：

$$\arg\min_{\boldsymbol{X}_0} \boldsymbol{\epsilon}_{\mathrm{Err}}^{\mathrm{T}} \boldsymbol{W}_{\mathrm{Err}} \boldsymbol{\epsilon}_{\mathrm{Err}} \tag{6.151}$$

其中，$\boldsymbol{W}_{\mathrm{Err}}$ 是加权矩阵，它能够使残差向量 $\boldsymbol{\epsilon}_{\mathrm{Err}}$ 各元素变成独立同分布的高斯变量，即最优加权矩阵：

$$\boldsymbol{W}_{\mathrm{Err}} = \mathbb{E}\left\{ \boldsymbol{\epsilon}_{\mathrm{Err}} \boldsymbol{\epsilon}_{\mathrm{Err}}^{\mathrm{T}} \right\}^{-1} \tag{6.152}$$

残差向量式 (6.54) 还可以表示成未知节点坐标线性形式：

$$\begin{aligned} \boldsymbol{\epsilon}_{\mathrm{Err}} = & \left(\left(\boldsymbol{I}_k \otimes \hat{\boldsymbol{B}}_c \hat{\boldsymbol{A}}_c \right) \left(\boldsymbol{I}_k \otimes \begin{bmatrix} \boldsymbol{O}_{k \times p} \\ \boldsymbol{I}_p \end{bmatrix} \right) \right) \operatorname{vec}(\boldsymbol{X}_0) \\ & + \left(\boldsymbol{I}_k \otimes \left(\hat{\boldsymbol{B}}_c \hat{\boldsymbol{A}}_c \right) \right) \operatorname{vec}\left(\begin{bmatrix} \boldsymbol{I}_k \\ \boldsymbol{O}_{p \times k} \end{bmatrix} \right) \end{aligned} \tag{6.153}$$

定义矩阵

$$\hat{\boldsymbol{H}} = \left(\boldsymbol{I}_k \otimes \hat{\boldsymbol{B}}_c \hat{\boldsymbol{A}}_c \right) \left(\boldsymbol{I}_k \otimes \begin{bmatrix} \boldsymbol{O}_{k \times p} \\ \boldsymbol{I}_p \end{bmatrix} \right) \tag{6.154}$$

$$\hat{\boldsymbol{h}} = \left(\boldsymbol{I}_k \otimes \left(\hat{\boldsymbol{B}}_c \hat{\boldsymbol{A}}_c \right) \right) \operatorname{vec}\left(\begin{bmatrix} \boldsymbol{I}_k \\ \boldsymbol{O}_{p \times k} \end{bmatrix} \right) \tag{6.155}$$

在高斯噪声条件下，优化问题式 (6.151) 的最优解，对应着式 (6.153) 在加权最小二乘意义下的未知节点 $\boldsymbol{\theta} = \operatorname{vec}(\boldsymbol{X}_0) = [\boldsymbol{x}_{n+1}^{\mathrm{T}}, \boldsymbol{x}_{n+2}^{\mathrm{T}}, \cdots, \boldsymbol{x}_{n+k}^{\mathrm{T}}]^{\mathrm{T}}$ 的估计为

$$\hat{\boldsymbol{\theta}} = -\left(\hat{\boldsymbol{H}}^{\mathrm{T}} \boldsymbol{W}_{\mathrm{Err}} \hat{\boldsymbol{H}} \right)^{-1} \hat{\boldsymbol{H}}^{\mathrm{T}} \boldsymbol{W}_{\mathrm{Err}} \hat{\boldsymbol{h}} \tag{6.156}$$

其中，最优加权矩阵 $\boldsymbol{W}_{\mathrm{Err}}$ 由式 (6.152) 和式 (6.150) 确定：

$$\boldsymbol{W}_{\mathrm{Err}}=\left(\boldsymbol{G}_{\boldsymbol{d}}\boldsymbol{\Sigma}\boldsymbol{G}_{\boldsymbol{d}}^{\mathrm{T}}+\boldsymbol{G}_{\boldsymbol{s}}\boldsymbol{\Sigma}_{\boldsymbol{s}}\boldsymbol{G}_{\boldsymbol{s}}^{\mathrm{T}}\right)^{-1} \tag{6.157}$$

6.6.3 锚节点误差下定位算法最优性证明

在传感器网络节点定位中，当锚节点位置存在误差时，本节在分析多维标度定位估计器式 (6.156) 性能的基础上，将其性能与网络节点定位的克拉默-拉奥下界 (CRLB) 式 (6.138) 进行比较，从理论上给出多维标度定位最优性的严格解析证明。

采用微分扰动方法，分析多维标度定位估计器式 (6.156) 的偏差与方差特性。假设网络未知节点估计 $\hat{\boldsymbol{\theta}}$ 可以表示为

$$\hat{\boldsymbol{\theta}}=\boldsymbol{\theta}+\Delta\boldsymbol{\theta} \tag{6.158}$$

其中，$\Delta\boldsymbol{\theta}$ 为估计偏差。

与 6.5.2 节类似，通过微分扰动分析方法，可以得到多维标度定位估计器的偏差表示：

$$\Delta\boldsymbol{\theta}\simeq-\left(\boldsymbol{H}^{\mathrm{T}}\boldsymbol{W}_{\mathrm{Err}}\boldsymbol{H}\right)^{-1}\boldsymbol{H}^{\mathrm{T}}\boldsymbol{W}_{\mathrm{Err}}(\boldsymbol{G}_{\boldsymbol{d}}\boldsymbol{n}+\boldsymbol{G}_{\boldsymbol{s}}\boldsymbol{n}_{\boldsymbol{s}}) \tag{6.159}$$

其中，矩阵 $\boldsymbol{H}$ 如式 (6.128) 所示。

对估计偏差两边取期望，并利用 $\mathbb{E}\{\boldsymbol{n}\}=\boldsymbol{0}_N$，得到 $\mathbb{E}\{\Delta\boldsymbol{\theta}\}=\boldsymbol{0}_{kp}$，它表明 $\mathbb{E}\{\hat{\boldsymbol{\theta}}\}=\boldsymbol{\theta}$，即在较小的观测误差下，传感器网络节点多维标度定位估计是近似无偏的，属于无偏估计。

利用 $\mathbb{E}\{\boldsymbol{n}\boldsymbol{n}^{\mathrm{T}}\}=\boldsymbol{\Sigma}$、$\mathbb{E}\{\boldsymbol{n}_s\boldsymbol{n}_s^{\mathrm{T}}\}=\boldsymbol{\Sigma}_{\boldsymbol{s}}$ 和 $\mathbb{E}[\boldsymbol{n}_{\boldsymbol{s}}\boldsymbol{n}^{\mathrm{T}}]=\boldsymbol{O}$，估计偏差 $\Delta\boldsymbol{\theta}$ 的协方差 $\mathrm{Cov}_{\boldsymbol{\theta},\boldsymbol{s}}\{\hat{\boldsymbol{\theta}}\}=\mathbb{E}\{\Delta\boldsymbol{\theta}\Delta\boldsymbol{\theta}^{\mathrm{T}}\}$ 为

$$\begin{aligned}\mathrm{Cov}_{\boldsymbol{\theta},\boldsymbol{s}}\left\{\hat{\boldsymbol{\theta}}\right\}=&\left(\left((\boldsymbol{I}_k\otimes\boldsymbol{B}_c\boldsymbol{A}_c)\left(\boldsymbol{I}_k\otimes\begin{bmatrix}\boldsymbol{O}_{k\times p}\\\boldsymbol{I}_p\end{bmatrix}\right)\right)^{\mathrm{T}}\boldsymbol{W}_{\mathrm{Err}}\right.\\&\left.\cdot\left((\boldsymbol{I}_k\otimes\boldsymbol{B}_c\boldsymbol{A}_c)\left(\boldsymbol{I}_k\otimes\begin{bmatrix}\boldsymbol{O}_{k\times p}\\\boldsymbol{I}_p\end{bmatrix}\right)\right)\right)^{-1}\end{aligned} \tag{6.160}$$

这里使用了最优加权矩阵式 (6.157)。

定理 6.4[202–204]　在传感器网络节点定位中，当距离测量高斯噪声 $n_{i,j}$ 满足 $n_{i,j}/\ d_{i,j}\simeq 0,(i,j)\in I_1\cup I_2$，锚节点位置误差满足 $\|\boldsymbol{n}_{s_i}\|/d_{i,j}\simeq 0,(i,j)\in\{i,j=1,2,\cdots,n\}$ 时，多维标度统一框架内加权最小二乘意义下的定位算法簇都是最优的，这意味着网络中未知节点估计的方差能够达到它的克拉默-拉奥下界 (CRLB)，即

$$\mathrm{Cov}_{\boldsymbol{\theta},\boldsymbol{s}}\left\{\hat{\boldsymbol{\theta}}\right\}=\mathrm{CRLB}_{\boldsymbol{\theta},\boldsymbol{s}}\left(\boldsymbol{\theta}\right) \tag{6.161}$$

证明　依据性质 6.2，在传感器网络中，距离空间多维标度节点定位中的雅可比矩阵满足：

$$\left.\frac{\partial \boldsymbol{f}(\boldsymbol{r},\boldsymbol{s})}{\partial \boldsymbol{s}}\right|_{\boldsymbol{r}=\boldsymbol{d},\boldsymbol{s}=\boldsymbol{s}^o} = -\left.\frac{\partial \boldsymbol{f}(\boldsymbol{r},\boldsymbol{s})}{\partial \boldsymbol{r}}\right|_{\boldsymbol{r}=\boldsymbol{d},\boldsymbol{s}=\boldsymbol{s}^o}\left(\frac{\partial \boldsymbol{d}}{\partial \boldsymbol{s}^o}\right) \tag{6.162}$$

将式 (6.146) 和式 (6.148) 代入式 (6.162)，得到

$$\boldsymbol{G}_{\boldsymbol{s}} = -\boldsymbol{G}_{\boldsymbol{d}}\left(\frac{\partial \boldsymbol{d}}{\partial \boldsymbol{s}^o}\right) \tag{6.163}$$

在式 (6.163) 两边同时左乘 $\boldsymbol{G}_{\boldsymbol{d}}^{\dagger}$，并利用 $\boldsymbol{G}_{\boldsymbol{d}}^{\dagger}\boldsymbol{G}_{\boldsymbol{d}} = \boldsymbol{I}_N$，得到

$$\boldsymbol{G}_{\boldsymbol{d}}^{\dagger}\boldsymbol{G}_{\boldsymbol{s}} = -\frac{\partial \boldsymbol{d}}{\partial \boldsymbol{s}^o} \tag{6.164}$$

应用矩阵求逆引理[264, 265]，最优加权矩阵式 (6.157) 变成

$$\begin{aligned}\boldsymbol{W}_{\text{Err}} &= \left(\boldsymbol{G}_{\boldsymbol{d}}\boldsymbol{\Sigma}\boldsymbol{G}_{\boldsymbol{d}}^{\text{T}}+\boldsymbol{G}_{\boldsymbol{s}}\boldsymbol{\Sigma}_{\boldsymbol{s}}\boldsymbol{G}_{\boldsymbol{s}}^{\text{T}}\right)^{-1} = \left(\boldsymbol{G}_{\boldsymbol{d}}\boldsymbol{\Sigma}\boldsymbol{G}_{\boldsymbol{d}}^{\text{T}}\right)^{\dagger} \\ &\quad - \left(\boldsymbol{G}_{\boldsymbol{d}}\boldsymbol{\Sigma}\boldsymbol{G}_{\boldsymbol{d}}^{\text{T}}\right)^{\dagger}\boldsymbol{G}_{\boldsymbol{s}}\left(\boldsymbol{\Sigma}_{\boldsymbol{s}}^{-1} + \boldsymbol{G}_{\boldsymbol{s}}^{\text{T}}(\boldsymbol{G}_{\boldsymbol{d}}\boldsymbol{\Sigma}\boldsymbol{G}_{\boldsymbol{d}}^{\text{T}})^{\dagger}\boldsymbol{G}_{\boldsymbol{s}}\right)^{-1}\boldsymbol{G}_{\boldsymbol{s}}^{\text{T}}\left(\boldsymbol{G}_{\boldsymbol{d}}\boldsymbol{\Sigma}\boldsymbol{G}_{\boldsymbol{d}}^{\text{T}}\right)^{\dagger}\end{aligned} \tag{6.165}$$

将式 (6.132) 代入协方差矩阵式 (6.160) 中，并对两边求逆，得到

$$\text{Cov}_{\boldsymbol{\theta},\boldsymbol{s}}\left\{\hat{\boldsymbol{\theta}}\right\}^{-1} = \left(-\boldsymbol{G}_{\boldsymbol{d}}\left(\frac{\partial \boldsymbol{d}}{\partial \boldsymbol{\theta}}\right)\right)^{\text{T}}\boldsymbol{W}_{\text{Err}}\left(-\boldsymbol{G}_{\boldsymbol{d}}\left(\frac{\partial \boldsymbol{d}}{\partial \boldsymbol{\theta}}\right)\right) \tag{6.166}$$

将式 (6.165) 和式 (6.164) 代入式 (6.166) 中，结合 $(\boldsymbol{G}_{\boldsymbol{d}}\boldsymbol{\Sigma}\boldsymbol{G}_{\boldsymbol{d}}^{\text{T}})^{\dagger} = \boldsymbol{G}_{\boldsymbol{d}}^{\text{T}\dagger}\boldsymbol{\Sigma}^{-1}\boldsymbol{G}_{\boldsymbol{d}}^{\dagger}$ 和 $\boldsymbol{G}_{\boldsymbol{d}}^{\dagger}\boldsymbol{G}_{\boldsymbol{d}} = \boldsymbol{I}_N$，得到

$$\begin{aligned}\text{Cov}_{\boldsymbol{\theta},\boldsymbol{s}}\left\{\hat{\boldsymbol{\theta}}\right\}^{-1} &= \left(-\boldsymbol{G}_{\boldsymbol{d}}\left(\frac{\partial \boldsymbol{d}}{\partial \boldsymbol{\theta}}\right)\right)^{\text{T}}\boldsymbol{W}_{\text{Err}}\left(-\boldsymbol{G}_{\boldsymbol{d}}\left(\frac{\partial \boldsymbol{d}}{\partial \boldsymbol{\theta}}\right)\right) \\ &= \left(-\frac{\partial \boldsymbol{d}}{\partial \boldsymbol{\theta}}\right)^{\text{T}}\boldsymbol{\Sigma}^{-1}\left(-\frac{\partial \boldsymbol{d}}{\partial \boldsymbol{\theta}}\right) - \left(-\frac{\partial \boldsymbol{d}}{\partial \boldsymbol{\theta}}\right)^{\text{T}}\boldsymbol{\Sigma}^{-1}\left(-\frac{\partial \boldsymbol{d}}{\partial \boldsymbol{s}^o}\right) \\ &= \left(\boldsymbol{\Sigma}_{\boldsymbol{s}}^{-1} + \left(-\frac{\partial \boldsymbol{d}}{\partial \boldsymbol{s}^o}\right)^{\text{T}}\boldsymbol{\Sigma}^{-1}\left(-\frac{\partial \boldsymbol{d}}{\partial \boldsymbol{s}^o}\right)\right)^{-1}\left(-\frac{\partial \boldsymbol{d}}{\partial \boldsymbol{s}^o}\right)^{\text{T}}\boldsymbol{\Sigma}^{-1}\left(-\frac{\partial \boldsymbol{d}}{\partial \boldsymbol{\theta}}\right)\end{aligned} \tag{6.167}$$

对比式 (6.167) 和克拉默-拉奥下界 (CRLB) 式 (6.138)，得到

$$\text{Cov}_{\boldsymbol{\theta},\boldsymbol{s}}\left\{\hat{\boldsymbol{\theta}}\right\}^{-1} = \text{CRLB}_{\boldsymbol{\theta},\boldsymbol{s}}(\boldsymbol{\theta})^{-1} \tag{6.168}$$

对式 (6.168) 两边求逆，就得到式 (6.161)。命题得证。

6.6.4　观测模型失配下多维标度定位算法

当锚节点位置存在误差时,实际中观测模型与定位算法并不是完全匹配的,往往存在着失配现象。观测模型失配现象主要表现在两个方面：一方面是无法获得锚节点位置误差的先验统计特性，即信息缺失导致观测模型失配；另一方面是为了简化工程实现直接忽略了锚节点位置误差,即简化算法流程导致观测模型失配。

当观测模型失配时，锚节点位置误差统计特性的缺失导致多维标度定位算法中最优加权矩阵从式 (6.157) 变成式 (6.124)，传感器节点位置参数估计从式 (6.156) 变成

$$\hat{\boldsymbol{\theta}} = -\left(\hat{\boldsymbol{H}}^{\mathrm{T}}\boldsymbol{W}\hat{\boldsymbol{H}}\right)^{-1}\hat{\boldsymbol{H}}^{\mathrm{T}}\boldsymbol{W}\hat{\boldsymbol{h}} \tag{6.169}$$

值得注意的是，虽然最优加权矩阵中缺失了锚节点位置误差的统计特性，但是矩阵 $\hat{\boldsymbol{H}}$ 和 $\hat{\boldsymbol{h}}$ 中有锚节点位置误差。

通过微分扰动分析，失配条件下传感器节点位置多维标度定位估计器的偏差表示为

$$\Delta\boldsymbol{\theta} \simeq -\left(\boldsymbol{H}^{\mathrm{T}}\boldsymbol{W}\boldsymbol{H}\right)^{-1}\boldsymbol{H}^{\mathrm{T}}\boldsymbol{W}(\boldsymbol{G_d}\boldsymbol{n} + \boldsymbol{G_s}\boldsymbol{n_s}) \tag{6.170}$$

其中，$\boldsymbol{H}$ 如式 (6.128) 所示。

对估计偏差 $\Delta\boldsymbol{\theta}$ 两边取期望，根据 $\mathbb{E}\{\boldsymbol{n}\} = \boldsymbol{0}_{2N}$ 和 $\mathbb{E}\{\boldsymbol{n_s}\} = \boldsymbol{0}$，得到 $\mathbb{E}\{\hat{\boldsymbol{\theta}}\} = \boldsymbol{\theta}$，即失配模型中传感器节点多维标度定位估计是近似无偏的，属于无偏估计。

利用 $\boldsymbol{\Sigma} = \mathbb{E}\{\boldsymbol{n}\boldsymbol{n}^{\mathrm{T}}\}$、$\mathbb{E}[\boldsymbol{n_s}\boldsymbol{n}^{\mathrm{T}}] = \boldsymbol{O}$ 和 $\boldsymbol{\Sigma_s} = \mathbb{E}\{\boldsymbol{n_s}\boldsymbol{n_s}^{\mathrm{T}}\}$，失配模型的估计偏差 $\Delta\boldsymbol{\theta}$ 的协方差就变成了条件协方差：

$$\begin{aligned}\mathrm{Cov}_{\boldsymbol{\theta}|\boldsymbol{s}}\left\{\hat{\boldsymbol{\theta}}\right\} \simeq &\left(\boldsymbol{H}^{\mathrm{T}}\boldsymbol{W}\boldsymbol{H}\right)^{-1} \\ &+ \left(\boldsymbol{H}^{\mathrm{T}}\boldsymbol{W}\boldsymbol{H}\right)^{-1}\boldsymbol{H}^{\mathrm{T}}\boldsymbol{W}\boldsymbol{G_s}\boldsymbol{\Sigma_s}\boldsymbol{G_s}^{\mathrm{T}}\boldsymbol{W}\boldsymbol{H}\left(\boldsymbol{H}^{\mathrm{T}}\boldsymbol{W}\boldsymbol{H}\right)^{-1}\end{aligned} \tag{6.171}$$

定理 6.5[202–204]　在传感器网络节点定位中，当距离测量高斯噪声 $n_{i,j}$ 满足 $n_{i,j}/\ d_{i,j} \simeq 0, (i,j) \in I_1 \cup I_2$，锚节点位置误差满足 $\|\boldsymbol{n}_{s_i}\|/d_{i,j} \simeq 0, (i,j) \in \{i,j = 1,2,\cdots,n\}$ 时，观测模型失配下多维标度统一框架内加权最小二乘意义下的定位算法簇都是最优的，即

$$\mathrm{Cov}_{\boldsymbol{\theta}|\boldsymbol{s}}\left\{\hat{\boldsymbol{\theta}}\right\} = \mathrm{MSE}_{\boldsymbol{\theta}|\boldsymbol{s}}(\boldsymbol{\theta}) \tag{6.172}$$

证明　根据式 (6.129)、式 (6.130) 和式 (6.139)，条件协方差矩阵式 (6.171) 变成

$$\mathrm{Cov}_{\boldsymbol{\theta}|\boldsymbol{s}}\left\{\hat{\boldsymbol{\theta}}\right\} \simeq \boldsymbol{X}^{-1} + \boldsymbol{X}^{-1}\boldsymbol{H}^{\mathrm{T}}\boldsymbol{W}\boldsymbol{G_s}\boldsymbol{\Sigma_s}\boldsymbol{G_s}^{\mathrm{T}}\boldsymbol{W}\boldsymbol{H}\boldsymbol{X}^{-1} \tag{6.173}$$

根据式 (6.132) 和式 (6.164)，结合 $\boldsymbol{W}=\boldsymbol{G}_{\boldsymbol{d}}^{\mathrm{T}\dagger}\boldsymbol{\Sigma}^{-1}\boldsymbol{G}_{\boldsymbol{d}}^{\dagger}$ 和 $\boldsymbol{G}_{\boldsymbol{d}}^{\dagger}\boldsymbol{G}_{\boldsymbol{d}}=\boldsymbol{I}_N$，得到

$$\begin{aligned}\boldsymbol{H}^{\mathrm{T}}\boldsymbol{W}\boldsymbol{G}_{\boldsymbol{s}}&=-\left(\frac{\partial\boldsymbol{d}}{\partial\boldsymbol{\theta}}\right)^{\mathrm{T}}\left(\boldsymbol{G}_{\boldsymbol{d}}^{\mathrm{T}}\boldsymbol{G}_{\boldsymbol{d}}^{\mathrm{T}\dagger}\right)\boldsymbol{\Sigma}^{-1}\left(\boldsymbol{G}_{\boldsymbol{d}}^{\dagger}\boldsymbol{G}_{\boldsymbol{s}}\right)\\&=\left(\frac{\partial\boldsymbol{d}}{\partial\boldsymbol{\theta}}\right)^{\mathrm{T}}\boldsymbol{\Sigma}^{-1}\left(\frac{\partial\boldsymbol{d}}{\partial\boldsymbol{s}^{o}}\right)\end{aligned}\tag{6.174}$$

将式 (6.174) 和式 (6.140) 代入式 (6.173)，得到

$$\mathrm{Cov}_{\boldsymbol{\theta}|\boldsymbol{s}}\left\{\hat{\boldsymbol{\theta}}\right\}\simeq\boldsymbol{X}^{-1}+\boldsymbol{X}^{-1}\boldsymbol{Y}\boldsymbol{\Sigma}_{\boldsymbol{s}}\boldsymbol{Y}^{\mathrm{T}}\boldsymbol{X}^{-1}\tag{6.175}$$

将式 (6.175) 和式 (6.142) 对比，得到式 (6.172)，命题得证。

在传感器网络节点定位中，定理 6.5 揭示了锚节点位置误差下的失配模型中加权最小二乘意义下的定位算法是最优估计。

6.7 数值仿真与验证

6.7.1 多维标度定位与其他定位算法比较

实验 1 考察 24 个无线传感器网络节点定位问题，其中 4 个是锚节点，20 个是未知节点。锚节点的位置坐标设置为 [0,0]m、[0, 100]m、[100, 0]m 和 [100,100]m。实验中常用多维标度包括经典多维标度和完备集子空间多维标度，比较验证加权多维标度、经典多维标度和完备集子空间多维标度定位性能，并将它们与克拉默-拉奥下界 (CRLB) 进行比较。使用平均均方位置误差 (average mean-square position error, AMSPE) 衡量每一种估计算法的性能，定义为 $\sum\limits_{j}\mathbb{E}[(\hat{\boldsymbol{x}}_{n+j}-\boldsymbol{x}_{n+j})^{\mathrm{T}}(\hat{\boldsymbol{x}}_{n+j}-\boldsymbol{x}_{n+j})]/k$，对应着 20 个未知节点位置估计的均方误差的平均。克拉默-拉奥下界 (CRLB) 使用矩阵式 (6.13) 的对角元素之和的平均值。

距离测量 r_{ij} 的观测噪声 n_{ij} 服从独立零均值的高斯分布，即 $n_{ij}\sim\mathcal{N}(\boldsymbol{0},\sigma_{ij}^2)$，这里 σ_{ij}^2 定义为 $\sigma_{ij}^2=d_{ij}^2/\kappa$，$\kappa$ 表征了距离值对应的观测误差。实验中所有的未知节点随机分布在锚节点确定的 100m × 100m 区域范围内，所有结果都是仿真 100 次的平均值。图 6.1 给出了平均定位性能随着 κ 的变化曲线。

从图 6.1 可以看出，经典多维标度和完备集子空间多维标度的定位性能都明显偏离定位估计的克拉默-拉奥下界 (CRLB)，而加权多维标度的定位性能达到了克拉默-拉奥下界 (CRLB)，具备最优的定位性能。

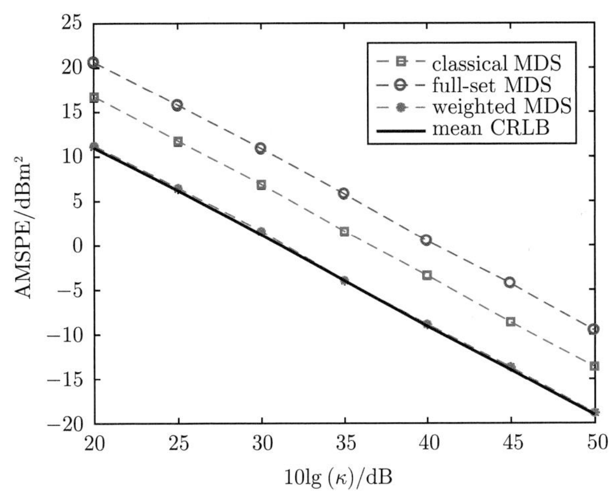

图 6.1　平均定位性能随着 κ 的变化曲线

full-set MDS 为完备集子空间多维标度

6.7.2　锚节点误差下多维标度定位验证

实验 2　仿真验证锚节点存在位置误差条件下的多维标度定位性能，这里比较了忽略位置误差的均方差 $\mathrm{MSE}_{\boldsymbol{\theta}|\boldsymbol{s}}(\boldsymbol{\theta})$ [式 (6.142)] 和考虑位置误差的克拉默-拉奥下界 $\mathrm{CRLB}_{\boldsymbol{\theta},\boldsymbol{s}}(\boldsymbol{\theta})$ [式 (6.138)]。忽略锚节点位置误差时，使用多维标度估计式 (6.123)，考虑锚节点位置误差时，使用多维标度估计式 (6.156)，它们之间的区别体现在是否使用锚节点位置误差的统计特性 $\boldsymbol{\Sigma}_{\boldsymbol{s}}$。当锚节点存在位置误差时，衡量多维标度定位性能的平均均方位置误差，对应着协方差矩阵式 (6.129) 对角元素之和的平均，忽略锚节点位置误差时均方位置误差对应着协方差矩阵式 (6.160) 对角元素之和的平均。

数值仿真验证与 6.7.1 节实验 1 类似，四个锚节点 $\boldsymbol{s}_m$ 的位置误差 $\boldsymbol{n}_{\boldsymbol{s}_m}$ 服从独立零均值的高斯分布，即 $\boldsymbol{n}_{\boldsymbol{s}_m} \sim \mathcal{N}(\boldsymbol{0}, \sigma_s^2\boldsymbol{I}_2)$，这里 σ_s^2 为锚节点 $\boldsymbol{s}_m$ 坐标的方差。距离测量 r_{ij} 的观测噪声 n_{ij} 如 6.7.1 节实验 1 所示，与锚节点位置误差独立，这里设定 $\sigma_s = 0.5$ m。所有结果都是仿真 100 次的平均值。图 6.2 给出了锚节点位置误差条件下平均定位性能随着 κ 的变化曲线。

从图 6.2 可以看出，当距离测量误差较大 ($\kappa < 30$dB) 时，锚节点的位置误差对定位精度的影响几乎可以忽略；当锚节点测量误差较小 ($\kappa > 40$dB) 时，才需要考虑锚节点位置误差的影响。此外还可以发现，即使锚节点位置误差的统计特性服从独立的高斯分布，其 $\mathrm{MSE}_{\boldsymbol{\theta}|\boldsymbol{s}}(\boldsymbol{\theta})$ 和 $\mathrm{CRLB}_{\boldsymbol{\theta},\boldsymbol{s}}(\boldsymbol{\theta})$ 也不是等价的，即不满足推论 6.3 取等号的条件。因此，在传感器网络节点定位中，相对于距离测量误差而言，当锚节点位置误差较小时，可以忽略锚节点位置误差的影响；当锚节点位置误差较大时，才需要考虑锚节点位置误差的影响。

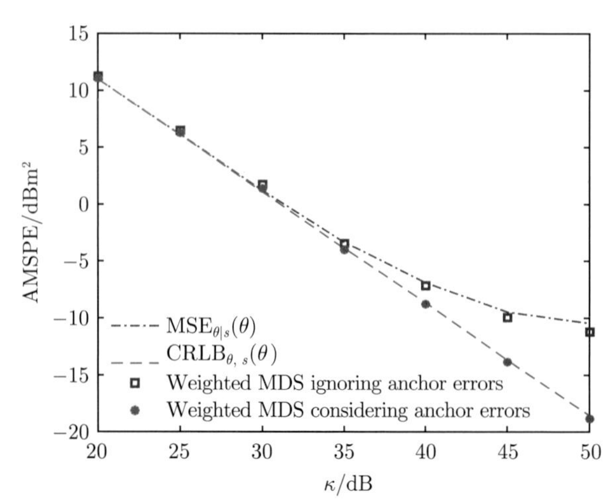

图 6.2 锚节点位置误差条件下平均定位性能随 κ 的变化曲线

Weighted MDS ignoring anchor errors 为忽略锚节点位置误差的加权多维标度，Weighted MDS considering anchor errors 为考虑锚节点位置误差的加权多维标度

参 考 文 献

[1] Cox T, Cox M. Multidimensional Scaling[M]. 2nd ed. Boca Raton: Chapman & Hall/CRC, 2001.

[2] Borg I, Groenen P J F. Modern Multidimensional Scaling: Theory and Applications[M]. 2nd ed. Berlin: Springer, 2005.

[3] Tenenbaum J B, de Silva V, Langford J C. A global geometric framework for nonlinear dimensionality reduction[J]. Science, 2000, 290(5500): 2319-2323.

[4] Biswas P, Liang T C, Wang T C, et al. Semidefinite programming based algorithms for sensor network localization[J]. ACM Transactions on Sensor Networks, 2006, 2(2): 188-220.

[5] Izenman A J. Modern Multivariate Statistical Techniques[M]. New York: Springer, 2008.

[6] France S L, Carroll J D. Two-way multidimensional scaling: A review[J]. IEEE Transactions on Systems, Man, and Cybernetics, Part C: Applications and Reviews, 2011, 41(5): 644-661.

[7] Borg I, Groenen P J F, Mair P. Proximities[M]//Applied Multidimensional Scaling. Berlin: Springer, 2013: 27-35.

[8] Hout M C, Papesh M H, Goldinger S D. Multidimensional scaling[J]. WIREs Cognitive Science, 2013, 4(1): 93-103.

[9] Saeed N, Nam H, Haq M I U, et al. A survey on multidimensional scaling[J]. ACM Computing Surveys, 2019, 51(3): 1-25.

[10] Eckart C, Young G. The approximation of one matrix by another of lower rank[J]. Psychometrika, 1936, 1(3): 211-218.

[11] Young G, Householder A S. Discussion of a set of points in terms of their mutual distances[J]. Psychometrika, 1938, 3(1): 19-22.

[12] Kruskal J B. On the shortest spanning subtree of a graph and the traveling salesman problem[J]. Proceedings of the American Mathematical Society, 1956, 7(1): 48-50.

[13] Torgerson W S. Multidimensional scaling: I. Theory and method[J]. Psychometrika, 1952, 17(4): 401-419.

[14] Gower J C. Some distance properties of latent root and vector methods used in multivariate analysis[J]. Biometrika, 1966, 53(3/4): 325-338.

[15] Collins M, Dasgupta S, Schapire R E. A generalization of principal component analysis to the exponential family[C]//Proceedings of the 14th International Conference on Neural Information Processing Systems: Natural and Synthetic. December 3 - 8, 2001, Vancouver, British Columbia, Canada. ACM, 2001: 617-624.

[16] Kruskal J B. Multidimensional scaling by optimizing goodness of fit to a nonmetric hypothesis[J]. Psychometrika, 1964, 29(1): 1-27.

[17] Solaro N. Multidimensional Scaling[M]. New York: John Wiley & Sons, 2011.

[18] Sammon J W. A nonlinear mapping for data structure analysis[J]. IEEE Transactions on Computers, 1969, 18(5): 401-409.

[19] Coombs C H. A Theory of Data[M]. New York: John Wiley & Sons, 1964.

[20] Carroll J D, Chang J J. Analysis of individual differences in multidimensional scaling via an n-way generalization of "Eckart-Young" decomposition[J]. Psychometrika, 1970, 35(3): 283-319.

[21] Takane Y, Young F W, Leeuw J D. Nonmetric individual differences multidimensional scaling: An alternating least squares method with optimal scaling features[J]. Psychometrika, 1977, 42(1): 7-67.

[22] Ramsay J O. Some statistical approaches to multidimensional scaling data[J]. Journal of the Royal Statistical Society Series A: Statistics in Society, 1982, 145(3): 285-303.

[23] Meulman J J. The integration of multidimensional scaling and multivariate analysis with optimal transformations[J]. Psychometrika, 1992, 57(4): 539-565.

[24] Tversky A. Features of similarity[J]. Psychological Review, 1977, 84(4): 327-352.

[25] Tversky A, Gati I. Studies of Similarity[M]//Cognition and Categorization. London: Routledge, 2024: 79-98.

[26] Guttman L. A general nonmetric technique for finding the smallest coordinate space for a configuration of points[J]. Psychometrika, 1968, 33(4): 469-506.

[27] Young F W. An asymmetric Euclidean model for multi-process asymmetric data[R]. Proceedings of US-Japan Seminar on MDS, New York, 1975.

[28] Saito T. A method of multidimensional scaling to obtain a sphere configuration[R]. Hokkaido Behavioral Science Report, vol. Series-M, No. 4, 1983.

[29] Saito T. Multidimensional scaling to explore complex aspects in dissimilarity judgment[J]. Behaviormetrika, 1986, 13(20): 35-62.

[30] Weeks D G, Bentler P M. Restricted multidimensional scaling models for asymmetric proximities[J]. Psychometrika, 1982, 47(2): 201-208.

[31] Okada A, Imaizumi T. Geometric models for asymmetric similarity data[J]. Behaviormetrika,1984, 21: 81-96.

[32] Okada A, Imaizumi T. Nonmetric multidimensional scaling of asymmetric proximities[J]. Behaviormetrika, 1987, 14(21): 81-96.

[33] Guttman L. A general nonmetric technique for finding the smallest coordinate space for a configuration of points[J]. Psychometrika, 1968, 33(4): 469-506.

[34] Lingoes J C, Guttman L. The Guttman-Lingoes Nonmetric Program Series[M]. Ann Arbor, Mich.: Mathesis Press, 1973.

[35] Tobler W. Spatial interaction patterns[J]. Journal of Environmental Systems, 1976, 6(4): 271-301.

[36] Saito T. Cluster Analysis based on Nonparametric Tests:Classification and Related Methods of Data Analysis[M]. Amsterdam: Elseuler, 1988: 257-266.

[37] Chino N. A graphical technique for representing the asymmetric relationships between N objects[J]. Behaviormetrika, 1978, 5(5): 23-40.

[38] Chino N. A unified geometrical interpretation of the MDS techniques for the analysis of asymmetry and related techniques[C]//Symposium on Asymmetric Multidimensional Scaling at the Spring Meeting of the Psychometric Society, Iowa, 1980.

[39] Constantine A G, Gower J C. Graphical representation of asymmetric matrices[J]. Applied Statistics, 1978, 27(3): 297-304.

[40] Gower J C. The analysis of asymmetry and orthogonality[J]. Recent Developments in Statistics, 1977, 109-123.

[41] Takane Y. Multidimensional successive categories scaling: A maximum likelihood method[J]. Psychometrika, 1981, 46(1): 9-28.

[42] Saburi S, Chino N. A maximum likelihood method for an asymmetric MDS model[J]. Computational Statistics & Data Analysis, 2008, 52(10):4673-4684.

[43] Shepard R N. The analysis of proximities: Multidimensional scaling with an unknown distance function. I[J]. Psychometrika, 1962, 27(2): 125-140.

[44] Kruskal J B. Nonmetric multidimensional scaling: a numerical method[J]. Psychometrika, 1964, 29(2): 115-129.

[45] Jaworska N, Chupetlovska-Anastasova A. A review of multidimensional scaling (MDS) and its utility in various psychological domains[J]. Tutorials in Quantitative Methods for Psychology, 2009, 5(1): 1-10.

[46] Buja A, Swayne D F, Littman M L, et al. Data visualization with multidimensional scaling[J]. Journal of Computational and Graphical Statistics, 2008, 17(2): 444-472.

[47] Hansen C D, Chen M, Johnson C R, et al. Scientific Visualization: Uncertainty, Multifield, Biomedical, and Scalable Visualization[M]. London: Springer, 2014.

[48] Lawrence J, Arietta S, Kazhdan M, et al. A user-assisted approach to visualizing multidimensional images[J]. IEEE Transactions on Visualization and Computer Graphics, 2011, 17(10): 1487-1498.

[49] Carter M L, Valenti S S, Goldberg R F. Perception of sports photographs: A multidimensional scaling analysis[J]. Perceptual and Motor Skills, 2001, 92(3): 643-652.

[50] Van Raalte J L, Brewer B W, Linder D E, et al. Perceptions of sport-oriented professionals: A multidimensional scaling analysis[J]. The Sport Psychologist, 1990, 4(3): 228-234.

[51] Machado J A T, Lopes A M. Multidimensional scaling analysis of soccer dynamics[J]. Applied Mathematical Modelling, 2017, 45: 642-652.

[52] Webb A R. Statistical Pattern Recognition[M]. Hoboken: John Wiley & Sons, 2003.

[53] Falk D A, Palmer M A, Zedler J B, et al. Foundations of Restoration Ecology[M]. Washington: Island Press, 2006.

[54] Gauch H G. Multivariate Analysis in Community Ecology[M]. Cambridge: Cambridge University Press, 1982.

[55] Lopes A M, Machado T J. Analysis of temperature time-series: Embedding dynamics into the MDS method[J]. Communications in Nonlinear Science and Numerical Simulation, 2014, 19(4): 851-871.

[56] Machado J, Lopes A. Analysis and visualization of seismic data using mutual information[J]. Entropy, 2013, 15(12): 3892-3909.

[57] Lopes A M, Machado T J, Pinto C M A, et al. Multidimensional scaling visualization of earthquake phenomena[J]. Journal of Seismology, 2014, 18(1): 163-179.

[58] Shang Y, Ruml W, Zhang Y, et al. Localization from mere connectivity[C]// Proceedings of the 4th ACM international symposium on Mobile ad hoc networking & computing. June 1 - 3, 2003, Annapolis, Maryland, USA. ACM, 2003: 201–212.

[59] Shang Y, Ruml W, Zhang Y, et al. Localization from connectivity in sensor networks[J]. IEEE Transactions on Parallel and Distributed Systems, 2004, 15(11): 961-974.

[60] Vivekanandan V, Wong V S. Ordinal MDS-based localization for wireless sensor networks[C]//IEEE Vehicular Technology Conference. September 25-28, 2006. Hyatt Regency Montreal, Montreal, QC, Canada. IEEE, 2006: 1-5.

[61] Saeed N, Nam H. Robust multidimensional scaling for cognitive radio network localization[J]. IEEE Transactions on Vehicular Technology, 2015, 64(9): 4056-4062.

[62] Ji X, Zha H Y. Sensor positioning in wireless ad-hoc sensor networks using multidimensional scaling[J]. Proceedings - IEEE INFOCOM, 2004, 4: 2652-2661.

[63] Moore D, Leonard J, Rus D, et al. Robust distributed network localization with noisy range measurements[C]//Proceedings of the 2nd international conference on Embedded networked sensor systems. November 3 - 5, 2004, Baltimore, MD, USA. ACM, 2004: 50–61.

[64] Yu G J, Wang S C. A hierarchical MDS-based localization algorithm for wireless sensor networks[C]//22nd International Conference on Advanced Information Networking and Applications (aina 2008). March 25-28, 2008. Gino-wan, Okinawa, Japan. IEEE, 2008: 748-754.

[65] Shon M, Choi W, Choo H. A cluster-based MDS scheme for range-free localization in wireless sensor networks[C]//Proceedings of the 2010 International Conference on Cyber-Enabled Distributed Computing and Knowledge Discovery. ACM, 2010: 42–47.

[66] Saeed N, Nam H. Cluster based multidimensional scaling for irregular cognitive radio networks localization[J]. IEEE Transactions on Signal Processing, 2016, 64(10): 2649-2659.

[67] Stojkoska B, Davcev D, Kulakov A. Cluster-based MDS algorithm for nodes localization in wireless sensor networks with irregular topologies[C]//Proceedings of the 5th international conference on Soft computing as transdisciplinary science and technology. October 28 - 31, 2008, Cergy-Pontoise, France. ACM, 2008: 384–389.

[68] Patwari N, Hero A O, Perkins M, et al. Relative location estimation in wireless sensor networks[J]. IEEE Transactions on Signal Processing, 2003, 51(8): 2137-2148.

[69] Li S C, Zhang D Y. A novel manifold learning algorithm for localization estimation in wireless sensor networks[J]. IEICE Transactions on Communications, 2007, E90-B(12): 659-668.

[70] Yin Y H, Xie J Y, Xu L D, et al. Imaginal thinking-based human-machine design methodology for the configuration of reconfigurable machine tools[J]. IEEE Transactions on Industrial Informatics, 2012, 8(3): 659-668.

[71] Platt J C. FastMap, MetricMap, and Landmark MDS are all Nystorm algorithms[C]//Proceedings of the 10th International Workshop on Artificial Intelligence and Statistics (AISTATS2005), 2005: 261-268.

[72] Macagnano D, de Abreu G T F. Algebraic approach for robust localization with heterogeneous information[J]. IEEE Transactions on Wireless Communications, 2013, 12(10): 5334-5345.

[73] Wei M, Aragues R, Sagues C, et al. Noisy range network localization based on distributed multidimensional scaling[J]. IEEE Sensors Journal, 2015, 15(3):1872-1883.

[74] Marziani C D, Urena J, Hernandez A, et al. Relative localization and mapping combining multidimensional scaling and Levenberg-Marquardt optimization[C]//2009 IEEE International Symposium on Intelligent Signal Processing. August 26-28, 2009. Budapest, Hungary. IEEE, 2009: 43-47.

[75] Latsoudas G, Sidiropoulos N D. A two-stage fastmap-MDS approach for node localization in sensor networks[C]// 1st IEEE International Workshop on Computational Advances in Multi-Sensor Adaptive Processing, Puerto Vallarta, 2005: 64-67.

[76] Shi Q Q, Huo H, Fang T, et al. Using steepest descent method to refine the node positions in wireless sensor networks[C]//IET Conference on Wireless, Mobile and Sensor Networks 2007 (CCWMSN07). Shanghai, China. IEE, 2007: 1055-1058.

[77] Zhu S, Ding Z. Bridging gap between multi-dimensional scaling-based and optimum network localisation via efficient refinement[J]. IET Signal Processing, 2012, 6(2): 132-142.

[78] Saeed N, Nam H. MDS-LM for wireless sensor networks localization[C]//2014 IEEE 79th Vehicular Technology Conference (VTC Spring). May 18-21, 2014. Seoul, South Korea. IEEE, 2014: 1-6.

[79] Alam S M N, Haas Z J. Topology Control and Network Lifetime in Three-Dimensional Wireless Sensor Networks[R]. Technical Report cs. NI/0609047, CERN, 2006.

[80] Stojkoska B R. Improved MDS-MAP algorithm for nodes localization in 3D wireless sensor networks[J]. Annual South-East European Doctoral Student Conference, 2013: 340-348.

[81] Risteska Stojkoska B. Nodes localization in 3D wireless sensor networks based on multidimensional scaling algorithm[J]. International Scholarly Research Notices, 2014, 2014: 845027.

[82] Chaurasiya V K, Jain N, Nandi G C. A novel distance estimation approach for 3D localization in wireless sensor network using multi dimensional scaling[J]. Information Fusion, 2014, 15: 5-18.

[83] Peng L J, Li W W. The improvement of 3D wireless sensor network nodes localization[C]//The 26th Chinese Control and Decision Conference (2014 CCDC). May 31-June 2, 2014. Changsha, China. IEEE, 2014: 4873-4878.

[84] Floyd R W. Algorithm 97: Shortest path[J]. Communications of the ACM, 1962, 5(6): 345.

[85] Eggert D W, Lorusso A, Fisher R B. Estimating 3-D rigid body transformations: A comparison of four major algorithms[J]. Machine Vision and Applications, 1997, 9(5): 272-290.

[86] Corazza G C. Marconi's history[J]. Proceedings of the IEEE, 1998, 86(7): 1307-1311.

[87] Garzke W H, Foecke T, Matthias P, et al. A marine forensic analysis of the RMS TITANIC[C]//Oceans 2000 MTS/IEEE Conference on Exhibition, Virginia, 2000: 673-690.

[88] Oswald A. Early history of single-sideband transmission[J]. Proceedings of the IRE, 1956, 44(12): 1676-1679.

[89] Symones L. '2LO calling' radio broadcasting history[J]. IEE Review, 1998, 44(4): 178-182.

[90] Travers D N, Hixon S M. Abstracts of the available literature on radio direction finding: 1899-1965[R]. Southwest Research Institute, San Antonio Tx, 1966.

[91] Tomlin D H. From searchlights to radar|the story of anti-aircraft and costal defence development 1917-1953[C]//16th IEE Weekend Meeting on the History of Electrical Engineering, Twickenham, 1989: 110-124.

[92] Puccinelli D, Haenggi M. Wireless sensor networks: Applications and challenges of ubiquitous sensing[J]. IEEE Circuits and Systems Magazine, 2005, 5(3): 19-31.

[93] Noel A B, Abdaoui A, Elfouly T, et al. Structural health monitoring using wireless sensor networks: A comprehensive survey[J]. IEEE Communications Surveys & Tutorials, 2017, 19(3): 1403-1423.

[94] Akyildiz I F, Wang X D, Wang W L. Wireless mesh networks: A survey[J]. Computer Networks, 2005, 47(4): 445-487.

[95] 胡来招. 无源定位[M]. 北京: 国防工业出版社, 2004.

[96] 孙仲康, 周一宇, 何黎星. 单多基地有源无源定位技术[M]. 北京: 国防工业出版社, 1996.

[97] Poisel R A. Introduction to Communication Electronic Warfare Systems[M]. Norwood: Artech House, 2002.

[98] 许耀伟. 一种快速高精度无源定位方法的研究[D]. 长沙: 国防科技大学, 1998.

[99] 邓新蒲. 运动单观测器无源定位与跟踪方法研究[D]. 长沙: 国防科技大学, 2000.

[100] 孙仲康. 基于运动学原理的无源定位技术[J]. 制导与引信, 2001, 22(1): 40-44.

[101] 安玮, 孙仲康. 利用多普勒变化率的单站无源测距技术[C]//雷达无源定位跟踪技术研讨会论文集, 北京, 2001: 41-45.

[102] 郭福成. 基于运动学原理的单站无源定位与跟踪关键技术研究[D]. 长沙: 国防科技大学, 2002.

[103] 单月晖. 空中观测平台对海面慢速目标单站无源定位跟踪及其关键技术研究[D]. 长沙: 国防科技大学, 2002.

[104] 李宗华. 无机动单站对运动辐射源的无源定位跟踪技术研究[D]. 长沙: 国防科技大学, 2003.

[105] 龚享铱. 利用频率变化率和波达角变化率单站无源定位与跟踪的关键技术研究[D]. 长沙: 国防科技大学, 2004.

[106] 冯道旺. 利用径向加速度信息的单站无源定位技术研究[D]. 长沙: 国防科技大学, 2003.

[107] 周亚强. 基于视在加速度信息的单站无源定位与跟踪关键技术研究及其试验[D]. 长沙: 国防科技大学, 2005.

[108] 孙仲康, 郭福成, 冯道旺, 等. 单站无源定位跟踪技术[M]. 北京: 国防工业出版社, 2008.

[109] Howland P E, Maksimiuk D, Reitsma G. FM radio based bistatic radar[J]. IEE Proceedings Radar, Sonar and Navigation, 2005, 152(3): 219-223.

[110] Griffiths H D, Long N R W. Television based bistatic radar[J]. IEE Proceedings F-Communications, Radar and Signal Processing, 1986, 133(7): 649-657.

[111] Howland P E. Television based Bistatic Radar[D]. Birmingham: School of Electronic and Electronic and Electrical Engineering, University of Birmingham, 1997.

[112] Howland P E. Target tracking using television-based bistatic radar[J]. IEE Proceedings Radar, Sonar and Navigation, 1999, 146(3): 166-174.

[113] He X, Cherniakov M, Zeng T. Signal detectability in SS-BSAR with GNSS non-cooperative transmitter[J]. IEE Proceedings-Radar, Sonar and Navigation, 2005, 152(3): 124-132.

[114] Tan D K P, Sun H, Lu Y, et al. Passive radar using global system for mobile communication signal: Theory, implementation and measurements[J]. IEE Proceedings-Radar, Sonar and Navigation, 2005, 152(3): 116-123.

[115] Griffiths H D, Baker C J. Passive coherent location radar system - Part I: Performance prediction[J]. IEE Proceedings-Radar, Sonar and Navigation, 2005, 152(3): 153-159.

[116] Baker C J, Griffiths H D, Papoutsis I. Passive coherent location radar system - Part II: Waveform properties[J]. IEE Proceedings-Radar, Sonar and Navigation, 2005, 152(3): 160-168.

[117] 王永良, 陈辉, 彭应宁, 等. 空间谱估计理论与算法[M]. 北京: 清华大学出版社, 2004.

[118] 易岷. 时延及相关参数估计技术研究[D]. 成都: 电子科技大学, 2004.

[119] Haworth D P, Smith N G, Bardelli R, et al. Interference localization for EUTELSAT satellites-the first European transmitter location system[J]. International Journal of Satellite Communications, 1997, 15(4): 155-183.

[120] 瞿文中. 卫星干扰源定位技术研究[D]. 成都: 电子科技大学, 2005.

[121] 孙正波. 同步卫星上行信号定位技术研究[D]. 成都: 西南电子电信技术研究所, 2005.

[122] 叶尚福, 孙正波, 夏畅雄. 卫星干扰源双星定位技术及工程应用[M]. 北京: 国防工业出版社, 2013.

[123] Sengupta S K, Kay S M. Fundamentals of statistical signal processing: estimation theory[J]. Technometrics, 1995, 37(4): 465.

[124] Levanon N. Interferometry against differential Doppler: performance comparison of two emitter location airborne systems[J]. IEE Proceedings F Radar and Signal Processing, 1989, 136(2): 70.

[125] Gavish M, Weiss A J. Performance analysis of bearing-only target location algorithms[J]. IEEE Transactions on Aerospace and Electronic Systems, 1992, 28(3): 817-828.

[126] Don T. Statistical theory of passive location systems[J]. IEEE Transactions on Aerospace and Electronic Systems, 1984, AES-20(2): 183-198.

[127] Foy W. Position-location solutions by taylor-series estimation[J]. IEEE Transactions on Aerospace and Electronic Systems, 1976, AES-12(2): 187-194.

[128] Spirito M A. On the accuracy of cellular mobile station location estimation[J]. IEEE Transactions on Vehicular Technology, 2001, 50(3): 674-685.

[129] Caffery J, Stuber G L. Subscriber location in CDMA cellular networks[J]. IEEE Transactions on Vehicular Technology, 1998, 47(2): 406-416.

[130] Chen J C, Hudson R E, Yao K. Maximum-likelihood source localization and unknown sensor location estimation for wideband signals in the near-field[J]. IEEE Transactions on Signal Processing, 2002, 50(8): 1843-1854.

[131] Stansfield R G. Statistical theory of d.f. fixing[J]. Journal of the Institution of Electrical Engineers - Part IIIA: Radiocommunication, 1947, 94(15): 762-770.

[132] Schmidt R O. A new approach to geometry of range difference location[J]. IEEE Transactions on Aerospace and Electronic Systems, 1972, AES-8(6): 821-835.

[133] Schmidt R O. Least squares range difference location[J]. IEEE Transactions on Aerospace and Electronic Systems, 1996, 32(1): 234-242.

[134] Friedlander B. A passive localization algorithm and its accuracy analysis[J]. IEEE Journal of Oceanic Engineering, 1987, 12(1): 234-245.

[135] Fenwick A J. Algorithms for position fixing using pulse arrival times[J]. IEE Proceedings - Radar, Sonar and Navigation, 1999, 146(4): 208.

[136] Caffery J J. A new approach to the geometry of TOA location[J]. Proceedigns of IEEE VTC 2000-Fall, Boston, 2000: 1943-1949.

[137] Bancroft S. An algebraic solution of the GPS equations[J]. IEEE Transactions on Aerospace and Electronic Systems, 1985, AES-21(1): 56-59.

[138] Krause L. A direct solution to GPS-type navigation equations[J]. IEEE Transactions on Aerospace and Electronic Systems, 1987, AES-23(2): 225-232.

[139] Abel J S, Chaffee J W. Existence and uniqueness of GPS solutions[J]. IEEE Transactions on Aerospace and Electronic Systems, 1991, 27(6): 952-956.

[140] Smith J, Abel J. The spherical interpolation method of source localization[J]. IEEE Journal of Oceanic Engineering, 1987, 12(1): 246-252.

[141] Smith J, Abel J. Closed-form least-squares source location estimation from range-difference measurements[J]. IEEE Transactions on Acoustics, Speech, and Signal Processing, 1987, 35(12): 1661-1669.

[142] Schau H, Robinson A. Passive source localization employing intersecting spherical surfaces from time-of-arrival differences[J]. IEEE Transactions on Acoustics, Speech, and Signal Processing, 1987, 35(8): 1223-1225.

[143] Mellen G, Pachter M, Raquet J. Closed-form solution for determining emitter location using time difference of arrival measurements[J]. IEEE Transactions on Aerospace and Electronic Systems, 2003, 39(3): 1056-1058.

[144] Fang B T. Simple solutions for hyperbolic and related position fixes[J]. IEEE Transactions on Aerospace and Electronic Systems, 1990, 26(5): 748-753.

[145] Smith W W, Steffes P G. Time delay techniques for satellite interference location system[J]. IEEE Transactions on Aerospace and Electronic Systems, 1989, 25(2): 224-231.

[146] Abel J S. A divide and conquer approach to least-squares estimation[J]. IEEE Transactions on Aerospace and Electronic Systems, 1990, 26(2): 423-427.

[147] Bard J D, Ham F M. Time difference of arrival dilution of precision and applications[J]. IEEE Transactions on Signal Processing, 1999, 47(2): 521-523.

[148] Doğançay K. On the bias of linear least squares algorithms for passive target localization[J]. Signal Processing, 2004, 84(3): 475-486.

[149] Chan F K W, So H C, Zheng J, et al. Best linear unbiased estimator approach for time-of-arrival based localisation[J]. IET Signal Processing, 2008, 2(2): 156.

[150] Chan Y T, Ho K C. A simple and efficient estimator for hyperbolic location[J]. IEEE Transactions on Signal Processing, 1994, 42(8): 1905-1915.

[151] Ho K C, Xu W. An accurate algebraic solution for moving source location using TDOA and FDOA measurements[J]. IEEE Transactions on Signal Processing, 2004, 52(9): 2453-2463.

[152] Ho K C, Chan Y T. Geolocation of a known altitude object from TDOA and FDOA measurements[J]. IEEE Transactions on Aerospace and Electronic Systems, 1997, 33(3): 770-783.

[153] 王巍. CDMA 蜂窝网络移动台无线定位技术的研究[D]. 长沙: 国防科技大学,2006.

[154] 熊瑾煜. CDMA 地面移动通信用户定位技术研究[D]. 郑州: 中国人民解放军信息工程大学.

[155] Huang Y T, Benesty J, Elko G W, et al. Real-time passive source localization: a practical linear-correction least-squares approach[J]. IEEE Transactions on Speech and Audio Processing, 2001, 9(8): 943-956.

[156] 邓平. 蜂窝网络移动台定位[D]. 成都: 西南交通大学, 2002.

[157] Cheung K W, So H C, Ma W K, et al. Least squares algorithms for time-of-arrival-based mobile location[J]. IEEE Transactions on Signal Processing, 2004, 52(4): 1121-1128.

[158] Stoica P, Li J. Lecture notes - source localization from range-difference measurements[J]. IEEE Signal Processing Magazine, 2006, 23(6): 63-66.

[159] Huang Z, Lu J. Total least squares and equilibration algorithm for range difference location[J]. Electronics Letters, 2004, 40(5): 323.

[160] Chan Y T, Hang H Y C, Ching P C. Exact and approximate maximum likelihood localization algorithms[J]. IEEE Transactions on Vehicular Technology, 2006, 55(1): 10-16.

[161] Carevic D. Automatic estimation of multiple target positions and velocities using passive TDOA measurements of transients[J]. IEEE Transactions on Signal Processing, 2007, 55(2): 424-436.

[162] Poisel R A. Electronic Warfare Target Location Methods[M]. 2nd ed. Norwood: Artech House, 2012.

[163] Bhatia R. Positive Definite Matrices[M]. Princeton: Princeton University Press, 2007.

[164] Boyd S P, Vandenberghe L. Convex Optimization[M]. Cambridge, UK: Cambridge University Press, 2004.

[165] Biswas P, Liang T C, Toh K C, et al. Semidefinite programming approaches for sensor network localization with noisy distance measurements[J]. IEEE Transactions on Automation Science and Engineering, 2006, 3(4): 360-371.

[166] Meng C, Ding Z, Dasgupta S. A semidefinite programming approach to source localization in wireless sensor networks[J]. IEEE Signal Processing Letters, 2008, 15: 253-256.

[167] Wang G. A semidefinite relaxation method for energy-based source localization in sensor networks[J]. IEEE Transactions on Vehicular Technology, 2011, 60(5): 2293-2301.

[168] Ouyang R W, Wong A K S, Lea C T. Received signal strength-based wireless localization via semidefinite programming: noncooperative and cooperative schemes[J]. IEEE Transactions on Vehicular Technology, 2010, 59(3): 1307-1318.

[169] Xu E Y, Ding Z, Dasgupta S. Source localization in wireless sensor networks from signal time-of-arrival measurements[J]. IEEE Transactions on Signal Processing, 2011, 59(6): 2887-2897.

[170] Li S C, Wang X H, Zhao S S, et al. Local semidefinite programming-based node localization system for wireless sensor network applications[J]. IEEE Systems Journal, 2014, 8(3): 879-888.

[171] Vaghefi R M, Buehrer R M. Cooperative localization in NLOS environments using semidefinite programming[J]. IEEE Communications Letters, 2015, 19(8): 1382-1385.

[172] Salari S, Shahbazpanahi S, Ozdemir K. Mobility-aided wireless sensor network localization via semidefinite programming[J]. IEEE Transactions on Wireless Communications, 2013, 12(12): 5966-5978.

[173] Naddafzadeh-Shirazi G, Shenouda M B, Lampe L. Second order cone programming for sensor network localization with anchor position uncertainty[J]. IEEE Transactions on Wireless Communications, 2014, 13(2): 749-763.

[174] Cheung K W, Ma W K, So H C. Accurate approximation algorithm for TOA-based maximumlikelihood mobile location using semidefinite programming[C]//2004 IEEE International Conference on Acoustics, Montreal, 2004:145-148.

[175] Wang T, Leus G, Huang L. Ranging energy optimization for robust sensor positioning based on semidefinite programming[J]. IEEE Transactions on Signal Processing, 2009, 57(12): 4777-4787.

[176] Lui K, Chan F, So H C. Semidefinite programming approach for range-difference based source localization[J]. IEEE Transactions on Signal Processing, 2009, 57(4): 1630-1633.

[177] Yang K H, Wang G, Luo Z Q. Efficient convex relaxation methods for robust target localization by a sensor network using time differences of arrivals[J]. IEEE Transactions on Signal Processing, 2009, 57(7): 2775-2784.

[178] Xu E Y, Ding Z, Dasgupta S. Reduced complexity semidefinite relaxation algorithms for source localization based on time difference of arrival[J]. IEEE Transactions on Mobile Computing, 2011, 10(9): 1276-1282.

[179] Hu Y C, Leus G. Robust differential received signal strength-based localization[J]. IEEE Transactions on Signal Processing, 2017, 65(12): 3261-3276.

[180] Wang G, Li Y M, Ansari N. A semidefinite relaxation method for source localization using TDOA and FDOA measurements[J]. IEEE Transactions on Vehicular Technology, 2013, 62(2): 853-862.

[181] 万群. 蜂窝移动通信手机定位参数估计和算法研究[D]. 北京: 清华大学, 2002.

[182] Wan Q, Luo Y J, Yang W L, et al. Mobile localization method based on multidimensional scaling similarity analysis[C]// Proceedings of IEEE International Conference on Acoustics, Speech, and Signal Processing, Philadelphia, 2005:1081-1084.

[183] Cheung K W, So H C. A multidimensional scaling framework for mobile location using time-of-arrival measurements[J]. IEEE Transactions on Signal Processing, 2005, 53(2): 460-470.

[184] So H C, Chan F K W. A generalized subspace approach for mobile positioning with time-of-arrival measurements[J]. IEEE Transactions on Signal Processing, 2007, 55(10): 5103-5107.

[185] Chan F, So H C, Ma W K. A novel subspace approach for cooperative localization in wireless sensor networks using range measurements[J]. IEEE Transactions on Signal Processing, 2009, 57(1): 260-269.

[186] Groenen P. The Majorization Approach to Multidimensional Scaling: Some Problems and Extensions[M]. Leiden: DSWO Press, 1993.

[187] Costa J A, Patwari N, Hero A O. Distributed weighted multidimensional scaling for node localization in sensor networks[J]. ACM Transactions on Sensor Networks, 2006,2(1): 39-64.

[188] Wei H W, Wan Q, Chen Z X, et al. A novel weighted multidimensional scaling analysis for time-of-arrival-based mobile location[J]. IEEE Transactions on Signal Processing, 2008, 56(7): 3018-3022.

[189] 魏合文. 无源定位系统参数估计与多维标度定位技术研究[D]. 成都: 西南电子电信技术研究所, 2009.

[190] Chen Z X, Wei H W, Wan Q, et al. A supplement to multidimensional scaling framework for mobile location: A unified view[J]. IEEE Transactions on Signal Processing, 2009,57(5): 2030-2034.

[191] 陈章鑫. LOS/NLOS 无线定位方法研究[D]. 成都: 电子科技大学, 2009.

[192] 秦爽. 参数化多维标度定位方法研究[D]. 成都: 电子科技大学, 2013.

[193] Wei H W, Wan Q, Chen Z X, et al. Multidimensional scaling-based passive emitter localization from range-difference measurements[J]. IET Signal Processing, 2008, 2(4):415-423.

[194] Wei H W, Peng R, Wan Q, et al. Multidimensional scaling analysis for passive moving target localization with TDOA and FDOA measurements[J]. IEEE Transactions on Signal Processing, 2010, 58(3): 1677-1688.

[195] Chan F, So H C. Efficient weighted multidimensional scaling for wireless sensor network localization[J]. IEEE Transactions on Signal Processing, 2009, 57(11): 4548-4553.

[196] Qin S, Duan L F, Wan Q. Fast and efficient multidimensional scaling algorithm for mobile positioning[J]. IET Signal Processing, 2012, 6(9): 857-861.

[197] Lin L X, So H C, Chan F K W. Multidimensional scaling approach for node localization using received signal strength measurements[J]. Digital Signal Processing, 2014, 34: 39-47.

[198] Wang J, Ma Y T, Zhao Y, et al. A multipath mitigation localization algorithm based on MDS for passive UHF RFID[J]. IEEE Communications Letters, 2015, 19(9): 1652-1655.

[199] Jiang W Y, Xu C Q, Pei L, et al. Multidimensional scaling-based TDOA localization scheme using an auxiliary line[J]. IEEE Signal Processing Letters, 2016, 23(4): 546-550.

[200] Wang Y L, Wu Y, Yi S C, et al. Complex multidimensional scaling algorithm for time-of-arrival-based mobile location: A unified framework[J]. Circuits, Systems, and Signal Processing, 2017, 36(4): 1754-1768.

[201] Cao J M, Wan Q, Ouyang X, et al. Multidimensional scaling-based passive emitter localization from time difference of arrival measurements with sensor position uncertainties[J]. IET Signal Processing, 2017, 11(1): 43-50.

[202] Wei H W, Lu P Z. Analytical proof to two fundamental corollaries in multidimensional scaling-based localization[J]. IET Signal Processing, 2018, 13(8): 747-753.

[203] Wei H W, Lu P Z. On the optimality of weighted multidimensional scaling for range-based localization[J]. IEEE Transactions on Signal Processing, 2020, 68(10): 2105-2113.

[204] Wei H W, Chen J. On optimality of multidimensional scaling for time differences of arrival/frequency differences of arrival based moving Source localization[J]. IET signal processing, 2022, 16(8): 1002-1010.

[205] Rajan R T, van der Veen A J. Joint ranging and synchronization for an anchorless network of mobile nodes[J]. IEEE Transactions on Signal Processing, 2015, 63(8): 1925-1940.

[206] Kim E, Lee S, Kim C, et al. Mobile beacon-based 3D-localization with multidimensional scaling in large sensor networks[J]. IEEE Communications Letters, 2010, 14(7): 647-649.

[207] Rajan R T, Leus G, Veen A J V D. Relative velocity estimation using multidimensional scaling[C]. Proceedings of IEEE International Workshop on Computational Advances in Multi-Sensor Adaptive Processing(CAMSAP), St. Martin, 2013:125-128.

[208] Rajan R T, Leus G, Veen A J V D. Joint relative position and velocity estimation for an anchorless network of mobile nodes[J]. Signal Processing, 2015, 115(C): 66-78.

[209] Kumar S, Rajawat K. Velocity-assisted multidimensional scaling[C]//2015 IEEE 16th International Workshop on Signal Processing Advances in Wireless Communications (SPAWC). June 28-July 1, 2015. Stockholm, Sweden. IEEE, 2015: 570-574.

[210] Macagnano D, de Abreu G T F. Gershgorin analysis of random gramian matrices with application to MDS tracking[J]. IEEE Transactions on Signal Processing, 2011, 59(4): 1785-1800.

[211] Jamali-Rad H, Leus G. Dynamic multidimensional scaling for low-complexity mobile network tracking[J]. IEEE Transactions on Signal Processing, 2012, 60(8): 4485-4491.

[212] Cui W, Wu C, Meng W, et al. Dynamic multidimensional scaling algorithm for 3-D mobile localization[J]. IEEE Transactions on Instrumention and Measurement, 2016,65(12): 2853-2865.

[213] Adreu G, Destino G. Super MDS: Source location from distance and angle information[C]//Proceedings of IEEE Wireless Communications and Networking Conference (WCNC), Kowloon, 2007.

[214] Cao J, He S, Gao Y, et al. Multidimensional scaling algorithm of localization with hybrid TOA and AOA measurements[C]//Proceedings of 10th International Conference on Information, Communications and Signal Processing, Singapore, 2015: 1-4.

[215] Ghods A, Abreu G, Severi S. Cholesky MDS: A fast and efficient heterogeneous localizaiton algorithm[C]//Proceedings of IEEE 5th ICC Workshop on Advances in Network Localization and Navigation (ANLN), 2017.

[216] Ghods A, Abreu G. Complex domain super MDS: Computationally efficient localization via ranging and angle information[C]//Proceedings of IEEE Wireless Communications and Networking Conference (WCNC18), 2018.

[217] Ghods A, Abreu G. Complex-domain super MDS: a new framework for wireless localization with hybrid information[J]. IEEE Transactions on Wireless Communications, 2018, 17(11): 7364-7378.

[218] Lui K W K, Ma W K, So H C, et al. Semi-definite programming algorithms for sensor network node localization with uncertainties in anchor positions and/or propagation speed[J]. IEEE Transactions on Signal Processing, 2009, 57(2): 752-763.

[219] Chiu W Y, Chen B S, Yang C Y. Robust relative location estimation in wireless sensor networks with inexact position problems[J]. IEEE Transactions on Mobile Computing, 2012, 11(6): 935-946.

[220] Zheng J, Wu Y C. Robust joint localization and time synchronizatin in wireless sensor networks with bounded anchor uncertainties[C]//Proceedings of IEEE International Conference on Acoustics Speech and Signal Processing, Taipei, 2009: 2793-2796.

[221] Ma Z H, Ho K C. TOA localization in the presence of random sensor position errors[C]//2011 IEEE International Conference on Acoustics, Speech and Signal Processing (ICASSP). May 22-27, 2011. Prague, Czech Republic. IEEE, 2011: 2468-2471.

[222] Chen S J, Ho K C. Reaching asymptotic efficient performance for squared processing of range and range difference localizations in the presence of sensor position errors[C]//Proceedings of IEEE International Conference on Acoustic, Speech and Signal Processing, Florence, 2014: 1419-1423.

[223] Yang L, Ho K C. An approximately efficient TDOA localization algorithm in closed-form for locating multiple disjoint emitters with erroneous sensor positions[J]. IEEE Transactions on Signal Processing, 2009, 57(12): 4598-4615.

[224] Sun M, Yang L, Ho D K C. Efficient joint source and sensor localization in closed-form[J]. IEEE Signal Processing Letters, 2012, 19(7): 399-402.

[225] Wang Y, Ho K C. TDOA emitter localization in the presence of synchronization clockbias and sensor position error[J]. IEEE Transactions on Signal Processing, 2013, 61(18): 4532-4544.

[226] Ho K C, Lu X N, Kovavisaruch L. Source localization using TDOA and FDOA measurements in the presence of receiver location errors: Analysis and solution[J]. IEEE Transactions on Signal Processing, 2007, 55(2): 684-696.

[227] Sun M, Ho K C. An asymptotically efficient estimator for TDOA and FDOA positioning of multiple disjoint sources in the presence of sensor location uncertainties[J]. IEEE Transactions on Signal Processing, 2011, 59(7): 3434-3440.

[228] Yu H, Gao J, Huang G. Constrained total least-squares localisation algorithm using time difference of arrival and frequency difference of arrival measurements with sensor location uncertainties[J]. IET Radar, Sonar & Navigation, 2012, 6(9): 891-899.

[229] Li J Z, Pang H W, Guo F C, et al. Localization of multiple disjoint sources with prior knowledge on source locations in the presence of sensor location errors[J]. Digital Signal Processing, 2015, 40: 181-197.

[230] Ma Z H, Ho K C. A study on the effects of sensor position error and the placement of calibration emitter for source localization[J]. IEEE Transactions on Wireless Communications, 2014, 13(10): 5440-5452.

[231] Ho K C, Yang L. On the use of a calibration emitter for source localization in the presence of sensor position uncertainty[J]. IEEE Transactions on Signal Processing, 2008, 56(12): 5758-5772.

[232] Yang L, Ho K C. Alleviating sensor position error in source localization using calibration emitters at inaccurate locations[J]. IEEE Transactions on Signal Processing, 2010, 58(1): 67-83.

[233] Sun M, Yang L, Ho K C. Accurate sequential self-localization of sensor nodes in closed-form[J]. Signal Processing, 2012, 92(12): 2940-2951.

[234] Li J Z, Guo F C, Yang L, et al. On the use of calibration sensors in source localization using TDOA and FDOA measurements[J]. Digital Signal Processing, 2014, 27: 33-43.

[235] Sun M, Ho K C. Refining inaccurate sensor positions using target at unknown location[J]. Signal Processing, 2012, 92(9): 2097-2104.

[236] Hao B J, Li Z, Si J B, et al. Joint source localisation and sensor refinement using time differences of arrival and frequency differences of arrival[J]. IET Signal Processing, 2014, 8(6): 588-600.

[237] Sun M, Ma Z H, Ho K C. Joint source localization and sensor position refinement for sensor networks[C]//2013 IEEE International Conference on Acoustics, Speech and Signal Processing. May 26-31, 2013. Vancouver, BC, Canada. IEEE, 2013: 4026-4030.

[238] Sun M, Yang L, Guo F C. Improving noisy sensor positions using accurate inter-sensor range measurements[J]. Signal Processing, 2014, 94: 138-143.

[239] Amar A, Wang Y Y, Leus G. Extending the classical multidimensional scaling algorithm given partial pairwise distance measurements[J]. IEEE Signal Processing Letters, 2010, 17(5): 473-476.

[240] Bronstein A M, Bronstein M M, Kimmel R. Generalized multidimensional scaling: a framework for isometry-invariant partial surface matching[J]. Proceedings of the National Academy of Sciences of the United States of America, 2006, 103(5): 1168-1172.

[241] Ghodsi A. Dimensionality Reduction: A Short Tutorial[M]. Waterloo: University of Waterloo, 2006: 37-38.

[242] Okada A, Imaizumi T. Asymmetric multidimensional scaling of two-mode three-way proximities[J]. Journal of Classification, 1997, 14(2): 195-224.

[243] Bove G. Approaches to Asymmetric Multidimensional Scaling with External Information[M]//Studies in Classification, Data Analysis, and Knowledge Organization. Berlin: Springer, 2007: 69-76.

[244] Gower J C, Legendre P. Metric and Euclidean properties of dissimilarity coefficients[J]. Journal of Classification, 1986, 3(1): 5-48.

[245] Caillez F, Kuntz P. A contribution to the study of the metric and Euclidean structures of dissimilarities[J]. Psychometrika, 1996, 61(2): 241-253.

[246] Groenen P J F, Heiser W J, Meulman J J. Global optimization in least-squares multidimensional scaling by distance smoothing[J]. Journal of Classification, 1999, 16(2): 225-254.

[247] Ault J S. Biology and Management of the World Tarpon and Bonefish Fisheries[M]. BocaRaton: CRC Press, 2007.

[248] Quinn G P, Keough M J. Experimental Design and Data Analysis for Biologists[M]. Cambridge: Cambridge University Press, 2002.

[249] Leeuw J D. Applications of convex analysis to multidimensional scaling[J]. Recent Developments in Statistics, 1977: 133-145.

[250] Bronstein A M, Bronstein M M, Kimmel R. Calculus of nonrigid surfaces for geometry and texture manipulation[J]. IEEE Transactions on Visualization and Computer Graphics, 2007, 13(5): 902-913.

[251] Walter J A, Ritter H. On interactive visualization of high-dimensional data using the hyperbolic plane[C]//Proceedings of the eighth ACM SIGKDD international conference on Knowledge discovery and data mining. July 23 - 26, 2002, Edmonton, Alberta, Canada. ACM, 2002: 123–132.

[252] Elad A, Kimmel R. Geometric Methods in Bio-Medical Image Processing[M]. Berlin: Springer, 2002.

[253] Aflalo Y, Dubrovina A, Kimmel R. Spectral generalized multi-dimensional scaling[J]. International Journal of Computer Vision, 2016, 118(3): 380-392.

[254] Greenacre M. Weighted Metric Multidimensional Scaling[M]//Studies in Classification, Data Analysis, and Knowledge Organization. Berlin: Springer, 2005: 141-149.

[255] Leeuw J D, Heiser W. Multidimensional Scaling with Restrictions on the Configuration[M]. Amsterdam: Elsevier, 1980.

[256] Young F W, Takane Y, Lewyckyj R. ALSCAL: a nonmetric multidimensional scaling program with several individual-differences options[J]. Behavior Research Methods & Instrumentation, 1978, 10(3): 451-453.

[257] McGee V E. The multidimensional analysis of 'elastic' distances[J]. British Journal of Mathematical and Statistical Psychology, 1966, 19(2): 181-196.

[258] Lerner B, Guterman H, Aladjem M, et al. On pattern classification with Sammon's nonlinear mapping an experimental study[J]. Pattern Recognition, 1998, 31(4): 371-381.

[259] Jourdan F, Melancon G. Multiscale hybrid MDS[C]//Procedings of International Conference on Information Visualisation, Montpellier, 2004: 388-393.

[260] Bengio Y, Paiement J, Vincent P. Out-of-sample extensions for LLE, isomap, MDS, eigenmaps, and spectral clustering[C]//Advances in Neural Information Processing Systems, MIT Press, Whistler, 2003: 177-184.

[261] Zhang J. Visualization for Information Retrieval[M]. Berlin: Springer, 2007.

[262] Pigden N, Young F W, Hamer R M. Multidimensional scaling: history, theory and applications[J]. The Statistician, 1988, 37(1): 90.

[263] Chaurasiya V K, Jain N, Nandi G C. A novel distance estimation approach for 3D localization in wireless sensor network using multi dimensional scaling[J]. Information Fusion, 2014, 15: 5-18.

[264] Golub G H, Loan C F V. Matrix Computations[M]. 3rd ed. Baltimore: The Johns Hopkins University Press, 1996.

[265] 张贤达. 矩阵分析与应用[M]. 北京: 清华大学出版社, 2004.

[266] Horn R A, Johnson C R. Matrix Analysis[M]. Cambridge, England: The Syndicate of the Press of the University of Cambridge, 1986.

[267] Magnus J R, Neudecker H. Matrix differential Calculus with applications in statistics and econometrics[J]. Matrix Differential Calculus with Applications in Statistics and Econometrics, 2019: 1-479.

[268] 林茂庸, 柯有安. 雷达信号理论[M]. 北京: 国防工业出版社, 1984.

[269] Yang L, Sun M, Ho K C. Doppler-bearing tracking in the presence of observer location error[J]. IEEE Transactions on Signal Processing, 2008, 56(8): 4082-4087.

[270] Whitehouse K, Karlof C, Culler D. A practical evaluation of radio signal strength for ranging-based localization[J]. ACM SIGMOBILE Mobile Computing and Communications Review, 2007, 11(1): 41-52.

[271] Lin L X, So H C, Chan Y T. Accurate and simple source localization using differential received signal strength[J]. Digital Signal Processing, 2013, 23(3): 736-743.

[272] Jin Q, Wong K M, Luo Z Q. The estimation of time delay and Doppler stretch of wideband signals[J]. IEEE Transactions on Signal Processing, 1995, 43(4): 904-916.

[273] Niu X X, Ching P C, Chan Y T. Wavelet based approach for joint time delay and Doppler stretch measurements[J]. IEEE Transactions on Aerospace and Electronic Systems, 1999, 35(3): 1111-1119.

[274] Chan Y T, Ho K C. Joint time-scale and TDOA estimation: Analysis and fast approximation[J]. IEEE Transactions on Signal Processing, 2005, 53(8-P1): 2625-2634.

[275] Wei H W, Ye S F, Wan Q. Influence of phase on Cramer-Rao lower bounds for joint time delay and Doppler stretch estimation[C]//2007 9th International Symposium on Signal Processing and Its Applications. February 12-15, 2007. Sharjah, United Arab Emirates. IEEE, 2007: 1-4.

[276] Lange K, Hunter D R, Yang I. Optimization transfer using surrogate objective functions[J]. Journal of Computational and Graphical Statistics, 2000, 9(1): 1.

[277] Li B, Wu N, Wang H, et al. Expectation-maximisation-based localisation using anchors with uncertainties in wireless sensor networks[J]. IET Communications, 2014, 8(11): 1977-1987.

[278] Xiong Y F, Wu N, Wang H. On the performance limits of cooperative localization in wireless sensor networks with strong sensor position uncertainty[J]. IEEE Communications Letters, 2017, 21(7): 1613-1616.

[279] Angjelichinoski M, Denkovski D, Atanasovski V, et al. Cramér–Rao lower bounds of RSS-based localization with anchor position uncertainty[J]. IEEE Transactions on Information Theory, 2015, 61(5): 2807-2834.

[280] Lohrasbipeydeh H, Gulliver T A, Amindavar H. Unknown transmit power RSSD based source localization with sensor position uncertainty[J]. IEEE Transactions on Communications, 2015, 63(5): 1784-1797.